AI

人工智能

边缘计算开发实战

基于NVIDIA Jetson Nano

陈泳翰
桑圆圆 | 编著

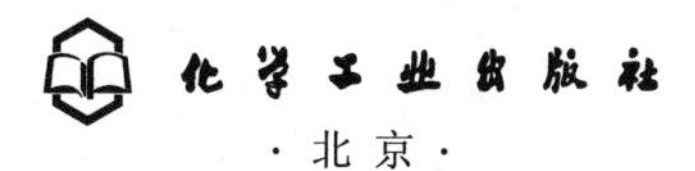

· 北京 ·

内容简介

本书选取当下大热的AIoT（人工智能物联网）为应用场景，以NVIDIA Jetson Nano为硬件平台，系统介绍了人工智能的开发知识，重点讲解了人工智能中边缘计算技术的应用。首先介绍了NVIDIA Jetson Nano开发平台和开发环境的配置，然后通过具体的案例介绍了人工智能边缘计算在物体检测、深度学习等领域的应用。

本书适合人工智能初学者、嵌入式开发技术人员、对人工智能技术感兴趣的青少年及创客教师自学使用，同时也可用作高等院校人工智能相关专业的教材及参考书。

图书在版编目（CIP）数据

人工智能边缘计算开发实战：基于NVIDIA Jetson Nano/陈泳翰，桑圆圆编著. —北京：化学工业出版社，2023.10 （2024.8重印）

ISBN 978-7-122-43733-4

Ⅰ.①人… Ⅱ.①陈…②桑… Ⅲ.①人工智能-研究 Ⅳ.①TP18

中国国家版本馆CIP数据核字（2023）第119812号

责任编辑：耍利娜　　文字编辑：吴开亮
责任校对：边　涛　　装帧设计：王晓宇

出版发行：化学工业出版社（北京市东城区青年湖南街13号　邮政编码100011）
印　　装：河北延风印务有限公司
710mm×1000mm　1/16　印张20¾　字数400千字　2024年8月北京第1版第2次印刷

购书咨询：010-64518888　　售后服务：010-64518899
网　　址：http：//www.cip.com.cn
凡购买本书，如有缺损质量问题，本社销售中心负责调换。

定　　价：99.00元

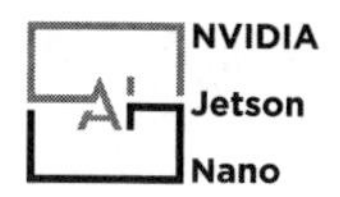

前言

PREFACE

人工智能是一种计算的技术，必须依附在可执行人工智能计算的设备上，才能成为可落地的应用，而“边缘智能设备”是最具有发展前景的搭配载体，其也成为近年来最被看好的产品，于是“在边缘智能设备上开发人工智能应用”就成为最具有商业价值的新蓝海，掌握这方面的技能就能为自己创造大好的前景。

绝大部分人的困扰点在于“缺乏足够的人工智能知识，能开发智能应用吗？”

好消息是，只要找到提供完整开发生态的设备，即便是不具备人工智能技术的人，跟着本书的内容扎扎实实地操作，也有机会在两周内独立完成（如下图）性能优异的智能视频分析应用，能在所设定的区域内、跨越线内，实时统计行人、车辆的数量与行走、行驶的方向，这是一个实用价值很高的商业应用。

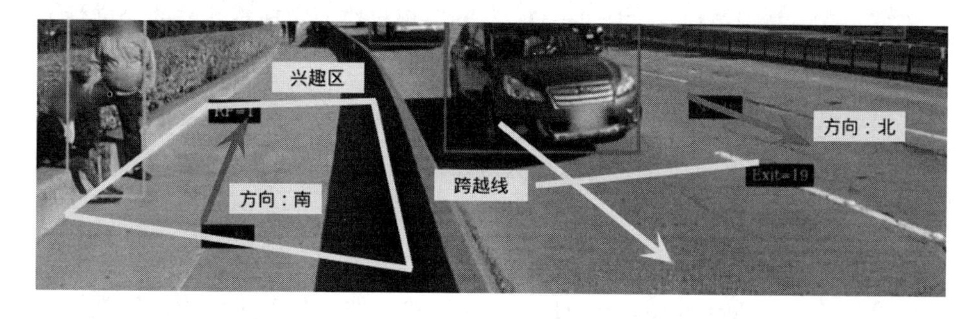

本书面向应用开发人员，即专注于使用场景与流程管理的工程师，对他们来说找到一种具备完整开发生态的设备至关重要，即便不了解人工智能、深度学习、神经网络这些烦琐的理论知识，也不熟悉 TensorFlow、PyTorch 这些框架，依旧可以轻松自如地开发出性能优异的人工智能应用，这是本书的重点。

目前在所有具备智能计算的众核（many cores）架构设备中，英伟达（NVIDIA）基于 CUDA（统一计算设备架构）的开发生态是最完整的，并具备“高效/易用/兼容”三大特性，只要具备基本的计算机知识与Python编程技巧，然后跟着本书的节奏就能轻松开发出视觉类的人工智能应用，正常情况下大约能在两周内完成上图所示的高级智能视频分析应用。

本书使用英伟达 Jetson 系列 AIoT（人工智能物联网）边缘计算设备作为学习平台，并且以性能最弱的 Jetson Nano 2GB 进行示范，所有内容均适用于 Jetson 全系列 AIoT 设备，包括国内很多第三方厂商所生产的设备，主要有以下 3 个用意。

① 低成本：包括设备的成本与配置开发环境的时间成本。

② 适用性广：体积紧凑并提供丰富的周边接口，能满足更多使用场景。

③ 商业价值大：具备根据环境因素自主决策动作的能力，能应用于飞行（无人机）、陆行（无人车）、机械手臂（机器人）等高商业价值的领域。

为了帮助读者按部就班地掌握 AIoT 的开发资源，本书内容分为 4 部分 9 章，主要内容如下。

（1）基础开发资源

第 1 章　说明深度学习的深度神经网络与众核架构的关系；

第 2 章　用 Jetpack 为 Jetson 设备一步到位地安装完整的开发环境；

第 3 章　在 Jetpack 开发环境中，调用各种摄像头与计算机视觉工具实现人脸、眼睛定位。

（2）深度学习入门

第 4 章　基于英伟达“Hello AI World”项目快速实现高性能的深度学习推理应用；

第 5 章　基于英伟达“Hello AI World”项目简单训练自己的深度学习模型；

第 6 章　在 Jetson 中用 YOLO 算法与 Darknet 框架，训练自己的“口罩识别”模型。

（3）智能应用开发

第 7 章　用 deepstream-app 工具配合设置文件，开发简单的视觉类智能分析应用；

第 8 章　用 Python 语言基于 DeepStream 套件，开发自主的视觉类智能分析应用。

（4）智能小车应用

第 9 章　用 Jetson Nano 搭建 Jetbot 无人车模拟系统（需要额外配件）。

科学存在知难行易的法则，最好的学习方式就是以“使用场景”作为起点，然后观察解决这个问题需要使用哪些技术，再有针对性地找到可用的技术资源，加以应用即可，这是最实际的学习流程。毕竟人工智能的发展已经超过 70 年，涵盖几乎整个信息领域高深的知识与技术。

读者只需要一台英伟达 Jetson 系列的 AIoT 设备，就能在两周内轻松学会前 3 部分（第 1 ～ 8 章）的内容，并且掌握深度学习的模型训练与推理识别两大板块的技术。即便读者从未学过任何神经网络的算法，不熟悉 TensorFlow、PyTorch 这些复杂的机器学习框架，也不会对阅读本书形成障碍。

最后的智能小车部分是很有价值的延伸应用，不过需要额外的车架、电机、控制板、供电设备的配合。提供了全部完整的执行脚本，对用户实现了零代码。用户只要组装好车体，就能非常轻松地操控无人车进行模拟任务。

通过这样的内容安排，能让读者在最短的时间内，轻松地学会开发具有实用价值的 AIoT 人工智能应用，快速跻身人工智能应用开发的技术人员行列。

编著者

NVIDIA Jetson Nano

目录
CONTENTS

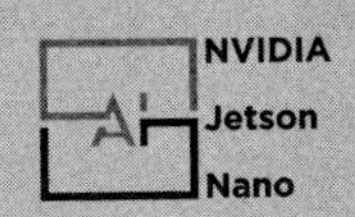

第1章 初识边缘 AI 计算

“科技始于人性”这句话是诺基亚在极盛时期的经典标语，也说明了科技与生活之间的最重要关系，与改善人们生活无关的科技是无法进入商业市场的，因此许多先进的技术目前就只能暂时停留在实验室或理论研究阶段。

近年来，边缘计算（edge computing）与人工智能（artificial intelligent，AI）并列为信息产业最热门的焦点。有意思的是，这两个名词都已经有相当长的历史，但为何又突然成为高科技的新宠呢？

要知道所有创新科技在发明（或发现）之后，并非立即就具有规模化的商业市场，除了科技本身需要经过不断的淬炼而变得成熟之外，相关骨干资源的配合是更加重要的影响因素，如果骨干资源铺排得还不够到位，过早投入发展新科技是相当耗费时间、精力与金钱的，会产生事倍功半的效果。

只有当配套因素都获得基本满足，让新技术成为“可落地应用”时，才能准备进入大家最期待的“风口（爆发）”阶段。此时只要顺势而为，就能收获事半功倍的成效。

什么是骨干资源？哪些是可落地应用？看看下面的几个例子就会更清楚它们的概念：

- 公路属于骨干资源，汽车是可落地应用；
- 无线网是骨干资源，手机是可落地应用；
- 互联网是骨干资源，电子商务是可落地应用；
- 电力供应系统是骨干资源，家用电器是可落地应用。

骨干资源的技术开发与建设，需要极为庞大的金钱、人力、物力、技术与时间的投入，很明显不是新创企业所能参与的；而落地应用需要多样化、个性化、智能化的互动式体验功能，里面存在无止境的创想空间等待大家去挖掘与实现，这也是信息产业能造就出无数暴发型企业与科技新贵的原因。

事实上，边缘计算并不是一个新的概念，早在 20 世纪 90 年代便已经有这样的应用。在21世纪前10年掀起的IoT风潮，也属于边缘计算的一个板块，但为何到了21世纪20年代又被重新推到风口浪尖上呢？

这里有一个非常重要的驱动力，就是在2013年深度学习技术兴起之后，让人工智能得到破茧式的发展，这使得原本只能执行单纯传感功能的IoT应用，有机会升级到具备自适应、自处理能力的AIoT应用。其价值的跃升很明显，不仅在工业上能带来更加高效的自动化应用，也让过去一直欲振乏力的家庭自动化应用看到无限曙光。

不具备人工智能技术的边缘计算是早就存在的，也没什么特殊的创新点与增长点。本书所探索的边缘计算是基于人工智能技术的应用，可以将它统称为“边缘AI计算”，这才是值得我们花时间去学习与开发的新领域。

本书的目标读者是以“应用开发”为主要方向的工程师或初学者，内容并不牵涉晦涩的人工智能数学算法，也不需要C/C++语言的开发经验，只需要具备Python这个人性化开发语言的基础就足够了，本书会带领读者使用市场上已经提供的丰富资源来进行学习，只要按部就班地跟着书中的范例，就能在几周时间内学会开发智能边缘计算应用。

1.1 人工智能驱动的边缘计算

大部分人说不清楚边缘计算是什么，因为它并不是一个实质的技术，只是一种执行场景的概念性范围。如果非要有个比较清晰的定义，最简单的表述就是“发生在网络边缘的所有云外计算”，也就是所有连上网络、但又不是云计算的设备，都可归类为边缘计算设备。

如果按照这样的定义，那么所有能连上网的具备计算能力的设备都属于边缘计算设备，包括个人电脑、笔记本、平板电脑、智能手机 / 手环 / 手表、家庭智能电器、户外空气质量传感器、各种门禁系统等，随随便便就能列出几十种大家所熟悉的设备。

这些早就融入我们生活的东西，已经发展得很成熟也很智能了，还有什么改善或发展的空间吗？

事实上目前大家所熟悉的智能体验，主要来自设备对使用者的操作轨迹进行数据分析计算，然后做出贴近使用者习惯的信息过滤回馈。这时候该边缘计算设备更多扮演的是信息采集与分析的角色，但是缺乏对环境状态的识别与回应的能力，这与传统意义上的人工智能还是有非常大的差距的。

真正的人工智能所希望达到的基本要求是，让边缘计算设备能具有接近人类的对体外环境动态变化的识别与互动的能力，包括视觉、听觉、嗅觉、触觉等方面。最终目的是实现与人类相近的信息理解能力、环境感知能力与独立执行能力。如此的智能程度就不仅仅是个辅助功能了，而是可以充当人类的帮手甚至是分身，实用价值非常高。

根据国际权威机构 IDC 于 2020 年公开的预测数据，中国人工智能市场规模至 2025 年将达到 1000 亿元人民币（约 160 亿美元），复合年增长率高达 35.2%，已进入高速增长期。图 1-1 更进一步分析了各领域的相关数据，可以看到计算机视觉应用一直占据 40% 以上，是人工智能中的主流板块。

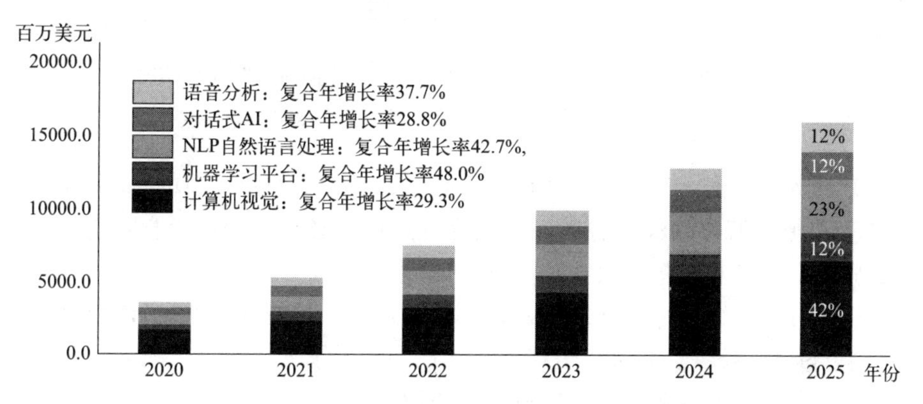

图 1-1　国际权威机构 IDC 提供的中国人工智能市场规模预测

纯技术是无法有效变现的，再好的人工智能技术也得依附在特定硬件上，才能形成商业行为的主体。根据前面的定义，除了云端服务器之外的网络计算设备都属于边缘计算设备的范畴，因此将人工智能技术集成到边缘计算设备的“边缘 AI 计算”应用，是近年来边缘计算再度兴起的根本原因。

如果理解前面所说的关系，就能清楚地认识到，真正的核心问题如下所述：

- 挑选适合人工智能计算的边缘计算设备；
- 在设备上开发人工智能应用。

第一个问题在下一节中会详细说明，第二个问题从本书第 2 章一直到最后进行讲解，基于合适的人工智能边缘计算设备，按部就班地带着读者学习应用开发的技术细节。

1.2　适配深度神经网络的众核架构

目前人工智能技术以深度学习（deep learning）为主流，其核心算法是深度神经网络（deep neural network，DNN），是以人工神经网络（artificial neural network，ANN）为基础所进化的复杂算法。

图 1-2 是人工神经网络的数学模型示意图，由心理学家 W. S. McCulloch 和数理逻辑学家 W.Pitts 在 1943 年共同创建，为人工智能的技术发展提供了非常直观且可操作的理论基础，后来也成为人工智能最重要的发展方向。为了纪念这个模型的划时代意义，便以二人名字首字母将其命名为 MP 数学模型。

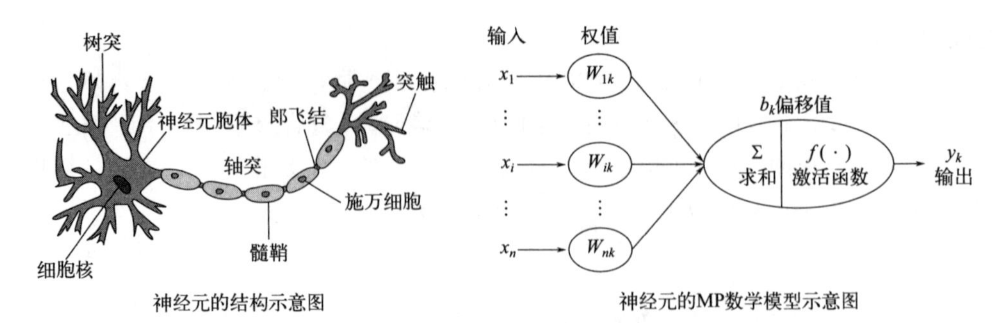

图 1-2　人工神经网络：模拟人脑神经元的 MP 数学模型

要知道人脑神经元数量高达 100 亿个以上，即便一个很简单的物体识别任务，都可能需要上百万个神经元进行复杂的交互运作，必须在 MP 基础模型上进行大幅度的扩充，才有机会模拟真实的人脑行为。

图 1-3 右边的深度神经网络结构是基于左边人工神经网络所进行的有效扩展，其经典算法 AlexNet 在 2012 年全球 ILSVRC 图像识别大赛中一举成名，从此打开深度学习之门，并且成为人工智能领域的主流显学。

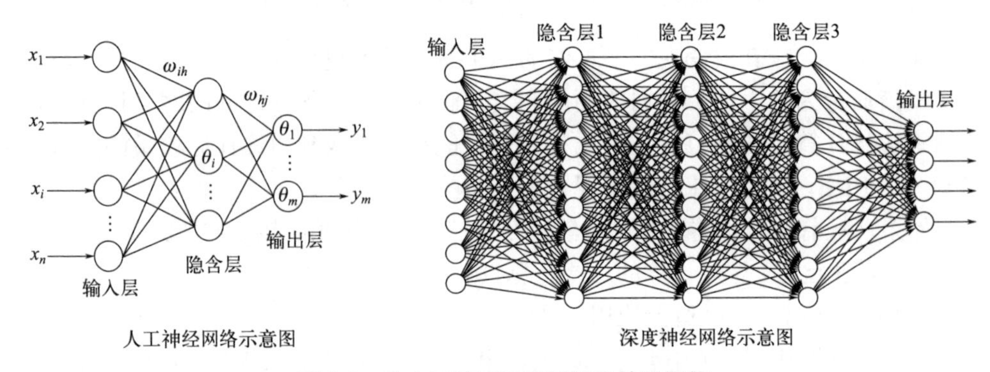

图 1-3　从人工神经网络到深度神经网络

人工神经网络的发展跌宕起伏，总共历时 70 年的时间才验证其效果。期间吸引大量全球顶级计算机科学家与数学家争相投入，为神经网络发展出各种结构与经典算法，从 20 世纪 80 年代的万众瞩目到 21 世纪前 10 年跌落神坛，然后在 21 世纪 20 年代又得以谷底翻身，就是一个标准的过山车路线，非常富有传奇色彩。

大部分人将影响神经网络发展的主因归咎在计算机性能上，但真正赋予深度神经网络威力的是“计算架构”的问题。

在图 1-2 右边 MP 数学模型示意图中，存在以下三个关键特性：

① 同一层神经元之间是彼此独立的，例如输入层的 x_1、…、x_i、…、x_n 是相互独立的，权值层 W_{1k}、…、W_{ik}、…、W_{nk} 也是相互独立的；

② 相邻层计算公式是一致的，例如输入层与权值层设定的计算公式为 $x0.5W+2$，则两层之间的计算全部依循这个公式，没有任何条件（if..then..else）

分支判断；

③ 相邻层的交互计算也是彼此独立的，没有任何依赖关系。

有经验的人能够一眼就看出，上述三个特性完全符合典型的 SIMD（单指令多数据流）并行计算模式，这是第一个非常重要的认知。

接下来的问题是探索图 1-3 右边深度神经网络结构的需求，如果以深度卷积神经网络的 AlexNet 算法为例，这个 8 层算法的网络已经使用了将近 66 万个神经元，其后的跟随者甚至发展到 152 层结构，其神经元使用量估计达到千万级别。

单纯从数学运算角度来看，任何 CPU 都能执行神经网络的计算要求，唯一的问题是你能否忍受其所需要的时间。即使一台带有 20 个核的双 CPU 系统，具备 40 核 /80 线程并行处理能力，但是面对 66 万个神经元的处理要求，也要消耗相当久的时间。

能否使用集群式高性能系统来处理深度神经网络的计算呢？当然是可以的。在 2000 年的高性能系统中，已经有使用 8000 多个 CPU 搭建的性能达 14 万亿次（TFLOPS）的集群系统，但是极少听闻有人使用这样的高性能系统去执行神经网络的相关计算，最关键的问题就是成本过高，绝大部分开发人员承担不起。

事实上，神经网络计算只需要用到 CPU 中非常简单的 ALU（算术逻辑单元），估计会造成 90% 以上的资源浪费，就如同为了吃鱼翅而牺牲鲨鱼，这样的执行成本过于昂贵，是过去几十年阻碍神经网络技术发展的真正原因。

一种称为众核（many cores）架构的计算模式，将成百上千的纯算术处理单元集成在独立芯片内，作为计算机的辅助计算器，非常适合神经网络的计算架构。图 1-4 列出了三种比较著名的众核架构，分别是英伟达 CUDA（compute unified

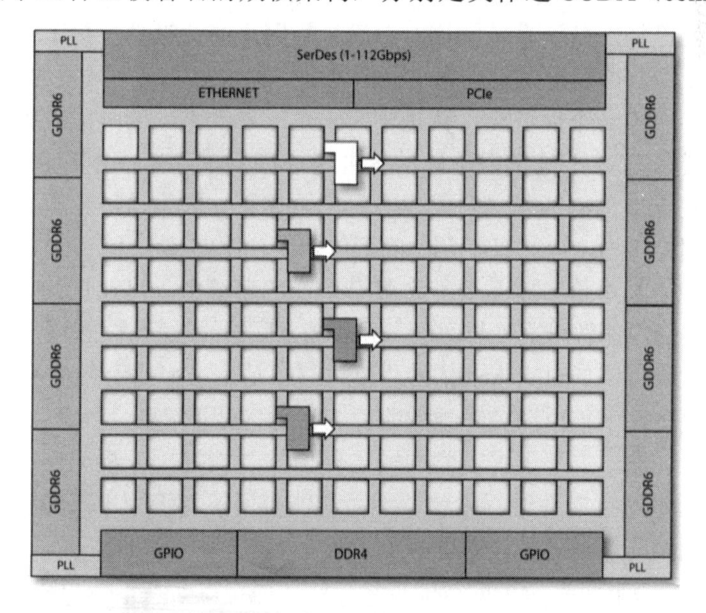

图 1-4　适合神经网络计算模式的众核架构

device architecture，统一计算设备架构）、谷歌 TPU 架构与 FPGA。

与传统 CPU 相比较，众核架构的最大优势就是计算核的单位采购成本与使用成本（根据功耗）非常低。表 1-1 用相对粗略的成本核算方式提供简单的比较。

表 1-1　Jetson 设备执行多种深度神经网络的推理识别计算性能

型号	大约售价	计算核	功耗	单位采购成本	使用（功耗）成本
Intel i7 11700K	2500 元（人民币）	8 核 /16 线程	125W	156 元 / 核	7.8W/ 核
NVIDIA RTX A4000	9000 元（人民币）	6144 核	140W	1.46 元 / 核	0.02W/ 核

从表中最右两栏数字中可以看到，二者在计算核的单位采购成本相差大约 100 倍、使用成本（功耗成本）相差约 400 倍，这是一个很粗略的比较，若要精算至少也有几十倍的差距，如此大的成本差异也就验证了前面所说的论点，并非 CPU 不能执行深度神经网络的计算，而是执行成本太过昂贵。

自从 AlexNet 算法于 2012 年开启“深度卷积神经网络 +CUDA 众核架构”方案的先河，接着四年的 ILSVRC 竞赛冠军也都采用相同的组合方式，并且获得非常好的成绩，甚至对图像分类的识别能力已经超过人眼的极限，导致这个竞赛于 2017 年宣布终止。

这就足以证明众核架构与深度神经网络的完美结合，使人工智能技术重新获得产学界的认可与期待，也成为目前深度学习的应用主流。

1.3　选择合适的人工智能学习平台

既然我们已经清楚了众核架构对深度神经网络的关键性，接下来的问题就是要在时下主流的众核架构中，挑选一种作为学习人工智能应用开发的平台。

这里必须明确一个关键点，就是学习与生产属于不同的阶段，因此单纯的硬件成本与性能峰值并不是学习阶段的首要考虑因素，除非成本存在过大的差距。在学习阶段更需要关心的是“开发生态”是否完善，因为这部分直接影响开发所需耗费的时间与精力，这些见不到的隐形成本往往比实体成本高出许多。

人工智能的基本价值就是要能在复杂多变的环境中，迅速识别出不同因素的变化状态，然后快速做出决策与回应，并且基于回馈的经验值去提高识别与决策的准确度，以大幅度降低对真人的依赖程度，这才是人工智能受到众人期待的重点，其复杂度比过去几十年自动控制领域的智能应用高出非常多。

图 1-5 所示是一个基于深度学习的道路监控智能视频分析应用，图中的兴趣区与跨越线通过配置文件进行设定，然后智能应用实时识别出兴趣区内的动态人数，并且在指定跨越线上统计通过的车子数量。

假如要开发如图 1-5 所示的智能视频分析应用，需要具备哪些基础知识，哪些开发技能，投入多少时间呢？

图 1-5　具备统计分析功能的智能视频分析应用

图 1-6 是智能视频分析应用的标准流水线示意图，总共有 8 个步骤，除了人工智能推理计算的部分（追踪 / 推理）之外，还需要 3 个前处理与 4 个后处理的环节，任何一个阶段出现瓶颈，都会影响这个应用的性能。

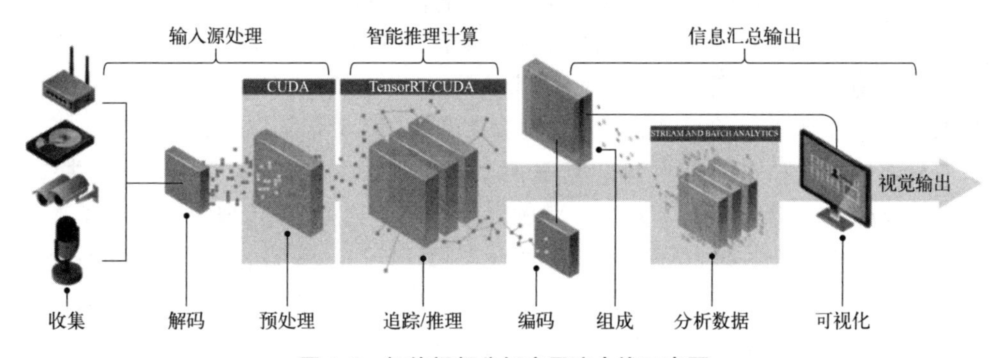

图 1-6　智能视频分析应用流水线示意图

开发完整应用时，必须从更宏观的视角去检视每个阶段计算资源之间的平衡状态，当然也需要关注每个过程的开发与调试难易程度，任何环节的缺失都会导致整个智能应用的失败，这是一个很重要的基本认知。

基于上述原则，这里不对各种众核计算架构的硬件平台做性能与价格的比较，因为这些对初学者来说意义并不大，除非硬件平台之间存在过大的成本差距。好消息是目前这些硬件平台之间的同级别性能产品价格差异都在可接受的范围之内，毕竟大厂之间的竞争是非常激烈的，成本控制也是他们展现竞争力的一个重要因素。

对初学者与应用工程师来说，这些众核计算设备所提供的配套开发资源是更重要的，主要包括以下三项重点。

（1）开发环境通用性

目前智能边缘计算设备主要有 x86 桌面级与 ARM 嵌入式两大主流，大部分众核计算架构供应商也都提供这两大类设备，假如两种平台的开发环境是一致的，那么开发的应用代码能在 x86 与 ARM 之间通用，否则需要透过交叉编译（cross compile）的过程，进行软件移植与调试的工作，这是一个相对烦琐的处理过程。

此外，通用性的部分还包括所使用的操作系统、所支持的深度神经网络种类、模型训练框架的种类，毕竟从学习的角度，当然是希望所学会的技能具备更广泛的适用性。例如谷歌的 Coral 系列嵌入式 TPU 设备，采用的 Mendel Linux 是一个相对冷僻的操作系统，推理框架也只支持 TensorFlow Lite，在通用性方面有严重的局限。

至于英伟达所提供的开发环境，不仅支持 Windows、MacOS、Ubuntu 等操作系统，更支持 x86、ARM 及 PowerPC 等硬件平台，在任何一种平台上开发的代码，都能轻松移植到其他操作平台上。

深度学习训练平台也支持绝大部分的框架，包括 TensorFlow、PyTorch、Keras、Caffe、YOLO/Darknet、ONNX 开放格式等，从学习与开发的角度都不会受到任何限制，这也是一个非常重要的关键点。

（2）开发生态完整性

这里所指的并非单纯的函数库数量，而是有针对性的 SDK（software develop kits，软件开发包）提供的，这也是体现供应商对开发者用心程度的参考，因为基础函数库是每个厂商所必须提供的基础工具，如同一套设备的所有零部件一样。SDK 就是一个预处理的半成品，让开发者可以减少大量基础搭建的工作量。

目前所有众核架构的设备供应商中，只有英伟达提供足够完善的开发生态，包括针对深度神经网络的 cuDNN 工具包、针对深度学习加速推理的 TensorRT 加速引擎、针对智能视频分析的 DeepStream 开发包、针对计算机视觉的 VisionWorks/VPI 工具包等，里面都提供了非常丰富的开发说明与开源代码，这是目前其他供应商的明显不足之处。

（3）开发接口（API）封装级别

这部分主要有高级别（high level）与低级别（low level）的区分，所有硬件供应商都会提供低级别的 C 语言开发接口，通常适合电子、控制、电信等行业的系统工程师使用，能直接调度系统的计算资源与通信接口，以使系统具备最好的执行性能。

但这种与资源配置紧密捆绑的方式，不仅大大限制了代码的通用性，对于擅长流程与算法的应用工程师也非常不友善，对于非电子、控制、电信等行业的初学者来说，更是具备很高的技术门槛。

高级别开发接口能有效地解决上述困扰，让应用工程师能更加轻松地开发应用软件，也让初学者能更加顺利地度过入门阶段。高级别开发接口通常具备以下两大特性：

① 硬件抽象化（abstraction）处理：基于 C++ 与 Python 等面向对象开发语言的类（class）特性，将变动性的计算资源进行抽象化处理，在应用开发阶段，可以专注于流程与算法的处理而忽略计算资源的配置细节，等到执行时再由编译软件执行硬件资源的捆绑任务，这对初学者与应用开发人员是最有利的工作方式。

② 对函数进行友善的封装（encapsulation）：每种设备供应商都会提供数百个

基础函数库，有些复杂算法是将基础算法根据一些状态进行优化的组合处理，友善的封装会先行将一些常用的复杂算法进行处理，并为特定参数提供预设值，不同神经网络需要不同的微调参数，如学习率（learning rate）、锚型（anchor shape）、优化器（optimizer）等。这些参数的优化都要求工程师必须对神经网络结构有足够深入的理解与调试经验，对于绝大部分初学者与非算法工程师来说是一项难度极高的任务。

开发接口的封装级别与供应商在相关功能上的技术经验是息息相关的，因为抽象化处理需要非常缜密的长期规划，为函数提供优化的预设值需要工程师具备足够的调试经验，而这些配套的处理最终都需要并入厂商所提供的解析器（parser）与编译器（compiler）之内，其实这是一个规模庞大且长远的工程，对原厂的实力是相当大的考验。

与众核边缘计算设备的成本相比较，上述三个重点对应用工程师来说更加关键，因为这与投入开发的时间与精力是紧密关联的。就目前的市场状况来看，英伟达 CUDA 架构所提供的资源是最完善的。

以图 1-5 所示的智能视频分析应用为例，如果以英伟达 DeepStream 开发工具为基础，即便是没有深度神经网络基础的初学者，也能在两周之内学会独立完成这样的应用，而且还能部署在各种基于 CUDA 的边缘计算设备上。

从学习人工智能应用开发的角度来看，英伟达所提供的开发资源是最完整且最友善的，因此本书内容就以 CUDA 众核架构作为学习平台，将与深度学习相关的开发资源进行说明与演示，让读者能够通过这些内容与知识，快速掌握开发人工智能应用的诀窍，顺利进入人工智能的开发行列。

1.4 英伟达的“高效 / 易用 / 兼容”开发生态

这家原本专注于 GPU（图像处理单元）的科技企业，于 2005 年发现可以用 GPU 的众多计算核实现并行计算之后，便开始规划 CUDA，作为其众核混合计算的一个标准规范，然后基于这个规范去搭建相关开发生态，初期以高性能并行计算为核心，后来又扩充到深度神经网络、机器视觉、智能对话领域的开发工具包，形成一个完整的开发生态体系。

与其他设备供应商的不同之处在于，英伟达开发生态的内容非常丰富，而且涵盖的层面十分广阔，因此也不断根据应用领域进行垂直分割。图 1-7 所示为 CUDA-X HPC & AI 开发生态架构，就是针对人工智能领域与高性能计算所需要的技术，与上下游资源进一步整合之后，所规划出的两个新的开发生态板块，开发人员只需要找到合适的开发资源，就能非常轻松地开发出实用价值高的人工智能应用。

虽然英伟达的开发生态相当庞杂，但所提供的开发工具都是基于“高效 / 易用 / 兼容”三大原则的，这是一项难度极高的系统工程，十分考验原厂的视野与

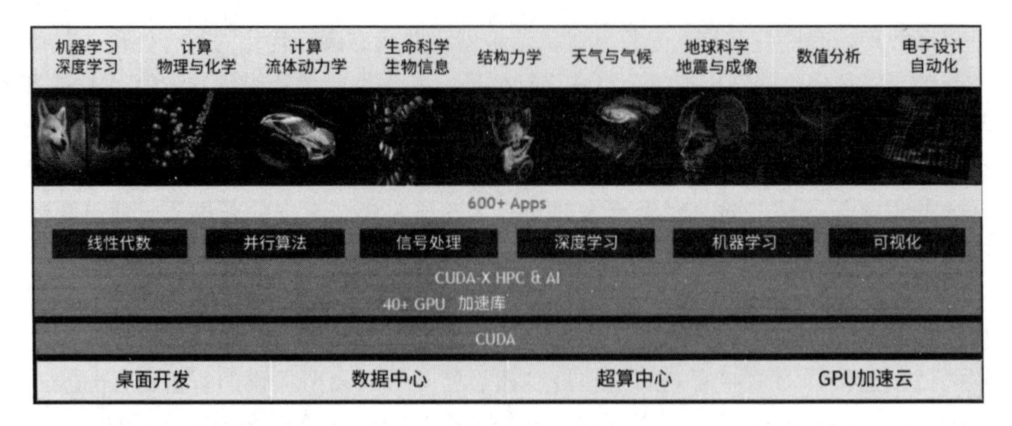

图 1-7　英伟达于 2019 年全新整合的 CUDA-X HPC & AI 开发生态架构

规划能力，以及高端人力的投入。以下列出实现这三种平衡的关键点。

（1）CUDA

这是英伟达过去 15 年最重要的指导规范，所有英伟达的芯片与设备都遵循这项接口规范，不管硬件架构如何更新换代，开发者所面对的 API 大部分能保持一致，因此所开发的代码就能在不同平台（如 x86、ARM 或 PowerPC）或者不同 GPU（如 Tesla、Maxwel、Kepler、Volta、Ampere 等）上实现无缝衔接的效果。

有了这样的统一规范之后，就能进一步为各种计算资源进行更有层次的抽象化处理，在初期开发阶段只需要知道所要调用抽象化对象的功能，而不需在意其资源的多寡。

例如，桌面级 GPU 计算卡可能具有 6144 个计算核与 32GB 显存，嵌入设备可能只有 128 个计算核与 4GB 显存，经过抽象化处理之后的开发接口只看到“一个计算设备”，开发人员只要交代清楚需要这个设备执行什么任务就可以了，然后检查执行的输入数据与输出结果是否正确，这样就完成了开发的第一个阶段的任务。

如此的方式对初学者以及应用开发工程师来说是最简单的，只要将精力专注在流程与逻辑正确性上就可以了。

（2）内部技术人员负责底层性能优化

英伟达基于 CUDA 规范，针对线性代数、并行算法、信号处理、深度学习、机器学习与视觉处理六大类的四十多个高性能基础库，如 cuDNN、nccl、cuFFT、cuBLAS 等，进行执行功能的优化。

有经验的系统开发人员通常利用这些底层库搭建出性能优异的架构，例如脸书的 PyTorch、谷歌的 TensorFlow 等机器学习框架开发团队，还有 Adobe 的视频编辑、渲染软件开发团队，都将应用底层与 CUDA 进行紧密捆绑，使用者只需要开启对 CUDA 的支持，就能得到优异的执行性能。

英伟达提供的开发套件也采取相同的原则，内部工程师基于 CUDA 基础库，以计算资源抽象化的方式，去处理绝大部分底层性能优化的工作，因为这些环节是英伟达工程师非常熟悉而且擅长的，但是对外部人员是非常晦涩难懂的，如此分工方式是非常高效的，让应用开发人员能在最短时间内创建高效能的人工智能应用。

（3）提供高级别封装接口与优化预设值

这是开发者直接面对的部分，前面已经提过高级别封装接口能提供非常友善的调用方式，包括用很少的代码量执行相同的功能，并且可以忽略很多与系统计算资源相关的参数，因此底层已经提供了大部分的优化预设值。

本书 3.2.2 节所提到的 VPI 视觉开发库，就提供以“图像处理算法”为函数的高级别接口，例如 harriscorners() 函数就是用 Harris 算法找出图像中的角点（corner），这样一个函数可以取代原本 OpenCV 的几十行代码。

另外在第 4 章描述的 jetson-inference 深度神经网络库，也封装了许多易用且执行效率非常高的高级别接口，包括使用 videoSource() 函数处理所有数据源，使用 videoOutput() 函数处理全部输出类型，在深度学习推理方面使用 imagenet()、detecnet()、segnet()、posenet() 负责个别应用种类的处理，开发人员需要熟悉的函数大约有 10 个。

至于性能处理方面，在底层集成 TensorRT 推理加速引擎的功能，但是开发人员无须具备 TensorRT 的任何知识，也无须处理任何模型转换的工作，几乎在安装好这个项目之后的一小时之内，就能开发出具备 80 类物体识别功能的实时推理应用，其中 4.4.1 节中的“10 行代码实时推理”项目就是一个最经典的范例。

以上是英伟达能搭建高效 / 易用 / 兼容的开发工具的三个主要原因，除此之外还提供以下四个配套的辅助措施。

① 丰富的说明文件与范例代码：在所有分门别类的开发需求上，英伟达的说明文件几乎做到无死角的地步，并且提供针对大部分应用类型的完整范例代码，与系统底层相关的以 C 代码为主，与应用开发相关的以 C++ 或 Python 代码为主。

② 用 Docker 容器技术封装应用：解决在一台设备上同时执行不同应用的难题，因为各种应用之间可能发生调用库的版本冲突问题，容器技术能有效地解决这个困扰。

③ 丰富的深度学习资源：在 NGC 中心提供了数十种由英伟达专业工程师在顶级设备上所训练出来的优质训练模型，开发人员可以直接用其来测试设备性能，也能使用迁移学习技术来作为自行训练的基础，以提高模型精准度。这些资源能非常有效地缩短应用开发与测试的时间。

④ 在地开发者社区的支持：为了使更多入门者能更容易上手，英伟达中国的“开发者社区”（developers community）每年提供近百场线上或线下免费技术会议，包括 AI 科普进校园、CUDA ON ARM 夏令营 / 冬令营、Sky 黑客松等活动。

相较于其他众核设备原厂的开发资源，英伟达所建构的开发生态是非常完善的，勤劳的初学者有机会在 2 ～ 4 周时间内完成人工智能应用的初期开发，这样就能向外界展示属于自己的成果，这是本书选择英伟达的众核计算设备作为学习平台的最重要原因。

1.5 学习边缘 AI 计算从 Jetson 上手

英伟达在 2016 年推出基于 ARM CPU 的 Jetson 嵌入式 AIoT 众核计算平台，从最早期的 TK1/TX1/TX2 计算模组，到 2019 年扩展出 AGX Xavier/Xavier NX/Nano 三个系列，主要分为入门、实用与高阶三个级别，能执行的功能几乎完全一样，计算资源与性能存在差异。

前面提过，基于 CUDA 规范的众核计算设备之间具备代码的通用性，因此成本低廉、稳定性高、安装容易、便携性强、适用性广的 Jetson 系列 AIoT 边缘计算设备对初学者来说是极佳的选择。表 1-2 进行了 Jetson 与 x86 桌面级 CUDA 计算方案的简单比较。

表 1-2 Jetson 设备执行多种深度神经网络的推理识别计算性能

项目	Jetson 嵌入式 AIoT 边缘计算设备	x86 桌面电脑添加 CUDA 众核计算卡
最低成本	人民币 2000 元起	人民币 6000 元起
稳定性	高：以电子电路形式焊接在主板上	普通：用插件接口组装
环境安装	简单，使用 Jetpack 一次安装所有软件的正确版本，正常情况能在 1 小时内完成	复杂，需要自行安装操作系统、驱动、CUDA 工具包、cuDNN、OpenCV、TensorRT，并且需要确认各软件之间的正确版本关系
信号接口	内置 40 针标准工业信号接口	需自行添加扩充设备，并测试兼容性
便携性	高，体积小，能随身携带	差，体积大，任意搬动可能导致元件松脱
适用性	便于部署在各种缝隙空间	只能在实验室开发

开发嵌入式 AIoT 边缘计算设备的原始目的，就是便于部署在各种缝隙空间，包括城市智能交通的户外部署、智能楼宇 / 工业控制 / 智慧农业的各个角落，因此使用 AIoT 设备作为起点，可以直接针对目标场景进行规划与开发，不需要先在桌面设备上开发然后再进行移植与测试，这样能节省大量的时间成本。

此外，一旦我们具备在计算资源稀缺的嵌入式 AIoT 设备上开发人工智能应用的能力，以后用计算资源更加丰富的设备开发就会更加游刃有余，从学习角度来说这是非常好的起步。

Jetson 嵌入式设备唯一不便之处，就是不支持大家比较熟悉的 Windows 操作系统，主要使用 Liunx 系列嵌入式操作系统，因为微软目前并不支持 x86 以外的平台，这是大家都克服不了的障碍。

幸好目前与深度学习相关的开发资源，以 Linux 系列操作平台为主流，因此要往这个方向发展的开发人员，必须尽早熟悉 Linux 操作环境，才不会限制自身的发展。

Jetson 系列嵌入式 AIoT 边缘计算设备以两种形式在市场上供应。

（1）由英伟达原厂设计与生产的 Jetson 开发套件

以非工业级的 Jetson 核心模组为计算单元，并不适合在超高温 / 超低温的严苛环境中使用，也没做抗振防尘的设计，适合在实验室或单纯环境中使用。图 1-8 简单列出了 Jetson 开发套件的三大系列产品，由于更新迭代速度较快，配置也会不断升级。

项目	AGX Xavier	Xavier NX	Nano：4G/2G两个版本
图片			
定位	高阶应用	高效实用	入门开发
CPU	NVIDIA Carmel ARMv8.2 (8-core) @ 2.26GHz	NVIDIA Carmel ARMv8.2 (6-core) @ 1.4GHz	ARM Cortex-A57 (quad-core) @ 1.43GHz
CUDA核	512-core Volta @ 1377 MHz	384-core Volta @ 1100MHz	128-core NVIDIA Maxwell @ 921MHz
张量核	64个	48个	
内存	32GB eMMC 5.1	16GB eMMC 5.1	4GB/2GB 64-bit LPDDR4

图 1-8 英伟达所生产的 Jetson 系列开发套件

由于这类开发套件需要面对更多样化的用途，因此在设备上都提供与树莓派兼容的 40 针引脚接口，如图 1-9 所示，这样就能直接使用过去 10 年创客领域相当成熟的周边设备，来创建各种机电控制的应用。

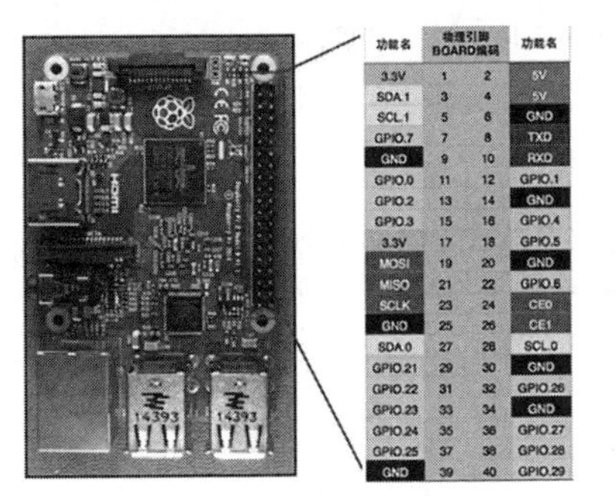

功能名	物理引脚BOARD编码		功能名
3.3V	1	2	5V
SDA.1	3	4	5V
SCL.1	5	6	GND
GPIO.7	7	8	TXD
GND	9	10	RXD
GPIO.0	11	12	GPIO.1
GPIO.2	13	14	GND
GPIO.3	15	16	GPIO.4
3.3V	17	18	GPIO.5
MOSI	19	20	GND
MISO	21	22	GPIO.6
SCLK	23	24	CE0
GND	25	26	CE1
SDA.0	27	28	SCL.0
GPIO.21	29	30	GND
GPIO.22	31	32	GPIO.26
GPIO.23	33	34	GND
GPIO.24	35	36	GPIO.27
GPIO.25	37	38	GPIO.28
GND	39	40	GPIO.29

树莓派40针引脚与功能表

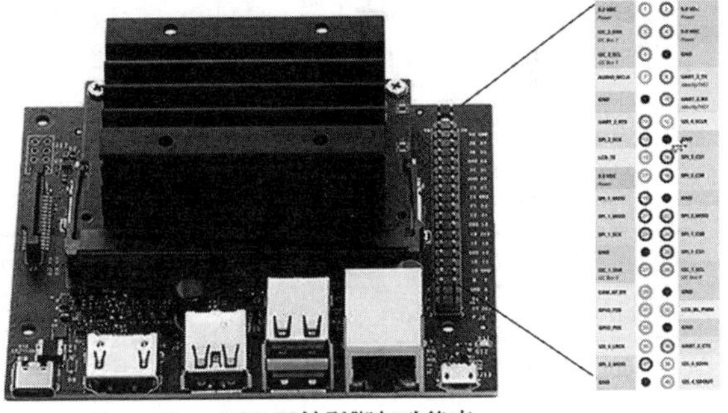

Jetson Nano 2GB 40针引脚与功能表

图 1-9 英伟达 Jetson 开发套件提供与树莓派完全兼容的 IoT 接口

本书最后一章介绍的 Jetbot 无人车教学系统，就是基于这组接口来搭配成熟的元件，然后实现控制传动的功能。

（2）第三方设计与生产的 Jetson 边缘计算设备

英伟达将工业级核心模组提供给有能力规划与生产的第三方，以生产自有品牌的 AIoT 边缘计算设备，包括独立载板或系统。

由于使用场景的分化非常明显，对于温度、振动、酸碱、灰尘等的要求大相径庭，例如医院、楼宇、道路、收费站、野外、车体等场景，所需要增强的功能就截然不同，第三方必须针对最终需求去搭配对应的温控、防尘、避振等设计，以及提供搭配所需设备的周边接口，因此外形与接口方面都会有很大的不同。

图 1-10 给出 Jetson 核心模组与第三方所设计生产的系统的参考图片，目前国内已有数十家具有实力的厂商，针对不同领域推出多款基于 Jetson 的 AIoT 边缘计算设备。

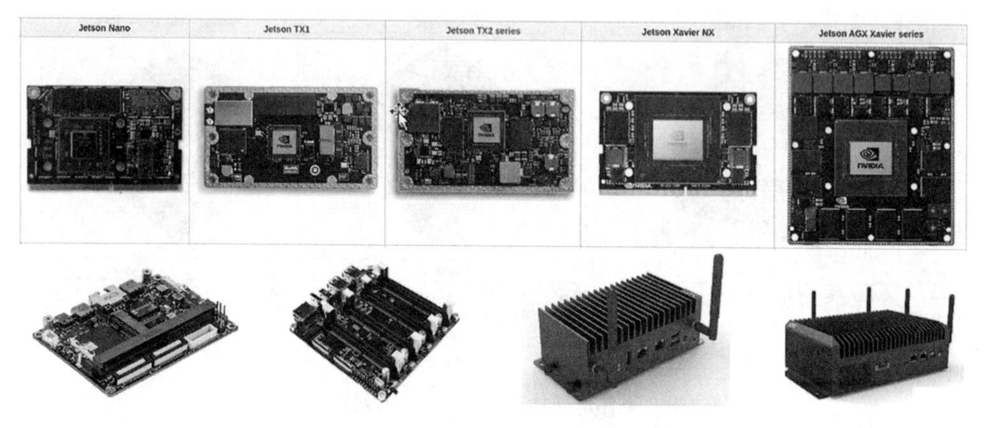

图 1-10　Jetson 系列核心模组与第三方载板与系统

不管是英伟达所生产的 Jetson 开发套件，还是第三方使用 Jetson 核心模组所建构的 AIoT 智能边缘计算设备，其开发原理与代码是完全通用的，因此采用任何一类设备进行学习与开发，日后都能将其成功地部署在其他设备上。

有些人可能担心 Jetson 平台的执行性能是否能达到最基本的要求，表 1-3 给出英伟达官方提供的测试数据。

表 1-3　Jetson 设备执行多种深度神经网络的推理识别计算性能　　单位：FPS

网络模型 / 设备	Nano 2GB	Nano 4GB	Xavier NX	AGX Xavier
SSD Mobilenet-V1(300×300)	43 ～ 48	43 ～ 48		
Inception V4(299×299)	11 ～ 12	11 ～ 13	320 ～ 405	528 ～ 704
VGG-19(224×224)	10 ～ 12	10 ～ 12	67 ～ 313	276 ～ 432
Super Resolution(481×321)	15	15	164 ～ 166	281 ～ 302
Unet(256×256)	17	17	166	240 ～ 251
OpenPose(256×456)	15	15	238 ～ 271	439 ～ 484
Tiny YOLO V3(416×416)	48 ～ 49	48 ～ 49	607 ～ 618	1100 ～ 1127
ResNet-50(224×224)	36 ～ 47	37 ～ 47	824 ～ 1100	1946 ～ 2109

可以看到，即便是性能最低的 Jetson Nano 2GB 机种，在执行深度学习的物体检测推理计算方面，比一般未添加 CUDA 计算卡的台式机都高出许多，几乎接近

25fps（帧 / 秒）的实时（real time）性能要求，这样就不用担心这种嵌入式 AIoT 智能边缘计算设备会出现性能上的缺口了。

总的来说，英伟达 Jetson 嵌入式 AIoT 智能边缘计算设备具备成本低廉、稳定性高、安装容易、便携性强、适用性广等特性，加上 CUDA 提供的高效 / 易用 / 兼容的开发生态，因此其作为人工智能的学习或开发平台，是一种实用性非常好的选择。

除此之外，要配置好开发环境的 Jetson 设备，安装好 Ubuntu 18.04 L4T 版操作系统，并且调试好 CUDA 开发环境、Python 2.7/3.6 编程语言，以及 OpenCV 这个普及度非常高的计算机视觉库。也有不少人使用 Jetson 设备作为 CUDA 编程技巧、Python 编程技巧或 OpenCV 计算机视觉的学习平台。

1.6 Jetson 的 AIoT 成功案例与配套资源

要判断一个设备是否适合某些用途，最简单的方法就是看其是否有足够多的优质成功案例，如果除供应商以外的用户方还能轻松复现这些案例，就能证明这个设备的实用性。

英伟达在开发者社区中为 Jetson 设备开了一个 Jetson-Projects 项目专区，从 2019 年下半年开始向使用者进行项目征集，到 2022 年 5 月大约有 150 个精选项目，并且在持续增加当中。

我们可以从百度搜索“jetson-projects”进入图 1-11 所示界面，不过这里内容的更新有些滞后，所列的项目数量较少。登录总部的项目网站才能得到最完整的内容。

图 1-11 英伟达中国区 Jetson 社区项目入口

网站内绝大部分项目都是以 AI 深度学习的视觉识别为基础，包括结合 2D/3D 图像、热感图像、超声传感甚至脑波传感等设备，实现 AI 的图像分类、物件检测、体态识别、信号转换等功能，进而控制语音、机械手臂、无人车、竞速车、无人机等设备，实现实用价值很高的 AIoT 应用。

进入项目入口之后有 4 个比较经典的项目，如图 1-11 下方所列，本章只介绍其中三个。

（1）HELLO AI WORLD 项目（左数第二个）

这是利用 Jetson 设备进行深度学习的最重要课程，由英伟达高级工程师所开发，内容涵盖从各种摄像头获取视频内容，最终输出到显示器、视频文件、视频流等，中间将深度学习的图像分类、对象识别、语义分割三大应用融入进去，是一套浅显易懂、好操作的人工智能入门课程。

这个项目的最经典范例，就是以 10 行 Python 代码来实现实时性能的 80 类物体识别功能，效果令人十分惊叹！

（2）JETBOT 无人车模拟平台（左数第一个）与 JETRACER 无人竞速车（左数第三个）

这两个项目都是基于 Jetson Nano 与 1 个 CSI（相机串行接口）摄像头执行高速深度学习识别技术，进而驱动不同速度的电机控制设备，实现不同功能的无人车模拟系统，是 Jetson Nano 很经典的 AIoT 案例。

这三个项目都是本书后面很重要的实验，我们将非常深入地带着大家实际操作并且进行讲解，包括代码的使用与修复部分。

点选任何一个项目，都会出现类似图 1-12 所示的截屏，其中包括 5 个部分：

① 项目名称，这里是“HELLO AI WORLD”；

② 项目照片；

③ 项目所使用的设备，这里有 Jetson Nano（含 2GB）/Jetson TX2/Jetson AGX Xavier/Jetson Xavier NX；

④ 项目内容说明；

⑤ 项目代码，大部分都放在 GITHUB 代码仓内。

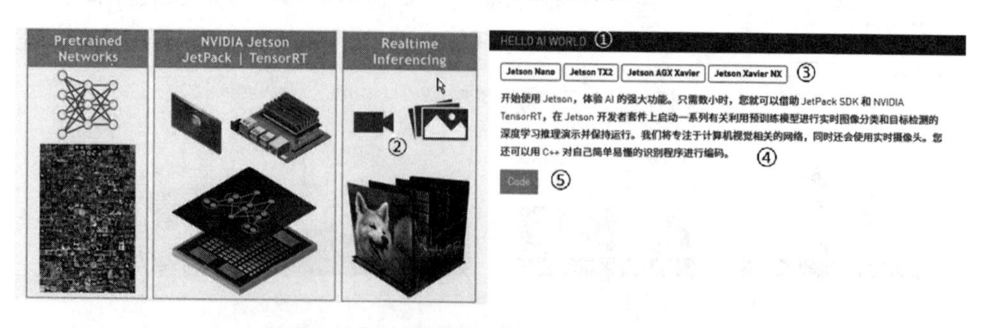

图 1-12　每个项目介绍中所包含的内容

收集的超过150个精选项目使用价值都是比较高的，对于初学者来说是非常有帮助的，因为这里不仅让初学者知道可以做什么事情，最重要的是绝大部分作者都将他们的代码开源，使初学者不必太担心"怎么做"的问题。

除了持续扩充这些优选案例之外，英伟达还在GITHUB维护了一个专门针对AIoT应用的开源仓（图1-13），其中全部是英伟达原厂提供的开源项目，总数已经有70个左右。

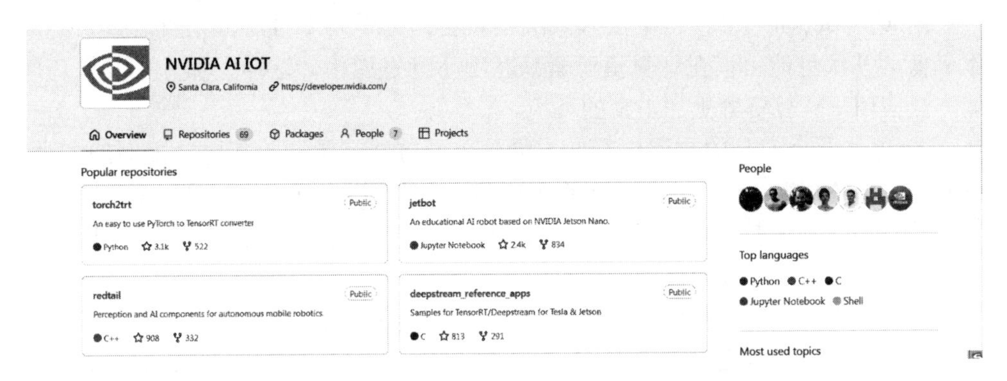

图1-13　在GITHUB的NVIDIA AI IOT内具备丰富的开源资源

这些成功案例与开源内容，为初学者提供了非常丰富的快速上手资源，我们可以挑选合适的项目，按照所提供的安装与使用指导，很轻松地在数小时至数天内体验到执行效果，当然还可以针对输出的布局去改写代码，体现个人想要的结构，而不需要从零开始创建项目，大幅节省了搭建架构的时间，降低了出错的概率。

本书后面的内容，就是讲解基于英伟达的CUDA开发生态，如何让初学者能在最短时间内开发出自主的人工智能应用。即便是缺乏深度神经网络这些数据算法基础知识的人，也能利用这些完备的开发资源，轻松地实现深度学习的实用技能。

1.7　本章小结

本书在一开始就让大家了解了以下几个重点观念，这对后面的学习是非常重要的。

① 边缘计算并非一种技术，也不是新的概念，而是存在已久的一个使用场景，只有结合人工智能技术的边缘AI计算，才具有新的爆发力与庞大的市场价值。

② 目前人工智能技术以深度学习这个新兴学科为主导，而深度学习技术是架构在深度神经网络（DNN）基础之上的。

③ 真正制约深度神经网络发展的因素并非性能，而是计算成本与架构的匹配度问题；众核架构是解开深度神经网络枷锁的钥匙，也是改变人工智能格局的关键之一。

④ 英伟达的 CUDA 并非唯一适用于深度神经网络的众核架构，但是所提供的配套开发生态是目前最完整且最容易上手的，对于想要学习人工智能应用开发的人来说，是应用最简单并且能得到最完整技术支持的众核架构设备。

⑤ 英伟达开发生态是基于“高效 / 易用 / 兼容”三大原则所搭建的，通过“计算资源抽象化处理”“提供高级别封装接口”以及“丰富的使用说明、开源范例代码”等，让开发人员非常轻松地开发出性能好、功能强的智能应用。

⑥ 选择 Jetson 系列 AIoT 嵌入式级别设备作为学习平台，首先所需投入的成本最低，其次也能习惯在计算资源紧缺状况下开发应用，这样大部分开发技巧便能广泛应用于计算资源更加丰富的环境。

⑦ 评估一个产品的实用性高低，最简单的方法就是检验其成功案例的多少，以及可复制的程度。英伟达 Jetson 系列产品已经有超过 150 个成功的 AIoT 实用项目，并且绝大部分都提供开源代码，让初学者非常容易地找到适合自己应用的参考范例，并且可修改成为自己专属的项目。

总的来说，从学习或开发的角度来看，英伟达 Jetson 系列设备是目前市场上开发或者学习人工智能应用的优选 AIoT 边缘智能平台。下一章我们将带着读者使用 Jetpack 工具，为手上的 Jetson 设备安装使用环境。

NVIDIA
Jetson
Nano

第2章
为 Jetson 设备安装开发环境

前一章列举了非常多的特性证明英伟达 Jetson 平台是 AIoT 应用的优选平台，包括基于 CUDA 众核架构、具备足够的 IoT 接口、支持众多深度学习框架，以及有非常多的成功案例等。但这些说明性的内容就足以证明 Jetson 设备能作为 AIoT 的优选设备吗？毕竟耳听为虚、眼见为实。

本章的重点就是在 Jetson 边缘计算设备上实际动手操作，第一个任务就是为 Jetson 安装开发环境，然后在设备上进行一连串的 AIoT 相关实验，进而验证第 1 章所列举的特性是否属实。

2.1 Jetpack 提供完整的 AIoT 开发资源

在装有 CUDA 计算卡的 x86 系统上配置深度学习开发环境，并不是一个令人愉快的经历。虽然在 Ubuntu 上安装英伟达驱动已经变得很简单，安装合适版本的 CUDA 开发环境也并不复杂，不过 cuDNN 深度神经网络库与 OpenCV 计算机视觉库的安装，经常会造成不小的麻烦，即便有经验的使用者在一切顺畅的状况下，也得花上半天时间去安装与调试。

英伟达为 Jetson 边缘计算设备开发者提供一套 Jetpack 开发工具包，将所有与深度学习、计算机视觉、加速计算的数学库、图像处理、多媒体、AIoT 传感等有关的开发元素一次性安装齐全，即便是初学者也能在 1 小时内完成 Jetson 系统安装与配置。

图 2-1 展示了 Jetpack 完整的深度学习与 AIoT 软件生态板块，在执行安装之前先看一下这套开发工具为 Jetson 提供了哪些开发资源。

图中虚线黑框区的部分是 Jetpack 为 Jetson 所安装的内容，主要分为两大部分。

（1）系统层

这是相对底层的内容，一般应用开发人员不需要花时间去了解细节。

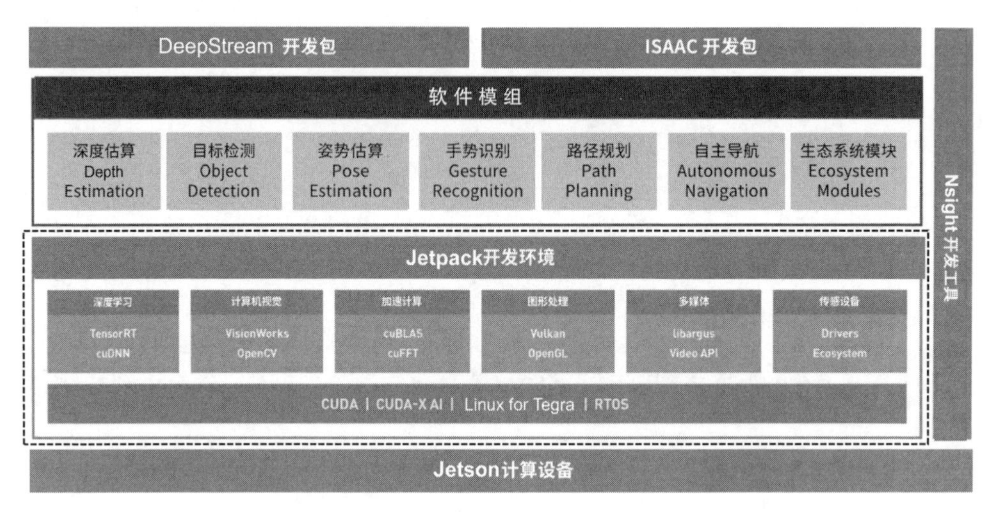

图 2-1 Jetpack 完整的深度学习 /AIoT 软件生态板块

- 操作系统：Ubuntu 18.04 64 位 L4T（Linux for Tegra）嵌入式操作系统；
- 硬件驱动：包括 Jetson 上的 GPU 驱动、摄像头、GPIO 驱动等；
- CUDA-X AI 开发环境：包含 13 类中底层加速函数库的 CUDA-X AI 套组。

（2）开发层

将所有（包括但不限于）应用开发所需要的资源，一次性地安装到 Jetson 设备中，大幅度减少使用者配置与调试开发环境的精力。其内容包含以下 6 大板块。

① 深度学习库：这个模块现在也称为 CUDA-X AI，是大家比较关注的、与深度学习计算有关的基础加速模块，最重要的就是与模型训练有关的 cuDNN 性能加速库，以及与推理预测有关的 TensorRT 加速引擎，主要的用途与说明如下。

- cuDNN 深度神经网络加速库：是英伟达用于深层神经网络的 GPU 底层加速原语（primitives）库，对标准例程（如前向、后向、卷积层、池化层、正则化、激活层）的并行计算进行高度优化。

这个库协助开发人员专注于训练神经网络和开发应用程序，而不用花时间在底层 GPU 性能调整上，目前已经广泛应用在大部分深度学习框架中，包括 Caffe、Caffe2、Chainer、Keras、MATLAB、MxNet、TensorFlow 和 PyTorch，通常由框架供应商做好集成，应用工程师可以忽略这个库的调用。

- TensorRT 推理加速引擎：这并不是一个深度学习框架，而是英伟达针对推理（inference）计算所推出的一个加速引擎，主要将目前较为普及的 TensorFlow、PyTorch、YOLO 等框架生成的模型，转换成能在 GPU 设备上实现推理加速的功能，这对于计算性能有限的 Jetson 嵌入设备，能起到非常大的作用。

TensorRT 通过五大策略来为 GPU 设备提供 3 ～ 5 倍以上的推理加速，在提高推理性能上扮演了非常重要的角色，不过英伟达在 DeepStream、ISAAC 等开发套件中，已经做好紧密的集成，使用者也可以省略对 TensorRT 的深入理解。

② 多媒体库：这个模块的重要性并不亚于深度学习库。

目前人工智能应用有很大占比在视觉领域，摄像头采集数据是最重要的数据源，而经过几十年的发展，市场存在不可计数的视频/图像格式，光视频格式就有MP4、AVI、MPEG、H.264/H.265等数十种，图像格式也有JPEG、GIF、PNG、BMP等数十种，采集源也分为RGB、YUV、RAW等，如果将这些数据转换的任务交给纯计算单元处理，会占用非常高比例的资源，大大降低其他模块的计算能力。

英伟达为Jetson配置了硬件编码器/解码器（encoder/decoder），来分摊这些复杂且极为消耗计算资源的任务，让CPU/GPU专注从事最核心的智能计算，这样的规划对提升总体性能是非常明显的。这个多媒体库中主要包括以下两个基础库。

a. libargus库：负责各种摄像头数据源的处理。Jetson系列计算模组从TX1芯片开始，为摄像头调用提供一个摄像头子系统，内建两个（以上）影像信号处理器，可以更有效地处理多个MIPI/CSI接口摄像头的视频数据，降低延迟，这个特性对AIoT设备的影响特别明显。

b. Video API库：负责处理视频数据之间的转换问题，包括将读入视频进行解码，对输出视频进行编码，以及各种视频的格式转换、颜色空间转换、转置、缩放等工作。主要包含以下三个组开发库。

• V4L2 API：针对图像数据的编码/解码/尺寸缩放的函数。V4L是Video for Linux的缩写，定义了视频的采集、输出、传输、间隔消音信号与收音等多种接口，是目前使用的普及率最高的视频相关接口，支持的资源也十分丰富。

• NVOSD：定义显示输出［OSD（on-screen display，屏幕显示）］。

• 缓冲区实用程序：管理缓冲区的分配、共享、转换、组合和混合。

③ 计算机视觉库：建立这个库的目的在于“从图像抽取所需要的信息”，例如找出图像中某个颜色的区块、找出物体的边界等。Jetpack提供了三套基础计算机视觉库。

• OpenCV库：这是计算机视觉领域使用率最高的开源库，Jetpack中提供的版本是经过英伟达处理过的，主要考虑算法需要获得授权的问题，因此只提供基础的图像处理部分，对于Jetson开发AIoT应用是完全足够的。

• VisionWorks库：这是针对计算机视觉的GPU高级封装库，不仅兼容OpenVX开放标准接口，也作为其他计算机视觉套件的主要接口。这个库内建有非常多实用的基础库，包括图像缩放（resize）、Houg加速转换、摄像头格式转换等，此外也对流水线进行管理与并行优化处理。

这个库还提供物体跟踪（Object Tracking）功能，在视频分析应用中是非常关键的功能，因为跟踪算法有相当的难度，而且计算量很大，但这里已经为大家准备好了。

• VPI库：视觉编程接口（visual programming interface，VPI）也是基于OpenCV，不断添加边缘计算所需要的数学算法，集成CUDA特性的高级封装，这套工具十分高效地协助开发人员，使其在算法层面得到极大的便利性。

④ 加速计算库：这部分也属于底层的加速算法库，都是围绕 CUDA 技术基础所提供的函数库，包括 cuBLAS（basic linear algebra subprograms，基础线性代数子程序）、cuFFT（fast fourier transform，快速傅里叶转换）、cuSPARSE 系数阵列等，总共有 300 多个 CUDA 专属的加速计算数学函数库。

⑤ 图形处理库：这里的 Vukan 库与 OpenGL 库主要用于对显示输出的处理，特别是在 3D 与仿真模拟等的立体效果方面。

⑥ 传感设备库：包括周边设备的相关驱动，如第三方 Adafruit 的各类控制板、Jetson-IO 底层控制接口，以及其他配套的生态圈资源，包括与树莓派兼容的 40 针引脚。

图 2-1 中第二层的 7 个软件模组（software modules），只是常用智能算法中的一部分，例如 Depth Estimation（深度估算）、Object Detection（目标检测）、Pose Estimation（姿态估算）、Gesture Recognition（手势识别）、Path Planning（路径规划）、Autonomous Navigation（自主导航）与 Ecosystem Modules（生态系统模组），都是基于 Jetpack 所开发的算法，有些在 VisionWorks 与 VPI 的范例之中更新，也有很多在英伟达的 GITHUB 开源仓里面更新。

图 2-1 最上方的 DeepStream 与 ISAAC，是英伟达提供的两套功能非常强大而且易用的应用开发套件。前者专门用来开发与视频 / 音频相关的智能分析应用，在全球已经应用于国家级的道路监控、公共安防等领域；后者是用于开发机器人 / 无人驾驶应用，提供机械控制与道路场景的仿真模拟功能。

DeepStream 所需要的配套周边设备相当简单，主要就是不同种类的摄像头或者视频文件，在本书第 7 章会详细讲解这套开发工具的架构与内涵，第 8 章会以 10 个 Python 范例带着大家学习如何使用这套强大的工具。

2.2 用 Jetpack 安装 Jetson 设备

接下来就要正式使用 Jetpack 开发工具为 Jetson 设备安装开发环境了。本书以英伟达的开发套件做示范。由于 AGX Xavier 系列使用内置的 eMMC 存储，NX 与 Nano 系列使用外置的 microSD 卡存储，两种安装方式并不一样，必须分别说明。

① 使用英伟达提供的镜像（image）进行烧录：这种方式只适合用 microSD 卡作为存储的设备，包括 Nano 2G/4G 与 Xavier NX 开发套件，需要执行以下步骤。

a. 采购 16GB 以上容量的 microSD 卡：使用者需要自行采购 16GB 以上容量的 microSD 卡。由于系统烧录完成后，还要配置 2 ～ 4GB 的 SWAP 虚拟内存，整个执行至少占用 14GB 空间，因此推荐 32GB 以上容量的 microSD 卡，另外还得注意选择优质品牌的产品，对稳定性有保障。

b. 下载对应镜像文件：可登录官方网站，选择对应设备的最新版本镜像文件链接进行下载。

如果官网下载有困难，可从本书配套资源中挑选合适的镜像文件下载。

c. 将镜像文件烧录到 microSD 卡：三种操作系统的镜像烧录方法，官网提供有中文版的烧录说明。如图 2-2 所示，进入“将镜像写入 microSD 卡”链接中，最下面包括 Windows、Mac 与 Linux 三种操作系统的镜像烧录详细步骤，根据要执行烧录的设备，选择对应的说明内容，然后按照指示去执行就可以了。

图 2-2　Jetson Nano 镜像烧录详细步骤

整个烧录过程大约 20 分钟，这与用户手上读卡器以及 microSD 卡的读 / 写性能有直接关系，但基本不超过 30 分钟。

d. 将烧录好的 microSD 卡插入开发套件：当烧录完成之后，就将 microSD 卡从读卡器拔出，然后插入图 2-3 所示的卡槽位置，接下来就可以接上电源，开机使用了。

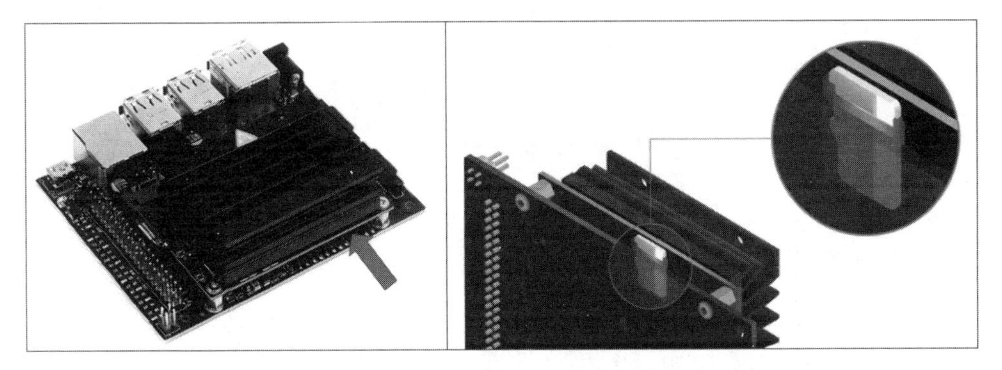

图 2-3　Xavier NX 与 Nano 2GB/4GB 开发套件的 microSD 卡槽位置

这里有两个必须注意的事项。

• 必须在插上电源之前就将 microSD 卡插入卡槽内，否则无法开机。

• 要将 microSD 卡从卡槽中取出，只要往下按压 microSD 卡就会自动弹出，千万不能硬拔。如果因为不当操作而造成读卡器损坏，则超出产品的质保范围，不能获得原厂的返修服务，就要自行负责了。

② 使用 SDK Manager 安装：这种安装方式适用于 Jetson 全系列产品，也包括前面使用 microSD 卡的机种。至于第三方开发的 AIoT 边缘计算设备，只要没有太特殊的周边设备，基本上也能用这种方式去安装 Jetpack 开发环境，因此可使用的范围比较广。使用 SDK Manager 安装 Jetpack 开发环境，需要执行以下步骤。

a. 系统配置：一台装有 Ubuntu 或 CentOS 操作系统的 x86 电脑，不需要 CUDA 计算卡，硬盘至少保留 60GB 空间。不推荐使用虚拟机，因为需要使用 USB 接口与 Jetson 设备进行连接，虚拟机在这部分的稳定性并不好。

b. 下载并安装 SDK Manager：直接在官网下载合适的安装包，目前只支持 Ubuntu 与 CentOS 两种操作系统，如图 2-4 所示。然后按照操作系统标准安装软件的步骤自行安装就可以，安装完毕后就能直接启动。

NVIDIA SDK Manager

Everything You Need to Set Up Your Development Environment

NVIDIA SDK Manager provides an end-to-end development environment setup solution for NVIDIA's DRIVE, Jetson, Clara Holoscan, Rivermax, DOCA and Ethernet Switch SDKs for both host and target devices.

Download NVIDIA SDK Manager 1.8

.deb Ubuntu

.rpm CentOS/RHEL

Docker Image Ubuntu 18.04

Docker Image Ubuntu 20.04

图 2-4　SDK Manager 官网下载合适的安装包

c. 需要有英伟达开发者社区的账号与密码：如图 2-5 所示，启动 SDK Manager 时，要求提供开发者社区的账号与密码才能登录这个工具进行 Jetpack 环境的安装。

图 2-5　SDK Manager 启动时需要有英伟达开发者社区的账号与密码

关于英伟达开发者社区的账号申请，只要跟着原厂的指示去操作就可以了，这里不多加说明。一旦有了账号与密码，按照要求输入一次就行，以后启动 SDK Mananger 会自动登录系统。

d. 选择设备并执行安装：英伟达所提供的工具都非常友善，SDK Manager 为 Jetson 安装 Jetpack 开发环境的过程也是如此，可以轻易地进行图形化的点选操作。在图 2-6 的中间画面中挑选要安装的设备种类与 Jetpack 版本，然后进入图 2-6 右边画面中再确认所要安装的内容列表，最后勾选下方“I accept the terms and condition...”对话框，就能开始安装。

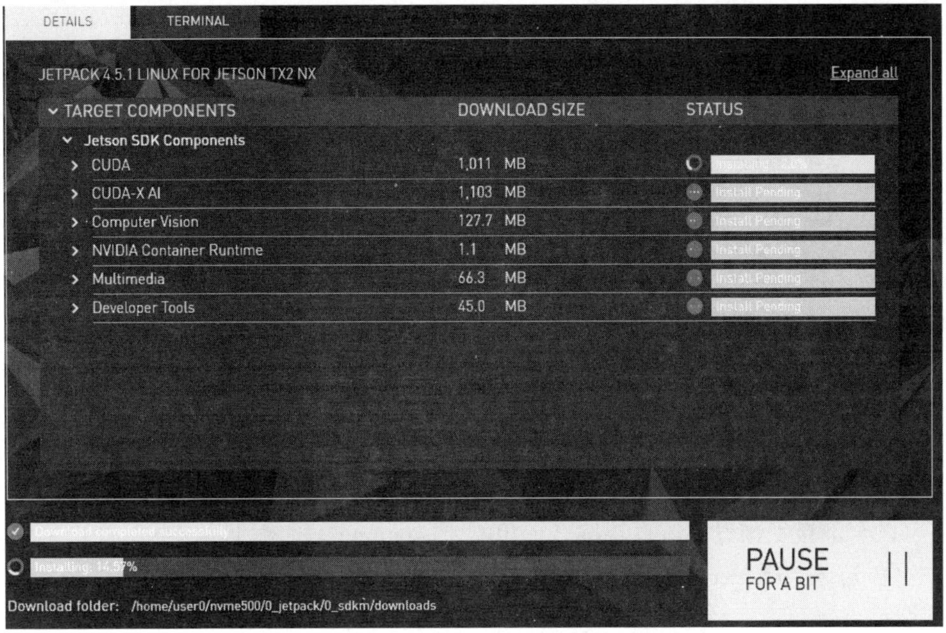

图 2-6　SDK Manager 安装过程

如果是第一次安装某个版本，需要从网上下载容量超过 6GB 的安装包内容，需要比较长的时间，第二次安装就不需重复下载，会节省很多时间。

如果需要更完整的安装操作步骤，推荐在“哔哩哔哩”网站上搜索“Jetson NANO EMMC 刷机”关键词，能找到完整度比较高的教学视频，至于设备使用上的一些小细节，例如用跳线切换电源等，在网上也能找到非常详细的指导。

这里提供两个安装过程中需要注意的细节。

• 在 x86 电脑与 Jetson 设备之间要使用具备信号传输功能的 USB 线：很多初学者遇到的问题，主要是用了不具备信号传输能力的 USB 线引起的，有一部分 USB 线只具备供电的功能，没办法在 x86 电脑与 Jetson 设备之间形成连线，自然无法执行 SDK Manager 的系统安装功能。

• 让 Jetson 设备进入刷机（recovery）模式：各机种的“recovery”按钮或接脚位置不一样，找到按钮后按照 SDK Manager 提示的步骤进行刷机。

只要这两个与硬件有关的细节处理正确，其他步骤都相对简单，细心阅读过程中的说明，就能轻松安装好系统。

2.3 首次启动 Jetson 设备

在为 Jetson 设备安装好开发环境并首次启动 Jetson 设备时，还需要做些个性化配置，最主要的是用户名与密码的设定，这个过程必须为 Jetson 设备接上鼠标 / 键盘 / 显示器（图 2-7），不能用远程控制的方式，因为此时还没设定好用户名与密码。

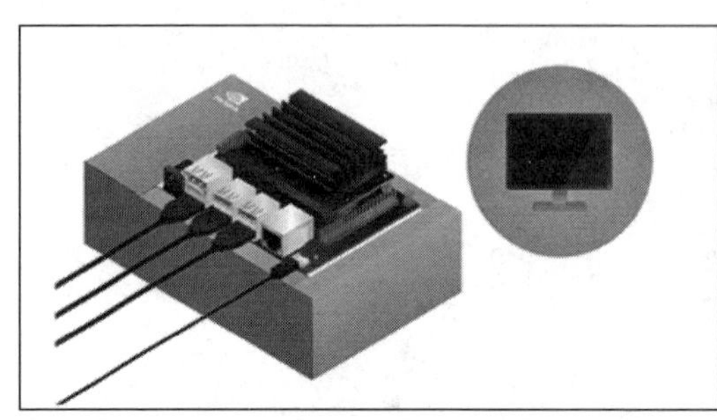

图 2-7　首次启动 Jetson 设备，必须接上鼠标 / 键盘 / 显示器进行设定

首次启动 Jetson 设备需要执行如图 2-8 ～图 2-10 所示的 9 个设定步骤，除了第⑥步需要输入“用户名 / 设备名 / 密码”，是这部分最关键的配置，其余 8 个步骤可以全部接受预设值，直接按右下角的“Continue”键就可以。

① 勾选“I accept the terms of these licenses”后点选“Continue”；

② 选择语言，预设为“English”，也可往下找到“中国（简体）”选项，然后继续；

③ 键盘布局，选择预选的就行，然后继续；

④ 如果设备上已经装上 Wi-Fi 网卡，就会出现这个选项，不过这里建议选择“不连接”，等后面能正式进入系统之后再执行连线操作；

⑤ 选择区域，可直接用鼠标点选地图上的位置；

⑥ 为 Jetson 设备设定账号、设备名（hostname）与密码；

⑦ 配置 microSD 卡使用空间，建议接受预设值；

⑧ 进行 SWAP 虚拟内存的设定，建议接受预设值；

⑨ 完成所有设定之后，就会自动配置好系统，然后进入重启步骤。

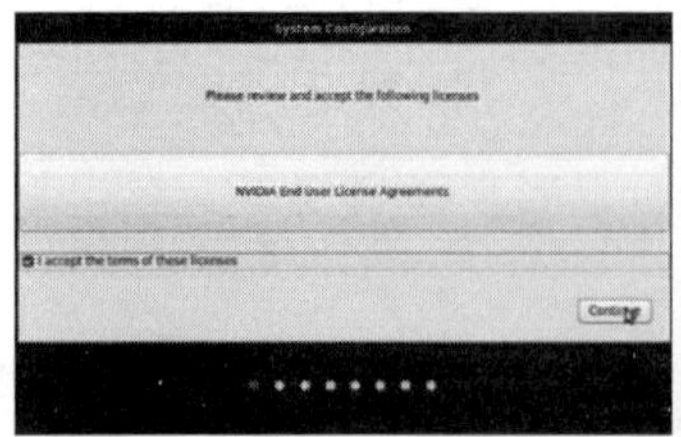

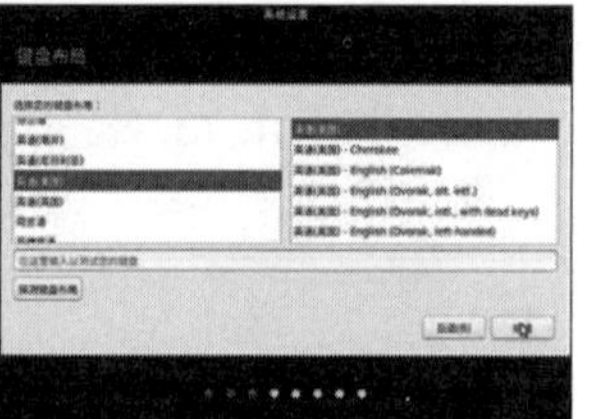

图 2-8　Jetson 首次开机设定第①～③步

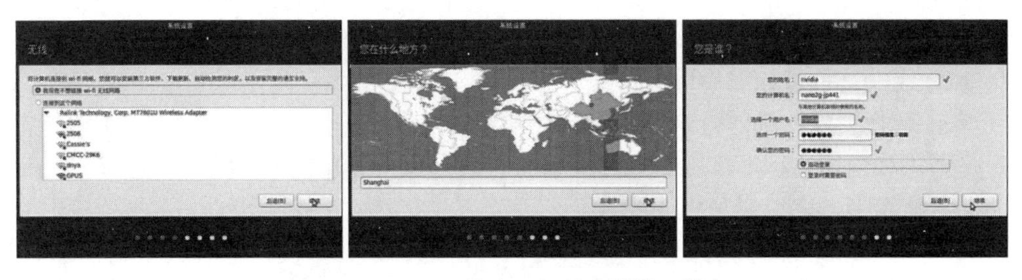

图 2-9　Jetson 首次开机设定第④～⑥步

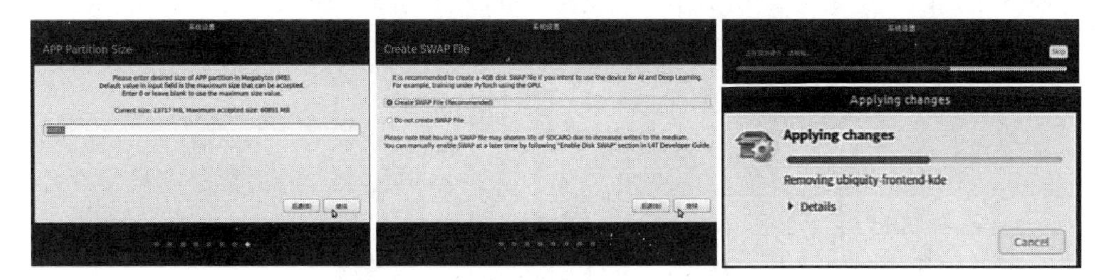

图 2-10　Jetson 首次开机设定第⑦～⑨步

重启系统后就会进入 Ubuntu 操作系统图形桌面，在鼠标 / 键盘 / 显示器都还插在 Jetson 设备上时，试着动一下鼠标、按 Ctrl+Alt+T 组合键打开一个指令终端、打开系统设置功能等，感受一下与 x86 上的 Ubuntu 系统有何区别，再检查系统的文件系统格式、根目录结构、工作目录结构、指令等是否与 x86 上的 Ubuntu 系统一致。

事实上，Jetson 边缘计算设备就是一台完整的电脑，麻雀虽小但五脏俱全，功能上与 x86 的 Ubuntu 并无差别，还能随身携带，在任何环境下都可执行演示。

2.4　远程控制 Jetson 设备

这是操作任何一种 AIoT 设备都必须具备的最基本能力，因为在最终部署到实际应用场景时，这类设备往往需要架设在远方或某个角落，而不是架设在实验或办公用的桌上，因此远程控制的能力就非常关键。

虽然 Jetson 设备能作为桌面电脑使用，也可以设置成中文操作界面、安装 Office 兼容软件等，但是不支持 Windows 或 Mac 操作系统，在一般用途的便利性方面还是有所欠缺的。这时如果还要为 Jetson 设备装上鼠标 / 键盘 / 显示器，对于实际运作就会十分不方便，也会让实验桌面变得非常拥挤。

执行远程控制并非难事，大部分的实际场景会用一台笔记本电脑或台式机去操控 AIoT 设备，只要满足以下四个条件就可以。

① 主控设备（这里是笔记本电脑或台式机）与被控设备（这里是 Jetson）形成连线；

② 两台设备在相同网段才能进行互访；

③ 需要掌握被控设备的 IP ；

④ 选择远程控制的方式。

第①项与第②项非常容易执行，只要将两台设备分别使用有线网或 Wi-Fi 连在同一台路由上，就能满足相关要求。

第③项是难度最高的部分，如果用户有自己的小局域网，并且具备路由器管理权限，就可以很轻松地设定或者取得被控设备的 IP 地址。如果是校园网或企业内网环境，现在大部分采用 DHCP（动态主机配置协议）模式为每台设备分配一个动态 IP，这不仅无法保证两台设备在同一个网段中，更大的麻烦是难以掌握被控设备的 IP 地址。

为了解决这个困扰着大部分使用者的问题，Jetson 设备上提供一个“无头”（headless）连线模式，其集成“USB 模拟以太网络”技术，用具备数据传输功能的 USB 线作为网线，如图 2-11 所示，直接将主控设备与 Jetson 设备连线，而不需要依赖其他的网络设备，包括有线网或无线网。

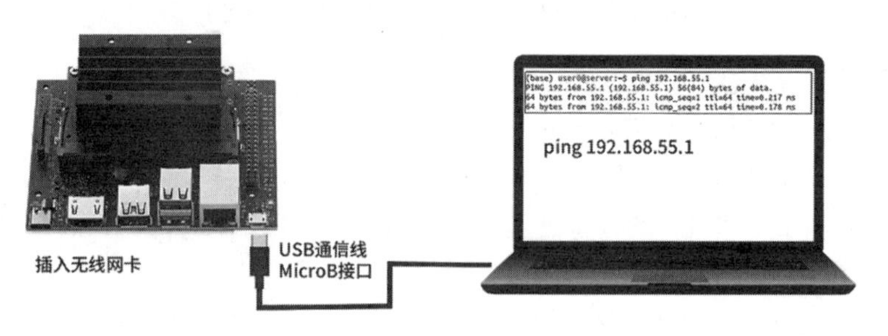

图 2-11　Jetson 的无头模式，主控电脑与 Jetson 设备通过 USB 线进行连接

此时 Jetson 的 IP 会固定为 192.168.55.1，主控设备会有一个 192.168.55.100 的 IP。主控设备可以是 Windows、MacOS 或各种 Linux 操作系统，只要能在指令终端上 ping 到 192.168.55.1 这个 IP，就表示连线成功，这样就能有效解决前面第③项问题。

Jetson 端所使用的 USB 接口各有不同，在 Xavier NX 与 Nano 开发套件中使用的是 MicroB 型的 USB 口，在 AGX Xavier 开发套件中使用的是 Type C 型 USB 接口，至于第三方设备使用哪种接口类型，必须与原厂确认清楚。

主控设备与 Jetson 形成连线时会有提示，如果主控设备是 Linux 操作系统，则会弹出图 2-12 左边的内容，然后开启一个指令终端，输入以下指令：

```
$ lsusb
```

输入指令后会看到图 2-12 右边的内容，找到“NVidia Corp.”设备，就表示 USB 连线正确。

如果主控设备是 Windows 操作系统，则与 Jetson 形成连线时会有“噔噔蹬”提示音，如果在“设备管理器”中找到“便携设备”→“L4T-README”这个设备，

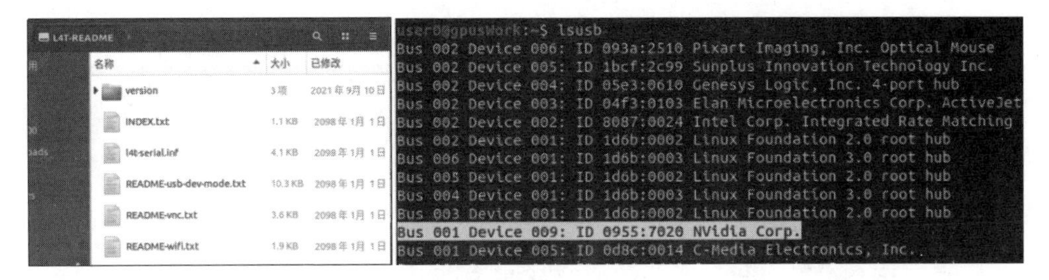

图 2-12　Jetson 设备使用无头连上 Linux 主控台

就表示连线成功。

接下来打开 cmd 命令终端，输入以下指令：

```
$  ping  192.168.55.1
```

如果出现如图 2-13 所示的信息，就表示建立好连接，可以执行远程控制。

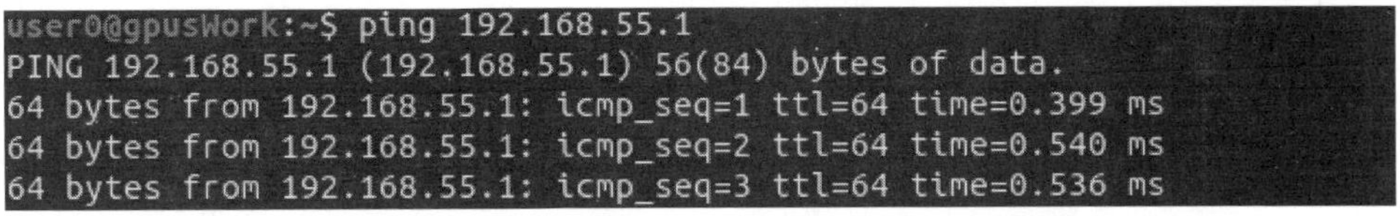

```
user0@gpusWork:~$ ping 192.168.55.1
PING 192.168.55.1 (192.168.55.1) 56(84) bytes of data.
64 bytes from 192.168.55.1: icmp_seq=1 ttl=64 time=0.399 ms
64 bytes from 192.168.55.1: icmp_seq=2 ttl=64 time=0.540 ms
64 bytes from 192.168.55.1: icmp_seq=3 ttl=64 time=0.536 ms
```

图 2-13　使用 ping 指令，确认与 Jetson 连线

接下来就是选择远程控制的方式，一般只有以下两种方式：

（1）SSH 指令终端

Linux 是一个以指令为主的操作系统，应尽快熟悉该系统，以操作边缘应用。

SSH 是指令模式远程控制的首选，不过要先启动 Jetson 设备的 SSH 服务器，才能接收控制台发送的指令。如果使用时能访问 IP 但访问 SSH 失败，很大可能性是 SSH 服务器没启动，这就要在 Jetson 设备上自行检查。

SSH 登录指令的格式为“ssh <用户名>@<IP_OF_JETSON>”。

• 用户名：在 2.3 节“首次启动 Jetson 设备”中第⑥步骤设定的“User Name”；

• IP_OF_JETSON：是能连上 Jetson 的 IP，在无头模式时是 192.168.55.1，如果是通过内网路由连线，就要自行先确认这个 IP 地址。

例如前面设定的用户名为“nvidia”，使用无头连接模式，则 SSH 登录指令如下：

```
$  ssh  nvidia@192.168.55.1
```

登录进去需要输入为这台 Jetson 所设定的密码，这样就能开始远程控制了。

（2）图形界面

如果实在脱离不了对图形界面的依赖也没关系，有两种比较常用的图形远程控制软件。

① VNC（virtual network console，虚拟网络控制台）：在图 2-12 左边画面中

有个“README-vnc.txt”说明文件，里面提供了为Jetson设备安装VNC服务器的指令，不过前提是要用SSH去远程执行以下指令：

```
$ sudo apt update && sudo apt install vino
$ mkdir -p ~/.config/autostart
$ cp /usr/share/applications/vino-server.desktop ~/.config/autostart
$ gsettings set org.gnome.Vino prompt-enabled false
$ gsettings set org.gnome.Vino require-encryption false
$ export thepassword='自行设定一组密码'
$ gsettings set org.gnome.Vino authentication-methods "['vnc']"
$ gsettings set org.gnome.Vino vnc-password $(echo -n 'thepassword' |base64)
$ sudo reboot
```

重启之后就完成了VNC服务器的启动与设置，然后在主控设备上启动第三方VNC用户软件，输入Jetson设备IP、用户名以及过程中所设置的密码，就能打开前面看到的Jetson设备的图形桌面。

VNC图形远程控制的最大缺点就是显示的流畅度低，毕竟这是工程人员所开发的简单应用。

② NoMachine软件：如果不太能接受VNC的流畅度，可以试试NoMachine这款远程控制软件，软件可以在官网直接下载，需要在控制端与被控端都装上对应的版本。

目前NoMachine支持x86平台的Windows、Mac、Linux，以及其他硬件平台的iOS、Android与ARM版本。Jetson设备选择NoMachine for ARMv8 DEB安装包，主控设备根据设备平台去选择就可以。

在实际的操作中，通常会在主控设备中下载两个版本的安装包，用scp指令将ARMv8版本传送给Jetson设备之后，再用SSH登录Jetson设备去执行安装。假设用户名是“nvidia”，下面提供完整的参考指令：

```
  # 在主控平台上
$ scp nomachine_<版本>_arm64.deb nvidia@192.168.55.1:/home/nvidia
  # 登录 Jetson
$ ssh nvidia@192.168.55.1
  # 在 Jetson 执行安装 nomachine 的指令
$ sudo dpkg -i nomachine_<版本>_arm64.deb
```

等到安装完毕之后，在主控设备上打开NoMachine客户端，输入Jetson的IP、用户名与密码，就能登录到Jetson的图形桌面。

以上简单提供了两种图形界面的远程控制工具，市场上的工具多不胜数，挑选自己喜欢的就行，没有特殊规定。

事实上，远程控制的能力并不限于在面对AIoT设备时使用，即便在面对集群管理时也非常必要，如果用户过去并不熟悉这项技能，现在通过Jetson设备的

headless 模式来练习远程控制技巧，是相当好的选择。

2.5 检查系统状态的基础指令

熟悉 Linux 操作系统指令的读者，可以跳过这部分的内容。前面说过，Linux 是以指令为主的操作系统，所有任务都能用指令去执行，不过指令的内容太过烦琐，这里只选择几个与系统检查有关的指令，至少让大家在上手的第一时间，检查一下硬件规格是否正确，以确保权益。以下分为检查硬件与软件两部分的基础指令进行介绍。

① 检查硬件规格的基础指令，如表 2-1 所示。

表 2-1 Ubuntu 检查硬件规格的基础指令列表

使用功能	操作指令	显示结果
检查 CPU	lscpu	CPU 架构、核数、供应商、主频、各级缓存
检查内存	free -m (或 -g/-k）	用 -m 参数会以 MB 为单位显示内存的状态
检查存储	df -h (或 -a)	用 -h 会显示用户能看得懂的格式，用 -a 则显示全部
检查摄像头	ls /dev/video*	显示目前插在设备上的摄像头，包括 CSI 与 USB
检查 USB 设备	lsusb	显示目前插在设备上的 USB 周边设备
检查网络设备	ifconfig	显示目前所有网络的状态，包括有线网与 Wi-Fi
检查 Wi-Fi	nmcli device wifi	如有无线网卡，会显示检测到的无线路由 SSID

② 检查软件配置的基础指令，如表 2-2 所示。

表 2-2 Ubuntu 检查软件配置的基础指令列表

使用功能	操作指令	显示结果
检查内核版本	cat /etc/nv_tegra_release	例如“# R32 (release), REVISION: 6.1...”
Linux 发行版本	uname -r	例如“4.9.253-tegra”
操作系统版本	lsb_release -a	例如“Description: Ubuntu 18.04.5 LTS”
CUDA 版本	/usr/local/cuda/bin/nvcc -V	例如“Cuda compilation tools, release 10.2”
重点库版本	dpkg -l libcudnn8 libvisionworks tensorrt	显示三个深度学习相关库的版本
Python3 版本	python3 --version	例如“3.6.9”
OpenCV 版本	python3 -c "import cv2; print(cv2.__version__)"	例如“4.1.1”

以上的基础指令足够让我们确认 Jetson 系统的规格预配置是否正确，至于其他 Linux 相关指令，可在网上找寻专门的教程，毕竟学习一个操作系统绝非一朝一夕的事情，需要长期的积累才能熟练应用。

2.6 监控与调试 Jetson 设备的性能

如果以应用开发为主要目的，那么监控系统资源执行状况是非常重要的事情。虽然 Ubuntu 操作系统内置两个资源监控工具，一个是图 2-14 左边的文字界面中的 top 指令，另一个是图 2-14 右边的 gnome-system-monitor 图形界面，都能实时提供非常详尽的资源耗用的状态，包括 CPU、内存、网络等。

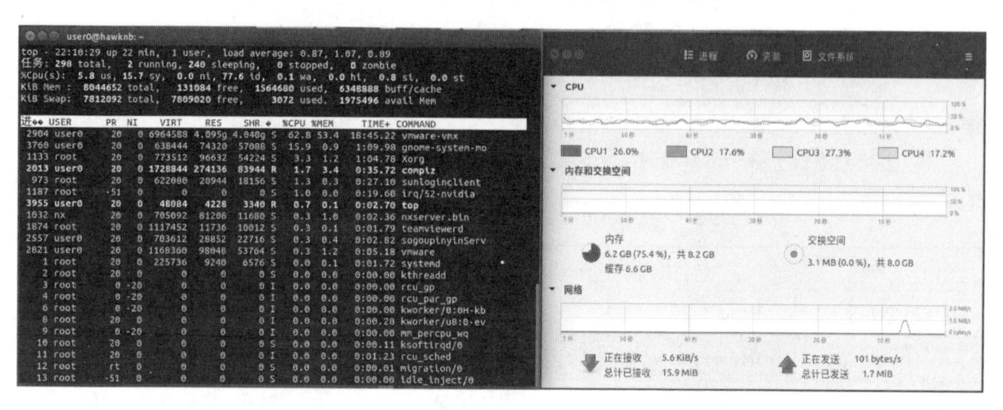

图 2-14 Ubuntu 操作系统提供两种资源监控工具

但是这两个资源监控工具都缺少对 GPU 执行资源的监控，而 GPU 的状态对调试 AIoT 应用是非常重要的。

这里推荐由 Raffaello Bonghi 开发的 Jetson-stats 工具，可以提供非常强大的监督与控制功能，提供以下 7 大部分。

① 1ALL：按“1”进入到图 2-15 左边所示画面，显示设备总体执行动态，包括以下内容：

a. 最上方一行字，显示设备的名称以及安装的 Jetpack 的版本；

b. 呈现 4 个 CPU 核的使用率与主频，红色块部分表示该 CPU 核“未启用”；

c. 内存（Mem）使用状况，可以看到内存总量为 4.1GB，使用量为 2GB；

d. 片内缓存（Imm）使用状况，可以看到内存总量为 252KB；

e. 虚拟缓存（Swp）使用状况，可以看到内存总量为 4.1GB；

f. GPU 使用率；

g. 存储空间（Dsk）使用状况，这里显示总量 58.4GB，已使用 26.5GB；

h. 其他包括工作模式（MAXN）、各传感设备的温度、风扇转速等。

② 2GPU：按“2”进入到图 2-15 右边所示画面，显示 GPU 的使用率。

③ 3CPU：按“3”进入到图 2-16 左边所示画面，显示每个 CPU 核的使用率。

④ 4MEM：按“4”进入到图 2-16 右边所示画面，显示内存使用状况。左下角提供几个控制键（钮），可用键盘或鼠标单击选择：

a. 按“c”执行清除缓存（Clear cache）；

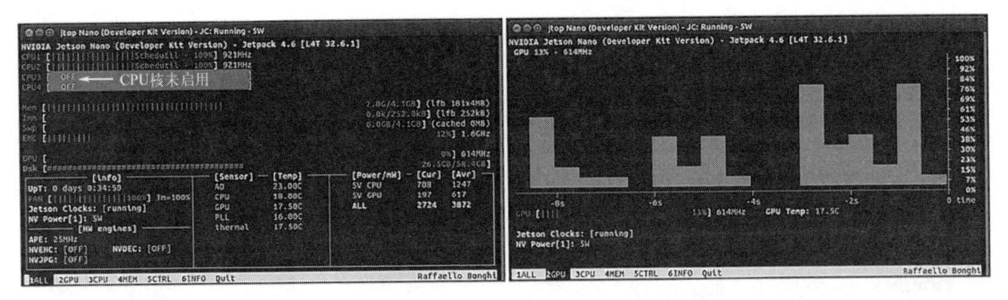

图 2-15　功能 1ALL 与 2GPU 的实时执行状况

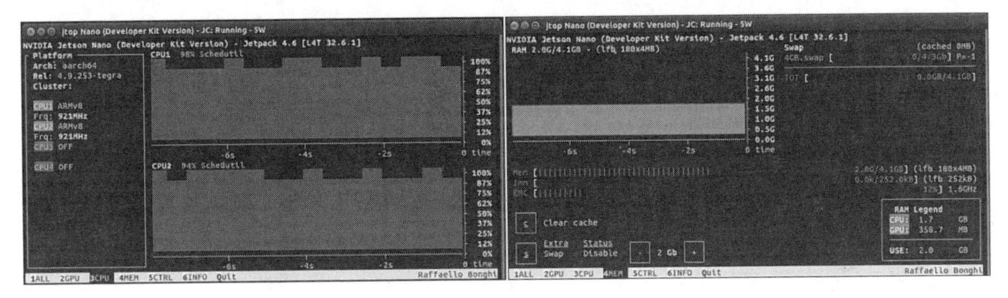

图 2-16　功能 3CPU 与 4MEM 的实时执行状况

b. 按“s”执行切换临时性 Swap 虚拟内存，启动或关闭；

c. 按“−”执行减少临时性 Swap 虚拟内存，最小为 2GB；

d. 按“+”执行增加临时性 Swap 虚拟内存，每次增加 1GB。

⑤ 5CTRL：按“5”进入到图 2-17 左边所示画面，这里有几个控制键，可用键盘或鼠标单击选择：

a. 第一排可控制风扇转速。

b. 按“s”执行切换 jetson_clocks 为执行（固定高主频）或关闭（变动主频）。

c. 按“e”执行切换 boot 为“开机启动”或“开机不启动”。

d. 最下面“NVP model”，在不同机种有不同的功耗模式：

• Nano 2GB/4GB：MAXN(10W/4CORE) 与 5W(2CORE) 两种；

• Xavier NX：15W/2CORE、15W/4CORE、15W/6CORE、10W/DESKTOP、10W/2CORE、10W/4CORE、20W/2CORE、20W/4CORE、20W/6CORE，共 9 种；

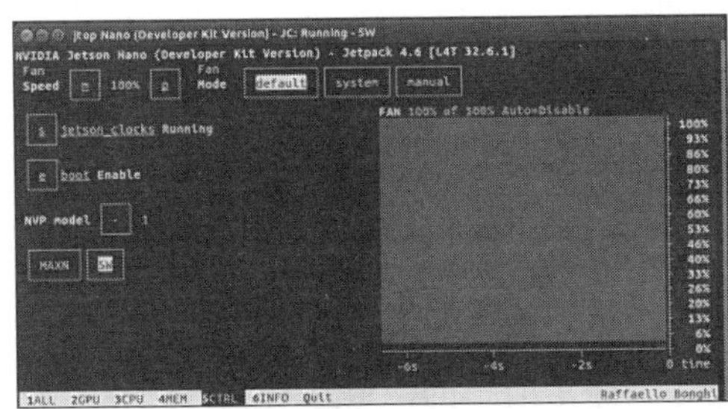

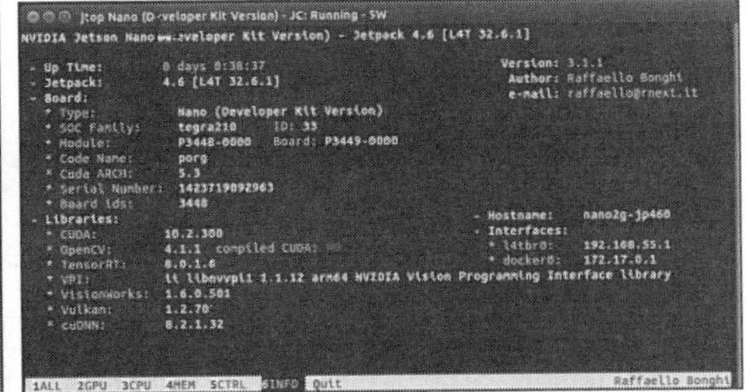

图 2-17　功能 5CTRL 与 6INFO 的内容显示

• AGX Xavier：MAXN、10W、15W、30W/ALL、30W/6CORE、30W/4CORE、30W/2CORE、15W/DESKTOP，共 8 种。

e. 右边的图块显示风扇转速。

⑥ 6INFO：按“6”就进到图 2-17 右边所示画面，显示整台设备的规格与软件版本：这里非常完整地显示出这台设备的各款软件的信息与版本，对开发人员来说非常重要；其中还包括本设备的计算架构（Cuda ARCH）与序列号（Serial Number)。

⑦ Quit：单击这个按钮或者键盘上的“ESC”键，就离开 Jetson-stats 工具。

Jetson-stats 工具十分强大，实用性非常高，安装过程也非常容易，只要执行以下指令就能完成安装并且启动：

```
$ sudo apt install -y python3-pip
$ sudo pip3 install -U pip
$ sudo pip3 install jetson-stats
$ sudo jtop
```

虽然前面看到的截屏都像是图像界面的显示，但实际上全部是文字模式的显示，因此可以在 SSH 指令视窗中显示，而不需要采用图形界面的远程控制方式。

2.7 配套的辅助工具

到这里已经完成整个 Jetson 设备的安装与操控，总体来说已经可以进入学习与开发阶段，但还是有些细微之处未尽完善，特别是要完全使用 SSH 指令框操作的时候，如何连上 Wi-Fi 无线网？有没有好用的编辑器？虽然这些细节并不会导致系统不能使用，但是我们有责任让读者用起来更舒服。

（1）安装 Nano 编辑器

Linux 图形桌面的 gedit 全页编辑器与 Windows 的 Notepad 一样好用，但不能在指令模式下使用。VIM 是绝大部分 Linux 操作系统内置的文字编辑器，可能是指令模式中历史最悠久的编辑器，但是必须背诵很多组合指令，对于刚接触 Linux 操作系统的用户来说并不太友善。

Nano 文字处理器因为使用便利、占用资源少，已逐渐成为 Linux 上的主流编辑器，安装方式也非常简单，只要执行以下指令就可以：

```
$ sudo apt update && sudo apt install -y nano
```

安装完之后，只要使用“nano < 文件名 >”的指令格式就能操作，非常方便。

（2）Wi-Fi 连线指令

在 Jetson 图像桌面上执行 Wi-Fi 连线任务是非常简单的，单选右上方图标，找到 Wi-Fi 选项，选择合适的热点名字，输入密码，只要一切正确就能顺利连线。

当 Jetson 作为边缘计算设备时，最终部署经常为了节约更多 CPU 与内存等计算资源，而关闭 Ubuntu 的图像桌面进入纯指令的状态，这时要进行 Wi-Fi 连线与配置，就要完全依靠指令模式。

Linux 提供 nmcli 指令与 nmtui 工具两种无线网控制方式，这里简单说明一下。

① nmcli 指令：这是 Linux 内建的标准指令，使用语法非常简单，我们不去探索这个指令的全貌，这里只提供与 Wi-Fi 连线有关的部分，标准格式如下：

```
  # 列出热点列表
$ nmcli device wifi list
  # 连上特定热点
$ sudo nmcli device wifi connect <热点名> password <热点密码>
  # 检查连线状态
$ nmcli connection
```

执行连线属于系统级的操作，因此前面需要用“sudo”获取足够权限，使用这样一条指令就能轻松连上指定的热点，然后检查连线状况，非常简单。

② nmtui 工具：这是一个“文字模式的图像管理工具”，只要在命令窗口执行以下指令：

```
$ sudo nmtui
```

就能启动一个图形化的管理界面，由于这属于系统级的操作，因此前面必须用“sudo”获取足够权限，否则操作之后无法回存设定。

（3）中文环境与输入法

这属于“办公用途”的部分，与 AIoT 智能技术的开发和学习没有明显关系，因此这里只提出几个重点，而不提供详细的安装步骤。

① 中文化处理：与 x86 的 Ubuntu 18.04 切换成中文系统的步骤基本一样，网上有非常多的相关教程，难度并不高。唯一需要注意的环节就是“路径设置”部分千万别选择中文方式，否则后面的执行案例可能会因为路径名称而出错。

② 中文输入法：国内输入法对 ARM 版本的 Ubuntu 支持还是比较缺乏的，不过 iBUS 的 Intelligent Pinyin 输入法使用起来还是蛮顺手的。

③ Office 软件：系统自带 LibreOffice 套件，能执行与 Word、Excel、PowerPoint 等兼容格式的操作，国内 WPS Office 提供的 Linux 版本中也包括对 ARM 处理器的支持，可自行访问官网找到合适的安装包，经过测试是能在 Jetson 设备上流畅执行的。

至于其他应用软件，如图像处理、视频剪辑等应用软件，只要供应商提供 ARM 处理器 Ubuntu 版本，大致都能使用。可自行在网上搜索这些软件的安装教程。

2.8 本章小结

英伟达为 Jetson 系列设备提供了 Jetpack 开发环境配置工具，一次性地为使用者安装好 AIoT 所需要的开发资源，包括以下内容。

① Ubuntu 18.04 L4T 桌面级操作系统：使用方式与 x86、PowerPC 的 Ubuntu 18.04 桌面级完全一致，包括软件安装、卸载、开发等部分，也能设置中文使用环境与常用的办公用途软件，能同普通桌面级电脑一样操作。

② 深度学习库：包括加速深度神经网络计算的 cuDNN 库与加速推理计算的 TensorRT 引擎，这两部分为 Jetson 嵌入式设备提供了强大的 AI 计算能力。

③ 多媒体库：包括负责处理各类摄像头数据源的 libargus 库以及负责处理视频数据转换的 Video API 库，为 Jetson 提供高效的数据处理能力。

④ 计算机视觉库：包括 OpenCV、VisionWorks 与 VPI 三种不同封装级别的开发库，为 Jetson 提供了非常有弹性且易用的开发环境。

⑤ 数学加速库：底层有超过 300 种基于 CUDA 加速设备的各种数学算法库，涵盖绝大部分成熟的数学公式，是所有加速计算的根基。

⑥ 图像显示库：包括 2D 显示与 3D 仿真的 Vukan 库与 OpenGL 库。

⑦ 传感设备库：提供 Jetson 设备通过通用接口与外界互动的开发界面。

事实上从 2016 年至今，英伟达 Jetson 设备已经被公认为是很多先进技术的最佳学习平台，包括深度学习、AIoT、CUDA 并行编程、OpenCV 计算机视觉、智能会话等应用，除了硬件上的优异特性之外，更重要的是 Jetpack 易于安装以及完整的开发资源，让初学者在启动阶段就能大幅度减少安装调试的麻烦。

当然英伟达提供的丰富范例代码，以及从用户端广泛征集的优选项目，能使初学者照本宣科轻松上手。接下来的内容就是以范例复现的方式，带着大家动手操作，这样就能更快地进入 AIoT 应用开发的阶段。

此外，要开发边缘 AI 计算与 AIoT 应用，必须具备以下两项非常关键的基本技能。

① 建立使用 Linux 操作系统的习惯：不管是学术界或产业界，深度学习 / 机器学习和嵌入式设备等应用，都是以 Linux 操作系统为主流平台，因此开发人员必须养成相应的操作习惯。

② 掌握远程控制的技巧：这是任何一个想从事技术工作的人都需要具备的能力，无论是面对云中心的众多服务器，或是面对部署在各个角落的边缘计算设备，都需要通过远程控制技巧进行操作与管理。

接下来就带着大家操作英伟达 Jetson 设备，由浅入深地进入边缘 AI 计算的应用开发领域。

第3章 体验 Jetpack 开发环境

前一章已经带着大家用 Jetpack 为 Jetson 设备安装好使用环境，并且添加了一些提高效率的工具并进行了设定，使整个 Jetson 开发环境近乎完整，本章的重点是在 Jetson 设备上使用 Jetpack 为用户准备好的 AIoT 开发资源。

以图 2-1 中开发层 6 大板块中的加速计算库、多媒体库与计算机视觉库作为基础，包括 CUDA、VisionWorks 与 VPI 的范例，以及基于 OpenCV 的 Python 代码调用 USB 与 CSI 摄像头，还有 OpenCV 简单的人脸与眼睛定位的设备，让读者快速熟悉 Jetson 设备的操作。

对本章这些基础知识的掌握程度，并不影响后面对深度学习应用的操作，已经熟悉本章内容的读者可以选择跳过，直接进入后面的环节。对初学者的建议是，最好还是简单阅读本章的内容，这有助于更快进入学习状态，提高学习效率。

所有的示范都是在 Nano 2GB 开发套件上执行，由于涉及画面显示的部分，需要在 Ubuntu 桌面上操作，可以接上鼠标 / 键盘 / 显示器，或采用 VNC、NoMachine 等图形远程控制方式。所有内容都适用于 Jetson 全系列产品，包括第三方开发的边缘计算设备。

3.1 CUDA 并行计算的加速性能

CUDA 是 NVIDIA 过去十多年异军突起的最重要核心技术，也是近年来并行计算领域中最被称颂的技术。不过 CUDA 这项技术是比较偏底层的加速应用，有 C/C++ 等编程基础并掌握并行计算概念才好上手。本书专注于“轻松入门”的任务，因此并不占用篇幅去讲解 CUDA 的原理。

接下来我们先以 3 个 CUDA 的经典范例让大家感受一下并行计算的惊人威力，这是 Jetson 嵌入式设备能执行 AI 深度学习应用的最关键动力来源。

3.1.1 编译 CUDA samples

在 Jetpack 开发环境中已经安装好 CUDA 开发环境与范例，存放在 /usr/local/cuda 下面的“samples”目录中，通过以下指令前往这个目录，然后查看其中的内容：

```
$ cd /usr/local/cuda/samples && ls
```

可以看到里面总共有 8 大类的范例，在这一层目录中有一个“Makefile”文件（图 3-1）。

```
nvidia@nano2g-jp460:/usr/local/cuda/samples$ ls
0_Simple     2_Graphics  4_Finance      6_Advanced       bin     EULA.txt
1_Utilities  3_Imaging   5_Simulations  7_CUDALibraries  common  Makefile
```

图 3-1 CUDA 范例的 8 大分类列表

因为这里的范例都是用 C/C++ 语言编程的，所有需要执行编译步骤之后才能执行范例。可直接在此处执行所有范例的编译，或进入到任何一个范例目录中，进行个别范例编译。本书建议在此处直接编译全部的范例，比较省事。

```
$ cd /usr/local/cuda/samples
$ sudo make -j$(nproc)
```

简单说明上面这条指令的重点：

• 因为这个子目录在“/usr”之下，必须使用 sudo 取得 root 权限才能进行编译；

• make 编译指令会在当前目录找寻“Makefile”文件，然后根据指令进行编译；

• 后面添加“-j”参数是让 make 编译器动用 CPU 核的数量，执行多核编译节省时间；

• 最后的“$(nproc)”就是当前设备可运用的 CPU 核的总数。

编译所需的时间根据调用的 CPU 核数与 CPU 核的性能而定，这里不多赘述。编译完成之后，所有的可执行文件统一存放在“samples”下面的“bin/aarch64/linux/release”目录中，执行以下指令进入目录：

```
$ cd bin/aarch64/linux/release
```

为了让大家更容易地感受到 Jetson 设备的能力，本节主要执行 5_Simulations 里面的 nbody（粒子碰撞模拟）、oceanFFT（海洋波动模拟）与 smokeParticles（烟雾粒子光影模拟）这三个范例。

3.1.2 nbody（粒子碰撞模拟）

这是宇宙学中非常经典的模拟项目，是为了解释宇宙学中非线性演化问题而诞生的一套数值模拟方法。在大尺度上提供了一个宇宙如何演化的框架，通过这种模拟方法，我们可以复现宇宙的形成过程。如果给出另一个宇宙的参数，甚至可以模拟另一个宇宙的演化。

nbody 模拟器可以由多个选项组合，执行以下指令可以列出“帮助”信息：

```
$ ./nbody --help
```

图 3-2 所示为 nbody 范例的帮助信息。

```
nvidia@nano-jp460:/usr/local/cuda/samples/5_Simulations/nbody$ ./nbody --help

> Command line options
        -fullscreen       (run n-body simulation in fullscreen mode)
        -fp64             (use double precision floating point values for simulation)
        -hostmem          (stores simulation data in host memory)
        -benchmark        (run benchmark to measure performance)
        -numbodies=<N>    (number of bodies (>= 1) to run in simulation)
        -device=<d>       (where d=0,1,2.... for the CUDA device to use)
        -numdevices=<i>   (where i=(number of CUDA devices > 0) to use for simulation)
        -compare          (compares simulation results running once on the default GPU and once on the CPU)
        -cpu              (run n-body simulation on the CPU)
        -tipsy=<file.bin> (load a tipsy model file for simulation)
```

图 3-2　nbody 范例的帮助信息

这些选项不详细说明，通过显示 GPU 与 CPU 两种标准的执行效果，让使用者简单体验一下两者不同的性能差异。

（1）不加任何参数

预设执行 numbodies=1024 的 GPU 单精度运算，指令如下：

```
$ ./nbody
```

执行后会出现如图 3-3 所示的动态画面，在执行窗口最上方会动态显示相关的性能数据。本测试在 Nano 2GB 上进行，得到的性能为 58.8fps（帧 / 秒）与 1.2GFLOP/s。

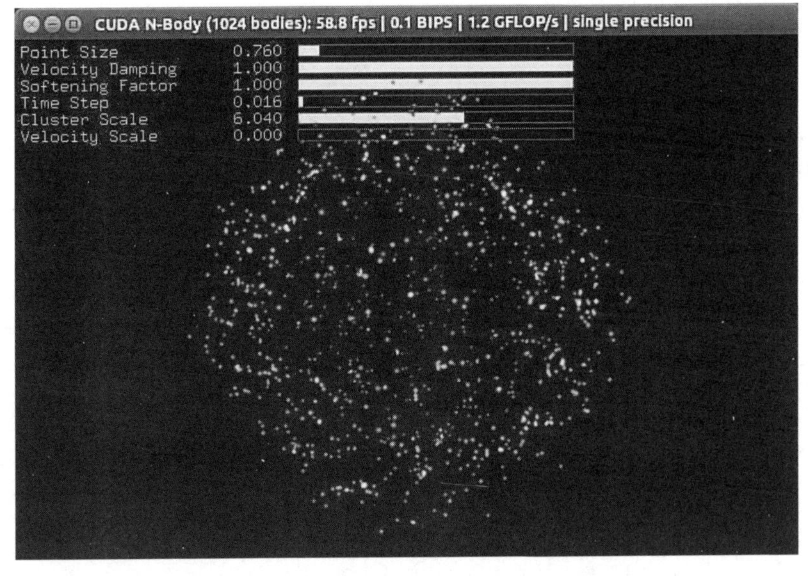

图 3-3　nbody 范例的 GPU 执行效果截屏

（2）加上“-cpu”选项

会执行纯CPU的单精度运算，不过numbodies预设值为4096，为了与前一个实验有相同基础，增加“-numbodies=1024”这个选项，指令如下：

```
$ ./nbody -cpu -numbodies=1024
```

图3-4显示Jetson Nano 2GB所使用的主频为1.5GHz的ARM Cortex-A57 CPU性能数据，分别为6.7fps（帧/秒）与0.1GFLOP/s，与前面GPU相比有8～10倍性能差距。

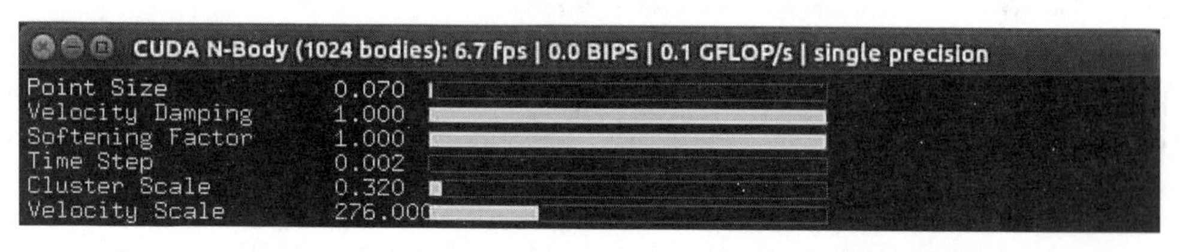

图3-4　nbody的CPU执行效果截屏，省略下面的碰撞画面

如果单纯以CPU计算性能做比较，Jetson Nano 2GB的CPU大约是Intel主频3GHz处理器的一半，类比一下，能推算出Jetson Nano 2GB的GPU计算性能大概能达到x86主频3GHz CPU的4～5倍。

请自行尝试其他的参数组合，感受一下CUDA并行计算的威力，如果在AGX Xavier或Xavier NX上测试，会呈现更大的差距。

3.1.3　oceanFFT（海洋波动模拟）

从理论上简单描述海洋波动模拟的计算重点。首先将表达海洋波的频率的集合表达为频域的值的集合，然后通过IDFT（逆向离散傅里叶变换）算法，将频域的值转化为时域的值。

这是一个个离散的信号，这些信号的集合可以等价于基于时间变化的高度图。连续傅里叶变化（FT）是在时域收集所有的采样点做一个积分，经一系列操作之后转到频域中，然后收集海洋波，有多少个频率，在频域中就有多少个脉冲信号。

而逆向傅里叶变换就是将频域的值转到时域中，这个无穷积分很难解，但是计算机可以用离散的点逼近原积分。

执行这个范例的指令如下：

```
$ ./oceanFFT
```

执行后会看到如图3-5所示的动态波浪摆动。

可以按照指示用鼠标分别按住右键拖动波浪图、按住中间键拖动波浪图、按住左键拖动波浪图，观察会产生怎样的变化。

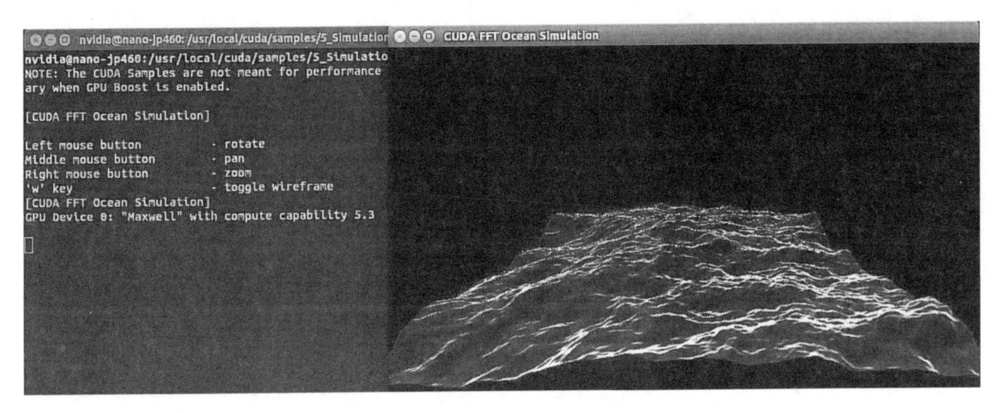

图 3-5 oceanFFT 范例执行效果截屏

3.1.4 smokeParticles（烟雾粒子光影模拟）

这是模拟烟雾粒子的运动状况，同时会产生光影效果。将图 3-6 中的光点视为光源，根据烟雾粒子的移动计算出对应的光影，需要加入光影追踪的计算。

执行这个范例的指令如下：

```
$ ./smokeParticles
```

执行范例后，在视窗中单击鼠标右键，会出现切换键，请自行尝试体验。

图 3-6 smokeParticles（烟雾粒子光影模拟）效果截屏

以上展示了三个能够一目了然的 CUDA 范例，事实上整个 CUDA 范例的数量达 150 个以上，都是以 C/C++ 语言撰写并且大多提供源代码，用户可免费使用，请好好利用这些资源。

3.2 高阶计算机视觉开发工具包

计算机视觉与图像处理是英伟达 20 年来的核心基础业务，因此这方面的开发资源是非常丰富的，不仅几乎支持所有业界标准，甚至还有不少超前的技术，特别是对 GPU 计算性能的调用能力。

Jetpack 4.6 版本提供 VisionWorks 与 VPI 两套计算机视觉的开发工具包，前者已经相当成熟，但只提供 C/C++ 开发接口；后者到目前为止还在建构当中，不过将会提供 C++ 与 Python 的高级封装接口，并且会与英伟达硬件资源捆绑得更加紧密，包括 CUDA 与硬件编码芯片等。

VPI 的高级封装接口会将硬件资源进行抽象化处理，对开发人员来说可以专注在应用流程与算法本身，由英伟达处理底层的硬件调用与资源优化的部分，这样能在开发便利性与性能之间取得非常好的平衡点，因此 VPI 将成为机器视觉与图像处理开发的主力工具包。

图 3-7 所示是 VisionWorks 官网的声明，表示从 Jetpack 5.0 版开始将计算机视觉与图像处理的算法都合并到 VPI 工具包中。

VisionWorks will be deprecated with Jetpack 5.0. For Computer Vision and Image processing algorithms, get started with Vision Programming Interface (VPI) by visiting the developer page.

Learn More

图 3-7 VisionWorks 官方网站的声明

如果计算机视觉与图像处理是你所关心的技术，可以多花些时间了解 VisionWorks 与 VPI 的内容。不过本书的重点在于 AIoT 的智能识别计算，在后面的 DeepStream 智能视频分析套件、Jetbot/JetRacer 无人车系统，以及下一章的“Hello AI World”项目，都将这些算法集成到底层中，我们不一定非要了解。

下面对这两套开发工具做一个简单介绍，并且执行几个简单范例，大家体验一下效果就可以了，想要深入了解的读者，请自行到英伟达官网上阅读相关的开发手册。

3.2.1 VisionWorks 工具包与范例

这是英伟达提供的用于计算机视觉与图像处理的开发库，实现了扩展 Khronos OpenVX 标准，并针对支持 CUDA 的 GPU 和 Jetson 进行优化，使开发人员能够在可扩展且灵活的平台上实现计算机视觉应用程序。

表 3-1 列出了 VisionWorks 所开发出的多种常用的计算机视觉与图像处理算法，全部提供 C++ 接口，开发人员可以自行调用。

VisionWorks 提供三部分的范例与源代码，包括 6 个基础算法与 1 个 SFM 云点计算应用，不过存放的位置比较分散，并且需要做些比较烦琐的安装与编译工作。

请执行以下指令，将这组基础范例安装到工作目录下，并进行编译：

表 3-1 VisionWorks 目前已支持的多种算法

IMAGE ARITHMETIC	ANALYSIS	GEOMETRIC TRANSFORMS	FILTERS
Absolute Difference	Histogram	Affine Warp +	BoxFilter
Accumulate Image	Histogram Equalization	Warp Perspective +	Convolution
Accumulate Squared	Integral Image	Flip Image	Dilation Filter
Accumulate Weighted	Mean Std Deviation	Remap	Erosion Filter
Add / Subtract / Multiply +	Min Max Locations	Scale Image +	Gaussian Filter
Channel Combine			Gaussian Pyramid
Channel Extract	FLOW & DEPTH	FEATURES	Laplacian 3×3
Color Convert +	Median Flow	Canny Edge Detector	Median Filter
CopyImage	Optical Flow (LK) +	FAST Corners +	Scharr 3×3
Convert Depth	Semi-Global Matching	FAST Track +	Sobel 3×3
Magnitude	Stereo Block Matching	Harris Corners +	
MultiplyByScalar	IME Create Motion Field	Harris Track	
Not / Or / And / Xor	IME Refine Motion Field	Hough Circles	
Phase	IME Partition Motion Field	Hough Lines	
Table Lookup			
Threshold			

```
$ cd /usr/share/visionworks/sources/
 # 将范例安装到 ~/ 路径下
$ sudo ./install-samles.sh ~/
$ cd ~/VisionWorks-1.6-Samples
$ sudo make -j$(nproc)
$ cd bin/aarch64/linux/release/ && ls
```

可以在“~/VisionWorks-1.6-Samples”目录下看到6个“nvx_demo_”开头的执行文件，其中“nvx_demo_feature_tracker_nvxcu”与“nvx_demo_feature_tracker”执行相同的算法（图3-8）。

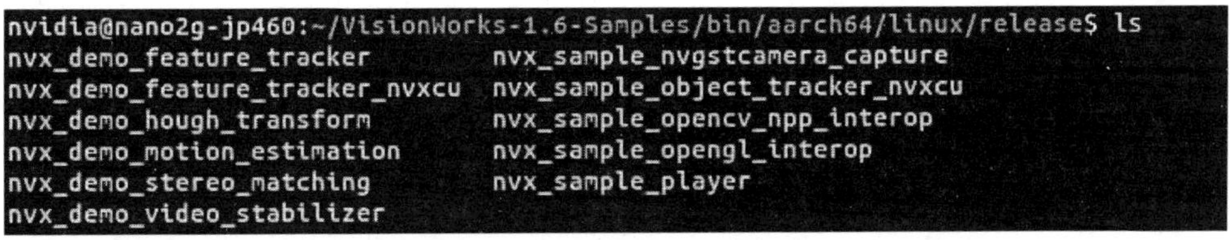

```
nvidia@nano2g-jp460:~/VisionWorks-1.6-Samples/bin/aarch64/linux/release$ ls
nvx_demo_feature_tracker          nvx_sample_nvgstcamera_capture
nvx_demo_feature_tracker_nvxcu    nvx_sample_object_tracker_nvxcu
nvx_demo_hough_transform          nvx_sample_opencv_npp_interop
nvx_demo_motion_estimation        nvx_sample_opengl_interop
nvx_demo_stereo_matching          nvx_sample_player
nvx_demo_video_stabilizer
```

图 3-8 VisionWorks 基础范例编译后可执行的范例

另外5个以“nvx_sample_”开头的文件，除了“nvx_sample_object_tracker_nvxcu”也是完整的算法演示之外，其余4个属于辅助工具，在此不做演示。

接下来就简单说明6个范例的执行方法、基本功能与原理。

（1）特征跟踪算法

这是一个简单的“局部特征跟踪”演示，使用Harris（哈里斯）或FAST特征检测器获取特征的初始列表，并使用稀疏的金字塔光学流（Lucas-Kanade）方法对其进行跟踪。在第一帧中将创建高斯金字塔（Gaussian Pyramid）并检测初始点，以便可以在低分辨率下快速找到要素，并且在沿着金字塔走时也可以更精确地定位，初始点使用哈里斯拐角检测器检测。

英伟达扩展了Harris和FAST转角功能，将图像划分为相同大小的单元，并在每个单元中独立查找角，这样可以在整个图像上均匀地检测到拐角，这些角是下一帧中跟踪的关键点。在随后的帧中，使用Lucas-Kanade方法在两个金字塔图像之间跟踪点，然后执行角点检测以恢复丢失的点。

执行指令如下，如图3-9所示是执行结果的部分截屏，左图是执行的性能与控制按键，右图中的箭头代表计算出来的特征行进方向。

```
$  ./nvx_demo_feature_tracker_nvxcu 或 ./nvx_demo_feature_tracker_nvxcu
```

图3-9　特征跟踪算法范例执行结果

（2）物体跟踪算法

这是将前一个范例进行改造，将特征的追踪升级为物体的追踪，执行时请用鼠标自行标出一个要跟踪的物体。

跟踪器使用FAST算法查找转角，并将其通过“光学流”传递到下一帧。通过运动距离、方向和光学流精度对找到的角进行过滤，以消除异常值。对于称为“关键点”的其余角，该算法尝试将每个关键点与从先前帧跟踪的关键点进行映射，以设置新关键点的权重。然后将这些关键点用于每个对象，找到边界框中心，然后估算边界框比例。

执行指令如下，执行结果如图3-10所示，右图框选的是用鼠标框定的物体，系统会跟踪标定物体的移动状态。

```
$  ./nvx_sample_object_tracker_nvxcu
```

（3）边缘检测算法

通过霍夫变换进行直线和圆的检测，输入帧将变换为灰度并缩小比例，使用

图 3-10　物件跟踪算法范例执行结果

中值滤镜模糊并进行均衡，然后由 Canny Edge Detector 和 Sobel 运算符处理均衡后的帧，并将生成的边缘图像和导数传递到 Hough Circle 节点，以获取检测到的圆的最终数组。

执行指令如下：

```
$ ./nvx_demo_hough_transform
```

图 3-11 左边是原始的输入视频，经过这个算法的处理之后，得到右边的结果，这在计算机视觉中是使用率非常高的算法。

图 3-11　边缘检测算法范例执行结果

（4）运动估算算法

这是实现迭代运动估算（IME）算法的示例，结合了迭代优化步骤，以改善输出的运动场。这里的样本管线说明了从当前帧到前一帧的后向运动矢量的单向运动估算，样本管线每隔 2×2 块以 Q14.2 格式生成运动矢量。

执行指令如下：

```
$ ./nvx_demo_motion_estimation
```

图 3-12 左边是执行结果的性能与控制键内容，从右图中可以看到三个人与一只狗身上有个别的箭头组，代表对每个物体的行进方向的预估值。

（5）立体声匹配算法

这个简单的立体声匹配演示使用半全局匹配算法评估视差。在评估立体声以

图 3-12　运动估算算法范例执行结果

获得更好的质量和性能之前，会执行颜色转换和缩小比例操作，使输入图像不会失真并对其校正。

执行指令如下，显示结果如图 3-13 所示。

```
$ ./nvx_demo_stereo_matching
```

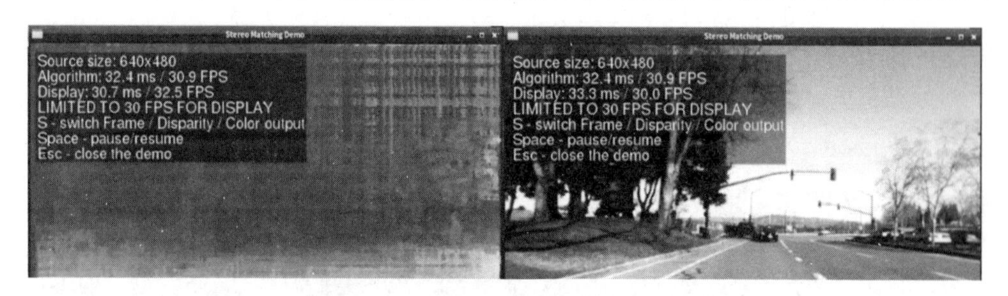

图 3-13　立体声匹配算法范例执行结果

通过将视差值 [0..ndisp] 间隔线性转换为 HSV 颜色空间来创建颜色输出，其中最小视差（远物体）对应于 [H=240,S=1,V=1]（蓝色），最大视差（附近物体）对应于 [H=0,S=1,V= 1]（红色），最后将生成的 HSV 值转换为 RGB 颜色值以进行可视化。

（6）视频稳定（防抖）算法

这是基于图像处理的算法，使用哈里斯特征检测器和稀疏金字塔光学流（Lucas-Kanade）方法来估计帧的运动。

执行指令如下：

```
$ ./nvx_demo_video_stabilizer
```

图 3-14 左边是原始的抖动视频截屏，右边是防抖处理后的视频截屏，可以很明显地体验到这个防抖处理的效果。这个应用的实用性很强，而且计算量很大，必须对每一帧图像与前后 n 帧图像进行比对，然后找到合适的位置进行位移处理。

以上是 VisionWorks 6 个基础算法的执行演示，由于范例全部都是 C++ 代码，并且涉及许多数学算法，因此不在这里说明代码内容。技术细节请自行阅读开发手册。

图 3-14 视频稳定算法范例执行结果

3.2.2 VPI 简介

这是英伟达在 2021 年初发布的，所以大部分开发者还是比较陌生的。这个 VPI 有个很重要的任务，就是取代 VisionWorks 工具包，因为很多在 CUDA 设备上开发视觉应用的工程师都感觉工作很烦琐，特别是在处理图像格式、尺寸、颜色空间转换时，总要通过 Numpy 库与 OpenCV 或 PIL 的交互运作，让数据在 CPU 与 GPU 之间不断地传输，然后再调用底层 CUDA 库进行计算。

其中最麻烦的部分就是记忆体管理，在一个计算中需要预先分配多大的显存空间，与设备所配置的显存大小息息相关，但是 GPU 种类繁多，配置的显存数量不一致，更深入的问题是，在支持统一内存（unified memory）的设备上（如 Jetson 系列），可以使用更有效率的数据传输方式，这时代码该如何处理才能提高这个应用的通用性呢？

为了解决开发者所遇到的问题，VPI 的规划重点就是在“高效 / 易用 / 兼容”三大前提下提供高级封装的开发接口。

什么是高级封装的开发接口？并非只是提供 C++ 或 Python 这些高阶语言的开发接口，关键点在于这些接口的“封装”形式。一个高级封装的开发接口至少具备以下条件。

① 能非常直观地从接口名称去识别其功能。

② 单一指令就能执行许多的功能。

③ 资源之间的独立性，这里包括以下内容。

a. 硬件相关的接口：抽象出高阶 API。

b. 软件相关的接口：其他功能库的调用与结果回传。

c. 执行目标相关的接口：在生产环境中的资源优化。

④ 自动进行底层计算资源（线程数、显存、CUDA 流）的合理分配与最终释放的步骤。

⑤ 接口的所有参数都提供（优化策略）预设值。

高级封装的指令可以让开发者忽略很多容易出错的细节，特别是数据类型以及数据大小，在函数里面都做好了对应的处理机制，这样会大大减少开发人员消耗在底层问题纠错的时间，会让开发者感受到设计者的细心与贴心，减少不必要的时间以及挫折感。

图 3-15 是 VPI 的执行架构图，由一个适合实时图像处理应用的异步计算管道与一个或多个异步计算流所组成，这些计算流在可用的后端设备缓冲区上运行算法，计算流之间使用事件进行同步管理。

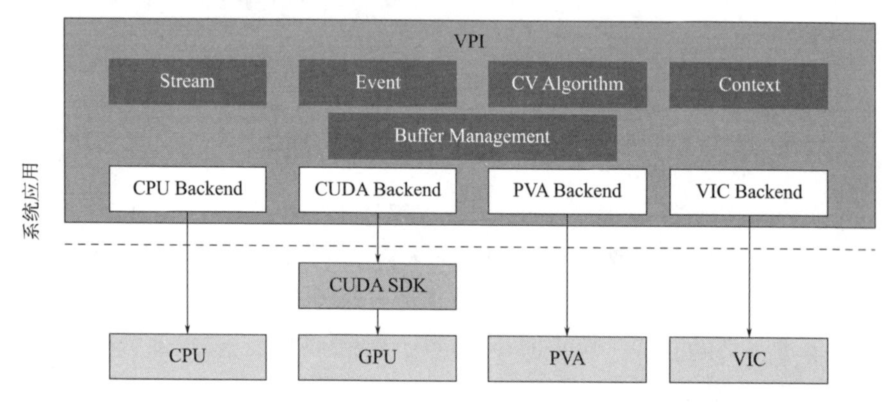

图 3-15　VPI 的执行架构图

这句话将 VPI 的元素几乎都涵盖进去了，下面就为大家简单说明一下这些元素的用途。

（1）计算流（Stream）

VPI Stream 是一个异步队列，在给定的后端设备上按顺序执行算法。为了实现后端设备之间的高度并行性，可以在给定的处理管道中配置几个并行运行的处理阶段，每个阶段都在其 VPI 计算流中，然后在 VPI 提供的同步原语的帮助下通过交换数据结构相互协作。

（2）算法（Algorithm）

支持用于多种目的的计算机视觉算法，例如立体图像之间的视差 Harris 关键点检测以及图像模糊处理等。目前支持的算法主要有三大类：

① 特征检测与跟踪：目前已提供 KLT Bounding Box Tracker、Harris Corners Detector、ColorNames Features Detector、Histogram of Oriented Gradients 4 种。

② 图像处理：包括 Gaussian Pyramid Generato 等 16 种算法。

③ 视差估算：目前已经支持 Stereo Disparity。

有些算法会使用 VPI Payload 临时缓冲区来执行处理，有效负载可以创建一次，然后在每次将算法提交到计算流时重复使用。

（3）数据缓冲区（Data Buffer）

将数据封装到需要使用的每个算法的缓冲区中，提供 Image（二维图像）、

Array（一维数组）和 Pyramid（二维图像金字塔）的 3 种抽象，以及用户分配内存包装，由 VPI 直接分配和管理。

对于 Image 与 Array 这两种类型，VPI 可以包装外部分配的内存，以便算法直接使用，并试图通过零拷贝（共享）内存映射到目标后端来实现高吞吐量。

（4）后端设备（Backend）

后端由最终运行算法的计算硬件组成，VPI 支持后端 CPU、GPU（使用 CUDA）、PVA（可编程视觉加速器）、VIC（视频和图像合成器）和 NVENC（视频编码器引擎），详细的设备信息请参阅表 3-2 的内容。

表 3-2 VPI 所支持的 5 种后端设备

后端设备	设备 / 平台
CPU	所有 x86（Linux）与 Jetson aarch64 架构的中央处理器
CUDA	所有 x86（Linux）Maxwell 以上架构的 NVIDIA GPU 与 Jetson aarch64 平台
PVA	所有 Jetson AGX 系列与 Xavier NX 设备
VIC	所有 Jetson 设备
NVENC	所有 Jetson 设备。注：仅 AGX Xavier 的 NVENC 支持密集光流处理功能

（5）同步原语（Synchronization Primitive）

VPI 提供了几种方法来协调不同计算流之间的工作，并确保任务以正确的顺序执行。

① 可以将给定计算流同步到调用线程，直至提交到计算流的所有工作完成，应用程序可以检查或将最终结果转发到另一个阶段。

② 为了在计算流之间进行更细粒度的协调，可以使用 VPIEvent 使一个计算流或调用线程在一个或多个计算流上等待特定任务完成，从而有效地实现屏障同步机制。

（6）VPI 应用（Application）

这部分包括三个主要阶段。

① 初始化：在该阶段分配内存，创建 Stream、Image、Array 和 Context 等 VPI 对象，并执行其他一次性初始化任务，例如设置。

② 处理循环：将外部数据进行封装以供 VPI 使用，应用程序大部分时间都花费在这一阶段，处理循环将初始化期间创建的有效负载提交给计算流，从中读取结果并将其传递到其他阶段，以进行进一步处理或可视化。

③ 清除：销毁初始化期间分配的所有对象。

以上就是 VPI 架构的基本元素的功能，通过这些元件架构起来的开发接口，开发者只需要专注在“应用”本身所需要的功能，将底层与计算资源相关的调度与管理问题全部交给 VPI 去处理就行。

3.2.3 VPI 简易 Python 范例

使用 Jetpack 4.5.1 之后的版本安装 Jetson 设备，就会连同 VPI 开发库一起安装好，不过 samples 部分需要手动安装。检查“/opt/nvidia/vpi1”下面是否有“samples”文件夹。如果没有，直接执行下面命令就可以安装：

```
$ sudo apt install libnvvpi1 vpi1-dev vpi1-samples vpi1-demos
```

然后就能在“samples”目录下看到如图 3-16 所示的 15 个项目以及一个数据目录“assets”，每个范例都提供 C++ 与 Python 代码，下面就挑选出 3 个比较有意思的范例的 Python 代码做演示，其余 12 个请读者自行尝试。

```
01-convolve_2d          05-benchmark            09-tnr          13-optflow_dense
02-stereo_disparity     06-klt_tracker          10-perspwarp    14-background_subtractor
03-harris_corners       07-fft                  11-fisheye      assets
04-rescale              08-cross_aarch64_l4t    12-optflow_lk   tutorial_blur
```

图 3-16 VPI 的 samples 目录内容

（1）范例 01-convolve_2d：将输入图片做二维卷积处理

请按照下面指令编辑 Python 版的 main.py 代码文件：

```
$ cd /opt/nvidia/vpi1/samples/01-convolve_2d
$ sudo gedit main.py
```

主要代码如下：

```
34    parser = ArgumentParser()
35    parser.add_argument('backend', choices=['cpu','cuda','pva'],
36                        help='Backend to be used for processing')
38    parser.add_argument('input',
39                        help='Image to be used as input')
41    args = parser.parse_args();
43    if args.backend == 'cpu':
44        backend = vpi.Backend.CPU
45    elif args.backend == 'cuda':
46        backend = vpi.Backend.CUDA
47    else:
48        assert args.backend == 'pva'
49    backend = vpi.Backend.PVA
...   ......
63    with backend:
65    output = input.convolution(kernel, border=vpi.Border.ZERO)
```

整个内容其实只有两个关键步骤，如下所述。

① 选择执行后台：第 41 ～ 49 行根据输入的参数选择后端设备，有 CPU、CUDA、PVA 三个选项。

② 在指定平台上调用高级封装的 convolution() 函数。第 63 ～ 65 行的代码就是执行这个任务。

这样就完成了这张图片的二维卷积操作，非常简单。

这里使用 TensorRT 自带的范例图片 /usr/src/tensorrt/data/resnet50/binoculars.jpeg，具有比较明显的效果，可以尝试使用任何可用的图片进行测试。

请执行以下指令进行本测试：

```
$ python3  main.py  CUDA  /usr/src/tensorrt/data/resnet50/binoculars.jpeg
```

执行完上述指令后会在目录下生成“edges_python3_cuda.png”输出文件，图 3-17 左边是测试用的原始图片，右边是计算后的结果图。

图 3-17　执行 VPI 的二维卷积计算

（2）范例 03-harris_corners：用 Harris 算法寻找图像内角点

源代码在“03-harris_corners/main.py”，全部核心就是第 59 行的代码：

```
59    corners, scores = input.harriscorners(sensitivity=0.01)
```

后面再根据 corners 绘制“角点”的位置，并根据 scores 给定不同的颜色。这里只推荐修改最后一行“cv2.circle(out_data, kpt, 半径 , color, −1)”的粗体参数，将半径改为 5 以上的值，否则所画的圆点太小，不容易识别出效果。

这里挑选“assets/fisheye/image-002.jpg”作为测试图片，主要因为在该图片中可以找到更多的“角点”。请执行以下指令来体验这个范例：

```
$ cd  /opt/nvidia/vpi1/samples/03-harris_corners
$ python3  main.py  cuda  ../assets/fisheye/image-002.jpg
```

图 3-18 所示是执行后的效果，左边是原始图片，右边是找到的角点位置。

最后绘制角点的部分是调用标准 OpenCV 的 cv2.circle() 函数，这也表示 VPI 并非要取代 OpenCV，具有更加便利的作用。

（3）范例 14-background_subtractor：将视频的背景抽离

这是一个使用高斯混合模型的技术将视频背景部分抽离出来的应用，这个范

图 3-18　执行 VPI 的 harris corners 从原图中找出“角点”的示范

例代码在 14-background_subtractor 项目中，请自行挑选一个“背景固定”的视频进行测试，下面先观察执行范例后有什么效果。

```
$ cd /opt/nvidia/vpi1/samples/14-background_subtractor
$ python3 main.py cuda ~ /VisionWorks-1.6-Samples/data/pedestrians.mp4
```

执行后会生成 bgimage_python3_cuda.mp4 与 fgmask_python3_cuda.mp4 两个视频文件，请自行播放以检视效果。

图 3-19 左方是原视频截图，右上方是经过抽离之后的 bgimage_python3_cuda.mp4 背景视频截图，右下方是将前景抽离出来的 fgmask_python3_cuda.mp4 视频截图，这是在“动态”的视频中进行处理，非常有意思。

图 3-19　执行 VPI 的 background_subtractor 将背景与前景抽离的示范

同样地，这个应用中的核心代码只有一行，就是 main.py 中的第 78 行，接下来第 93 行与第 96 行代码则是将原读入图像分解出前景（fgmask）与背景（bgimage），最后再将前景图转换成 BGR8 格式存到文件里面，这三部分都是 VPI 的高级封装接口的范例，用单指令函数实现很多复杂的功能。

```
78    bgsub = vpi.BackgroundSubtractor(inSize, vpi.Format.BGR8)
93    fgmask, bgimage = bgsub(vpi.asimage(cvFrame, vpi.Format.BGR8), learnrate=0.01)
96    fgmask = fgmask.convert(vpi.Format.BGR8, backend=vpi.Backend.CUDA)
```

这几个范例中都使用到 OpenCV 库，这就能证明 VPI 并不是要全面取代 OpenCV，而是为计算机视觉的“算法”部分提供更有效的调用方法，更快速地在英伟达 GPU 设备上开发出高效的应用。

3.3 摄像头的选择与调用

摄像头是目前 AI 应用中使用率最高的数据来源设备，在将光学数据转换格式数据的过程中，存在许多前人积累的技术细节与精华，但相对地也要面对不同考量因素所造成的数据格式问题，既要考虑数据读取的性能，又要兼容多种普及度较高的数据格式，这就会让整个流程与工作变得十分复杂。

许多 Jetson 入门开发人员都会在摄像头部分遇到障碍，因为摄像头是高度集成的专业设备，涉及多个部分，如光学、结构、机电、信号、传输、协议、格式、接口等，每个部分都有很深的专业度，因此本处并不探索摄像头光学与机构等方面的原理，主要集中讲述与计算设备直接连接与调用的部分。

大部分初学者最常面对的问题就是选择哪种摄像头比较合适。表 3-3 提供了四种摄像头接口，包括所需要的功耗、使用距离（线材长度）、带宽、成本等参数，可以从表中判断哪种摄像头适合用户所要面对的使用场景。

表 3-3　Jetson 设备所支持的摄像头类型

接口	CSI-2	USB2	USB3	GigE
使用标准	MIPI	UVC	USB3 Vision	GigE Vision
最大距离 /m	0.3	5	8	100
功耗 /（W/ 路）	0	4.5	4.5	15.4
带宽（Gb/s）	2.5/lane	0.5	5	10
开销（计算资源）	低	高	低	中
成本 / 元	120 ～ 300	20 以上	300 以上	150 以上
适合场景	低功耗 AIoT	测试简单应用	进行专业实验	大范围视频监控

USB2/USB3 摄像头是普及度最高、安装最容易的设备，因此大部分初学者多使用这类摄像头。但从上表中可以很清楚地发现，如果要在体积小、功耗低的 AIoT 设备上使用，就必须选择 MIPI 标准的 CSI-2 接口摄像头；如果要进行较大范围的监控视频分析，就必须选择 GigE 网络摄像头，而且还需要有额外的独立电源。

对初学者来说，先选择容易上手的 USB2 摄像头即可，掌握一些基础技巧之后再根据实际应用的需求去更换。在启动摄像头之前，需要花些时间了解一下 Jetpack 为摄像头的调用提供了哪些开发资源，这样更有利于后续的使用。

图 3-20 所示是 Jetpack 为摄像头处理所提供的完整软件架构，其中包含英伟达自身提供的开发资源（浅色部分），以及很多第三方框架 / 库（深色部分）和它们之间的交互关系，形成很完整而且便利的处理系统。

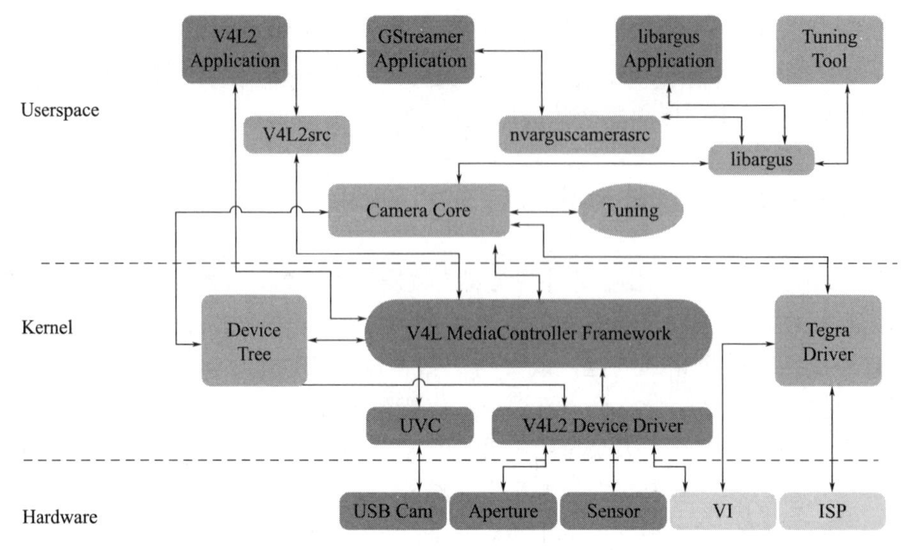

图 3-20　摄像头软件架构

在开发API的部分，主要有V4L2（Video for Linux2）标准库、GStreamer框架、libargus库以及英伟达的优化工具（Tuning Tool）四大部分。

这里先对GStreamer、V4L2与libargus这三个部分做一些基本的说明，因为绝大部分初学者在这里易混淆，看完本书之后就能比较清楚地理解这三者之间的差异，以及搭配使用的方法，大家有个基本认识就行，不用急着深入。

3.3.1　GStreamer流媒体框架

这是一套非常完整且功能强大的流媒体管道（Pipeline）处理框架，不仅跨平台支持所有常用的操作系统，包括Windows、Mac、Linux、Android等，也能处理与视频及音频相关的数据流；不但能接收输入的数据源，也能执行输出的分离或组合等任务，在多媒体领域是使用率非常高的管理平台。

从图3-20可以看到，GStreamer也能承接来自nvarguscamerasrc的CSI摄像头的数据流与V4L2src的USB摄像头的数据流，事实上这两者都能作为GStreamer的组成元件，成为流水线的一员。

从组成单元的角度来看，GStreamer主要包括以下两个部分。

① 组件（Element）：是GStreamer中最重要的对象类型，每个元素实现一个功能（读取文件 / 解码 / 输出等），程序创建多个元素，并按顺序将其串联起来，构成完整的流水线结构。

② 衬垫（Pad）：是一个元素的输入 / 输出接口，分为上游衬垫（src pad）和下游衬垫（sink pad）两种，元件之间必须通过衬垫进行连接。

这样的分工与组合，让GStreamer框架具有非常好的弹性，可以将各种标准接口串联起来工作，包括针对USB摄像头的V4L2src与针对CSI摄像头的

libargus 等接口，都能纳入 GStreamer 的流水线结构中使用。

图 3-21 是一个标准 GStreamer 视频播放器的管道流水线图，其执行步骤如下：

① 从最左边 filesrc 元件读入视频文件，经过 oggdemux 将音频与视频数据进行分流；

② 音频数据经过 vorbisdec 元件解码后，最终在 autoaudiosink 元件处输送给语音播放设备，将音频数据播放出来；

③ 视频数据流经过 theoradec 元件进行解码，利用 videoconvert 元件进行格式转换，最终经过 autovideosink 元件输出到显示设备上。

通过这样的合作，搭建了一个完整的视频播放器软件。

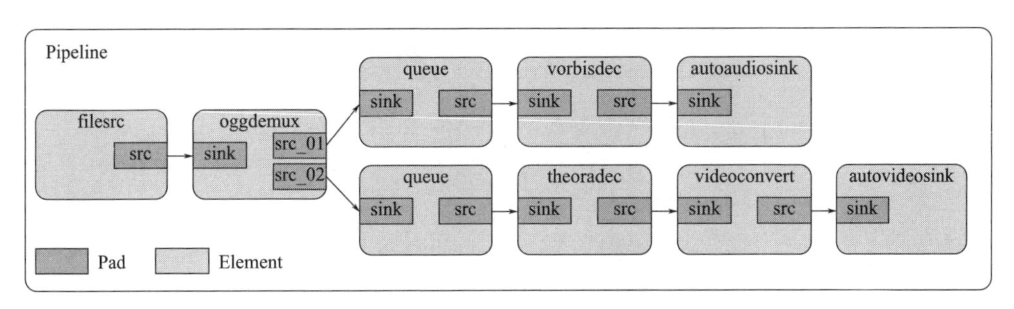

图 3-21　标准 GStreamer 视频播放器的管道流水线图

3.3.2　V4L2 应用库

V4L2 是 Linux 内核中关于视频设备的子系统，为 Linux 的视频驱动提供了统一的接口，使得应用程序可以使用统一的 API 函数操作不同的视频设备，极大地简化了视频系统的开发和维护工作。

从名称就能了解这套应用的重点：

① 只在 Linux 平台上使用；

② 处理与视频输入 / 输出相关的工作。

标准的 V4L2 支持多种设备，包括以下接口种类。

① 视频采集接口（video capture interface）：这种应用的设备可以是高频头或者摄像头，V4L2 的最初设计就是应用于这种功能。

② 视频输出接口（video output interface）：可以驱动计算机的外围视频图像设备，可以输出视频到电视信号格式的设备。

③ 直接传输视频接口（video overlay interface）：主要工作是把从视频采集设备采集过来的信号直接输出到输出设备上，而不用经过系统的 CPU。

④ 视频间隔消隐信号接口（VBI interface）：让应用访问 / 传输消隐期的视频信号。

⑤ 收音机接口（radio interface）：可用来处理从 AM 或 FM 高频头设备接收的音频流。

在英伟达技术手册中，简单定义了 V4L2 的转换器（converter）、编码器（encoder）与解码器（decoder）三种规范，其他就使用 V4L2 提供的标准基础库。

不过 Jetson 本身没有自带的播放器，因此在检视设备时还需要第三方播放软件的协助，V4L2 可以提供一组工具，可以完整地检测到连接在 Jetson 设备上的参数，在下一节实际检测过程中再说明。

3.3.3 libargus 应用库

Jetson 系列从 TX1 时就提供了摄像头子系统，如图 3-22 左边所示，利用 CSI 摄像头的数据能更有效地进入到系统存储中，可大幅度降低延迟，减少功耗与资源。

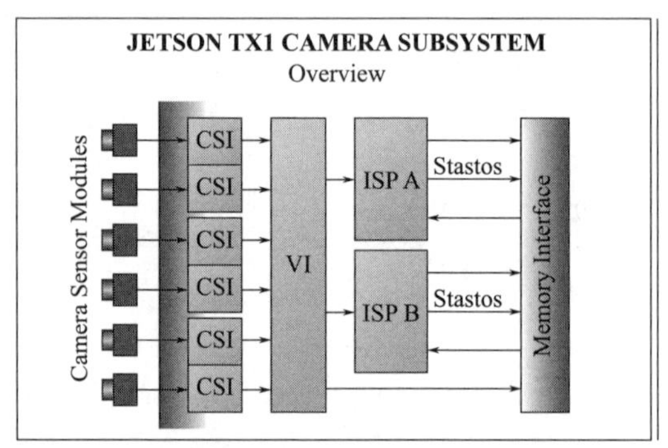

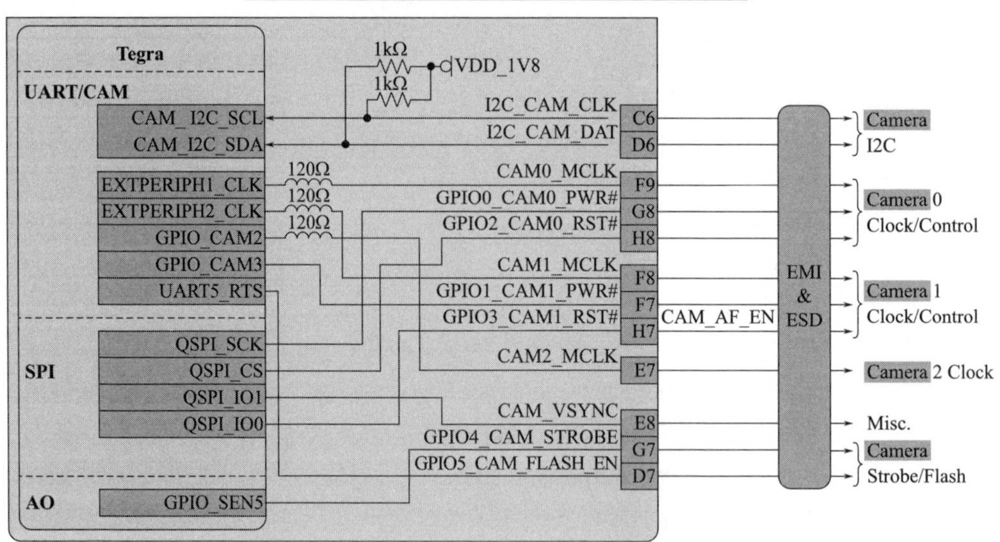

图 3-22　Jetson 从 TX1 时代所提供的摄像头子系统

其中 ISP（image signal processor，图像信号处理器）扮演了很关键的角色，它与单纯的解码器是不一样的，由于内容较为复杂，这里不深入说明。

在英伟达官方技术手册中的“Camera API Matrix”中明确指出以下两件事：

① ISP 只支持 CSI 摄像头，并且只能通过 libargus 库进行调用；

② V4L2 能支持 USB 摄像头与 CSI 摄像头，但不能直接调用 ISP 的资源。

这两个重点请务必牢记，本书最后两个无人车实验都是用 CSI 摄像头作为输入源，因为自主行动的应用对于数据延迟非常敏感，特别是高速行驶的竞速车，任何毫秒级的延迟都会产生很大影响，而 CSI 摄像头在这方面所展现的效果，比其他种类的摄像头都好很多。

至于智能视频分析类的应用，对于数据延迟的敏感度就没那么高，大部分状况都会使用 GigE 摄像头来扩大监控的范围。

3.4 检测摄像头

在检测摄像头之前，首先说明摄像头的安装，这里比较特殊的就是 CSI 摄像头，因为它不像 USB 摄像头具备 PnP（即插即用）的功能。

要使用 CSI 摄像头，必须在开机之前就先安装上，如果在 Jetson 设备开机之后才安装，是识别不到 CSI 摄像头的，并且有可能导致硬件的故障。至于 USB 摄像头与 GigE 摄像头，则可以在任何时间安装在 Jetson 设备上。

检测 GigE 摄像头是相对复杂的，必须先使用摄像头原厂提供的工具（多为 Windows 版本）去检测或设定摄像头的 IP，设定用户名 / 密码，并且确认摄像头的视频格式（H.264、H.265 等）以及视频尺寸等，而最麻烦的部分是各原厂所提供的工具不尽相同，很难采用统一的工具，这对初学者来说是有难度的，在本节中不做详细的说明。

接下来的检测与调用以及后面所有的代码范例，全部以 USB 或 CSI 摄像头为主，毕竟这两种摄像头在学习开发过程中的使用率是最高的。

3.4.1 用 v4l2-ctl 检测摄像头参数

大部分 Linux 设备的摄像头的检测，都是用下面最简单的指令：

```
$ ls /dev/video*
```

这个指令虽然简单，但提供的信息量太少，无法从编号中做进一步的判断，即无法判断哪个编号对应哪个摄像头，特别是当有多个摄像头同时使用时。

这里推荐使用 V4L2 提供的 v4l-utils 工具组。不过这套工具组并不在 Jetpack 开发资源中，需要自行手动安装，执行指令如下：

```
$ sudo apt install -y v4l-utils
```

安装完后就能使用 v4l2-ctl 这个工具去检测得到更深入的信息，例如要查看目前已经接上 Jetson 设备的摄像头的类型与接口，可以使用以下指令：

```
$ v4l2-ctl --list-devices
```

例如在 Jetson Nano 2GB 版上安装 1 个 CSI 摄像头 +2 个 USB 摄像头，执行上面指令后会看到图 3-23 所示信息。

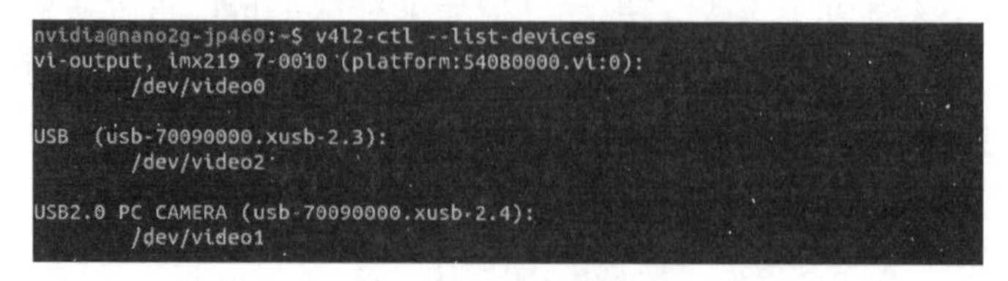

```
nvidia@nano2g-jp460:~$ v4l2-ctl --list-devices
vi-output, imx219 7-0010 (platform:54080000.vi:0):
        /dev/video0

USB  (usb-70090000.xusb-2.3):
        /dev/video2

USB2.0 PC CAMERA (usb-70090000.xusb-2.4):
        /dev/video1
```

图 3-23　执行 v4l2-ctl 检查设备上摄像头清单

通过图 3-23 可以得到更多信息：

① /dev/video0：连接 CSI 摄像头，芯片型号为 imx219。

② /dev/video1：连接 USB 摄像头，连接到图 3-24 中的 xusb-2 口。

③ /dev/video2：连接 USB 摄像头，连接到图 3-24 中的 xusb-3 口，如果显示 xusb-3.1，表示连接到下方 USB 口，如果显示 xusb-3.2，则表示连接到上方 USB 口。

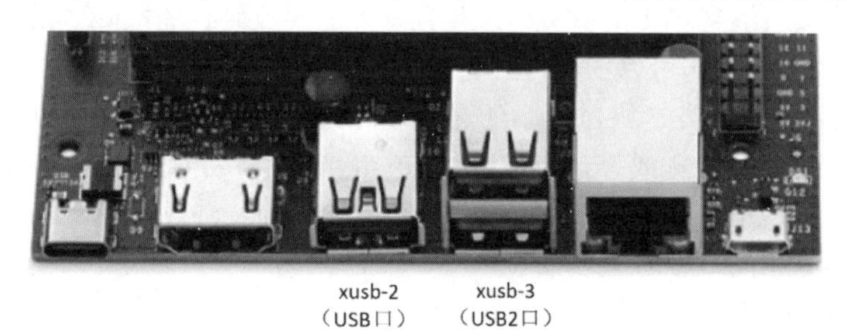

图 3-24　对应 Jetson Nano 2GB 的 USB 摄像头接口

可以看出 v4l2-ctl --list-devices 指令能协助开发者掌握更充分的摄像头信息，而不会像使用 ls /dev/video* 指令陷入猜测的窘境。

接下来使用 v4l2-ctl --list-formats-ext 指令，进一步显示个别摄像头的详细参数，这对开发者调用摄像头来说是非常重要的。执行指令如下：

```
$ v4l2-ctl -d <N> --list-formats-ext
```

这里的 <N> 代表要查询的摄像头编号，图 3-25 所示是查询 /dev/video0 的执行结果。

```
ioctl: VIDIOC_ENUM_FMT
        Index       : 0
        Type        : Video Capture
        Pixel Format: 'RG10'
        Name        : 10-bit Bayer RGRG/GBGB
                Size: Discrete 3264x2464
                        Interval: Discrete 0.048s (21.000 fps)
                Size: Discrete 3264x1848
                        Interval: Discrete 0.036s (28.000 fps)
                Size: Discrete 1920x1080
                        Interval: Discrete 0.033s (30.000 fps)
                Size: Discrete 1640x1232
                        Interval: Discrete 0.033s (30.000 fps)
                Size: Discrete 1280x720
                        Interval: Discrete 0.017s (60.000 fps)
```

图 3-25　用 v4l2-ctl -d 0 --list-formats-ext 指令检查出设备能支持的视频格式

这里明确列出所查询摄像头的读取格式（Pixel Format）为 RG10，传感器原始图像格式为 10-bit Bayer RGRG/GBGB，接着还列出 5 种支持的尺寸与对应的帧数性能，这些参数在开发代码时非常有用。

如果缺乏这些规格参数，就不能准确地查询各种信息。通过下面的指令，可以非常清楚地掌握摄像头的细节。

3.4.2 用 NvGstCapture 启动摄像头

虽然 v4l2-utils 非常完整，但是缺乏独立的播放功能，必须编写代码才能实现启动摄像头的功能，这对初学者来说是个挑战。然而如果不执行摄像头的播放操作，又如何确认这个摄像头能正常工作呢？为此，需要借助其他方法来启动摄像头，并且在显示器上播放摄像头的实时内容，进一步确认所使用的摄像头能正常工作。

前面提供的 Jetpack 开发平台中，有个专门负责各类流媒体处理的 Multimedia 模块，它提供 NvGstCapture（视频抓取）与 NvGstPlayer（音频播放）工具，合作处理实时播放或存档多媒体文件。下面使用 NvGstCapture 工具捕捉并播放摄像头的数据，这是在 Jetson 设备上检查摄像头最简单的方法。这两个工具是 Jetpack 自带的，无需额外的安装，也不需要编写代码去调用。

NvGstCapture 工具的功能非常强大，执行“nvgstcapture --help”可以显示完整的帮助信息（内容太多，这里不全部列出），信息第四行显示这个工具具有“Nvidia GStreamer Camera Model Test”功能，如图 3-26 所示。

```
nvidia@xavier-jp460:~$ nvgstcapture --help
Encoder null, cannot set bitrate!
Encoder Profile = High
Usage:
  nvgstcapture [OPTION?] Nvidia GStreamer Camera Model Test
```

图 3-26 nvgstcapture --help 的部分信息

由于 NvGstCapture 功能太多，这里不全部说明，只说明最简单的调用 USB 摄像头与 CSI 摄像头的方法，指令语法如下：

```
$ nvgstcapture  --camsrc=<S>  --cap-dev-node=<N>
```

这里的 <S> 参数表示要选择的摄像头类型，使用以下指令可以从帮助信息中找出这部分值的设定方法：

```
$ nvgstcapture  --help | grep  camsrc
```

这里的信息告诉我们：

① <S>=0 时，使用 V4L2 来源。USB 摄像头与 CSI 摄像头都支持 V4L2，因此都能在这个选项中使用，至于选择哪个设备就由“--cap-dev-node=<N>”指定。

② <S>=1 是这个参数的预设值，此时只对 CSI 摄像头有用，如果“--cap-dev-node =<N>”指向 USB 摄像头，就会出现错误信息。

③ <S>=2 或 3 时，会启动一个视频测试功能，显示结果如图 3-27 所示，此时“--cap-dev-node=<N>”没有作用。

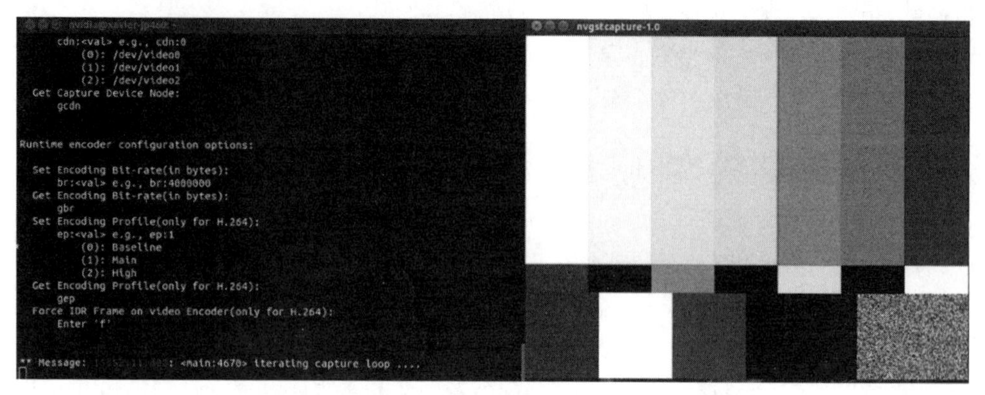

图 3-27　执行 nvgstcapture --camsrc=2 的效果

综合以上指令，如果只需要测试 CSI 摄像头，执行下面最简单的指令即可：

```
$  nvgstcapture
```

如果需要测试 USB 摄像头，就要执行下面完整的指令：

```
$  nvgstcapture  --camsrc=0  --cap-dev-node=1  # 在第一个终端中执行
```

该工具是英伟达专门为 Jetson 设备所开发的，虽然 NvGstCapture 功能强大且完整，但通用性仍有些限制，例如在 x86 电脑上就没有提供。下面介绍的 gst-launch 工具就具备非常高的通用性。

3.4.3　用 gst-launch 启动摄像头

这是由 GStreamer 框架所提供的工具，但凡安装 GStreamer 框架的设备都能使用，比较麻烦的地方就是要遵照其所指定的流水线规则去执行相关的指令，这对大部分初学者并不友好。不过这些都是“熟悉度”的问题，多多练习就能解决。

下面列出针对 gst-launch 调用 USB 摄像头与 CSI 摄像头的最基础指令：

```
  # 启动 USB 摄像头最基础指令：
$  gst-launch-1.0  v4l2src  device=/dev/video<N>  ! videoconvert ! nveglglessink
  # 启动 CSI 摄像头最基础指令：
$  gst-launch-1.0  nvarguscamerasrc  sensor-id=<N>  ! nvegltransform ! nveglglessink
```

执行结果请自行查看，与前面 NvGstCapture 雷同，这里就不再赘述。上面指令中的“!”符号是 GStreamer 框架的导管连接符，上面两个指令都由三个基本元素所组成，包括以下部分。

（1）数据来源

① USB 摄像头：用“v4l2src”识别，后面接上“device=/dev/video<N>”，其中

<N> 参数代表要显示的摄像头编号，这个部分是不能省略的。

② CSI 摄像头：用“nvarguscamerasrc”识别，“sensor-id=<N>”部分预设值为“0”，如果只有一个 CSI 摄像头，这个参数可以省略。

（2）格式转换

① USB 摄像头：使用“videoconvert”关键字，调用 V4L2 库的格式转换器。

② CSI 摄像头：使用“nvegltransform”关键字，调用英伟达内建的 EGL 转换器。

（3）数据显示

都是用“nveglglessink”关键字。

在网上可以看到一些更为复杂的调用指令，例如下面的内容：

```
$ gst-launch-1.0 nvarguscamerasrc ! 'video/x-raw(memory:NVMM),width=1920,
   height=1080, framerate=30/1, format=NV12' ! nvvidconv flip-method=0 !
   'video/x-raw,width=1080, height=720' ! nvvidconv ! nvegltransform !
   nveglglessink -e
```

这样的指令能非常完整地对输入尺寸、性能（帧率）、格式、旋转模式、输出尺寸、转换器，甚至是否调用硬件编码器 / 解码器等进行设定，这是更为完善的使用方式，在后面的范例中会进一步说明。

本节的目的是让初学者用“最轻松”的方式去启动 Jetson 的摄像头，因此全部使用 Jetpack 已经提供的资源与指令，完全不需要额外安装其他软件，使用起来是最简单的。

3.5　好用的 OpenCV 计算机视觉库

这是一套普及度非常高的计算机视觉开源库，在 Jetpack 中所安装的是经过英伟达剪裁过的基础版本，删除了一些需要授权的算法，不过关于图像处理的基础应用全部保留，因此我们能在 Jetson 设备上学习 OpenCV 的入门应用，使用者可以在网上找到关于这个开源库的丰富案例。

在使用 jetson-stats 工具检测 Jetpack 环境时，可能有人发现在 OpenCV 信息部分显示的是“compiled CUDA: NO”，便担心这个自带的版本是否会影响执行性能。事实上英伟达只是将 OpenCV 作为视觉应用的基础库，通过 VisionWorks、VPI 这些自行开发的高级库，底层使用 CUDA 计算流调用并行计算功能，因此这套自带的 OpenCV 是否支持 CUDA，并不影响 Jetson 执行 AIoT 应用时的效能。

这里关于 OpenCV 的应用，主要延续前面对摄像头的实际调用，因此并不涉及深度学习的技术，就是单纯地读取 CSI 或 USB 摄像头数据，做些基本的图像处理应用，然后在图形桌面上显示效果，让读者能够快速体验一些简单的操作。

为了协助更多初学者阅读与操作，这里的代码全部使用 Python 语言编写，并且在 Jetson 平台的 Python 3.6 上执行，读者使用最简单的 gedit 或 nano 文字编辑器将代码输入进去之后就能执行。代码十分简单且直观，每一行后面都有对应的注释（# 号后面粗体部分），有代码基础的用户应该都能看懂。

3.5.1 通过 UVC 调用 USB 摄像头

首先以 USB 摄像头为例，因为 OpenCV 支持 UVC 库，因此调用 USB 摄像头的指令非常简单。只要一条“cv2.VideoCapture（编号）”指令就能指定目标摄像头，接下来判断指定摄像头是否开启。如果开启，则按帧读取图像，并且显示在视频上。

下面代码存放在网盘 CH03/ch03_0501_cv_camera_usb.py 里。

```
    #!/usr/bin/python3
1   import cv2                            # 导入 OpenCV 库
2   capUSB = cv2.VideoCapture(1)          # 调用 VideoCapture，括弧内数字对应摄像头编号

3   while capUSB.isOpened():                         # 检查 capUSB 是否开启
4   readUSB, frameUSB = capUSB.read()                # 图像数据存入第二个变量中
5   cv2.imshow( “USB 摄像头 1” ,frameUSB)             # 用 imshow 显示图像
6   if cv2.waitKey(100) == 27:                       # 按 ESC 结束
7   break
8   capUSB.release()                                 # 释放 capUSB 占用的内存
9   cv2.destroyAllWindows()                          # 关闭所有窗口
```

到代码存放位置执行以下指令：

```
$ ./ch03_0501_cv_camera_usb.py
```

图 3-28 左下方是代码内容，右边是执行代码对应的摄像头所读取与显示的结果。

图 3-28 用 OpenCV 代码调用 USB 摄像头

如果想同时启用两个 USB 摄像头，只需将代码稍作修改即可，再添加一个 capUSB2 摄像头，并且多开一个视窗以显示第二个摄像头的内容，完整代码如下，

存放在网盘 CH03/ch03_0502_cv2_camera_2usb.py 中。

```
    #!/usr/bin/python3
1   import cv2
2   capUSB1 = cv2.VideoCapture(1)
3   capUSB2 = cv2.VideoCapture(2)
4   while capUSB1.isOpened() or capUSB2.isOpened() :
5       readUSB1, frameUSB1 = capUSB1.read()
6       readUSB2, frameUSB2 = capUSB2.read()
7       cv2.imshow("USB 摄像头 1",frameUSB1)
8       cv2.imshow("USB 摄像头 2",frameUSB2)
9       if cv2.waitKey(100) == 27:
10          break
11  capUSB1.release()
12  capUSB2.release()
13  cv2.destroyAllWindows()
```

执行指令如下：

```
$ ./ch03_0502_cv_camera_2usb.py
```

这样就能在一段代码中同时启动两个 USB 摄像头，十分简单。此方式可以扩展到 Jetson 设备上所有的 USB 摄像头。例如 Jetson Nano 2GB 开发套件中有 3 个 USB 口，Jetson Nano 与 Xavier NX 开发套件中有 4 个 USB 口，如果使用 USB Hub 扩展所连接的 USB 摄像头，则能使用这个方式调用。

3.5.2 通过 GStreamer 调用 CSI 摄像头

接下来说明使用 OpenCV 代码启动 CSI 摄像头的方法，同样通过 cv2.VideoCapture() 来调用，但 CSI 并不支持 UVC 格式，不能直接用摄像头编号来处理，必须通过 GStreamer 语法进行转换。

首先确定使用 GStreamer 语法的各种参数，包括但不限于以下内容：

① 数据存入显存的方式；

② 读入图像的尺寸、格式、帧率；

③ 图像旋转模式；

④ 显示图像的尺寸、格式；

⑤ 其他。

将这些参数组合成由“!”衔接的字符串传给 cv2.VideoCapture()，由于这些参数内容较为复杂，所以不单独说明参数的用法，这里提供一个标准的参数范例，使用者可以根据实际的 CSI 摄像头规格进行修改。

下面代码存放在网盘 ch3_0503_cv_camera_csi.py 中，对前面调用 USB 摄像头的代码进行修改：

```
   #!/usr/bin/python3
1  import cv2                                    # 导入 OpenCV 库
2  capCSI = cv2.VideoCapture(                    # 调用 libargus 库指令，并给定摄像头编号
     "nvarguscamerasrc  sensor-id=0 ! "
     "video/x-raw(memory:NVMM), "                                 # 数据直接存入显存
     "width=1920, height=1080, format=NV12, framerate=30/1 !"  # 尺寸、格式、帧率
     "nvvidconv  flip-method=0 ! "                                # 图像旋转模式
     "video/x-raw, width=720, height=480, format=BGRx ! "         # 显示图像尺寸、格式
     "videoconvert ! video/x-raw, format=BGR ! appsink"
     )
3  while capCSI.isOpened():                      # 检查 capCSI 是否开启
4    read, frame = capCSI.read()                 # 图像数据存入第二个变量中
5    cv2.imshow("CSI 摄像头 1",frame)
6    if cv2.waitKey(100) == 27:                  # 按 Esc 结束
7      break
8  capCSI.release()                              # 释放 capCSI 占用的内存
9  cv2.destroyAllWindows()                       # 关闭所有窗口
```

执行指令后的画面与前面 USB 类似，就不在此多做说明了。这样的代码也能扩展到同时调用多个 CSI 摄像头，并且给定不同的参数，也可以将调用 USB 摄像头与 CSI 摄像头的代码放在一起，同时调用两种不同摄像头，原理是一样的，请自行汇整尝试。

假如只想简单地根据 USB 摄像头硬件规格获取图像 / 视频数据，那么采用 UVC 调用方式是最快速的；如果想对细节进行自定义的调整，那么 GStreamer 方式能提供更大的控制能力。具体如何选择取决于用户的需求。

3.5.3 体验三种计算机视觉算法

OpenCV 调用各种摄像头以及打开视频图像文档是非常方便的。接下来再将计算机视觉中使用非常频繁的三个图像转换的算法结合在一起，进一步体验 OpenCV 的便利性，这三种算法分别是：

① HSV［Hue（色调），Saturation（饱和度），Value（值）］转换；

② Gaussian Blur（高斯模糊）转换；

③ Canny Edge Detection（边缘检测）计算。

这三种算法都可在网上找到，此处不做深入的说明，在 OpenCV 中，这三种算法都只要一条函数转换指令便可以完成极为复杂的数学计算，本处简单说明一下三种转换算法的对应函数，以及各类图像的显示结果。

下面为执行三种算法的完整代码，文件名称为 ch03_0504_cv_transforms.py，主要功能说明参考 # 号之后的注释，有编程基础的人应该能看懂，详细的 OpenCV 函数使用方式在网上都能找到，这里不占用篇幅去讲解 OpenCV 的用法、函数变量定义、参数定义等。

```
    #!/usr/bin/python3
1   import cv2
2   import numpy as np
3   capCamera = cv2.VideoCapture(1)            # 使用 USB 摄像头
4   windowName = "Nano 2GB 三种算法转换"        # 视窗标题
5   while capCamera.isOpened():
6       isRead, frame = capCamera.read()              # 读入原始图像
7       hsv=cv2.cvtColor(frame, cv2.COLOR_BGR2GRAY)  # 原图像转换灰度
8       blur=cv2.GaussianBlur(hsv,(7,7),1.5)          # 用 hsv 进行高斯模糊处理
9       edges=cv2.Canny(blur,0,40)                    # 用 blur 进行 canny 边缘检测
    # 为了显示合并结果，需要将所有图像进行尺寸调整
10      dispFrame=cv2.resize(frame, (640,360))        # 显示原图像的子窗口 dispFrame
11      dispHsv=cv2.resize(hsv,(640,360))             # 显示 hsv 图像的子窗口 dispHsv
12      dispBlur=cv2.resize(blur,(640,360))           # 显示 blur 图像的子窗口 dispBlur
13      dispEdges=cv2.resize(edges,(640,360))         # 显示 edges 图像的子窗口 dispEdges
    # 下面将前面四个显示进行两次合成：第一次将 frame+edges 与 hsv+blur 横向显示
14      dispLine1 = np.concatenate((dispFrame,
            cv2.cvtColor(dispEdges,cv2.COLOR_GRAY2BGR)), axis=1)
15      dispLine2 = np.concatenate((cv2.cvtColor(dispHsv,cv2.COLOR_GRAY2BGR),
            cv2.cvtColor(dispBlur,cv2.COLOR_GRAY2BGR)), axis=1)
    # 第二次将（Line1+Line2）两组横向的显示，再进行一次纵向合成，axis=0
16      dispAll = np.concatenate( (dispLine1, dispLine2), axis=0)
17      cv2.imshow(windowName,dispAll)
18      if cv2.waitKey(10) == 27:                     # 按 Esc 键退出
19          break
20  camera.release()
21  cv2.destroyAllWindows()
```

完成代码编写后，执行以下指令，查看输出结果：

```
$ ./ch03_0504_cv_transforms.py
```

以下对本代码进行简单的说明。

① 从摄像头读入的原始图像存放在变量 frame 中。

② 为配合 Gaussian Blur 转换与 Canny Edge Detection 计算，用 HSV 转换将读入的彩色图像先转成灰度，调用函数 cv2.cvtColor (frame, cv2.COLOR_BGR2GRAY) 进行转换，将转换后的图像存放在 hsv 变量中。

③ 接着将灰度图像（hsv）通过 cv2.GaussianBlur(hsv,(7,7),1.5) 函数生成高斯模糊图像，存放在 blur 变量中。

④ 将 blur 图像通过 cv2.Canny(blur,0,40) 函数计算出边缘，图像数据存放在 edges 变量中。

如此就能得到 frame、hsv、blur 与 edges 四种不同形式的图像，然后通过 OpenCV 的显示功能，将四个图像合并在一个显示画面中，如图 3-29 所示。

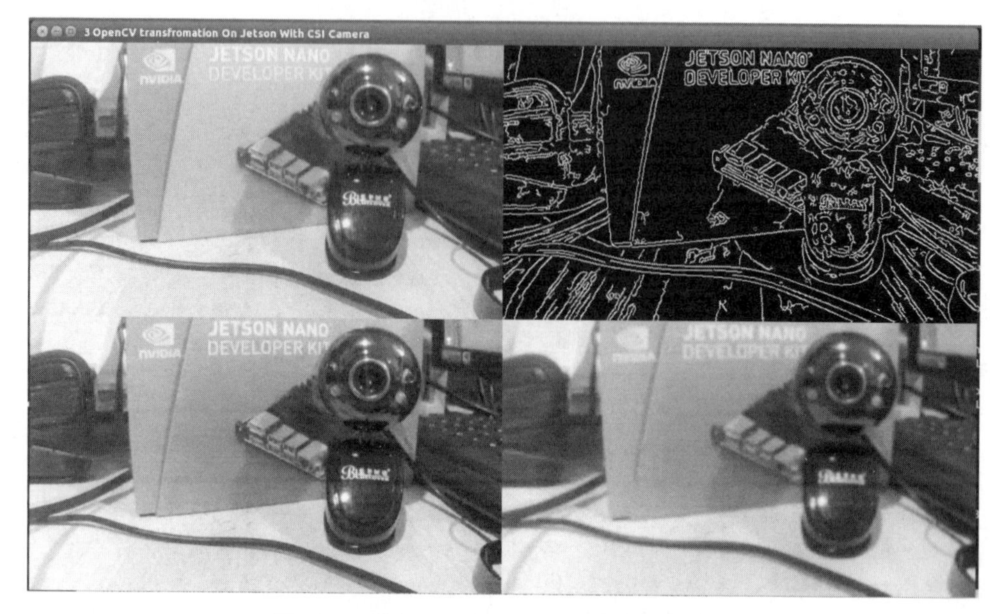

图 3-29　执行 OpenCV 三种转换算法的结果

左上角为摄像机获取的原图像 frame、左下角为灰度处理的 hsv、右下角是经过高斯模糊过的 blur、右上角是经过边缘检测计算处理后的边缘 edges。

3.5.4　简易的人脸定位应用

Cascade 分类器是机器学习（machine learning）中一种常用的对象分类器，而 Haar Cascade 分类器更是一种经典的目标检测算法。在 OpenCV 中具有多种 Haar Cascade 分类器以供初学者入门。

Jetpack 提供的 OpenCV 分类器放在 /usr/share/opencv4/haarcascades 目录下，里面有将近 20 种以 .xml 格式存放的分类器，都是用以识别人体部位，包括全身（fullbody）、上半身（upperbody）、下半身（lowerbody）、微笑（smile）、眼睛（eye）、左眼（lefteye）、右眼（righteye）等，都可以个别调用。

本范例简单调用 haarcascade_frontalface_default.xml 文件，就能实现最基础的人脸定位的功能。以下代码存放在 ch03_0505_cv_face_location.py 中：

```
   #!/usr/bin/python3
1  import cv2
2  import numpy as np
3  faceCascade = cv2.CascadeClassifier(      # 调用 OpenCV 自带的 face_cascade
     "/usr/share/opencv4/haarcascades/haarcascade_frontalface_default.xml")
4  capture = cv2.VideoCapture( "GAN_Video6.mp4" )        # 使用视频文件
5  windowName = "Jetson 的 OpenCV 人脸定位"
6  while capture.isOpened():
7        read, frame = capture.read()
```

```
8            gray = cv2.cvtColor(frame, cv2.COLOR_BGR2GRAY)
9            faces = faceCascade.detectMultiScale(gray, 1.3, 5)
10           for (x, y, w, h) in faces:            # 检测人脸位置
11              cv2.rectangle(frame, (x, y), (x + w, y + h), (255, 0, 0), 4)
12              roi_gray  = gray[y:y+h, x:x+w]
13              roi_color = frame[y:y+h, x:x+w]
14           cv2.imshow(windowName, frame)
15           if cv2.waitKey(10) == 27:
16              break
17     camera.release()
18     cv2.destroyAllWindows()
```

为了避免侵犯肖像权，这里使用的GAN_Video6.mp4视频文件中是使用英伟达GAN技术所生成的“非真人”人脸视频，读者可以在网盘中找到。

图3-30所示是这个代码的执行效果。有人发现这个识别效果只适合“正面脸”，对于“侧面脸”的识别率不高，这是因为调用的是“正脸”分类器，用户可以尝试用其他分类器。

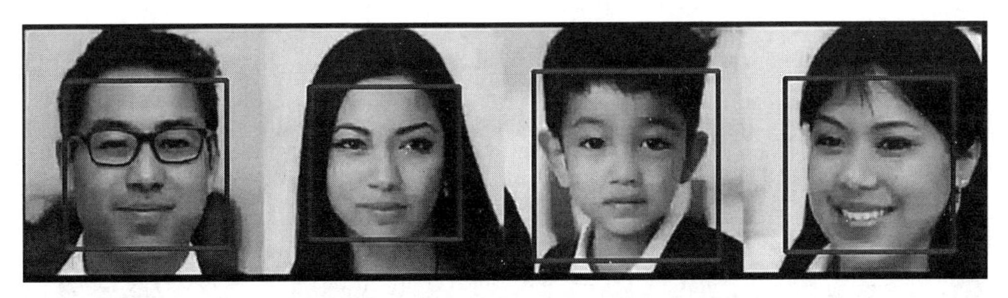

图 3-30 执行 OpenCV 的简单人脸定位算法

3.5.5 简易的眼睛定位应用

这类识别定位功能是可以加成的，例如我们想进一步在人脸范围内找出眼睛的位置，只需要在前面代码基础上添加haarcascade的眼睛分类器。

由于“眼睛”必定在“脸”的范围内，因此不需要像识别脸一样在整张图像中寻找，只要在“人脸”的范围内再进行“眼睛”的搜索就可以了，这样可以减少非常大的工作量。加成后的代码存放于ch03_0506_cv_face_eye_location.py，完整代码如下：

```
       #!/usr/bin/python3
1      import cv2
2      import numpy as np

3      faceCascade = cv2.CascadeClassifier(     # 调用 OpenCV 自带的 face_cascade
            "/usr/share/opencv4/haarcascades/haarcascade_frontalface_default.xml")
```

```
4    eyeCascade = cv2.CascadeClassifier(      # 调用 OpenCV 自带的 eye_cascade
     "/usr/share/opencv4/haarcascades/haarcascade_eye.xml" )

5    camera = cv2.VideoCapture("GAN_Video6.mp4")   # 使用视频文件
6    windowName = "Jetson 的 OpenCV 人脸与眼睛定位 "

7    while camera.isOpened():
8          read, frame = camera.read()
9          gray = cv2.cvtColor(frame, cv2.COLOR_BGR2GRAY)
10         faces = faceCascade.detectMultiScale(gray, 1.3, 5)
11         for (x, y, w, h) in faces:                # 检测人脸位置
12             cv2.rectangle(frame, (x, y), (x + w, y + h), (255, 0, 0), 4)
13             roi_gray  = gray[y:y+h, x:x+w]
14             roi_color = frame[y:y+h, x:x+w]
15             eyes = eyeCascade.detectMultiScale(roi_gray)
16             for (ex, ey, ew, eh) in eyes:         # 在人脸范围内检测眼睛位置
17                 cv2.rectangle(roi_color,(ex, ey),(ex + ew, ey + eh),(0, 255, 0), 2)
18          cv2.imshow(windowName, frame)
19          if cv2.waitKey(10) == 27:
20             break

21   camera.release()
22   cv2.destroyAllWindows()
```

执行以上代码后就能看到如图 3-31 所示的效果，“人脸”用蓝色粗框标识，“眼睛”部分则用绿色框标识。

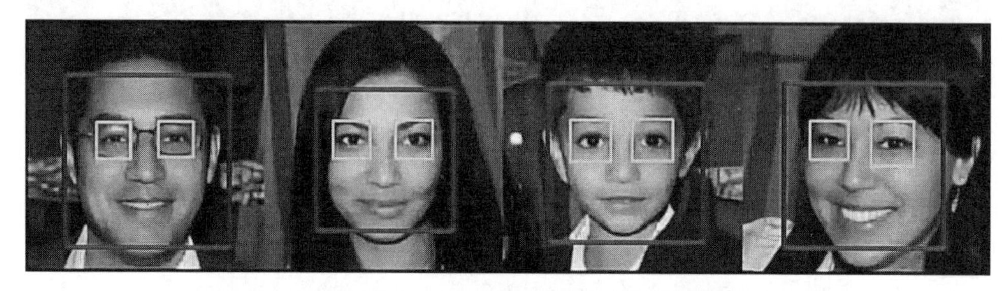

图 3-31　执行 OpenCV 的简单人脸与眼睛定位算法

利用 OpenCV 提供的资源，可以非常轻易地实现人脸与眼睛的定位功能，还可以尝试使用其他各种分类器查看效果，不过这些与深度学习是没有关系的。

3.6　本章小结

到目前为止我们还没有正式进入深度学习的范畴，但已经体验到了 Jetpack 为 Jetson 设备提供的丰富的与计算机视觉相关的开发资源，包括以下内容。

① CUDA 架构为视觉计算提供并行加速能力。

② VisionWorks 提供 60 多种视觉与图像处理算法 C++ 接口，都将集成到 VPI 库。

③ 高级封装的 VPI 提供了 C++ 与 Python 两种开发接口，结合计算流、计算后端与缓冲区等技术，将与设备相关的部分进行抽象化处理，非常有效地简化了代码数量与开发时间。

④ 在摄像头调用部分，除了 Jetson 本身针对 CSI 接口（MIPI 协议）提供的摄像头子系统之外，Jetpack 更是提供了 GStreamer 架构，为各种摄像头的调用提供了统一流程的应用平台。

⑤ Jetpack 开发套件也提供专属版的 OpenCV 库，能非常轻松地执行以下功能：

a. 调用 USB 摄像头与 CSI 摄像头；

b. 执行 OpenCV 提供的多种转换算法；

c. 执行简易的人脸定位；

d. 执行简易的眼睛定位。

本章的内容已经足以证明 Jetson 设备能执行各种与视觉相关的技术与应用。

事实上从 2016 年至今，英伟达 Jetson 设备已经被公认为是很多先进技术的最佳学习平台，包括深度学习、AIoT、CUDA 并行编程、OpenCV 计算机视觉、智能会话等，除了硬件上的优异特性之外，更重要的是 Jetpack 易于安装与完整的开发资源，让初学者在启动阶段就能大幅度减少安装调试的痛苦。

接下来就要进入与人工智能相关的章节了。

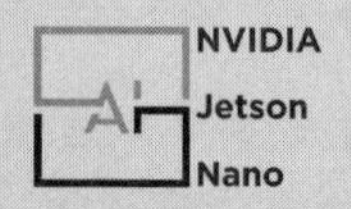

第4章 深度学习之推理识别

前面三章已经将 Jetpack 开发环境作了深入浅出的说明，相信大家都迫不及待想进一步进入 AI 领域，本章就开始进入深度学习这个人工智能实用领域进行操作，这也是大家比较关心的部分。

在第 1 章中已经简单说明了人工智能、深度学习、神经网络与众核架构之间的关系，这里就不再赘述。在人工智能应用中，视觉（vision）类应用是使用场景最广泛的领域，其次是对话（conversation）类的应用，本书的内容也是以视觉类应用为主。

如图 4-1 所示，单击“后续步骤”选项，进入“Hello AI World”项目，这是本章的重点。

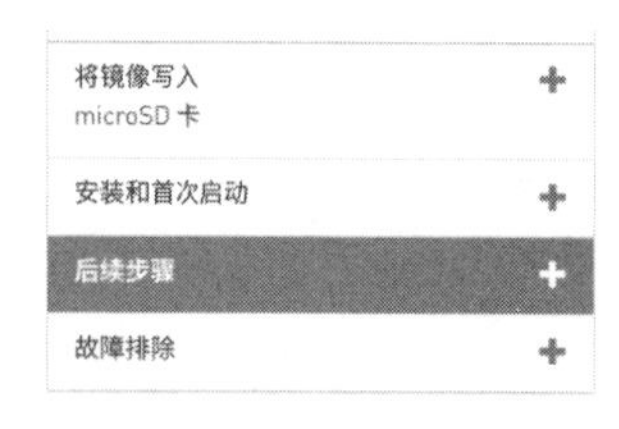

查看 Jetson 项目页面

- Hello AI World
  - 借助用于图像分类和物体检测的预训练模型，开启计算机视觉的深度学习推理之旅。
  - 借助 TensorRT 与实时摄像机流实现实时加速。
  - 使用 C++ 编写您自己的识别程序。
- JetBot 是一个开源 AI 项目，面向的受众是有兴趣学习 AI 和构建趣味应用的创客、学员及发烧友。
  - 易于设置与使用，可兼容诸多主流配件。
  - 互动教程将为您展示如何利用 AI 功能指导 JetBot 跟踪物体、避免碰撞等。
  - JetBot 是一个适用于创建全新 AI 项目的优秀平台。

图 4-1　进入 Hello AI World 项目

在大部分人的认知中，“Hello World”一直是软件代码的最简单开头，例如大家安装了一个应用环境，执行一段时间后能在显示器上显示“Hello World!”的代码，表示这个环境已经可以使用，没有比这个更简单的功能了。

英伟达的 Hello AI World 项目是一个非常真实的视觉类深度学习完整应用，是由 Jetson 资深工程师所提供与维护的开源项目，里面集成了视觉类深度学习中的各种基础技术，包括以下内容：

① 深度学习的推理识别与模型训练两大板块；

② 视觉类人工智能的图像分类、物体检测、语义分割三大应用；

③ 集成英伟达 TensorRT 加速引擎的能力；

④ 集成多项 Jetson 设备的输入与输出技巧。

虽然 Hello AI World 被定为入门级的学习项目，但其架构与开发接口是非常完整且严密的，集成了非常多的强大功能，并且大部分使用高级封装的接口，使读者可以非常轻松地去调用，因此将其定为“便利的深度学习开发套件”更加合适。

只要能熟悉这个项目的重点，就能很轻松地用少量 Python 代码去实现性能好的智能识别应用，其中最经典的范例就是“10 行 Python 代码执行实时的物体检测”。只要熟悉项目的开发接口，就可以开发一些生活所需的简单小应用，也能在学术研究上进行快速验证与性能分析，甚至能开发应用并应用在很多工业场景中。

为了让读者体会到立竿见影的效果，本章内容以 Hello AI World 项目深度学习的三大推理实验为主轴，使用项目所提供的预训练模型，在安装好开发环境之后的几分钟时间内，就能在摄像头或视频图像文件上看到效果，应该没有比这更快速的途径了。

此外，项目内基于 Jetson 摄像头特性所提供的 jetson.utils 开发接口，以及英伟达开发的 TensorRT 推理加速引擎的基本工作原理，都与推理计算性能有直接关系，在本章也会做说明。

4.1　智能视觉类三大基础应用

在开始进行实验之前，我们需要先了解所要执行的内容是什么，也就是图像分类、物体检测、语义分割这三大基础应用究竟是什么，以及彼此有什么关系，有什么差异。

这里不从学术层面去探索这三种应用的细节，而是用大部分人都能理解的现象与用途来说明，只要有基础认知就行。

4.1.1　图像分类（image classification）

这是深度学习的视觉类创始应用，最开始，深度学习之父 Geoffrey Hinton 为了识别如图 4-1 所示的简单手写数字，首创 LeNet 卷积神经网络模型来进行推理识别，他也是目前公认的深度卷积神经网络鼻祖。其得意门生 Alex Krizhevsky 就是 AlexNet 深度神经网络的创始人，全球 ILSVRC 大赛 2012 年冠军的得主，并一举奠定了其在深度学习领域的地位。

图像分类是以“整张图像”为单位进行单一分类，将图 4-2 切割成 10 张图像后再对数字 0 ～ 9 进行分类。在著名的 MNIST 数据集中，收集了 60000 个训练用的数据样本，以及 10000 个测试图像数据。这看似非常简单的识别，但是却耗费计算机领域顶尖科学家 20 年以上的精力去解决。

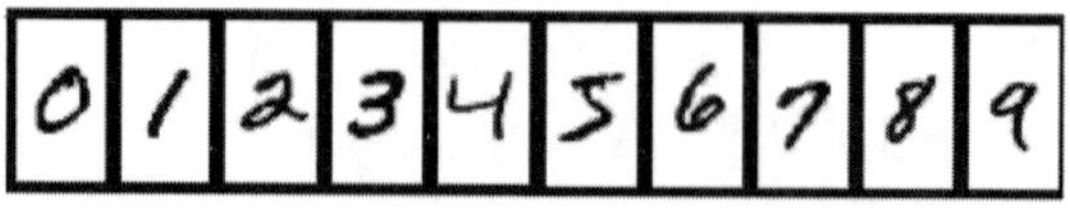

图 4-2　简单的手写阿拉伯数字

过去 10 多年间，凭借 GPU 众核架构的崛起，图像科学界系统地收集了有效图像并进行分类。其中由科学家李飞飞所发起的 ImageNet 数据集，根据学术界知名的 WordNet 架构进行分类，至今图像总数量超过 1400 万张以及分类数量达 2200 种以上，是支撑 ILSVRC 竞赛的最重要数据资源。

紧接着，众多全球顶级高手与领域内先进企业，利用这些数据集获得了非常多的试验成果，并且训练出非常多优质的分类模型，让更多初学者可以跳过“收集数据 / 分类整理 / 训练模型”这三个工作量非常庞大的任务，直接进入“推理识别”的阶段，立即体会到深度学习所带来的效果。这实在是一件令人感觉非常幸福的事情。

图像分类技术并没有“目标物体”的概念，每张输入的图像最终只会归属到一个类。如图 4-3 所示，使用预训练好的图像分类模型进行推理识别之后，最左边的图像归属于水母（jellyfish）类别（99.118%），中间图像归属于魟鱼（stingray）类别（95.354%），最右边图像归属于珊瑚礁（coral reef）类别（96.143%），至于图中的热带鱼，则被忽略，这就是最基础的图像分类应用。

图 4-3　图像分类范例

很多初学者不太能感受到图像分类的实用性，事实上很多物体的最终属性就是靠这项功能来确定的。这里提供几个在本书后面章节会讲解的实际案例，仅供参考。

（1）道路车辆的属性分析（第 7 章）

先利用物体检测网络与物体跟踪算法锁定图像所识别的“车位置与编号”，然后将以“位置框”为单位的图像数据交给下层的车种、品牌、颜色的图形分类网络进行属性识别，最终可以得到“车 / 编号 / 品牌 / 颜色 / 车种”的数据，这就是图像分类技术的典型应用。

（2）智能车牌识别应用（第 8 章）

利用物体检测网络与物体跟踪算法，首先从图像中定位出“车位置与编号”，其次从“车位置框”的图像中找出“车牌位置”的坐标，再次以车牌图像为单位进行图像分割，然后识别出图像里的每个字符，例如“京 / 沪 / 广、A/B/C、1/2/3”，最后再返回这些字符信息，识别字符的部分就使用了图像分类的技术。

（3）Jetbot 无人车模拟教学系统（第 9 章）

这是一套以 Jetson Nano（含 2GB）作为计算设备的无人车应用，系统使用一个 CSI 摄像头，直接模拟人眼看画面，并将获取的图像进行以下分类，通过图像分类对无人车下达对应指令以控制无人车行进的方向。

① 避撞用途：将图像分成“可前进 / 有障碍”两个分类。

② 寻路用途：将图像分成“可前进 / 左转 / 右转 / 有障碍”四个分类。

相信学习这三个例子之后，你就能清楚图像分类在智能视觉应用中是对最终的信息识别非常关键的技术了。

4.1.2　物体检测（object detection）

在 2017 年 ILSVRC 竞赛之后，深度学习在图像分类的能力已经超越人眼，可以说这种静态的图像分类算法已经到了极限，接下来人们开始追求实用性更高的“动态”应用，物体检测算法就是在这种背景下发展起来的。2016 年之后出现了不少具有突破性的神经网络结构，包括 YOLO、SSD 等具有代表性的算法，至今仍有许多优异算法不断地产生。

物体检测对大多数人来说是最直观的应用，就是在图像中识别出特定类别的物体，并找出其在图像内的相应位置，因此也有人称它为“物体定位”（object location）技术。

算法首先需要在图像中找出“可能是物体”的位置，然后将已定位的物体（就是标定矩形范围的图像）与网络模型的特征进行比对，找到置信度（概率值）最高的类别，最后将该物体的位置（两组坐标值）与类别编号回传给上层应用，如图 4-4 所示。

图 4-4　物体检测的推理结果

这种识别的难点在于图像中目标的大小、位置、姿态等不确定，同一图像中可能有多个目标，这给算法带来了挑战。此外，还有一个更大的难题，就是当图像中要检测的物体与其他物体重叠或者只露出一部分时，该如何识别？这在传统机器学习领域中是一个典型的难题。

在图4-5左边的图像中检测出4个“人”(person)，因为彼此没有重叠的部分，这种检测难度不大；右边图像是一个人骑在马上面，在传统机器学习领域很难识别出两个物体，而在深度学习领域确相对容易，能轻松识别出“人”（person）与“马”（horse）两个物体，这也是深度学习能得到广泛认可的很重要原因。

图4-5 左边图像目标物没有重叠，右边图像目标物有重叠

在实现物体识别功能之前，必须先收集足够数量的图像数据，并且在每张图像中将需要的物体进行“标注”，例如一张图像中有3台车与2个人，标注过程就是将这5个物体都进行标框（画坐标），并且分属到不同类别。

推理的准确度与数据集的“质”与“量”是有绝对关联的，不能指望只用10张图像去训练出准确度高的模型，通常要数百张到上千张图像数据，并且经过上百次的模型训练，才有机会训练出一个准确度够高的模型。

Hello AI World项目提供了很多训练好的物体检测模型，用户可以直接拿来进行推理实验，立即就能感受到物体检测的用途以及Jetson设备的效果，而不需要从头收集数百张图像数据，然后进行物体标注与模型训练等耗费时间的工作。

4.1.3 语义分割（semantic segmentation）

大部分人一开始很容易被semantic这个英文单词迷惑，总感觉这应该是属于对话类NLP的应用。事实上这个词在计算机视觉领域中指的是“某图像块的含义或材质类别”，图4-6所示是语义分割的范例。

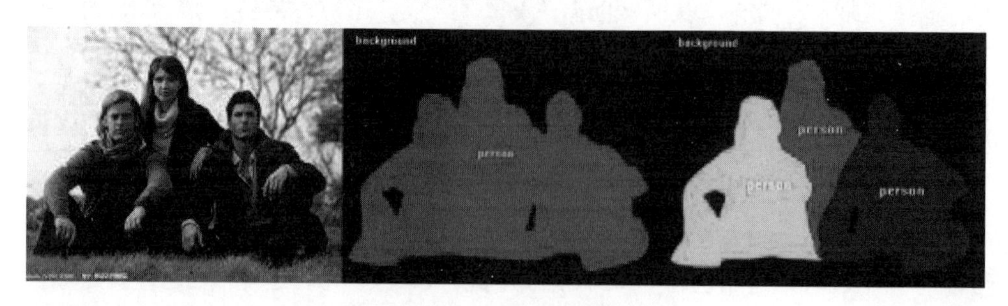

图4-6 语义分割范例

物体检测技术通常具有分析的用途，只需要知道目标物体的“大概位置”就行，使用矩形框是最简单的表达方式；但对于需要精确位置的应用，如医疗成像、无人驾驶、遥测航拍等，物体检测技术的输出就显得相当粗糙了。

利用语义分割技术，使用不同颜色对脑部的图像进行不同功能区块的分类处理，属于“像素级”的分类技术，目的是得到非常精确的物体定位，其计算复杂度比物体检测要高出许多，如图 4-7 所示。

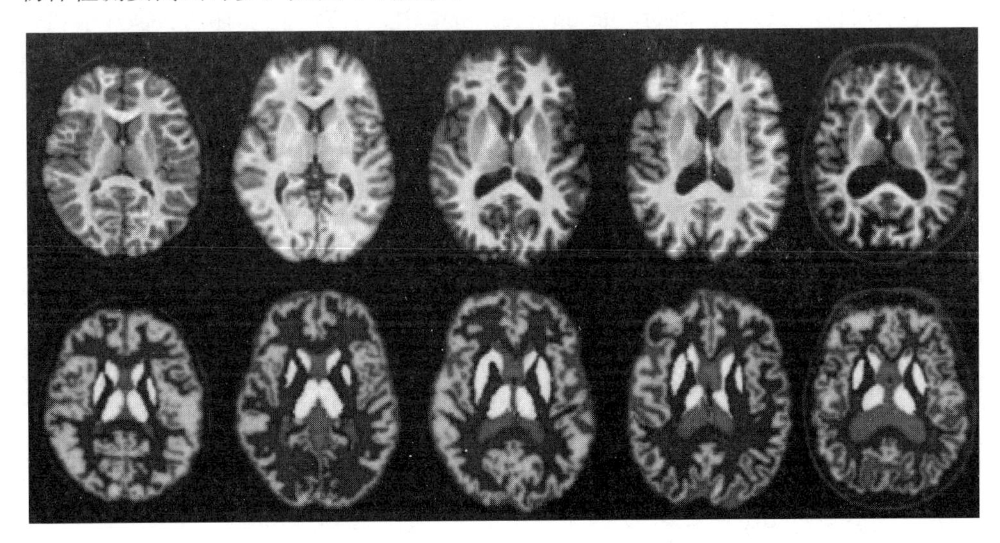

图 4-7　医疗成像的语义分割范例

像这种对“位置准确度”很敏感的场景，不是物体检测技术所能应付的，其他还包括无人驾驶对街道上不同物体的识别，遥测航拍对地面物体精准定位等，这时候就需要使用语义分割技术来对不同物体进行不规则形状的定位。

图 4-8 是无人驾驶系统对街道上不同类别物体的语义分割图，要知道这种应用与生命安全有关系，任何细微处的疏忽都会导致严重的后果以及高额的赔偿费用，甚至是刑事处罚等，因此需要非常精准的定位系统。

图 4-8　无人驾驶对街道上不同类别物体的语义分割图

另外还有一种所谓的“全场景分析”，可以更完整地表达“周遭环境”，目前也逐渐应用在“环境感知”领域中，估计未来将应用在包括元宇宙之类的众多模拟场景中。

4.2 进入 Hello AI World

这个项目的原始名称叫作 Jetson-inference，在 2017 年由英伟达 Jetson 部门资深工程师所创建，项目维护在个人开源仓中，由于上手容易、性能优异，因此成为 Jetson 智能边缘计算设备的专属入门项目。

从功能的角度来划分，这个项目可以算是一套完整的 DNN 视觉库，非常紧密地结合了深度神经网络与视觉应用两大技术，原本只有 C++ 接口，在 2019 年下半年提供了 Python 接口，现在的范例代码有 C++ 与 Python 两种版本。本节后面的全部范例都以 Python 语言说明。

4.2.1 完整的深度神经网络（DNN）视觉库

这个项目最重要的目的就是协助 Jetson 初学者快速启动深度学习的推理检测与模型训练功能。要满足这个目标就必须同时具备以下三大特点。

（1）功能完整

① 深度学习应用部分。

a. 推理识别：原本已支持图像分类、物体检测、语义分割三大基础应用的推理识别计算，在 2021 年又添加了姿态识别与深度识别两种增值应用，至今已经支持 5 大类型深度学习应用，估计这部分的内容还会持续增加。

b. 模型训练：通常这种任务是在 x86 服务器或云资源上执行，本项目为了让初学者能理解与体验模型训练的过程，以集成迁移学习（transfer learning）技巧的 PyTorch 训练框架提供图像分类、物体检测、语义分割三大基础应用的模型训练脚本。

② 神经网络类型部分。项目为每种深度学习应用都提供了个自领域中的常用深度神经网络算法，在安装过程中下载预训练好的模型文件，项目安装好之后，就能立即进行试验。

a. 图像分类：支持 AlexNet、GoogLeNet、ResNet、VGG 等 10 种神经网络。

b. 物体检测：支持 SSD-MobileNet、DetectNet、Ped、FaceNet 等神经网络。

c. 语义分割：支持 Cityscapes、DeepScene、Multi-Human、Pascal VOC、SUN RGB-D 等 11 种神经网络。

③ 丰富的输入源。

a. 支持 USB/CSI/GigE 规格摄像头；

b. 支持各种格式视频文件；

c. 支持 RTP/RTSP 视频流。

④ 多样化输出效果。

a. 支持 2D/3D 显示；

b. 支持各种视频文件；

c. 支持 RTSP 视频流转向。

（2）性能优异

① 推理计算：底层集成英伟达的 TensorRT 推理加速引擎，并根据硬件资源配置的不同，能将推理性能提高 10 ～ 50 倍以上。

② 图像处理方面：高效处理 Jetson 摄像头子系统、编 / 解码芯片、CUDA 计算核的硬件资源，以及 Jetpack 集成的 GStreamer、VisionWorks、VPI 视觉应用库，将图像处理的效率发挥到极致。

（3）开发容易

① 底层资源抽象化。

a. 计算资源部分：在执行推理计算之前与之后的阶段，都需调用编 / 解码芯片与 CUDA 计算资源去执行大量的图像处理工作，以及流水线排程的任务，这部分同样得到完全的抽象化，初学者可以完全忽略。

b. 深度神经网络部分：这是本项目成功的关键，初学者在不具备任何神经网络知识之前，就能执行深度学习的应用，并且在利用 TensorRT 提升性能的过程中，完全不需理会计算资源的不同规格。

② 优化过的预设参数值。

a. 神经网络方面：不同类型神经网络算法都有各自的参数组，浅层参数有 10 个左右，深层参数则高达数十个，如果缺乏对个别神经网络算法的深入了解，则无法执行有效的推理计算。

b. 输入 / 输出设备方面：设备种类、厂牌等会有各自定义的参数组，也存在一定程度的复杂性。

本项目对各主要接口都提供优化过的预设值，初学者只要将精力聚焦在 3 ～ 5 个最关键的变量设定上，例如选择哪种神经网络算法、输入设备、输出形式等，就能轻松启动深度学习推理应用，快速获得成就感。

③ 主功能接口单一化。

a. 用 imagenet() 函数处理所有图像分类的推理计算；

b. 用 detectnet() 函数处理所有物体检测的推理计算；

c. 用 segnet() 函数处理所有语义分割的推理计算；

d. 用 posenet() 函数处理所有姿势识别的推理计算；

e. 用 videoSource() 函数处理所有视频来源；

f. 用 videoOutput() 函数处理所有结果输出。

以上是 Hello AI World 项目的重要特色，从架构完整性与开发易用性两个角度来看，这个项目就是一套非常完整的深度神经网络视觉库，搭建了一套非常完整的“深度神经网络资源调度”机制，协助使用者非常轻松地调用市场上已经存在的庞大的深度神经网络资源。

4.2.2 主要功能模块

前面我们从“易用性”的角度来描述Hello AI World项目内容，下面我们从“结构性”层面来剖析其内部的组成模块，协助大家更清晰地掌握项目的精髓。

Hello AI World 用下面三大功能模块进行底层计算资源的调用与协调。

（1）jetson.utils：推理计算的图像数据前 / 后处理工具组

在第 2 章强调过，一个项目的性能高低不能只看深度学习计算的部分，必须兼顾从输入源获取数据、图像预处理、推理计算到输出合成图像的每个步骤，任何一个环节形成瓶颈，都会影响总体性能。

处理输入与输出是一个十分烦琐（并非困难）的任务，特别是输入源需要面对多种品牌 / 规格的摄像头、各种不同图像格式 / 颜色空间 / 尺寸 / 分辨率等，输出结果要存到视频文件或在屏幕上显示，或是通过 RTSP 流转到其他设备上显示。

jetson.utils 将摄像头、编 / 解码器、GStreamer、CUDA、OpenGL/XGL 等底层库资源打包成 videoSource() 与 videoOutput() 两个高级封装接口，去面对各种复杂的场景，让输入与输出的调用变得极为简单，提高了代码可读性，更重要的是能将 Jetson 与 Jetpack 所提供的特性与性能发挥到极致。

（2）tensornet 模块：为所有推理计算提供加速功能

基于英伟达 TensorRT 推理加速引擎，为所有推理应用提供加速效果。这个模块对使用者是隐形的，主要由 imagenet()、detectnet()、segnet()、posenet()、depthnet() 等深度学习功能函数去调用，因为 TensorRT 不会单独存在，必须配合所支持的深度神经网络上下文去执行计算加速的任务。

TensorRT 是英伟达开发的推荐加速引擎，只对深度学习的推理识别计算有效果，并且需要根据设备硬件资源进行不同的优化，在 Nano、Xavier NX 与 AGX Xavier 上有很大差异。性能调优对于初学者来说非常困难，因此项目作者将这部分隐藏在其他应用功能的底层，为使用者解决了很大的难题。

（3）各项深度学习推理函数

有了前面两个最重要的核心基础模块之后，就能专心搭建深度学习的推理应用模块。这个项目以应用名作为高级封装的函数名，使开发人员可以非常轻松地调用，并在每个函数中启动 tensornet() 函数，执行推理加速功能。

这里主要包括三个深度学习的基础应用的推理函数：

① imagenet() 函数：提供深度学习的图形分类推理计算的单一函数，前面已经提过这个项目支持 10 种图像分类神经网络，只要指定神经网络名称与对应的模型文件路径，就能执行该网络的加速推理计算功能。

② detectnet() 函数：提供深度学习的物体检测推理计算的单一函数，目前支持 10 种深度神经网络算法，有能力的开发者可以自行添加目前还未支持的网络。

③ segnet() 函数：提供深度学习的语义分割推理计算的单一函数，与前面的 imagenet()、detectnet() 的状况相同。

在 2021 年下半年，这个项目又新增 posenet() 与 depthnet() 两个推理应用，前者可以识别生物体的骨骼，进一步分析姿势与动作；后者则是使用单眼摄像头执行深度感测功能，这在地图绘制、导航和障碍物检测等任务中非常有用。

在项目完成安装之后的几分钟之内，就能轻松执行性能不错的推理识别应用，这对建立初学者的信心非常重要，也是这个项目得到大家高度认可的关键。作者在每个环节都处理得非常细腻，不仅结构完整，在性能上也极为出色。

4.2.3　安装 Hello AI World 项目

这个项目在 2020 年 10 月添加了 Docker 容器技术的执行版本，不过这种方式只适合用于实验，不会为 Jetson 设备安装这个项目所提供的开发环境，并且容器版本的调用相对复杂，特别是路径、设备与端口的映射部分会比较烦琐，使用者需要对 Docker 的使用有足够的基础才能驾驭。

本书还是以传统安装方式为主，这样才能让使用者自由调用本项目的开发资源，轻松地开发相关应用，例如在图像处理应用中，可以调用 videoSource() 与 videoOutput() 函数去替换 OpenCV 的个别指令组合。

这里提供两种源代码下载方式，请自行挑选合适的方法。

（1）从开源仓下载源代码：

项目原始开源仓地址为 http://github.com/dusty-nv/jetson-inference，国内用户可能无法正常下载，因此本书为大家提供了一个镜像仓，地址为 https://gitee.com/gpus/jetson-inference。

项目作者维护这个项目非常用心，因此细微处的更新频率十分高，但镜像仓的内容并不会随时更新，不过稳定性是经过验证的。请执行以下指令下载源代码：

```
   # 如果能直接从 GITHUB 下载
$  export DL_SITE=https://github.com/dusty-nv/jetson-inference
   # 如果不能直接从 GITHUB 下载
$  export DL_SITE=https://gitee.com/gpus/jetson-inference
$  sudo  apt  update
$  sudo  apt  install  -y  git  cmake
$  cd  ~  &&  git  clone  --recursive  $DL_SITE
$  cd  ~/jetson-inference  &&  mkdir  build  &&  cd  build
$  cmake  ../
```

这个步骤会执行“tools”目录下的 download-models.sh 与 install-pythrch.sh 两个脚本，分别为这个项目执行以下两个动作。

① download-models.sh：这里会跳出图4-9所示对话框，下载所需要的相关文件。

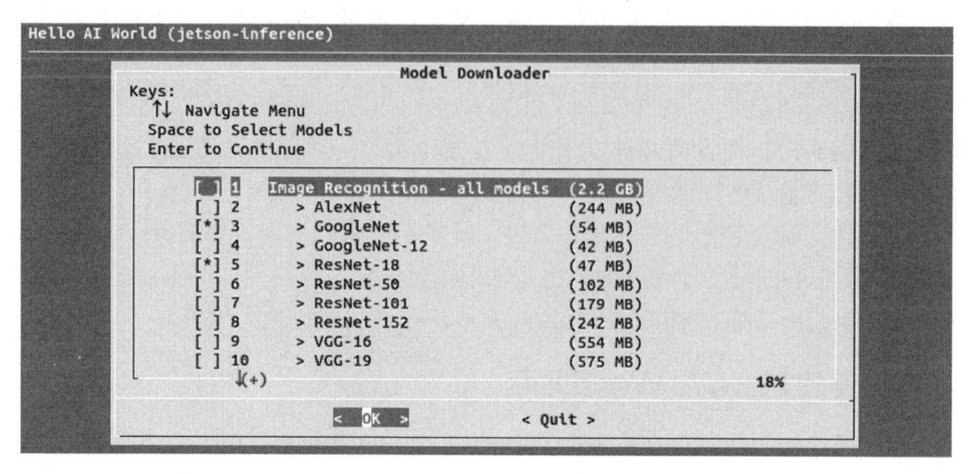

图4-9 download-models.sh选项画面

系统预设下载12种常用的神经网络数据，容量大约为2.2GB，直接选择“OK”按Enter键就行，当然也可以在对话框中自行挑选所需要的神经网络模型下载。如果下载全部神经网络数据，容量大约为4.7GB，包括42种神经网络的结构文件、预训练模型、标签文件等。

由于这些神经网络与预训练模型文件全部存放在国外的网站上，在国内直接下载需要耗费相当长的时间，如果下载一直不顺利，请先选择跳过，后面去下载百度网盘的压缩文件（CH04/networks.zip），然后解压缩到合适的地方。

② install-pythrch.sh：安装PyTorch训练框架，这会在下一章“深度学习之模型训练”中使用到。安装脚本时会弹出如图4-10所示的对话框，选择“OK”按Enter键，自动下载所需要的安装包并且执行安装操作。

图4-10 install-pythrch.sh选项画面

（2）从本书的百度网盘下载

请下载CH04/jetson-inference.zip压缩文件到设备上，里面包含完整的网络模型文件。这种方法的缺点是代码并非最新的版本，但从使用的角度来看是绝对足够的。请执行以下指令进行解压缩：

```
$ unzip jetson-inference.zip
```

创建 jetson-inference 目录，然后执行以下指令：

```
$ cd jetson-inference/build && cmake ..
```

这里已经修改过执行脚本，会跳过 download-models.sh 步骤。

以上两种下载方式请自行选择一种。执行“cmake..”会安装相关的依赖库，这个步骤不能跳过。执行完之后会在“build”目录下生成“Makefile”文件，就能继续执行下面两个编译的步骤：

```
$ make -j$(nproc) && sudo make install
$ sudo ldconfig
```

在 Jetson Nano 设备上编译时间大约为 3 分钟，现在已经完成 Hello AI World 项目的安装，编译好的 C++ 版本与 Python 版本的可执行文件都存放到“/usr/local/bin”目录下，我们可以在任何地方输入这些可执行文件，包括以下内容：

- 执行图像分类的 imagenet 与 imagenet.py；
- 执行物体检测的 detectnet 与 detectnet.py；
- 执行语义分割的 segnet 与 segnet.py；
- 执行姿态识别的 posenet 与 posenet.py；
- 执行深度识别的 depthnet 与 depthnet.py。

因此，要确认项目安装是否完整，只要在指令视窗里执行上面任何一个可执行文件，如“imagenet”“detectnet.py”等，能执行就表示安装是正确的。如果手边有 USB 摄像头，可以将摄像头接入 Jetson 设备（不需要重启设备），然后执行以下指令：

```
$ detectnet /dev/video0
```

就能实现物体检测功能了。

4.3　立即体验深度学习推理效果

在开始执行范例之前，我们需要先弄清楚的一点，就是 imagenet、imagenet.py 与 imagenet() 之间的关系：

① 指令 imagenet 是由 C++ 代码编译而成的；

② imagenet.py 是完整的 Python 可执行代码；

③ 二者代码中都使用 imagenet() 函数执行图像分类的推理识别计算。

另外四种推理应用也存在相同的状况。

为了提高每一种应用的通用性，所有范例指令后面都必须伴随某些特定参数选项，这样才能完整执行指定的功能。而 C++ 版本与 Python 版本可执行文件所需要的参数是一样的，例如 detectnet 指令与 detectnet.py 指令的参数内容完全一样，因此在体验各种深度学习效果之前，需要花些时间了解每个应用的参数内容。

4.3.1 总体参数选项说明

利用任何一个应用指令后面的"--help"选项，获得该应用所需要的所有参数选项说明。下面是经过整理的参数列表，每种应用都有以下三类参数选项。

（1）深度神经网络参数选项

表 4-1 列出 depthnet 以外的四种应用指令部分参数选项，这部分为该应用指定的与深度神经网络有关的参数内容，其中预训练模型文件、网络结构文件、标注名文件是在模型训练过程中产生的，是搭配神经网络类型的必要条件，在 segnet 中还多了一个标注颜色文件，为每个类别指定不重复的颜色。

表 4-1　各应用关于深度神经网络的部分参数选项列表

参数选项	功能指令			
	imagenet	detectnet	segnet	posenet
神经网络类型	--network	--network	--network	--network
预训练模型文件	--model	--model	--model	--model
网络结构文件	--prototxt	--prototxt	--prototxt	--prototxt
标注名文件	--labels	--labels	--labels	--labels
标注颜色文件			--colors	
输入层名称	--input-blob	--input-blob	--input-blob	--input-blob
输出层名称	--output-blob	--output-blob	--output-blob	--output-blob
覆盖输出层的名称		--output-cvg		
边界输出层的名称		--output-box		
输入减去平均像素值		--mean-pixel		--mean-pixel
批次大小	--batch-size	--batch-size	--batch-size	--batch-size
阈值（threshold）		--threshold		--threshold
检测覆盖的标识		--overlay		
可视化处理标识			--visualize	
TensorRT 启用层	--profile	--profile	--profile	--profile

表 4-1 中从"输入层名称"一直到"阈值"等参数，主要是往下传递给 tensornet() 函数调用 TensorRT 加速引擎，再往下是显示输出的参数，初学者可以先忽略这部分参数，在更加了解网络结构之后，再尝试调整这些参数。

（2）输入源参数选项

这是 5 个应用说明内容的第二部分，全部包含以下选项。

① input_URI：以下 8 种输入源类型全部包含在这个选项中。

a. V4L2 摄像头：用"/dev/video<N>"方式提供，其中 <N> 代表摄像头编号。

b. MIPI CSI 摄像头：用“csi://<N>”方式提供，其中 <N> 代表摄像头编号。

c. RTP 视频流：用“rtp://@<IP>:<PORT>”表示。

d. RTSP 视频流：用“rtsp://<USER>:<PW>@<IP>:<PORT>”方式提供。

e. 视频文件：用“< 路径 / 文件名 >”方式提供，如“～ /jetson-inference/data/images/cat_0.jpg”。

f. 图像文件：用“< 路径 / 文件名 >”方式提供，如“～ /VisionWorks-Samples/pedestrians.mp4”。

g. 图像目录：用“< 路径 >”方式提供，如“～ /jetson-inference/data/images”，会将该目录下的所有图像作为输入源。

h. 目录下特定文件名的图像：例如“～ /jetson-inference/data/images/human*.jpg”，会将该目录下的所有符合条件的图像作为输入源，但这种方式需要在前后都加上单引号，以进行分隔。

② --input-width=<WIDTH>：设定图像宽度。

③ --input-height=<HEIGHT>：设定图像高度。

④ --input-rate=<RATE>：设定图像读取速率。

⑤ --input-codec=<CODEC>：设定解码格式，支持 h264/h265/vp8/vp9/mpeg2/mpeg4/mjpeg 等 7 种格式选项。

⑥ --input-flip=<FLIP>：设定旋转方式，支持 8 种选项。

⑦ --input-loop=<LOOP>：当输入源是视频文件，可设定回播次数，“−1”表示不限次数。

这些参数只有 input_URI 是必须提供的，其他 6 个可选项都提供预设值。

（3）输出结果参数选项

这是 5 个应用说明内容的第三部分，全部包含以下选项。

① output_URI。

a. 图像文件：用“< 路径 / 文件名 >”方式提供，例如“～ /jetson-inference/data/dog_0.jpg”。

b. 视频文件：用“< 路径 / 文件名 >”方式提供，例如“output2.MP4”。

c. 图像目录：用“< 路径 >”方式提供，例如“～ /jetson-inference/data/images”。

d. RTP 视频流：用“rtp://<REMOTE-IP>:<PORT>”方式提供。

e. 显示器：用“display://0”方式提供。

② --output-codec=<CODEC>：设定编码格式。

③ --bitrate=<BITRATE>：设定压缩率。

④ --headless：不显示。

同样地，这些参数只有 output_URI 是必须提供的，其他 3 个可选项都提供预设值。

总体来说，这些执行指令都必须提供 input_URI 与 output_URI 这两项，但在实际操作时会发现，即使省略这两项，也会以 CSI 摄像头作为预设输入源，以屏幕作为预设的显示结果输出。

下面执行 Hello AI World 所提供的深度学习推理应用。

4.3.2 imagenet 成批图像的分类检测

图像分类是智能视觉的最基础应用，如果 Jetson 设备上已经装上 CSI 摄像头或者 USB 摄像头，可以执行以下指令：

```
$  imagenet               # CSI 摄像头
$  imagenet  /dev/video0   # USB 摄像头
```

第一次执行指令后，在终端上会快速地出现如图 4-11 所示的大量信息，这是系统底层为网络模型创建的 TensorRT 加速引擎，整个过程在 Jetson Nano（含 2GB）设备大约要花费 3 分钟时间，在 Xavier NX 与 AGX Xavier 设备上花费的时间会少一些。

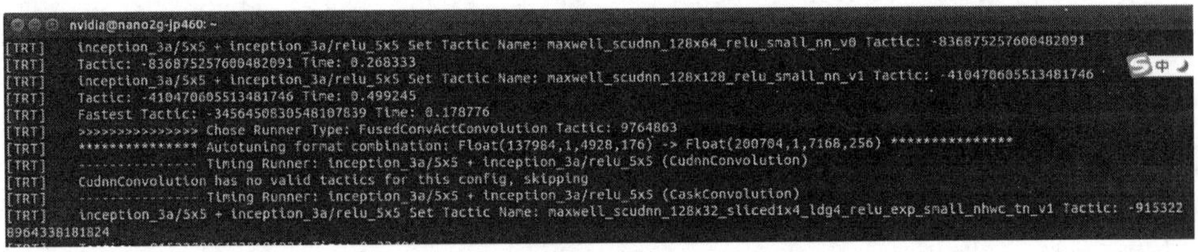

```
nvidia@nano2g-jp460: ~
[TRT]    inception_3a/5x5 + inception_3a/relu_5x5 Set Tactic Name: maxwell_scudnn_128x64_relu_small_nn_v0 Tactic: -836875257600482091
[TRT]    Tactic: -836875257600482091 Time: 0.268333
[TRT]    inception_3a/5x5 + inception_3a/relu_5x5 Set Tactic Name: maxwell_scudnn_128x128_relu_small_nn_v1 Tactic: -410470605513481746
[TRT]    Tactic: -410470605513481746 Time: 0.499245
[TRT]    Fastest Tactic: -3456450830548107839 Time: 0.178776
[TRT]    >>>>>>>>>>>>>>> Chose Runner Type: FusedConvActConvolution Tactic: 9764863
[TRT]    *************** Autotuning format combination: Float(137984,1,4928,176) -> Float(200704,1,7168,256) ***************
[TRT]    --------------- Timing Runner: inception_3a/5x5 + inception_3a/relu_5x5 (CudnnConvolution)
[TRT]    CudnnConvolution has no valid tactics for this config, skipping
[TRT]    --------------- Timing Runner: inception_3a/5x5 + inception_3a/relu_5x5 (CaskConvolution)
[TRT]    inception_3a/5x5 + inception_3a/relu_5x5 Set Tactic Name: maxwell_scudnn_128x32_sliced1x4_ldg4_relu_exp_small_nhwc_tn_v1 Tactic: -915322
8964338181824
```

图 4-11　首次执行 imagenet 时会创建 TensorRT 加速引擎

例如本指令没有指定神经网络种类，就是用预设的 GoogLeNet 网络来进行图像分类，这个网络使用的模型文件为 data/networks/bvlc_googlenet.caffemodel，当系统判断还未找到这个模型文件所创建的 TensorRT 加速引擎时，就会启动创建程序在模型文件相同路径下创建对应的 bvlc_googlenet.caffemodel.1.1.8001.GPU.FP16.engine 加速引擎。

这个 TensorRT 加速引擎有两个特性。

① 只需要创建一次：系统会通过模型文件名去判断加速引擎文件是否存在。只要能找到，就不需要再创建，因此第二次再调用该模型时就能很快启动。

② 与硬件平台相关联：例如在 Nano 上创建的 .engine 加速引擎，并不能复制到 Xavier NX、AGX Xavier 或 TX1/TX2 上使用，反之亦然。

由于图像分类功能属于静态类的推理应用，以图像文件作为输入源会比较实际。这个项目在“data/images”目录下提供了 100 多张以类别为文件名称的图像，可以直接用文件名作为参数，读入某个图像文件（如 cat_0.jpg）进行分类推理计算，例如以下指令：

```
$ cd  ~/jetson-inference/data/
$ imagenet  images/cat_0.jpg
```

屏幕上的执行结果会一闪而过，一般来不及检查。比较合适的做法是将推理过程存放到另一个图像文件中，后面再用图像浏览器打开检视。例如以下指令：

```
$ mkdir  classification
$ imagenet  images/cat_0.jpg  classification/cat_0.jpg
```

图4-12左边是原始的图像，右边是分类检测的结果。

图4-12　左图为图像分类的原图，右边为识别结果

虽然这个检测的结果只有17.61%的置信度，但图像分类的原理就是找出“概率值最高”的类别，至于概率值是多少，那是另外的事情。

由于每输入一张图像都要花几秒时间去启动系统，然后花几毫秒时间执行推理计算，最终得到检测结果，如此一来“输入指令”的工作占据整个过程99%时间，这就不太实际了。

项目作者很清楚这个问题，因此在输入源选项中提供了“文件目录”的解析方式，也就是我们可以指定一个输入源目录，一次执行一批图像数据的分类，然后将每张图像的检测结果输出到另一个指定目录中。

下面修改一下前面的指令，以目录为单位作为输入源与输出结果的存放位置，指令如下：

```
$ imagenet  images/  classification/  --headless
```

这时就能一次对“images”下的105张图像进行分类检测了，如果觉得在屏幕上显示这些过程没必要，可以在指令最后面加“--headless”选项，关闭屏幕显示。

图4-13左边是项目的data/images目录检视图；右边的data/inference存放分类结果的图像，使用“流水号”方式给图像命名。

也可以针对特定类别图像进行分类检测，例如只检测“images”下所有与“human”相关的图像。执行以下指令，在输出目录中以“流水号”方式给图像命名：

图 4-13 imagenet 执行成批的图像分类识别

```
$ imagenet "images/human*.jpg" classification --headless
```

如果想让输出的文件名与原始文件名有同样的类别关系，可以使用以下方法：

```
$ export CLASS=<自定类别，例如 dog, human, fruit>
$ imagenet "images/$CLASS*.jpg" "classification/$CLASS-%i.jpg" --headless
```

这样就能按照文件名类别去执行图像分类的工作，我们可以感受到项目作者在这些小地方处理得很细腻，这才是真正适合工程化的处理方式。这种以目录为单位的输入 / 输出方式，只能识别出目录下的图像文件，不能用在视频文件上。

4.3.3 imagenet 的参数说明

这个项目的图像分类功能支持 10 种神经网络种类，并且预先为这些网络配置好对应的模型文件、结构文件与标注名文件，它们全部都是基于 ILSVRC 不同年份使用的竞赛数据集，在 Caffe 深度学习框架上配合不同网络结构所训练出来的 1000 类图像分类模型，文件格式都是 .caffemodel，并伴随 .prototxt 结构文件与 label.txt 标注名文件。表 4-2 列出了目前所支持的模型内容。

表 4-2 项目所支持图像分类神经网络种类

网络种类	数据集	分辨率	分类数	训练框架	模型格式
AlexNet	ILSVRC12	224×224	1000	Caffe	caffemodel
GoogLeNet	ILSVRC12	224×224	1000	Caffe	caffemodel
ResNet-18	ILSVRC15	224×224	1000	Caffe	caffemodel
ResNet-50	ILSVRC15	224×224	1000	Caffe	caffemodel
ResNet-101	ILSVRC15	224×224	1000	Caffe	caffemodel
ResNet-152	ILSVRC15	224×224	1000	Caffe	caffemodel
VGG-16	ILSVRC14	224×224	1000	Caffe	caffemodel
VGG-19	ILSVRC14	224×224	1000	Caffe	caffemodel
Inception-v4	ILSVRC12	299×299	1000	Caffe	caffemodel

如果使用项目所提供的资源，那么更换网络种类非常简单，只要在 imagenet.

py 指令后面添加“--network=< 网络代号 >”就可以。表 4-3 列出了本项目为图像分类功能所提供的神经网络种类与代号。

表 4-3　imagenet.py 所支持的图像分类网络种类与代号

神经网络类型	网络代号	网络类型枚举	指令范例
AlexNet	alexnet	ALEXNET	--network=alexnet
GoogLeNet	googlenet	GOOGLENET	--network=googlenet
GoogLeNet-12	googlenet-12	GOOGLENET_12	--network=googlenet-12
ResNet-18	resnet-18	RESNET_18	--network=resnet-18
ResNet-50	resnet-50	RESNET_50	--network=resnet-50
ResNet-101	resnet-101	RESNET_101	--network=resnet-101
ResNet-152	resnet-152	RESNET_152	--network=resnet-152
VGG-16	vgg-16	VGG-16	--network=vgg-16
VGG-19	vgg-19	VGG-19	--network=vgg-19
Inception-v4	inception-v4	INCEPTION_V4	--network=inception-v4

前面的指令未添加“--network=< 网络代号 >”，就会使用 googlenet 这个预设值，如果想测试 AlexNet 网络的效果，就在指令中的输入源之前或者输出结果之后的任何位置，添加“--network=alexnet”，非常简单：

```
$ cd  ~/jetson-inference/data
$ imagenet  images/  classification/  --network=alexnet
  # 或
$ imagenet  --network=alexnet  images/  classification/
```

但是这些预先配置的资源有很大局限性，如果我们要使用自己的数据所训练的模型，那么该如何处理？这将在下一章“深度学习之模型训练”中讲述，这里先专注于推理识别的部分。

由于项目最终执行的推理计算都需要将模型文件转换成 TensorRT 加速引擎，因此需要符合 TensorRT 所需要的条件：

① 所选择的深度神经网络必须符合表 4-3 所列的内容；

② 生成的模型文件必须是 Caffe 框架的 .caffemodel 格式、TensorFlow 框架的 .uff 格式，或者通用的 .onnx 格式。

满足这两个条件的模型才能被这个项目的指令所接受。如果用户手上拥有合适的模型文件，就可以按照表 4-4 所列的内容，在执行指令后面添加必要的参数选项。

简单的 imagenet 范例格式如下：

```
$ imagenet  input_URI  output_URI  --network=< 网络代号 >
  --model=< 绝对路径 >/xxx.caffemodel  --prototxt=< 绝对路径 >/yyy.prototxt
  --labels=< 绝对路径 >/zzz.labels  --batch-size=4
```

表 4-4　imagenet 的深度神经网络相关参数选项

参数选项	参数关键字	预设值	范例
神经网络类型	--network	googlenet	--network=resnet-18
预训练模型文件	--model	根据 --network	--model=< 完整路径 >/xx.caffemodel
网络结构文件	--prototxt	根据 --network	--prototxt=< 完整路径 >/yy.prototxt
标注名文件	--labels	根据 --network	--labels=< 完整路径 >/labels.txt
输入层名称	--input-blob	data	--input-blob=data
输出层名称	--output-blob	prob	--output-blob=prob
批次大小	--batch-size	1	--batch-size=4
TensorRT 启用层	--profile		

用数据去训练图像分类模型之后，再做详细的示范与说明。

4.3.4　detectnet 物体检测指令

从体验的角度来看，图像分类应用并不是那么生动，相信大家都迫不及待想执行物体检测或姿势识别这些演示效果比较好的示范。

这个项目所提供的所有指令具备几乎一样的特性，并且也都配置好了相关的模型资源，只要按照前面 imagenet 图像分类指令的方式执行就可以，所不同的只是神经网络种类名称，因此其他应用指令就不重复去说明指令细节了。

detectnet 是执行深度学习的物体检测功能，输入源可以是图像或视频流。我们同样使用项目所提供的 data/images 图像目录做实验，一次对 100 多张图像执行物体检测推理计算，将结果输出到 data/detect 目录中。请执行以下指令：

```
$ cd ~/jetson-inference/data && mkdir detect
$ detectnet images/ detect/
```

这里没有指定使用的网络种类，系统预设值是 SSD-Mobilenet-v2 神经网络，相关配套的文件在 data/networks/SSD-Mobilenet-v2 目录中，可以看到 ssd_coco_labels.txt 标注名文件与 ssd_mobilenet_v2_coco.uff 模型文件，表示这是在 TensorFlow 框架中使用 SSD-MobileNet-v2 网络模型对 91 类 COCO 数据集所训练出来的模型。

表 4-5 列出了项目所支持的物体检测类的神经网络种类以及物体种类数量。

现在看一下前面指令的执行效果，我们以图像集中的 horse_0.jpg 为例，图 4-14 左边图为“人骑马”的图像，前面指令用预设值 SSD-Mobilenet-v2 的 91 类检测模型能定位出“人”与“马”两个物体，如图 4-14 中间所示。

然后试着使用其他网络种类，例如表 4-5 中的 ped-100 网络，我们只要在前面指令的最后添加“--network=pednet”选项就可以，所得到的识别结果如图 4-14 右边图所示，只识别出“人”这个物体。

表 4-5　detectnet 所支持的物体检测网络种类与代号

神经网络类型	网络代号	网络类型枚举	物体类别
SSD-Mobilenet-v1	ssd-mobilenet-v1	SSD_MOBILENET_V1	91 类（COCO 类别）
SSD-Mobilenet-v2（预设）	ssd-mobilenet-v2	SSD_MOBILENET_V2	
SSD-Inception-v2	ssd-inception-v2	SSD_INCEPTION_V2	
DetectNet-COCO-Dog	coco-dog	COCO_DOG	狗
DetectNet-COCO-Bottle	coco-bottle	COCO_BOTTLE	瓶子
DetectNet-COCO-Chair	coco-chair	COCO_CHAIR	椅子
DetectNet-COCO-Airplane	coco-airplane	COCO_AIRPLANE	飞机
ped-100	pednet	PEDNET	行人
multiped-500	multiped	PEDNET_MULTI	行人、行李
facenet-120	facenet	FACENET	人脸

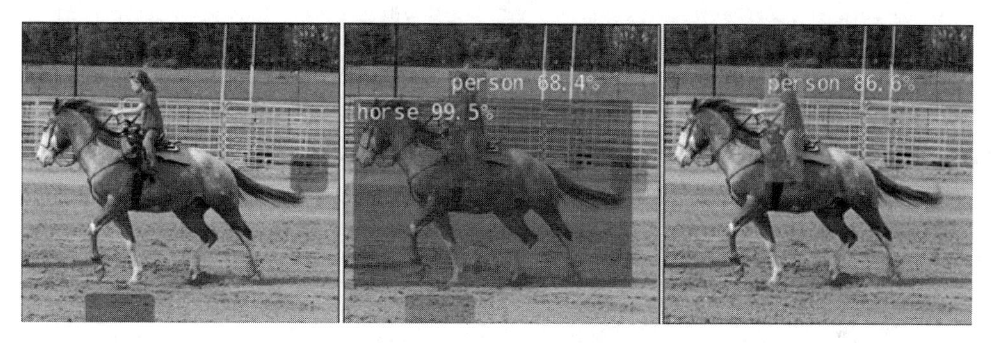

图 4-14　使用不同神经网络种类，会得到不同的检测结果

从这里就能进一步了解，网络模型的识别种类才是决定应用功能的关键，这也是下一章我们必须学习“模型训练”的原因。使用自己的数据训练出专属的模型，这才是深度学习应用的核心。下面就可以轻松地使用摄像头与指定的网络种类对周边物体进行检测：

```
$  detectnet  --network=< 指定网络 >                # CSI 摄像头
$  detectnet  /dev/video0  --network=< 指定网络 >  # USB 摄像头
```

也可以用视频文件作为输入源，例如第 3 章 VisionWorks 范例中的“行人”视频文件“～/VisionWorks-1.6-Samples/data/pedestrians.mp4”，执行指令如下：

```
$  detectnet  /home/nvidia/VisionWorks-1.6-Samples/data/pedestrians.mp4
```

就可以看到如图 4-15 所示的检测结果。

如果想要截取某个画面，但是视频前进的速度又太快，不知如何处理，就可以利用前面“输出到目录”功能来解决这个问题。例如将视频检测结果输出到 detect 目录中，然后再从目录中找到合适的检测结果。

图 4-15　使用视频文件执行物体检测功能

请执行以下指令，会在“detect”目录中生成33张图像，播放速度大约为2张/秒。

```
$ cd ~/jetson-inferecne/data
$ detectnet /home/nvidia/VisionWorks-1.6-Samples/data/pedestrians.mp4 detect/
```

表 4-6 所列的 detectnet 的主要参数选项与 imagenet 几乎一致。

表 4-6　detectnet.py 的深度神经网络相关参数选项

参数选项	参数关键字	预设值	范例
神经网络类型	--network	ssd-mobilenet-v2	--network=resnet-18
预训练模型文件	--model	根据神经网络类型	--model=< 完整路径 >
网络结构文件	--prototxt	根据神经网络类型	--prototxt=< 完整路径 >
标注名文件	--labels	根据神经网络类型	--labels=< 完整路径 >
输入层名称	--input-blob		--input-blob=data
输出层名称	--output-blob		--output-blob=prob
覆盖输出层的名称	--output-cvg		
边界输出层的名称	--output-box		
输入减去平均像素值	--mean-pixel		
批次大小	--batch-size	1	--batch-size=4
阈值（threshold）	--threshold	0.5	--threshold=0.6
检测覆盖的标识	--overlay		
TensorRT 启用层	--profile		

只要是表 4-5 中所支持的网络类型，并且使用项目预先下载的模型文件，就只需要用“--network=< 指定网络 >”去指定要使用的网络种类，不用管相关的网络结构文件与标注名文件等内容，项目都已经为大家准备好了。

最后再看“阈值 (--threshold)”选项，可以设定检测的最低要求值，只有检测的物体的置信度高于阈值，才能视为检测成功。假如我们将阈值设得非常低（例如 --threshold=0.01），查看检测出来的结果如何：

```
$ detectnet --threshold=0.01
```

就会看到类似图 4-16 所示的检测结果，当然这只是一个极端的例子，提供给大家参考而已。

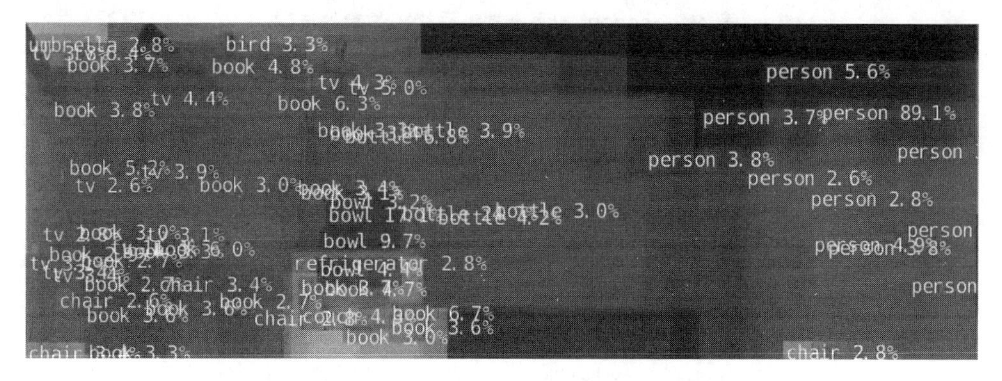

图 4-16 当阈值很低 (--threshold=0.01) 时所检测的结果

到这里已经将 detectnet 的重点环节讲解得差不多了，至于其他网络类型调用与参数组合，请自行尝试与体验。

4.3.5 其他深度学习推理应用

剩下的 segnet 与 posenet 的执行方法，与前面两个应用几乎一致，就不再重复说明细节了，大家只要掌握个别应用所支持的神经网络类型，以及输入源的设备或路径就可以了。

（1）segnet.py 语义分割

表 4-7 所列是本项目为语义分割应用所提供的神经网络种类，全都使用 fcn-

表 4-7 segnet 所支持的物体检测网络种类与代号

数据集名称	分辨率	网络代号	准确度
Cityscapes	512×256	fcn-resnet18-cityscapes-512×256	83.3%
Cityscapes	1024×512	fcn-resnet18-cityscapes-1024×512	87.3%
Cityscapes	2048×1024	fcn-resnet18-cityscapes-2048×1024	89.6%
DeepScene	572×320	fcn-resnet18-deepscene-576×320	96.4%
DeepScene	864×480	fcn-resnet18-deepscene-864×480	96.9%
Multi-Human	512×320	fcn-resnet18-mhp-512×320	86.5%
Multi-Human	640×360	fcn-resnet18-mhp-512×320	87.1%
Pascal VOC	320×320	fcn-resnet18-voc-320×320（预设值）	85.9%
Pascal VOC	512×320	fcn-resnet18-voc-512×320	88.6%
SUN RGB-D	512×400	fcn-resnet18-sun-512×400	64.3%
SUN RGB-D	640×512	fcn-resnet18-sun-640×512	65.1%

resnet18 神经网络针对不同数据集进行训练，预设值为“fcn-resnet18-voc-320×320”。

表 4-8 则是 segnet.py 的参数选项列表，与前面两个应用相同，在这里只需要体验本项目为各个网络种类所提供的配套资源。

表 4-8 segnet 的深度神经网络相关参数选项

参数选项	参数关键字	预设值
神经网络类型	--network	fcn-resnet18-voc-320×320
预训练模型文件	--model	根据 --network
网络结构文件	--prototxt	根据 --network
标注名文件	--labels	根据 --network
标注颜色文件	--colors	根据 --network
输入层名称	--input-blob	SEGNET_DEFAULT_INPUT
输出层名称	--output-blob	SEGNET_DEFAULT_OUTPUT
批次大小	--batch-size	1
可视化处理标识	--visualize	overlay
覆盖的 alpha 混合值	--alpha	120
过滤模式	--filter-mode	linear
在 TensorRT 启用层	--profile	

执行以下简单指令，会得到图 4-17 所示的执行效果。

```
$ segnet ~/VisionWorks-1.6-Samples/data/pedestrians.mp4
```

图 4-17 执行 segnet 指令的输出结果

语义分割识别最终的结果并非规矩的形状，只能用颜色块去显示类别。在 segnet 预设使用 fcn-resnet18-voc-320×320 网络类型。到～/jetson-inference/data/networks 目录下找到 FCN-ResNet18-Pascal-VOC-320×320 目录，里面有 classes.txt 与 colors.txt 两个文件，分别存放如表 4-9 所示的类别名与对应的 RGB 颜色值。

颜色与类别对照表并没有一定的关系，由开发人员自行设计。

表 4-9　segnet 的类别文件与颜色对照关系

编号	classes.txt 的类别列表	colors.txt 的颜色列表
0	background	0 0 0
1	aeroplane	255 0 0
2	bicycle	0 255 0
……	……	……
18	sofa	0 0 142
19	train	0 0 70
20	tvmonitor	119 11 32

（2）posenet 姿势识别

表 4-10 所示是本项目为姿势识别应用所提供的神经网络种类与代号。

表 4-10　posenet 所支持的物体检测网络种类与代号

神经网络类型	网络代号	网络类型枚举	物体类别
Pose-ResNet18-Body（预设值）	resnet18-body	RESNET18_BODY	18
Pose-ResNet18-Hand	resnet18-hand	RESNET18_HAND	21
Pose-DenseNet121-Body	densenet121-body	DENSENET121_BODY	18

简单地用 data/images 下面的 human*.jpg 来做示范，将结果输出到 data/pose 目录下，请执行以下指令：

```
$ cd ~/jetson-inference/data && mkdir pose
$ posenet "images/human*.jpg" pose/
```

图 4-18 是从输出结果中挑选的两张效果比较明显的图像，可以很明显看出在身体与脚的范围内使用蓝色线条（图中显现为黑色），头部与双手部分使用黄色线条（图中显现为白色）。这个应用非常适合直接开启摄像头，然后将镜头对着自己或者其他人，能体现出很棒的效果。

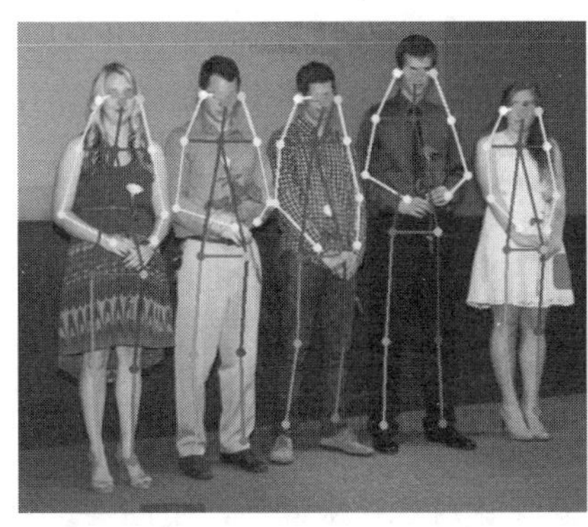

图 4-18　posenet 的简单执行效果

以上就是 Hello AI World 所提供的示范功能，项目为初学者提供了最便利的执行环境，只要安装好环境，就能非常轻松地体验这 5 种深度学习的推理应用。

4.4 用 Python 开发自己的深度学习推理应用

相信前面的范例已经能让我们深刻感受到这个项目的强大与便利性，但是我们不能只满足于项目作者所提供的应用，最终的目的是自己也能用这个深度神经网络库开发性能优异的深度学习应用。

在 4.2.2 节介绍项目主要功能模块时提过，项目作者将每种深度学习推理功能以及输入 / 输出部分，都用高级封装形式打包成单一函数，让所有的调用都变得十分简单并且容易阅读，接下去就以 Python 范例代码来进行示范。

"～/jetson-inference/python/examples"目录下的 my-detection.py 代码是一个非常经典的 Python 范例，除去注释内容，真正执行代码只有 10 行，却具有极为优异的物体检测推理功能。

4.4.1 10 行代码的物体识别应用

下面列出了 my-detection.py 中除去注释说明的纯代码部分。

```
1   import jetson.inference
2   import jetson.utils
3   net = jetson.inference.detectNet("ssd-mobilenet-v2", threshold=0.5)
4   camera = jetson.utils.videoSource("csi://0")
5   display = jetson.utils.videoOutput("display://0")
6   while display.IsStreaming():
7         img = camera.Capture()
8         detections = net.Detect(img)
9         display.Render(img)
10        display.SetStatus("Performance {:.0f}FPS".format(net.GetNetworkFPS()))
```

下面说明每行指令的工作以及相关函数的用法。

① 汇入 jetson.inference 模块：这是项目为 Jetson 设备封装好的深度学习开发库。

② 汇入 jetson.utils 模块：这是项目为 Jetson 设备封装好的输入 / 输出工具库。

③ 用 jetson.inference.detectNet() 函数创建 net 物体检测网络对象，需要以下参数。

a. 网络种类：需符合表 4-5 所列的网络代号，以字符串形式提供，这里给定的参数值为 ssd-mobilenet-v2，表示 net 要使用 ssd-mobilenet-v2 网络的配套推理资源，包括模型文件、结构文件、标注名文件等。

b. 阈值：给定一个 0 ～ 1 的浮点值，这里设为 0.5。

④ 用 jetson.utils.videoSource("csi://0") 指定输入源为 CSI 摄像头，里面的参数也可改成 4.3.1 节中"（2）输入源参数选项"中的其他类型。

⑤ 用 jetson.utils.videoOutput("display://0") 指定计算结果输出在显示屏上，里面的参数也可改成 4.3.1 节中“(3) 输出结果参数选项”中的其他类型。

⑥ 用 display.IsStreaming() 函数检查是否有数据显示，如果有，就继续执行循环内指令。

⑦ 从输入源读取图像数据，将其存放到 CPU/GPU 共享内存的 img 变量中。

⑧ 将图像数据 img 传给 net.Detect() 物体检测函数去进行推理计算，在满足前面给定的阈值（threshold）条件下，将检测到的物体（可能多个）信息回传给 detections 数组，包括各物体的置信度、对应类别编号，以及在图中的对应位置（两组坐标数据）。

⑨ 用 display.Render(img) 函数将前面获取的 detections 数组内容在原图（img）上进行类别名、置信度、标框位置 / 颜色的合成渲染，并输出到显示屏上。

⑩ 用 display.SetStatus() 函数将指定信息打印在“显示框”上。这里的指定信息是从 net.GetNetworkFPS() 函数获取的执行性能，以 fps 为单位。

从前面的说明中可以发现第 8 ～ 10 行使用的函数，竟然完成了如此大量且复杂的工作，使“10 行代码的物体识别应用”成为事实。下面就来执行这个代码。

如果只有 USB 摄像头，请自行将第 4 行的参数改成 "/dev/video0"，如果没有任何摄像头，请自行挑选设备上提供的任何一个视频文件进行测试，如 3.2.1 节 VisionWorks 范例的～ /VisionWorks-1.6-Samples/data/pedestrians.h264，将第 4 行的参数改成视频文件的绝对路径，然后执行以下指令：

```
$ cd  ~ /jetson-inference/python/example
$ python3  my-detection.py
```

执行完指令后就能从屏幕上非常直观地了解显示的信息，在视频框左上角会出现如图 4-19 所示的显示执行性能的截屏。

Object Detection | Network 26 FPS

图 4-19　代码 my-detect.posenet.py 在 Nano 2GB 的性能

图 4-19 所示结果是不是超出了您的预期？原本以为 Nano 的计算能力达 10fps 已经非常优异，没想到能获得如此高的收益。

这个范例的确给大家带来很大的惊喜，仅仅使用 10 行 Python 代码就创建了实时推理性能的物体检测应用，这就是 Hello AI World 项目所构建的深度学习开发环境，得到众多初学者的喜爱，其不仅开发容易，而且性能优异。

4.4.2　获取推理检测的信息

10 行代码范例让我们“看到”推理的效果，对于应用开发来说，更重要的是获取检测的结果，我们需要根据这些信息去安排对应的活动。例如识别到猫就开启“猫粮口”，让它可以吃到食物，这才是我们进行智能识别的更重要目的。

代码第 8 行 detections = net.Detect(img) 就是将该帧图像所检测到的物体数据全部存放到 detections 数组中，所有信息都要从这个数组中获取。可以在代码第 8 行下面添加“print(" 推理结果：", detections)”，观察会显示什么结果。

执行代码之后所打印的内容如下：

```
推理结果：[<jetson.inference.detectNet.Detection object at 0x7fb1a666c0>, <jetson.
inference.detectNet.Detection object at 0x7fb1a66210>]
```

这里显示有两组物体信息，分别存放在 0x7fb1a666c0 与 0x7fb1a66210 数组中，这样的信息对我们是没有用处的，还要进一步将个别物体信息找出来。使用 for 循环来协助操作以下两个步骤。

① 掌握物体数量：使用 len(detections) 获取本帧图像所检测到的物体数量。

② 个别物体信息：使用“for i in range(len(detections))”循环，打印 detection[i] 获取的每个物体的详细信息。

下面粗体部分是我们在 my-detection.py 第 8 行下方所添加的两行代码：

```
    （前面省略）
8       detections = net.Detect(img)
        for i in range(len(detections)):
            print(" 物体编号 {:d}，物体信息：".format(i), detections[i])
```

执行之后会在指令框中出现以下信息内容：

```
物体编号 0，物体信息：                        物体编号 1，物体信息：
   -- ClassID: 72                               -- ClassID: 1
   -- Confidence: 0.870605                      -- Confidence: 0.694824
   -- Left:       0.78125                       -- Left:      696.25
   -- Top:        6.50391                       -- Top:       1.05469
   -- Right:      447.5                         -- Right:     1273.75
   -- Bottom:     592.734                       -- Bottom:    406.758
   -- Width:      446.719                       -- Width:     577.5
   -- Height:     586.23                        -- Height:    405.703
   -- Area:       261880                        -- Area:      234294
   -- Center:     (224.141, 299.619)            -- Center:    (985, 203.906)
```

可以掌握的每个物体的信息共有 10 个栏位，前面 6 个是关键类，后面 4 个则是根据 Left/Top/Right/Bottom 所计算出来的，这时就能清楚地从 detections[i].ClassID 栏位获取物体的类别编号，从 detections[i].Confidence 栏位获取置信度。

如果要进一步获得类别名称，就需要通过 net.GetClassDesc() 函数的协助，这个函数会从对应的模型中回传类别名称。这个范例使用 ssd-mobilenet-v2 模型，配套文件在 data/networks/SSD-Mobilenet-v2 中，而类别名称文件 ssd_coco_labels.txt 存放了 91 个分类内容。由于计算机的编号习惯从“0”开始，因此 ClassID 为“1”

就对应到文件中第2行“person”，以此类推。

下面我们将前面的代码进一步调整，通过for循环中打印的内容，更精准地显示该物体的类别编号与类别名称。

```
   （前面省略）
8      detections = net.Detect(img)
       for i in range(len(detections)):
              id = detections[i].ClassID
              print("类别编号#{:d}, 类别名称: {:s}".format(id, net.GetClassDesc(id)))
```

执行以上代码，能打印出类似以下的信息：

```
类别编号#76, 类别名称:keyboard
类别编号#72, 类别名称:tv
类别编号#1, 类别名称:person
类别编号#62, 类别名称:chair
```

获得所需数据后就能根据所检测到的物体制订针对性的行为，如发送通知、启动其他设备等，这才是我们执行智能识别的重要目的。

4.4.3　添加参数解析功能，扩大适用范围

虽然my-detection.py使用最少数量的代码，但在实际部署时，就会发现其“适用性”受到很大的局限，因为我们无法预测设备上的输入源是什么，所以接下来就学习imagenet.py、detectnet.py等能接受多项参数的方法，这就能面对未来更多样化的边缘环境。

这部分功能的实现主要通过Python的argparse库的协助，在项目安装过程中已经为我们安装好所需要的功能库，只要导入调用函数就可以了。在my-recognition.py范例中已经提供了参数解析的代码，可以直接拿来作说明与修改，以下是my-recognition.py范例的完整内容：

```
    #!/usr/bin/python3
1   import jetson.inference
2   import jetson.utils
3   import argparse
4   parser = argparse.ArgumentParser()
5   parser.add_argument("filename", type=str)
6   parser.add_argument("--network", type=str, default="googlenet")
7   opt = parser.parse_args()
8   img = jetson.utils.loadImage(opt.filename)
9   net = jetson.inference.imageNet(opt.network)
10  class_idx, confidence = net.Classify(img)
11  class_desc = net.GetClassDesc(class_idx)
12  print("File '{:s}' is recognized as '{:s}' (class #{:d}) with {:f}% confidence"
       .format(opt.filename, class_desc, class_idx, confidence * 100))
```

代码第 8 行之后的推理执行原理与 my-detection.py 是一致的，只要掌握了前面的示范，这里就不需要重复讲解。本节的重点放在第 4 ～ 7 行的代码，即关于 Python 参数解析功能的部分，说明如下：

① 用 argparse.ArgumentParser() 创建 parser 解析器对象；

② 用 parser.add_argument() 添加 filename 参数作为输入图像名，类型为字符串；

③ 用 parser.add_argument() 添加 --network 参数作为网络指定，类型为字符串；

④ 用 parser.parse_args() 进行参数解析，将结果存放到 opt 数组。

在这里总共添加了两个参数，但是大家可能发现这两个参数在格式上有些差异，前面的 filename 比后面的 network 少了一组“--”，表示前者为“必须”提供的参数，虽然可以提供预设值，但是没有意义；后者为“非必须”提供的参数，但最好提供一个预设值，以减少出错的机会。

应该如何选择“必须”与“非必须”的参数呢？这个没有任何规则，开发人员根据实际需要添加参数就可以了。

argparse 库非常强大且智能，使用 parser.add_argument() 添加的参数，在执行解析工作（代码第 7 行）之后，会自动生成对应的“帮助内容 (--help)”。执行以下指令确认帮助内容：

```
$ cd  ~/jetson-inference/python/examples
$ python3 ./my-recognition.py  --help
```

执行完会显示如图 4-20 所示帮助内容。

```
usage: my-recognition.py [-h] [--network NETWORK] filename

positional arguments:
  filename              filename of the image to process

optional arguments:
  -h, --help            show this help message and exit
  --network NETWORK     model to use, can be: googlenet, resnet-18, ect.
```

图 4-20　my-recognition.py 的帮助内容

如果输入不带参数“./my-recognition.py”的指令，会出现如图 4-21 所示的错误信息，告诉我们少了“filename”参数。

```
usage: my-recognition.py [-h] [--network NETWORK] filename
my-recognition.py: error: the following arguments are required: filename
```

图 4-21　my-recognition.py 未提供输入源时出现的错误信息

如何将参数传递给各个函数呢？当代码执行完解析工作之后，产生的 opt 数组就会根据前面添加的参数去创建栏位。例如本案例添加的两个参数是“filename”与“network”（不是“--network”），这样在 opt 数组中就会创建 opt.filename 与 opt.network 两个栏位，作为其他函数的输入，如代码的第 8、9、12 行。

观察前面使用过的 imagenet.py 与 detectnet.py 代码，二者分别添加了 8 个与 6 个参数，并且使用了一些进阶的处理，可以作为这里参数扩充的参考。

按照这样的逻辑，为 my-detection.py 添加 4 个参数，包括一个 input 必要项与 --output、--network、--threshold 三个非必要项，为非必要项提供预设值，然后用 opt 数组内容取代函数内原本的参数。

修改过的完整代码如下，粗体部分为添加与修改的部分。

```
1   import jetson-inference
2   import jetson.utils
3   import argparse

4   parser = argparse.ArgumentParser()
5   parser.add_argument("input" , type=str)
6   parser.add_argument("--output", type=str, default="display://0")
7   parser.add_argument("--network" , type=str, default="ssd-mobilenet-v2")
8   parser.add_argument("--threshold", type=float, default=0.5)
9   opt = parser.parse_args()

10  camera = jetson.utils.videoSource(opt.input)
11  display = jetson.utils.videoOutput(opt.output)
12  net   = jetson.inference.detectNet(opt.network, threshold=opt.threshold)

13  while display.IsStreaming():
14      img = camera.Capture()
15      detections = net.Detect(img)
16      display.Render(img)
17      display.SetStatus("Performance {:.0f}FPS".format(net.GetNetworkFPS()))
```

执行 my-detection.py，观察提供不同输入源时的状况。

```
$ cd ~/jetson-inference/python/examples
$ python3 ./my-detection.py
```

执行这条指令，会出现如图 4-22 所示的错误信息，并提示我们需要“input”参数。

```
usage: my-detection.py [-h] [--output OUTPUT] [--network NETWORK]
                       [--threshold THRESHOLD]
                       input
my-detection.py: error: the following arguments are required: input
```

图 4-22　my-detection.py 未提供输入源时出现的错误信息

继续观察提供多种输入源、不同神经网络类型与阈值的效果：

```
$ python3 my-detection.py /dev/video1 --network=multiped
$ python3 my-detection.py csi://0 --threshold=0.7
$ python3 my-detection.py ~/VisionWorks-1.6-Samples/data/pedestrians.h264
```

使用参数解析功能为应用扩大适用范围，是一个实用性非常强的功能，我们可以根据自己所需要的功能添加各种参数，十分方便，请多加练习，以丰富代码的使用弹性。

虽然本书只以物体检测功能做示范，但相同的思路可以适用于 Hello AI World 项目的其他应用，包括图像分类、语义分割、姿态识别、深度识别等。

4.5 jetson.utils 视觉处理工具

从科研的角度，大家会习惯将深度学习的重点集中在“推理计算”部分，但如果进入到“工程”阶段，就会发现输入 / 输出的处理对于应用效能的影响同样重要。

在 x86 的服务器或工作站上，由于设备之间的传输带宽相当充裕，因此数据吞吐、输入 / 输出的压力非常小，以至于大家都会习惯性忽略数据输入 / 输出这部分的问题。但是在嵌入式边缘计算设备上，输入 / 输出对于总体性能的影响有时会比推理计算的部分更加重要。

图 4-23 是标准的 IVA 智能视频分析应用的工作流水线图，为我们提供了非常好的参考，如果推理计算的性能非常强大，每秒可承受 30 帧以上的计算数据量，但是前方（流水线左边）的数据供给量不足，或者后方（右边）的显示速度太慢，那么总体的性能受限于“性能最弱”的一个环节，这与市场学的“短板理论”一致。

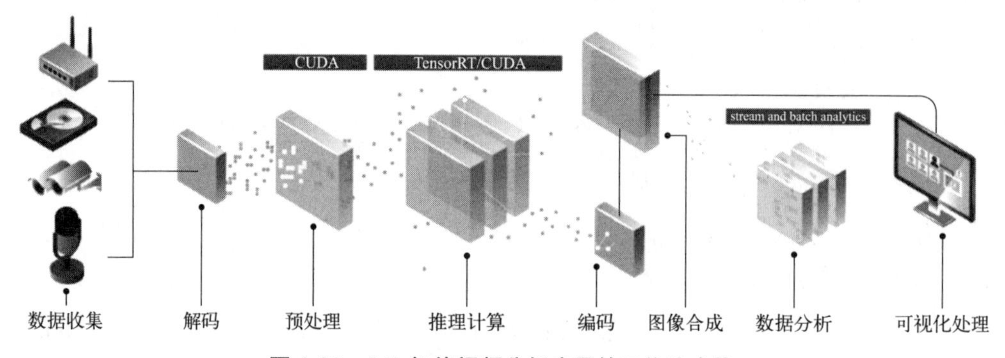

图 4-23　IVA 智能视频分析应用的工作流水线

因此，作为视觉类 AI 边缘计算设备，不能只比较深度学习的开发资源与性能，还必须兼顾对数据输入与显示输出的配套能力。

英伟达 GPU 的“看家本领”就是为 CPU 分担图像显示的处理压力，让程序进行得更顺畅。因此在 Jetson 系列产品规划中，英伟达很有经验地加入了一些重要的性能改善设计，主要包括：

① 独立的编（encode）/ 解（decode）码芯片；

② 针对 CSI/MIPI 接口的摄像头子系统电路，在 3.3 节中已经做过介绍。

这些设计不仅为原本性能较差的 ARM 处理器分担了不少压力，也能有效提升输入与输出性能，避免让工作流的瓶颈出现在这些环节上。通常添加对性能有提升的设计，伴随而来的就是调用过程的复杂度的增加。在图4-23中，每个环节都存在相当的复杂度，这里简单做些说明。

① 数据收集：要面对MIPI/CSI、V4L2/USB、GigE等不同接口与不同规格的摄像头设备。

② 解码输入视频流：计算机视觉经过几十年的发展，数据格式不计其数，常用的如下所述。

a. 视频类：H.264, H.265, VP8, VP9, MPEG-2, MPEG-4及MJPEG。

b. 图像类：JPG, PNG, TGA, BMP, GIF, PSD, HDR, PIC及PNM。

并非所有格式都需要经过解码器的处理，复杂的问题需要提前做判断，以确认何时需要调用解码芯片的功能。

③ 数据预处理：这个过程相当复杂，根据需求可能需要执行图像的颜色空间转换、正规化/转置/缩放等图像处理任务，将图像数据从CPU内存复制到GPU显存，并调用CUDA计算核进行处理，结束后将数据保留在显存中，在下一过程调用。其中最复杂的部分是资源调用与分配的工作。

④ 推理计算：导入网络模型，对图像进行推理计算，在Hello AI World中还会启动TensorRT加速引擎功能，以提高推理性能。

⑤ 图像合成：将推理结果在原始图像上进行合成渲染，例如物体检测的定位框/类别/置信度、语义分割的颜色分布、姿态识别的骨骼线条等，这个过程在CPU上用标准OpenCV库进行就可以完成。

⑥ 编码输出视频流：支持的格式与解码器一致，但输出的目标物可以是显示器、图像/视频文件，或者RTP/RTSP视频流。

除了推理计算之外，其他工作都与输入/输出相关，特别是前3个过程所整合的技术是相当复杂的。事实上这也是很多初学者所遇到的障碍，过于复杂的设备接口与规格、媒体格式，以及安排CUDA计算资源的数据预处理，每个阶段都有不低的门槛，要全盘了解需要耗费相当多的时间与精力。

设计Hello AI World的目的就是让初学者容易上手，前面的深度学习推理应用已经让大家深有体会，接下来将查看这个项目在输入与输出的部分如何简化我们的工作，并且兼顾处理的性能。

项目提供了一组jetson.utils工作模块，将所有输入/输出调用简化成videoSource()与videoOutput()两个函数，并且根据所指定的设备去调配合适的硬件资源，自动地提供性能最优化的配置。

4.5.1 videoSource()负责全部输入源处理

输入源的问题一直是应用开发人员的初期烦恼，虽然大部分的技术都已相当成熟，但问题在于过于烦琐，通常来说需要面对的有5种以上的视频源，而每种视频源由于品牌不同所使用的芯片组不同，又衍生出种类繁多的视频图像格式，要用统一的开发接口是一件难度极高的任务，不过 Hello AI World 项目克服了这个难题。

项目在早期处理输入源时，使用以下 4 个函数进行组合。

- gstCamera()：负责处理摄像头数据源，包括 CSI 与 USB 接口。
- loadImage()：负责处理文件类输入源，包括图像文件、文件夹等。
- gstDecoder()：负责调用 NVDEC 解码器。
- cudaFromNumpy()：负责将图像数据从 CPU 内存复制到 GPU 显存。

早期版本缺乏对视频文件的支持，主要以摄像头与图像文件这两类输入源为主，而且需要分别处理。以下简单说明这两类处理函数。

① 调用摄像头：在 3.3 节“摄像头的选择与调用”中讲解过 Jetson 摄像头使用原理，在 3.5.1 节讲解过 USB 摄像头通过 UVC 接口进行调用，在 OpenCV 中可以非常轻松调用；3.5.2 节说明了 CSI 摄像头使用 GStreamer 库进行调用，在 OpenCV 中代码就复杂很多，需要给定各种参数，下面提供参考范例：

```
cameraCsi = cv2.VideoCapture(
   "nvarguscamerasrc sensor-id=0 ! "
   "video/x-raw(memory:NVMM), width=(int)1280, height=(int)720, "
   "format=(string)NV12, framerate=(fraction)60/1 ! "
   "nvvidconv flip-method=0 ! "
   "video/x-raw, width=(int)1280, height=(int)720, format=(string)BGRx ! "
   "videoconvert! video/x-raw, format=(string)BGR  ! appsink"  )
```

这样复杂的参数很容易出错，除了对 GStreamer 框架进一步了解，还要掌握所使用的 CSI 摄像头的规格、码流格式、图像尺寸、格式转换（RGB 或 BGR）等内容，因此 CSI 摄像头虽然拥有性能好、功耗低等优势，但这些设定值会让大部分初学者望而却步。

Hello AI World 项目用 gstCamera() 函数指定摄像头，我们只需要输入摄像头的宽 / 高与编号，接着再用 camera.Capture() 函数从摄像头读取图像，这就让整个开发变得十分简单。以下提供简单的范例代码：

```
1   import jetson.utils
2   camera = jetson.utils.gstCamera(width, height, "摄像头编号")
3   img, width, height = camera.Capture()
```

这样就能完成摄像头的设定与图像读取的任务，读者可以将其与 3.5.1 节、3.5.2 节中代码进行对照，感受 gstCamera() 函数的好用之处。

② 读入图像文件：使用 loadImage() 函数读入，会直接转为后面应用所支持的数据格式：

```
1   import jetson.utils
2   img = jetson.utils.loadImage("文件.jpg")
```

这种方法缺少对视频流的支持，包括视频文件与RTP/RTSP等，如果要读入视频文件，就需要根据以下步骤，自行结合OpenCV编写代码来处理：

① 用OpenCV的VideoCapture()指令读入视频每一帧图像，存入img；

② 将读入的BGR格式通过cvtColor(img, cv2.COLOR_BGR2RGB)转换成RGB格式；

③ 用cvtColor(img, cv2.COLOR_RGB2RGBA).astype(np.float32)将数据类型转换成32bit的float类型；

④ 用jetson.utils.cudaFromNumpy(img)将图像数据读入CUDA核进行计算。

主要的处理代码如下，读者可以尝试调用查看：

```
1  import cv2
2  import jetson.utils
3  import numpy as np
4  videoFile = cv2.VideoCapture(" 文件名完整路径 ")
5  while True:
6      isRead, img = videoFile.read()
7      img = cv2.cvtColor(img, cv2.COLOR_BGR2RGB)
8      img = cv2.cvtColor(img, cv2.COLOR_RBG2RGBA).astype(np.float32)
9      img_cuda = jetson.utils.cudaFromNumpy(img)
```

处理完后才能将img_cuda的图像数据传给imagenet()、detectnet()或segnet()等相关函数去进行推理识别处理，这样来来回回的数据传输非常消耗资源，而且出错率相当高。然而前面代码中还未处理“解码器调用”的部分，这是另一个细节。

如今提供的videoSource()函数，不仅将原本gstCamera()、gstDecoder()、loadImage()与cudaFromNumpy()等函数全部集成在一起，同时还增加了对视频文件与RTP/RTSP视频流的处理，将绝大部分输入源全部兼容在一起。包括以下功能。

① 支持7种输入源：CSI摄像头、USB摄像头、RTP视频流、RTSP视频流、视频文件、图像文件与文件夹。

② 支持7种视频格式：H.264, H.265, VP8, VP9, MPEG-2, MPEG-4以及MJPEG。

③ 支持9种图片格式：JPG, PNG, TGA, BMP, GIF, PSD, HDR, PIC以及PNM。

④ 自动根据数据源调用合适的NVDEC解码功能。

⑤ 将图像处理计算与CUDA计算核紧密结合。

在前面的my-detection.py范例中已经说明了videoSource()的简便性，事实上要实现这些功能，除了前面所列的四个函数之外，后台还为我们做好以下两件事。

① 输入源名称与参数解析：为videoSource()函数提供最简单的字符串参数，就能自动识别出输入源的种类，这是由于后台有着强大且完整的解析功能。如此一来，开发人员就无须为不同输入源编写针对性的数据读入代码，也无须记忆各种输入源的烦琐特性，大幅度降低了开发的复杂度。

② 动态配置合适的解码功能：这也是一项非常重要的工作，videoSource()识

别出不同数据源格式之后，就会选择最合适的解码方式。如果是解码芯片所支持的格式，就调用解码芯片的功能；如果不是，就从开发库中调用合适的函数来处理。

可以说 videoSource() 函数是项目作者在 Jetson 开发资源中的集大成之作，不仅便利、好用，底层也充分调用 Jetson 的硬解码芯片（NVDEC）的特性以及 CUDA 核的计算资源，在格式转换、放大 / 缩小、旋转、变换颜色空间等图形处理计算方面，完全发挥了 GPU 并行计算的特性，让整个输入源的数据处理变得非常顺畅。

由于这部分牵涉太多的高级技巧与架构规划，因此在本书并不深入探索，有兴趣的读者可以自行进入开源项目的 C++ 代码去研究。

4.5.2 videoOutput() 负责全部输出处理

输出的处理比输入更简单些，主要是组合选项比较少，并且主动性比较高。这个项目在初期解决输出问题，也用了以下四个函数。

- glDisplay()：将计算结果输出到显示器。
- writeImage()：将计算结果写入图像文件。
- gstEncoder()：选择编码功能。
- cudaToNumpy(img)：将 CUDA 计算好的数据回传给 CPU。

与输入端有相同的问题，之前这些函数都是以“图像”为主，缺乏对视频输出的支持，开发时要用 OpenCV 编写代码去做转换，就是前面视频输入的反向步骤：

① 用 jetson.utils.cudaToNumpy(img) 将图像数据从 CUDA 读出来；

② 用 cv2.cvtColor(img, cv2.COLOR_RGBA2RGB).astype(np.uint8) 将数据类型转换成 8bit 的 uint 类型，并且将格式从 RGBA 转成 RGB；

③ 用 cv2.cvtColor(img, cv2.COLOR_RGB2BGR) 将格式从 RBG 转成 BGR；

④ 最后再用 cv2.show(img) 输出到显示器上。

这里就不列出对应的代码了，总之每帧图像都做这么多的转换，消耗了不少计算资源。如今提供的 videoOutput() 函数，同样将 glDisplay()、gstEncoder()、writeImage() 与 cudaToNumpy() 等功能全部集成在一起，同时也增加了对输出为 RTP/RTSP 视频流或视频文件的处理，这样就能将绝大部分输出源全部兼容在一起。包括以下功能。

① 支持 6 种输出源：显示器、RTP 视频流、RTSP 视频流、视频文件、图像文件与文件夹。

② 支持 7 种数据格式：H.264, H.265, VP8, VP9, MPEG-2, MPEG-4 及 MJPEG。

③ 自动根据输出要求调用合适的 NVENC 编码功能。

④ 将图像处理计算与 CUDA 计算核紧密结合。

如此一来，就可以用下面代码去指定 videoOutput() 对象：

```
1    import jetson.utils
2    output = jetson.utils.videoOutput(" 输出标的 ")
```

事实上在结果显示时，经常还有些后处理的任务要做，特别是在做了各种识别计算之后，大部分人习惯将识别的结果汇总（叠加）到图像上，然后输出到显示器上。

例如在一帧图像上识别出3个物体，则输出之前需要将这3个物体的标框、类别名称、置信度等数据叠加到这张图像上，这个过程称为“渲染”(rendering)，过程烦琐、不复杂，但也会影响输出的性能。

用 jetson.utils.videoOutput（“输出标的”）创建 output 输出功能对象之后，再用 output.Render(img) 函数将这一帧图像所有需要叠加的内容处理好，并输出到 output 指定的途径上。

事实上，在使用 output.Render() 过程中，底层非常巧妙地利用了 CUDA 图像处理的高效特性，最终输出之前，如果使用编码芯片所支持的流媒体格式，就会调用 Jetson 的 NVENC 芯片功能，执行高负载的视频编码任务，这些细节都让整个过程变得十分顺畅。

4.5.3 简单的输入 / 输出范例

下面提供一段调用 videoSource() 与 videoOutput() 的简单代码，其中不执行任何深度学习推理的计算功能，请自行键入到一个文档中，然后存成 videoTest.py：

```
    #!/usr/bin/python3
1   import jetson.utils
2   import argparse
3   import sys
    # 解析参数
4   parser = argparse.ArgumentParser()
5   parser.add_argument("--input", type=str, default="csi://0")
6   parser.add_argument("--output", type=str,default="display://0" )
7   opt = parser.parse_known_args()[0]
    # 创建视频源与输出对象
8   input = jetson.utils.videoSource(opt.input, argv=sys.argv)
9   output = jetson.utils.videoOutput(opt.output, argv=sys.argv)
    # 执行视频源数据读入与输出到显示
10  while output.IsStreaming():
11      img = input.Capture()
12      output.Render(img)
13      output.SetStatus("视频显示性能 {:.1f} FPS".format(output.GetFrameRate()))
```

存档之前请执行以下指令，为这个文件赋予“可执行”属性：

```
$ chmod +x videoTest.py
```

接着执行以下指令，分别查看会出现怎样的结果：

```
  # 使用预设的 CSI 摄像头输入与显示器输出
$ ./videoTest.py
  # 将输入源改成 /dev/video1，并将结果输出到 output.mp4
$ ./videoTest.py  --input=/dev/video1  --output=output.mp4
  # 将输入源改成 output.mp4，并执行旋转 180 度模式，输出到 flip180.mp4
$ ./videoTest.py  --input=output.mp4  --output=flip180.mp4  --flip-method=rotate-180
  # 将输入源改成 flip180.mp4，将宽度改成 1080，输出到显示器
$ ./videoTest.py  --input=flip180.mp4  --width=1080
```

这里不提供每个指令的输出截屏，读者自行体验就行。不过代码中有几个重点技巧，如下所述：

① 代码“#!/usr/bin/python3”指定所使用的解释器，这是近年来 Python 很常用的一个小技巧，添加这一行指令之后，执行命令时就不需要再输入“python3”，直接输入“./videoTest.py”就能执行应用。

② 在提供的参数部分，代码中只添加“--input”与“--output”两个选项，但为何又出现“--flip-method”“--width”等在代码中未曾定义的参数呢？这段代码在解析参数部分，与前面的 my-recognition.py 有些差异：

a. 导入模块时多了一个“import sys”；

b. 参数解析时使用“opt=parser.parse_known_args()[0]”，与 my-recognition.py 用的“opt=parser.parse_args()”不同，后者很直观地将 add_argument 添加的参数解析给 opt 数组；

c. 这种用法可以接收“--input”与“--output”之外的更多参数，这些额外的参数直接根据操作系统的原则存放到 sys.argv 数组中；

d. 使用 videoSource() 创建 input 对象时的参数是“opt.input, argv=sys.argv”，使用 videoOutput() 创建 output 对象时的参数是“opt.output, argv=sys.argv”，其中 opt.input 与 opt.output 是参数解析步骤所得，其他的参数可以利用函数在 sys.argv 中找到。

e. 使用这个方式的最主要原因是 videoSource()、videoOutput() 以及配套的可选参数，能协助进一步控制输入或输出的细节，由于参数内容较多，如果在代码中一一添加，数量会非常庞大，而这些参数又是“非必要”选项，因此这种方式最有效率。

f. 主要参数如表 4-11 所列，与 4.3.1 节“总体参数选项说明”中的输入 / 输出部分相对应。

在这里不仅尝试了 videoSource() 与 videoOutput() 的简单代码，也进一步挖掘出更多相关的控制参数内容，附带学习了两个 Python 的重要技巧。

4.5.4 RTP/RTSP 视频流转向应用

视频流转向就是将 A 设备上所接收或创建的视频流，通过指定 IP 的方式转到

表 4-11　videoSource() 与 videoOutput() 相关参数选项

参数	videoSource	videoOutput	说明
width	--input-width	--output-width	宽（单位：像素）
height	--input-height	--output-height	高（单位：像素）
frame-rate	--input-rate	--output-rate	帧 / 秒
codec	--input-codec= 以下值	--output-codec= 以下值	编码种类
	H.264/ H.265/VP8/VP9/MPEG-2/MPEG-4/MJPEG		
flip-method	--flip-method= 以下值	（不支持）	旋转方式
	none		不做任何转动
	counterclockwise		逆时针旋转 90°
	rotate-180		旋转 180°
	clockwise		逆时针旋转 90°
	horizontal-flip		水平翻转
	vertical-flip		垂直翻转
	upper-right-diagonal		右上 / 左下对角线翻转
	upper-left-diagonal		左上 / 右下对角线翻转

设备 B 上去执行播放，这个功能在智能边缘计算设备上的价值是非常高的，因为大部分最终部署在各个角落的设备是不安装显示器的，包括 Jetson 设备的 headless 模式也是如此，这时就可以使用这种视频流转向的方法，获取边缘计算设备的摄像头所获取的图像。

在前面内容多次提到 RTP（real-time transport protocol，实时传输协议）与 RTSP（real time streaming protocol，实时流传输协议），就是提供视频流转向功能的技术，这里不去探索这两种协议的技术细节与异同，只关注如何为我们的工作以提高效率。

由于 RTSP 通常需要配置读取权限，因此本节以较简单的 RTP 传输来做示范。视频流转向的演示需要两台设备，这里就以 Nano 2GB 作为视频流转向的“发送端”，用 x86 笔记本电脑作为视频流的“接收端”，如果两者使用 headless 模式连线，此时 Nano 2GB 的 IP 地址为 192.168.55.1，接收端 x86 笔记本电脑的 IP 地址为 192.168.55.100。

在 Nano 2GB 执行以下指令，将视频流通过 1234 端口转向 IP 为 192.168.55.100 的 x86 笔记本电脑上：

```
$ ./videoTest.py --output=rtp://192.168.55.100:1234
```

如果 x86 笔记本电脑也是安装的 Linux 操作系统，那么直接开启一个指令终端，输入以下指令就可以执行视频流接收与播放的功能：

```
$ gst-launch-1.0 -v udpsrc port=1234 caps = "application/x-rtp, \ media=(string)
  video, clock-rate=(int)90000, encoding-name=(string)H264, \ payload=(int)96" !
  rtph264depay ! decodebin ! videoconvert ! autovideosink
```

图 4-24 左边显示在 Nano 2GB 上执行的视频流转送的任务，右边则是在连接的 x86 笔记本电脑上的 Linxu 操作系统显示 gst-launch-1.0 接收到的内容。

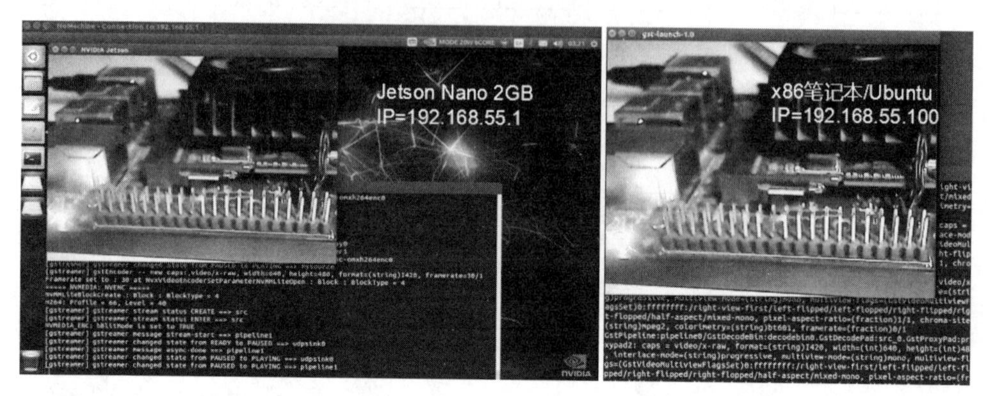

图 4-24 RTP 视频流转向示范，左边 Nano 2GB 作为发送端，右边是 x86 作为接收端

如果接收端 x86 笔记本电脑安装的是 Windows 或 Mac 操作系统，就推荐使用 VLC 播放器来配合这个范例，先创建一个 .sdp 文字文件，例如“rdp.sdp”，输入以下内容：

```
ic=IN IP4 127.0.0.1
m=video 1234 RTP/AVP 96
a=rtpmap:96 H264/90000
```

存档之后用 VLC 执行播放，就能看到 Jetson Nano 2GB 摄像头所拍到的实时画面。如果在 Jetson Nano 端进行图像分类、物体检测或语义分割等检测任务，同样会把执行画面传送到接收端的笔记本电脑上，画面可能会有些延迟，这个由网络状况决定。

这个功能的实用价值非常高，初学者可以尝试在多种设备之间进行视频流转向的操作。

本节最后再附加说明一点，就是当输入源是视频文件或 RTP/RTSP 视频流时，系统会启动 NVDEC 解码器功能，而输出标的为视频文件或 RTP/RTSP 视频流时，系统会启动 NVENC 编码器功能，这个可以通过 jtop 工具来监控。

图 4-25 所示为当输入与输出都是视频文件或 RTP/RTSP 视频流时，在 jtop 工具上可以看到 NVDEC 与 NVENC 上都会出现执行频率，表示正在执行解码与编码的任务。

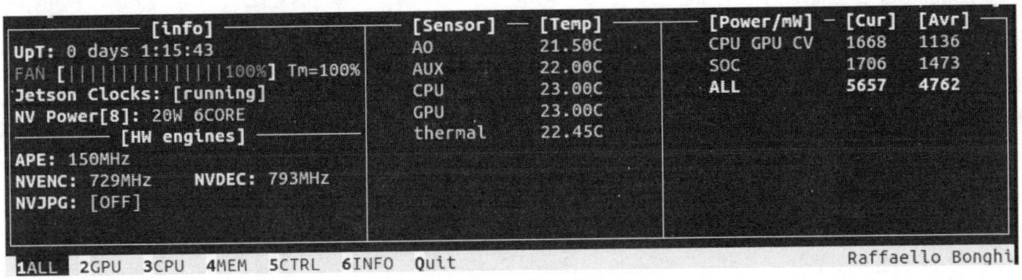

```
[info]                          [Sensor] — [Temp]          [Power/mW] - [Cur]  [Avr]
UpT: 0 days 1:15:43             AO         21.50C          CPU GPU CV   1668   1136
FAN [||||||||||||||100%] Tm=100% AUX        22.00C          SOC          1706   1473
Jetson Clocks: [running]        CPU        23.00C          ALL          5657   4762
NV Power[8]: 20W 6CORE          GPU        23.00C
[HW engines]                    thermal    22.45C
APE: 150MHz
NVENC: 729MHz    NVDEC: 793MHz
NVJPG: [OFF]
1ALL 2GPU 3CPU 4MEM 5CTRL 6INFO Quit                              Raffaello Bonghi
```

图 4-25　当输入与输出均为视频文件时，NVDEC 与 NVENC 都会启动

4.6　本章小结

本章使用了英伟达资深工程师 Dustin Franklin 所提供的 jetson-inference 开源项目，它是一个非常完整的视觉类深度神经网络库（vision DNN library），具备以下三大特色：

① 安装容易；

② 开发便利；

③ 性能优异。

对于初学者来说，需要用到的主要就是以下两大模块中的函数。

① 深度学习推理库：jetson.inference，主要包含以下五大函数。

a. imagenet()：图像分类的推理计算。

b. detectnet()：物体检测的推理计算。

c. segnet()：语义分割的推理计算。

d. posenet()。

e. depthnet()。

② 视觉工具库：jetson.utils，主要包含以下两大函数。

a. videoSource()：集成 7 大输入源、16 种文件格式的高阶接口。

b. videoOutput()：集成 6 大输出源、7 种文件格式的高阶接口。

以上任何一个函数都是集成度很高的应用，项目作者是英伟达资深工程师，比一般人掌握更多、更深的 Jetson 开发资源，前后经历过三次以上的重大修改，至今才逐渐趋于成熟，包括兼顾到易用性与执行性能。

事实上，只要熟悉上述函数的参数调用，再搭配合适的神经网络模型，就能非常轻松地在 Jetson 边缘计算设备上开发出简易的深度学习推理识别应用，如口罩识别、垃圾分类识别等。

下一章同样用 jetson.inference 这个项目，根据想要的应用场景，收集与建立所需要的数据集，然后选择合适的神经网络种类，训练应用模型，最后运用本章所教的技巧，将应用模型应用在真实的生活中。

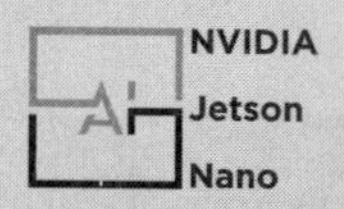

第5章 深度学习之模型训练

前一章利用 Hello AI World 项目提供的深度学习推理计算功能，带着大家完成了深度学习的入门应用。读者不仅对人工智能的图像分类、目标（物体）检测、语义分割、姿态识别、深度识别等应用有了基本的认知，最后还体验了英伟达 Jetson 设备的识别性能，感受到了这款智能边缘计算设备的惊人威力，这个项目的终极目标是让初学者容易上手、建立信心，不用在神经网络算法上停滞不前。

接下来的重点是协助读者将深度学习技术升级到模型训练的层次，完成人工智能应用开发的另一块拼图。学会“训练自己的模型”是一项非常关键的能力，这样才能根据自己的需求去创建识别的内容，如此才算是真正具备深度学习的完整技能。

Hello AI World 项目也从 2019 年增加了模型训练的环境，让我们能在 Jetson 设备上执行小规模的模型训练工作，不仅可以验证英伟达 Jetson 嵌入式 AIoT 边缘计算设备是具备模型训练能力的，也能让我们实现一些简单的生活应用或个人娱乐的小项目。在 1.6 节所介绍的 Jetson-Projects 专区中，大部分的项目就是在 Jetson 设备上执行模型训练任务的，本书第 9 章的 Jetbot 无人车模拟系统也是如此。

本章的内容会以 Hello AI World 项目所提供的模型训练工具与数据集为基础，让读者对模型训练的流程有一个初步了解。但毕竟这些都是项目所提供的资源，如果要真正释放我们的能量，就必须学会从各种信息源中收集数据并加以整理（进行标注），才能有更高的自由度去创造有特色的人工智能应用，这是本章的另一个重点。

模型训练的工作主要分为以下两个阶段。

（1）数据整理

这个阶段的人力工作量比较大，也是决定模型成败的关键，只有“数据的质与量”都在一定水平之上，才能训练出足够好的推理模型，这也是本章的重点所在。

需要处理的数据包括“图像文件”与“标注名文件”两个部分，最原始的方法是手动从网上或设备中获取图像，然后对图像进行相关的标注工作。比较有效率的方式是从已有的规模数据集中，如COCO、OpenImages、Pascal VOC、ImageNet等，提取所需类别的图像与标注内容，并转换成目标格式。

这部分工作不需要动用CUDA设备的计算能力，可以在任何电脑或虚拟机上进行。如果要处理的数据集规模超过20GB，那么Jetson设备的存储空间反而成为阻碍，因此推荐直接在x86电脑上处理。

（2）执行训练

这部分在本章很简单，直接使用Hello AI World项目提供的图像分类与目标检测的模型训练工具以及ONNX格式转换工具就可以，代码不需修改也不做说明，只要将数据整理成工具指定的格式，剩下的就是执行指令让CUDA设备去忙碌。

这个项目使用PyTorch框架并结合迁移学习（transfer learning）功能来训练模型，需要在训练设备上安装PyTorch框架，在前面章节已经进行过安装，下面就开始使用Hello AI World项目在Jetson设备上执行模型训练任务。

5.1　调试Jetson的模型训练环境

首先执行以下指令，检查是否已经安装好支持CUDA版本的PyTorch框架：

```
$ python3 -c "import torch;    print(torch.__version__)"
$ python3 -c "import torch;    print(torch.cuda.is_available())"
$ python3 -c "import torchvision;  print(torchvision.__version__)"
```

如果显示的信息都正常，就表示PyTorch环境已经安装好；如果还没安装好，这里有两种安装方式，请挑选其中一种进行安装。

（1）用项目的安装工具

请执行以下指令：

```
$ cd ~/jetson-inference/tools
$ ./install-pytorch.sh
```

脚本就显示图5-1所示的对话框，选择安装之后会自动安装相关依赖库，下载安装包，然后进行安装。

图5-1　Hello AI World安装PyTorch深度学习框架

如果下载过程有阻碍，请使用下面方式安装。

（2）从网盘下载安装包

请从网盘上“CH05/ 安装 Pytorch”目录下下载两个 .whl 文件到 Jetson 设备上，然后执行以下指令进行安装：

```
$ pip3 install torch-1.10.0-cp36-cp36m-linux_aarch64.whl
$ pip3 install torchvision-0.11.3-cp36-cp36m-manylinux2014_aarch64.whl
```

安装好之后再重新使用前面的检查方式确认安装的状况。

然后检查 Jetson 设备的内存资源状况，由于 Nano（含 2GB）的内存相当吃紧，而模型训练工作又对内存的需求是敏感的，如果内存不足，就会导致任务终止，因此先执行以下指令检查设备内存：

```
$ free -m
```

如图 5-2 所示，目前的设备上已经配置 4GB 的 Swap（虚拟内存）。

```
nvidia@nano2g-jp460:~$ free -m
              total        used        free      shared  buff/cache   available
Mem:           1971        1320          98         129         552         431
Swap:          4095          67        4028
```

图 5-2　检查 Jetson 设备的内存状态

如果信息显示没有配置 Swap，请执行以下指令去创建：

```
$ sudo systemctl disable nvzramconfig
$ sudo fallocate -l 4G /mnt/4GB.swap
$ sudo mkswap /mnt/4GB.swap
$ sudo swapon /mnt/4GB.swap
$ sudo nano /etc/fstab
  加入 "/mnt/4GB.swap none swap sw 0 0"
  存档
$ sudo reboot
```

重启系统之后再检查一下内存状态。

最后关闭 Jetson 的图像桌面，这部分主要针对 Nano（2GB）设备，因为图像桌面占用300～600MB实体内存空间，这对原本内存就吃紧的设备来说是雪上加霜，因为实体内存的性能比虚拟内存好数倍，是非常珍贵的资源。请使用下面指令启动或关闭图像桌面：

```
$ sudo systemctl set-default multi-user.target
$ sudo reboot
```

这样就完成了在 Jetson 设备上安装 PyTorch 模型训练工具与配置相关环境的步骤，下面开始执行模型训练的工作，以下的操作在 Nano 2GB 上实现。

5.2 图像分类的模型训练

任何模型训练的工作都包含“数据整理”与“执行训练”两个阶段的工作，这个项目使用～/jetson-inference/python/training/classification 提供的 train.py 图像分类的模型训练工具，只要数据材料整理成这个工具所要求的格式，就可以执行模型训练的任务。

onnx_export.py 的用途是将训练好的模型转换成 imagenet 推理工具所能处理的格式，与模型训练没有直接关系；另外，onnx_validate.py 与 reshape.py 则具有辅助的功能，提供供其他代码调用的函数集。

这个 train.py 模型训练工具是基于 PyTorch 框架所开发的，所能支持的深度神经网络的种跟随 PyTorch 而定，但最终如果要用本项目的 imagenet 工具进行推理，就只能使用表 4-2 所列的网络种类。

先使用项目提供的已经整理好的“猫狗（cat_dog）”与“植物谱号（Plant-CLEF）”两个数据集来进行示范，只要下载并解压缩，就能直接进行训练。

5.2.1 整理图像分类的数据

train.py 工具支持“以目录名为分类名”的数据格式，在第一层有 test、train、val 三个目录，每个目录下各有分类的名称。

为了便于说明，先用项目提供的“猫狗（cat_dog）数据集”来进行说明，读者可以从本书网盘 CH05/dataset 下载 cat_dog.tar.gz（723MB）压缩文件到设备上，然后执行以下指令，直接解压缩到指定目录下：

```
$ export CLASSIFICATION= ~ /jetson-inference/python/training/classification
$ mkdir -p $CLASSIFICATION/data
$ mv cat_dog.tar.gz $CLASSIFICATION/data && cd $CLASSIFICATION/data
$ tar xvzf cat_dog.tar.gz
```

这样就在 $DATA_DIR 下创建了 cat_dog 目录，图 5-3 列出这个数据集的结构。

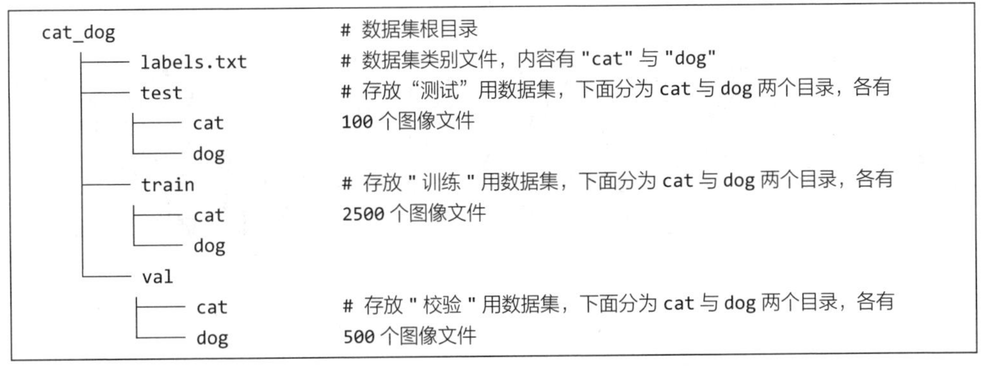

图 5-3　cat_dog 数据集的路径结构

这个目录结构就是 train.py 工具所要求的数据集格式，相当直观。如果使用项目提供的另一个植物谱号（PlantCLEF）数据集的 PlantCLEF_Subset.tar.gz（1.34GB），解压缩之后会在 test、train、val 三个目录下各有 20 个子目录，因为这是一个有 20 分类、1 万张训练图像的数据集。

这两个数据集是项目整理好的格式，如果要从 imagenet 之类的规模数据中提取图像数据，最后也需要根据类别调整成如此的结构，这样就能用 train.py 进行训练，这部分在 5.3 节有专门的说明。下面就先用猫狗数据集来执行模型训练任务。

5.2.2 用 train.py 执行训练模型

一旦数据集整理好格式，就能使用 train.py 工具执行图像分类的模型训练任务。虽然在这里并不解说这个训练工具的代码，但在执行训练之前还是要对工具有一些基础的了解，以下是 train.py 的主要特性。

① 以 PyTorch 框架为核心：这个俗称“Caffe2”的轻量级深度学习框架，是 Caffe 原创者在脸书集团基于 Torch 架构所改写的 Python 版本开发环境，具有强大的 GPU 加速的张量计算能力，本身也是一个具备自动求导系统的深度神经网络。

由于 PyTorch 框架所占用的资源较少，能在英伟达 Jetson 边缘智能计算设备上执行模型训练任务，几乎成为 Jetson 项目中使用比例最高的模型训练框架。

② 支持“迁移学习”功能：这是以已训练好的优质模型为基础，再其上继续训练模型的技巧，能在更短时间内训练出满足基本精确度的模型，这是 2020 年之后深度学习领域中非常重要的一个技术。

train.py 会使用到 xxx.pth 预训练模型文件，开始执行时会先检查对应位置中是否存在该文件，如果不存在，会从指定位置下载，使用者无须操心。

执行以下指令训练模型，整个训练过程在 Jetson Nano 2GB 上大约需要 3 小时。

```
$  cd  $CLASSIFICATION
$  python3  train.py  data/cat_dog  --model-dir=models/cat_dog
```

如图 5-4 所示，开始执行模型训练的任务，同样步骤也能对“植物谱号”数据集进行训练。

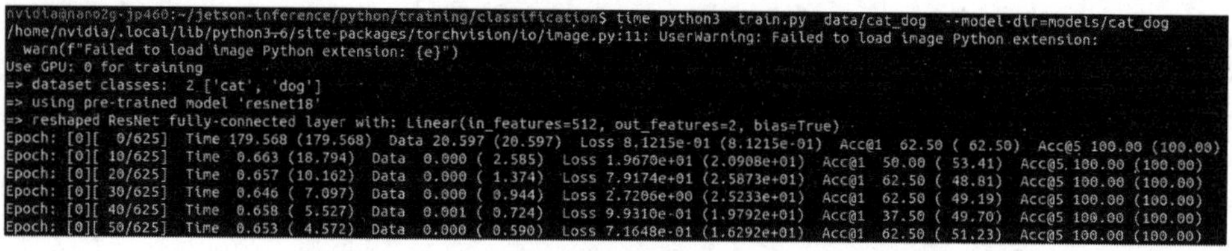

```
nvidia@nano2g-jp460:~/jetson-inference/python/training/classification$ time python3  train.py  data/cat_dog  --model-dir=models/cat_dog
/home/nvidia/.local/lib/python3.6/site-packages/torchvision/io/image.py:11: UserWarning: Failed to load image Python extension:
  warn(f"Failed to load image Python extension: {e}")
Use GPU: 0 for training
=> dataset classes:  2 ['cat', 'dog']
=> using pre-trained model 'resnet18'
=> reshaped ResNet fully-connected layer with: Linear(in_features=512, out_features=2, bias=True)
Epoch: [0][  0/625]  Time 179.568 (179.568)  Data 20.597 (20.597)  Loss 8.1215e-01 (8.1215e-01)  Acc@1  62.50 ( 62.50)  Acc@5 100.00 (100.00)
Epoch: [0][ 10/625]  Time  0.663 (18.794)  Data  0.000 ( 2.585)  Loss 1.9670e+01 (2.0908e+01)  Acc@1  50.00 ( 53.41)  Acc@5 100.00 (100.00)
Epoch: [0][ 20/625]  Time  0.657 (10.162)  Data  0.000 ( 1.374)  Loss 7.9174e+01 (2.5873e+01)  Acc@1  62.50 ( 48.81)  Acc@5 100.00 (100.00)
Epoch: [0][ 30/625]  Time  0.646 ( 7.097)  Data  0.000 ( 0.944)  Loss 2.7206e+00 (2.5233e+01)  Acc@1  62.50 ( 49.19)  Acc@5 100.00 (100.00)
Epoch: [0][ 40/625]  Time  0.658 ( 5.527)  Data  0.001 ( 0.724)  Loss 9.9310e-01 (1.9792e+01)  Acc@1  37.50 ( 49.70)  Acc@5 100.00 (100.00)
Epoch: [0][ 50/625]  Time  0.653 ( 4.572)  Data  0.000 ( 0.590)  Loss 7.1648e-01 (1.6292e+01)  Acc@1  62.50 ( 51.23)  Acc@5 100.00 (100.00)
```

图 5-4　用 train.py 执行图像分类的模型训练任务

指令中只给定数据来源（data/cat_dog）与模型输出（models/cat_dog）两个路径，其他参数都使用工具的预设值。train.py 工具有多少个参数选项呢？执行以下指令就能显示使用说明：

```
$ python3 train.py --help
```

这个工具的所有参数选项高达23个，这里只截取图5-5所示的主功能内容，省略后面的个别说明部分，请自行参阅实际的内容。

```
usage: train.py [-h] [--model-dir MODEL_DIR] [-a ARCH] [--resolution N] [-j N]
                [--epochs N] [--start-epoch N] [-b N] [--lr LR] [--momentum M]
                [--wd W] [-p N] [--resume PATH] [-e] [--pretrained]
                [--world-size WORLD_SIZE] [--rank RANK] [--dist-url DIST_URL]
                [--dist-backend DIST_BACKEND] [--seed SEED] [--gpu GPU]
                [--multiprocessing-distributed]
                DIR
```

图5-5 图像分类训练工具train.py的使用说明

除了最后一项数据源路径"DIR"是必须提供的，其他22个都是有预设值的"非必须"选项。表5-1提供了train.py工具的常用参数说明。

表5-1 train.py的主要参数列表

参数	用途	类型	预设值
--model-dir	存放所训练模型的路径，预设为执行文件位置	字符串	工作目录
-a 或 --arch	指定使用的神经网络模型类别	字符串	resnet18
--epochs	要训练的回合数	整数	35
-b 或 --batch-size	批量大小	整数	8
-j 或 --worker	要启用的 CPU 核数	整数	2
--resume	从某个检查点（check point）继续训练	字符串	不使用

除此之外还有十多个参数选项，大部分属于"多节点合并训练"的高级用法，这里无须理会。接下来对这6个常用参数进行简单说明。

① --mode-dir：作为模型输出路径，训练过程中能在该目录下看到以下两个文件。

a. checkpoint.pth.tar：每个回合完成后会更新本次训练成果的模型压缩文件。

b. model_best.pst.tar：在所有训练过的模型中，保留置信度最佳的模型压缩文件。

② -a 或 --arch：指定神经网络种类，能支持PyTorch的所有神经网络种类，如果最后要使用本项目的推理工具，就只能使用表4-2所列的网络种类。

③ --epochs：训练回合数，需要根据实际状况修改，预设值"35"对cat_dog模型的训练是足够的，但是对PlantCLEF_Subset是不够的，因此需要视状况去调整。

④ -b 或 --batch-size：根据训练设备上的GPU显存大小进行调整，预设值"8"是配合Jetson Nano去设置，如果Xavier NX、AGX Xavier或x86设备上超过8GB显存，可以尝试将这个值调大，在训练时间上会得到明显的效果，但是太大的设定值会导致资源不足而终止训练。

⑤ -j 或 --worker：启用的线程数量，主要根据 CPU 计算核数进行调整。预设值 2 也是针对 Jetson Nano 的 4 个 CPU 配置所设置的，这个参数对性能还是有影响的，试着根据系统配置进行调整。

⑥ --resume：这个参数主要的使用时机有以下两种。

a. 对于所训练的模型精确度不满意，可以将“--epochs”参数预设值增大（并非使用增量），然后使用这个方式继续训练。

b. 遇到不正常中断时，可以基于先前所训练的模型继续训练。

使用时搭配“--model-dir”参数指向的目录下的 checkpoint.pth.tar 文件，执行以下指令就能达到上述两个目的：

```
$ python3  train.py  data/cat_dog  --model-dir=models/cat_dog --resume=models/cat_
  dog/checkpoint.pth.tar  --epochs=50
```

以上参数建议读者自行尝试各种组合，并且自行处理 PlantCLEF_Subset 数据集的模型训练工作，总体来说是相当简单的，只是需要耗费比较长的时间。

模型训练过程中会在指令终端出现图 5-4 所示的内容，这里简单说明这些信息的意义。

① Epoch: [0][10/625]：

a. [0] 表示为第 0 回合；

b. [10/625] 表示 625 分段的第 10 段计算，因为这个数据集的数量为 5000（2500 张 cat 与 2500 张的 dog），预设的 --batch-size 为 8，因此每个回合训练过程会将数据集分为 625（5000/8）个分段去执行训练。

② Epoch: [xx] completed, elapsed time 97.298 seconds：完成该回合训练的时间。

③ Acc@1 72.500 Acc@5 100.00：每一回合训练完都会进行测试，然后给出 Acc@1（第一名）与 Acc@5（前五名）的精确度，因为 cat_dog 只有两个类别，因此 Acc@5 一直出现“100.00”并没有什么意义，但是对 20 分类的 PlantCLEF_Subset 模型训练过程就会有意义。

将在 Jetson Nano 2GB 上，以 cat_dog 与 PlantCLEF_Subset 两个数据集，分别用 Resnet50 与 Resnet101 神经网络进行模型训练所得到的实验数据（表 5-2）提供给读者作为参考。

表 5-2　在 Nano 2GB 上使用不同神经网络进行训练的结果

设备：Nano 2GB	训练数据集		Resnet50			Resnet101		
回合数：35	类别	图像数	秒 / 回合	精度	MB	秒 / 回合	精度	MB
cat_dog	2	5000	1167	75.8	188.5	1809	75.5	340.8
PlantCLEF_Subset	20	10475	2376	36.6	188.8	3684	37.7	341.1

从表 5-2 可以得到以下基本结论：

① 每回合的训练时间基本上与图像数量成正比；

② 最终模型大小与神经网络种类有关，与数据量、类别数量无关。

PlantCLEF_Subset 数据集所训练的模型最终的精确度都不够高，主要是因为回合数不足，可以使用“--resume”参数延长一倍的回合数。此外，还可以试着根据设备资源，调整“--batch-size”或“--worker”设定值，查看各自对训练所需的时间有怎样的影响。

以上就是使用 train.py 工具执行图像分类的模型训练工作，只要数据集整理好，真正训练的过程并没有什么难度，掌握几个基本参数就可以了，剩下的就是由设备执行计算的工作。

5.2.3　用训练好的模型执行推理识别

要检验一个模型的优劣，唯一的方法就是执行推理识别。前面使用 train.py 工具所训练的模型能用 PyTorch 推理代码去执行识别，但是需要针对神经网络结构去自行设计推理工具，这不在本书所探索的范围。

最简单的方式就是使用 Hello AI World 项目的 imagenet 工具来执行推理识别，只要训练过程所用的神经网络种类在表 4-2 所列的网络种类之内就可以。

不过 Hello AI World 项目的所有推理工具，都会调用英伟达的 TensorRT 加速引擎，因此必须先将训练好的模型转换成 ONNX 格式文件，然后在执行推理的指令中添加所需要的相关参数，才能执行推理识别工作。因此，整个环节需要以下两个步骤。

（1）将模型转成 ONNX 格式文件

虽然推理识别过程中并不需要接触 TensorRT 的任何技术，但还是要解决模型文件格式的兼容问题。这个加速引擎目前只支持 TensorFlow 与 Caffe 两种框架所训练的原生模型文件，其他框架的模型都要转成 ONNX 开发格式文件，才能被 TensorRT 调用。

在～/jetson-inference/python/training/classification 目录下的 onnx_export.py 工具协助我们将 PyTorch 模型转成 ONNX 格式文件，这个过程是相当标准且简单的，只有 4 个参数选项，表 5-3 列出了简单的说明。

表 5-3　onnx_export.py 的参数列表

参数	用途	类型	预设值
--model-dir	存放所训练模型的路径	字符串	无，需提供
--input	PyTorch 训练的模型文件名	字符串	model_best.pth.tar
--output	转换后的 ONNX 模型文件名	字符串	<ARCH>.onnx
--no-softmax	关闭“添加 nn.Softmax 层”功能	字符串	无

前 3 个参数的使用相当直观，重点是“--model-dir”所指定的路径是必要的参数，工具会在这个路径中找到“--input”指定的文件名，预设值为 model_best.pth.tar，然后输出同一个目录下“--output”指定的文件名，预设的 <ARCH>.onnx 就是根据神经网络名称所生成的对应文件。

请执行以下指令，将前面训练好的 cat_dog 模型转成 ONNX 格式：

```
$ python3  onnx_export.py  --model-dir=models/cat_dog
```

执行完后会在 models/cat_dog 目录下生成 resnet18.onnx 文件，整个转换过程大约需要半分钟。

（2）用 imagenet 执行推理

Imagenent 除“--input_URI”与“--output_URI”之外还有 8 个主要参数。前面的推理示范都使用项目预设的资源，因此这些参数全都使用预设值就可以了，而要执行自行训练的模型，就至少要提供以下 5 个参数。

- --network：指定神经网络种类，但必须包含在表 4-2 所列的 9 种网络范围内。
- --model：指向所要用的模型文件，这里指向前面转换的 ONNX 格式文件。
- --labels：指向模型的类别文件，通常为数据集目录下的 labels.txt。
- --input-blob：提供模型的“输入节点”名称。
- --output-blob：提供模型的“输出节点”名称。

前面 3 个参数很直观，不用特别说明，“--input-blob”与“--output-blob”对于初学者是比较困难的，因为项目中没有任何说明。

这两个参数分别是一个神经网络结构的“输入节点”与“输出节点”，有很多种方法可以从 ONNX 格式文件中找到这两个节点的名称，最简单的工具是 netron.app 网页软件，可以在浏览器上对 ONNX 模型进行结构的可视化显示。

在浏览器（推荐谷歌 Chrome）中输入 https://netron.app 就可以了，第一次会出现图 5-6 所示的启动画面，要求使用者接受网络饼干（cookie）才能使用互动式的界面来查看 ONNX 模型文件的结构。

图 5-6　用浏览器打开 netron.app 模型可视化工具

单击“Accept”之后首页就会显示“Open Model...”与“Github”两个按钮，请使用“Open Model...”开启前面转换好的 resnet18.onnx，也可以将文件拖进浏览器，然后就能查看这个模型文件的结构。

图 5-7 所示就是这个 resnet18 神经网络结构的入口与出口，名称分别为“input_0”与“output_0”，即 imagenet 所需的“--input-blob”与“--output-blob”的值。

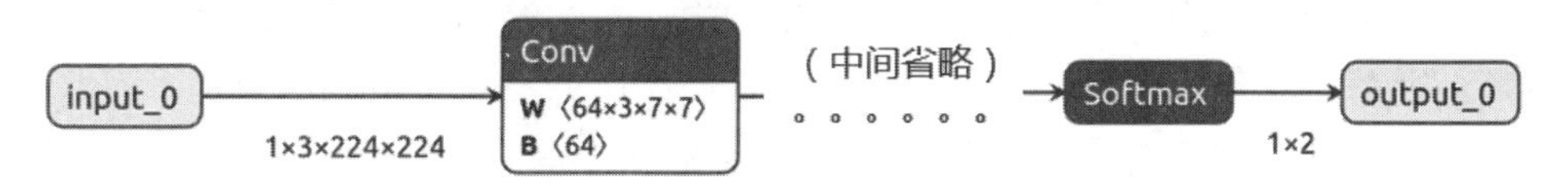

图 5-7　resnet18 网络结构的输入节点与输出节点

现在已经掌握这个网络模型所有需要的参数设定值，接着就执行以下指令来进行 cat_dog 模型的推理实验：

```
$ imagenet  --network=resnet18  --model=models/cat_dog/resnet18.onnx  \
  --labels=data/cat_dog/labels.txt  \
  --input_blob=input_0  --output_blob=output_0 \
  ~ /jetson-inference/data/images/dog*.jpg  \
  ~ /jetson-inference/data/classify-cat-dog
```

查看得到的推理结果。请自行使用相同步骤去执行 PlantCLEF_Subset 模型的推理，如果模型未能达到所要求的精确度，就要重新回到训练阶段，使用“--resume”技巧去提高训练回合数。如果重复训练之后依旧没得到满意的效果，就要花时间去清洗数据集中的图像，里面可能存在错误的数据。

5.2.4　从 ImageNet 获取图像

这个数据集可以算是规模数据集的鼻祖，是以华人数据科学家李飞飞教授在 2009 年发表的 *ImageNet: A Large-Scale Hierarchical Image Database* 论文为基础所创建的规模化数据集，她发现“学术界与人工智能圈子，都将精力专注在算法上面，而忽略数据的重要性”，并且认为“如果使用的数据无法反映真实世界的状况，即便是最好的算法也无济于事”。

基于论文内容，要求创建一套具备“阶层式”（hierarchical）分类原则的图像数据集，要求类别之间存在层级关系，而非一般简单标注分类，这必须有足够的分类学的理论基础作支撑，并且需要非常严谨的分类规范。

于是就以普林斯顿大学认识科学实验室在 1985 年开始的 WordNet 英语字典项目作为分类基础，以“同义词集合（synset）”的词条作为分类定义，其中每个节点的层次结构由成千上万的图像描绘，创建了 ImageNet 这个有划时代意义的图像数据集，目前已经有超过 1400 万张图像数据、2 万多个分类，其中有超过百万的图片已经做好目标物体位置与类别标注，图像总量可能是目前最多的数据集。

这个项目动用了极为庞大的计算机视觉领域高端人力资源，经过数年时间的图像收集、筛选与整理，成为 2010 年启动的 ILSVRC 视觉识别大赛中最重要的支撑，然后经过 2012 年 AlexNet 的事件，开启了深度学习的应用大门，间接验证了“数据集在视觉类人工智能计算上，占据非常关键的角色”的论点，因此 ImageNet 算得上是“规模类图像数据集”的鼻祖，在学术界占有不可撼动的地位。

除非是特别应用场景的图像，如医疗肿瘤、航天遥测、电子电路板等专业领域，否则绝大部分通用领域的视觉应用，都能从 ImageNet 提取到不少优质图像来作为应用基础。本节的重点就是教会大家如何从这个数据集中获取需要类别的图像，这会让我们节省大量的时间与精力。

（1）下载数据集

官网提供了非常完整的下载功能，包括可以根据指定类别进行部分下载，非常方便。但是从 2021 年 3 月 11 日开始已关闭这些下载功能，如图 5-8 所示，目前对外只保留 2012—2017 年 ILSVRC 竞赛用子数据集，并只通过 Kaggle 网站进行下载。

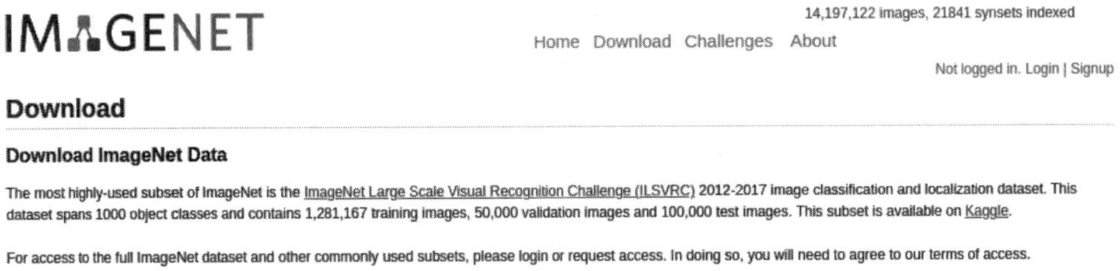

IMAGENET
14,197,122 images, 21841 synsets indexed
Home Download Challenges About
Not logged in. Login | Signup
Download
Download ImageNet Data
The most highly-used subset of ImageNet is the ImageNet Large Scale Visual Recognition Challenge (ILSVRC) 2012-2017 image classification and localization dataset. This dataset spans 1000 object classes and contains 1,281,167 training images, 50,000 validation images and 100,000 test images. This subset is available on Kaggle.
For access to the full ImageNet dataset and other commonly used subsets, please login or request access. In doing so, you will need to agree to our terms of access.

图 5-8　ImageNet 官方网站更新

单击“Download All”按钮，就可以下载整套数据集，如图 5-9 所示。

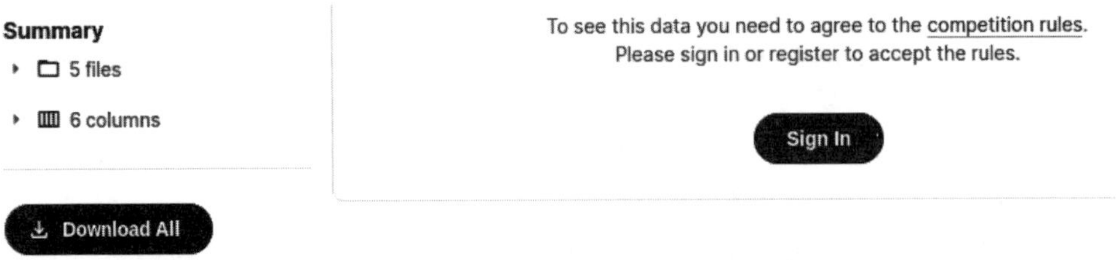

Summary
5 files
6 columns
To see this data you need to agree to the competition rules.
Please sign in or register to accept the rules.
Sign In
Download All

图 5-9　单击 Kaggle 网页最下方的“Download All”下载 ILSVRC 数据集

这套竞赛用的 ImageNet 子数据集，有 1000 个分类、约 130 万张训练用图像、5 万张校验用图像、10 万张测试用图像，以总容量 166GB 的压缩文件存放在网站上，用户需要先注册 Kaggle 账户才能进行下载。

从国外下载这些文件有不小难度，可以在百度网盘 CH05/dataset/imagenet 目录中下载 2012 年竞赛的训练用数据集［ILSVRC2012_img_train.tar（137.74GB）］，或是下载小型的测试用数据集［imagenet_6607.tar（808MB）］，以及类别说明文件（ImageNet2012_1000 类中文标签 .pdf）。

（2）数据结构与类别

从 Kaggle 下载的完整 ILSVRC 数据集或从网盘下载 ILSVRC2012_img_train.tar，

解压缩之后可以看到如图 5-10 所示的完整目录结构，对于这个阶段要作为图像分类模型训练用途的材料，只需要专注 Data/CLS-LOC 里的图像数据就可以了。

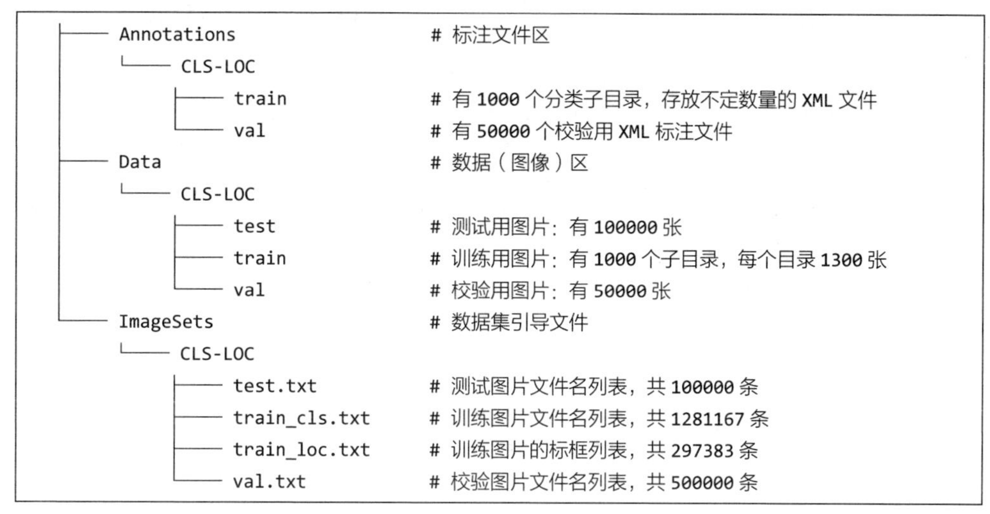

图 5-10　ImageNet 数据集的路径结构

里面存放着从 n01440764 到 n15075141 不连续编号的 1000 个子目录，编号之间的规律是学术规范的问题，在这里不作探索，我们只要知道每个编号所对应的类别是什么就可以。可以从 ImageNet2012_1000 类中文标签 .pdf 文件中找到对应。

如果使用 imagenet_6607.tar 数据集来进行说明，里面只提供 23 个子目录分类，总共 6607 张图像，接下来只要将所需要类别的目录整理成图 5-3 所示结构，就能作为 train.py 模型训练工具的输入数据。

（3）提取指定类别图像

要将某个目录下的图像随机复制到另外三个目录下，就要使用 Linux 的基本指令来处理。下面提供的脚本请自行键入 cp_from_imagenet.sh 文件：

```
1   #! /bin/bash
    # 创建所需要的 train、test、val 三个子目录下的类别目录
2   mkdir -p $2/train/$3 $2/test/$3 $2/val/$3
    # 根据需要分配的比例，调整下面的内容
3   dests=($2/train/$3 $2/train/$3 $2/train/$3 $2/test/$3 $2/val/$3 $2/val/$3)
4   for f in imagenet/$1/*; do
5       cp "$f" ${dests[((RANDOM%${#dests[@]}))]}
6   done
```

脚本中第 3 行对 train、test、val 以 3∶1∶2 的比例分配图像数量，这部分请根据自己的想法进行调整。这个脚本的使用方法如下，需要提供三个参数，分别传给脚本的 $1、$2 与 $3 变量：

```
$ ./cp_from_imagenet.sh <类别编号> <数据集目录> <类别名称>
```

现在假设要用深度学习技术来为快餐店做图像分类应用，目前找到“芝士汉堡”的编号为n07697313,“热狗”的编号为n07697537，接下来只要执行以下指令，就可以为我们在myDataset目录下生成train.py工具所需要的文件结构：

```
$ chmod +x cp_from_imagenet.sh
$ ./cp_from_imagenet.sh n07697313 myDataset hamburger # 处理芝士汉堡图像
$ ./cp_from_imagenet.sh n07697537 myDataset hotdog    # 处理热狗图像
```

假如使用imagenet_6607这个小数据集，在n07697313（芝士汉堡）下有377张图像，在n07697537（热狗）下有367张图像，执行这个脚本之后会生成以下的目录结构与图像数：

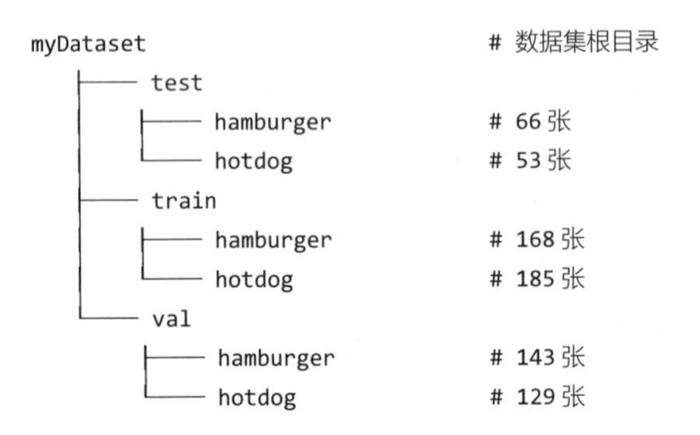

```
myDataset                        # 数据集根目录
    ├──── test
    │     ├──── hamburger        # 66张
    │     └──── hotdog           # 53张
    ├──── train
    │     ├──── hamburger        # 168张
    │     └──── hotdog           # 185张
    └──── val
          ├──── hamburger        # 143张
          └──── hotdog           # 129张
```

这样就能立即使用5.2.2节的train.py工具执行模型训练任务，然后转成ONNX格式，供imagenet推理工具进行调用。

有时候我们需要的是一个比较笼统的大类别，但是imagenet提供了非常细腻的分类，例如n02493509、n02493793、n02494079、n02497673分别代表四种猴子，而我们只要一个“猴子”的大分类，只需要执行以下指令就可以了：

```
$ ./cp_from_imagenet.sh n02493509 myDataset2 monkey
$ ./cp_from_imagenet.sh n02493793 myDataset2 monkey
$ ./cp_from_imagenet.sh n02494079 myDataset2 monkey
$ ./cp_from_imagenet.sh n02497673 myDataset2 monkey
```

其他类别的数据以此类推就行，相当简单。接下来就能执行5.2.2节与5.2.3节的任务，即进行模型训练与推理识别的工作。

5.3 目标检测的模型训练

这是比较贴近生活的应用场景，大部分人立即想到的就是在马路上识别车辆、行人、脚踏车的应用。近来也有糕点从业者使用目标检测技术，为消费者快速计算所购买物品的种类与数量，这些都是相对单纯的深度学习目标检测的应用。

要让边缘计算AI设备拥有目标检测的推理识别能力，同样要为设备提供特定类别的网络模型。与图像分类的执行步骤几乎一样，目标检测的模型训练也必须做好以下两大部分工作。

（1）整理数据集

① 确认要检测的目标类别。

② 为每个类别收集足够的图像数据。

③ 对每张图像中所需要类别的目标物体进行标注处理。

这个应用的目的是在图像中找出所需要类别目标物体的位置，如果所要检测的目标类别中包括“人”与“飞机”，那么在图5-11中需要把这些物体标注出来。

图5-11　为图片标注出所要的“人”与“飞机”目标物体

④ 将图像与标注名文件整理成训练工具所要求的结构与模式。

（2）模型训练

① 选择训练的工具。在项目～/jetson-inference/python/training/detection/ssd中提供基于PyTorch框架的train_ssd.py训练工具，已经指定使用Mobilenet-SSD神经网络。至于数据集结构与格式方面，则支持Open Images（预设值）与Pascal VOC两种，因此将数据格式转换成其中一种就行。

② 配合迁移学习功能下载预训练模型。train_ssd.py工具针对使用的神经网络，调用mobilenet-v1-ssd-mp-0_675.pth预训练模型来启动迁移学习功能，以提高模型训练的效率。

下面就基于项目所提供的资源与工具，开始执行目标检查的模型训练任务。

5.3.1 从Open Images获取目标检测数据

由于训练工具支持Open Images格式，并且提供了open_images_downloader.py这个专门从Open Images数据集下载数据的工具，因此一开始就可以从这个数据集获取所需要的材料，以快速熟悉这个模型训练的流程。

这个由谷歌所发起与维护的规模化数据集，图像总量虽然不如ImageNet多，但标注数量应该是目前最庞大且精细的，适合的应用场景十分广泛。不过我们只需要与目标检测的标框（bounding box）相关的资料。

这个数据集的结构比较复杂，使用类似“m/011k07”的编号，我们无法从这些编号去判断类别的名称，因此请先至本书网盘 CH05/dataset 下载 openImages_600 类中英文对照 .pdf 文件，找出所要的“英文类别”名称，就能用 open_images_downloader.py 工具来获取所选择的类别数据。

这里为了更贴近实际生活，选择以“办公室”（office）环境的常见目标物体类别来做示范。从文件中找到“Human hand（人手）、Computer Monitor（显示器）、Tablet computer（平板电脑）、tool（工具）、mobile phone（手机）、bottle（瓶子）、laptop（笔记本电脑）”等 7 类物体，英文的部分作为输入的内容，不受大小写的影响，不过组合字中间的“空格”是不能省略的。

有一个非常重要的问题需要提前思考，就是我们“所选择的类别”总共包含了多少数据量。数据量多少与下载时间、训练时间有密切关系，下载的阶段只是一次的工作，但是训练过程可能要反反复复多次调整参数，这个累积的时间消耗就非常可观了。

因此首先要面对的问题是“下载数据量的判断”，由于 open_images_downloader.py 工具提供了一个“--stats-only”参数，可以在下载数据之前先分析统计下载数据量。先执行以下指令，体验这个参数所带来的效果：

```
$ cd ~/jetson-inference/python/training/detection/ssd
$ python3 open_images_downloader.py --class-names="Human hand, Computer Monitor, Tablet computer, tool, mobile phone, bottle, laptop" --data=data/office --stats-only
```

这条指令的执行结果如图 5-12 所示，统计出本次下载的类别总数据量有多少、每个类别有多少图像以及有多少个标注框等数据。

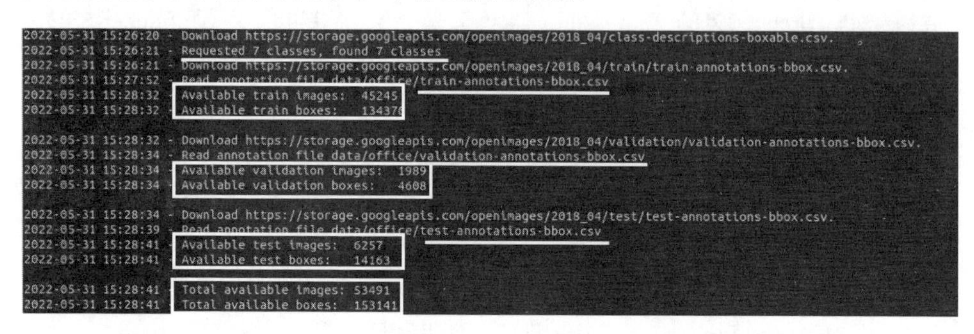

图 5-12 open_images_downloader.py 使用参数 --stats-only 的执行结果

这里简单说明这个工具的执行步骤：

① 下载 class-descriptions-boxable.csv，这个文件存放了 Open Images 的 600 个分类内容，然后与我们选择的“类别名”进行比对，有任何一个类别名的错误，都会显示错误信息并终断执行。

② 下载 train-annotations-bbox.csv，这个 1.2GB 大小的文件存放了 Open Images 全部用于训练的图像列表与标注信息，总共 14610230 条信息，下载会耗费较长时间。

open_images_downloader.py 会根据这个文件，找出符合类别的训练用图像总量与标注数总量。本范例显示符合条件的图像总量为 45245 张，总标注数量为 134370 条。

③ 下载 validation-annotations-bbox.csv，这个 17MB 大小的文件存放了 Open Images 全部用于校验（validation）的图像列表与对应的标注信息。同样地，符合本范例的校验用图像总量与标注数总量，分别为 1989 张与 4608 条。

④ 下载 test-annotations-bbox.csv，这个 52.2MB 大小的文件存放了 Open Images 全部用于测试（testing）的图像列表与对应的标注信息。符合这 7 类的测试用图像总量与标注数总量，分别为 6257 张与 14163 条。

这些数量叠加起来，就是需要下载 53491 张图像与 153141 条标注数据。

在这些信息的下方还有各类分项的数据量，这个用途不大。

如果事先不知道这 7 个类别需要下载这么庞大的数据量，一旦执行，就不知道需要多长时间才能结束了，所以这个“--stats-only”统计功能是非常有用的。

接下来衍生的另一个关键问题是面对这么大的数据量，我们该如何处理。利用工具提供的“--max-images”参数来限制下载的总量，然后根据这个参数指定的数量，去调配每个类别、不同用途（训练、校验、测试）的下载数量，这样就能非常轻松地解决以上问题。

到底需要下载多少数据量比较合适呢？项目作者所提供的参考数据如表 5-4 所示，如果以 30 回合作为一个训练周期，那么 5000 张图像用 Nano（含 2GB）就需要大约 9 小时训练时间，用 Xavier NX 则需要大约 3 小时时间。

表 5-4 Nano 与 Xavier NX 执行模型训练的时间参考数据

Jetson 设备	图片数 / 秒	每回合所花时间
Nano（含 2GB）	4.77	17 分 55 秒
Xavier NX	14.65	5 分 50 秒

注：这里“每回合所花时间”是以图片数量为 5145、batch size 设为 4 的环境计算的。

对初学者来说，尝试用 2500 张图像来操作就可以了，如果觉得精确度不够，再自行调高数量。执行以下指令，用“--max-images”来限制下载数量：

```
$ python3 open_images_downloader.py --class-names="Human hand, Computer Monitor,
  Tablet computer, tool, mobile phone, bottle, laptop" --data=data/office --max-
  images=2500
```

有个重点需要说明，使用“--max-images”时可能给定同样的数字（例如 5000），但每次下载的数量是不一样的，毕竟是使用随机比例的方式处理，不过在总体的比例上不会有太大的差异。

简单总结下 open_images_downloader.py 工具的最主要的四个参数。

- --class-name：选择类别的英文名，大小写都能接受。
- --data：存放数据的路径。

• --stats-only：只做统计，不执行下载。

• --max-images：限制最大的下载图片数量，是训练、校验、测试的总量。

只要熟悉这四个参数，就能轻松用 open_images_downloader.py 下载 Open Images 数据中任何类别的图像与标注，这对未来的实际应用有很大的帮助，毕竟 Open Images 算得上是目前在“质与量”综合评价中名列前茅的数据集，如果能轻松地掌握这个数据集的内容，就能在很多应用上收到事半功倍之效。

5.3.2 train_ssd.py 参数说明

5.3.1 节已经说明如何从 Open Images 数据集下载特定类别的数据，接下来就是直接使用 Jetson 提供的 train_ssd.py 工具来执行模型训练的任务。首先说明这个训练工具的主要特性。

① 以 PyTorch 框架为核心：与 5.2.2 节的 train.py 相同。

② 支持“迁移学习”功能：与 5.2.2 节的 train.py 相同。

这里会使用到 mobilenet-v1-ssd-mp-0_675.pth 预训练模型来协助执行模型训练任务，可以在百度网盘的 CH05/xxxx 中下载，存放到 detections/ssd/models 目录下。

③ 支持 Open Images 与 Pascal VOC 两种数据集格式。

在本章前面几节中，多次提到“数据集格式”的不统一，这也是目前大部分人遇到的问题，到目前为止还没有一个训练工具能支持大部分主流数据集格式，train_ssd.py 也一样。支持 Open Images（预设值）与 Pascal VOC 两种数据集格式，从 Open Images 数据集提取数据，对使用者来说是效率最高的方式。

至于普及度非常高的目标检测标注格式 VOC，如果要从 Open Images 以外的数据集提取数据，例如 ImageNet、COCO、Pascal VOC 等，将标注格式转换成 VOC 是相当容易的，这样就提高了 train_ssd.py 的实用性。

④ 支持四种优异的 SSD 神经网络模型。SSD 是一种非常优异的深度卷积神经网络，是基于 VGG 神经网络的改良，在目标检测领域中具有很好的效果；而 Mobilenet 是为了解决移动计算资源相对紧缺的问题，使用在神经网络结构上的调整方法。

为了满足 Jetson 这类嵌入式边缘计算设备的应用，将 SSD 神经网络算法与 Mobilenet 的调整方法结合成了 SSD-Mobilenet 这个神经网络，其在边缘计算中具有重要地位。

下面列出目前 train_ssd.py 工具所支持的四种 SSD 模型。

① mb1-ssd（预设值）：SSD-Mobilenet-v1。

② mb1-lite-ssd：SSD-Mobilenet-v1-lite。

③ mb2-lite-ssd：SSD-Mobilenet-v2-lite。

④ vgg16-ssd：SSD-VGG16。

关于目标检测的数据集转换部分，将在 5.4 节集中说明，本节利用 Open Images

的数据来进行模型训练。

执行以下指令查看工具的参数列表：

```
$ python3  train_ssd.py  --help
```

显示如下的帮助信息：

```
usage: train_ssd.py [-h] [--dataset-type DATASET_TYPE]
                    [--datasets DATASETS [DATASETS ...]] [--balance-data]
                    [--net NET] [--freeze-base-net] [--freeze-net]
                    [--mb2-width-mult MB2_WIDTH_MULT] [--base-net BASE_NET]
                    [--pretrained-ssd PRETRAINED_SSD] [--resume RESUME]
                    [--lr LR] [--momentum MOMENTUM]
                    [--weight-decay WEIGHT_DECAY] [--gamma GAMMA]
                    [--base-net-lr BASE_NET_LR]
                    [--extra-layers-lr EXTRA_LAYERS_LR]
                    [--scheduler SCHEDULER] [--milestones MILESTONES]
                    [--t-max T_MAX] [--batch-size BATCH_SIZE]
                    [--num-epochs NUM_EPOCHS] [--num-workers NUM_WORKERS]
                    [--validation-epochs VALIDATION_EPOCHS]
                    [--debug-steps DEBUG_STEPS] [--use-cuda USE_CUDA]
                    [--checkpoint-folder CHECKPOINT_FOLDER]
```

模型训练是一个相当复杂的任务，有非常多的参数可以进行调整，项目作者为大部分参数提供了预设值，对初学者来说只要沿用这些预设值就可以。

这些参数有些混乱，项目作者在 Hello AI World 项目说明中所列的主要参数如表 5-5 所示，但是第二个参数“--model-dir”在帮助信息中并没有出现，这是为什么呢？

表 5-5 train_ssd.py 模型训练工具的重点参数

参数	预设值	说明
--data	data/	the location of the dataset
--model-dir	models/	directory to output the trained model checkpoints
--resume	None	path to an existing checkpoint to resume training from
--batch-size	4	try increasing depending on available memory
--epochs	30	up to 100 is desirable, but will increase training time
--workers	2	number of data loader threads (0 = disable multithreading)

于是我们直接从 train_ssd.py 代码中去寻找答案，发现在第 94 行的参数规范中，原本已经有“--checkpoint-folder”，后面再添加一个“--model-dir”，表示这两个参数代表同一件事情，任意挑选一个使用就可以了。

```
94    parser.add_argument('--checkpoint-folder', '--model-dir', default='models/',
                          help='Directory for saving checkpoint models')
```

在这个过程中可以看出项目作者在参数名称上想要做些调整，但碍于代码内的绑定，必须保留旧版参数，但又要增加新参数，所以让两个参数并存。像这样信息不对等的部分还有几处，必须从代码中找到对应。下面整理出比较重要以及有双重表示方法的参数对照表，如表 5-6 所示。

表 5-6　train_ssd.py 工具的新旧参数对照表

新参数	旧参数	预设值	用途说明
--dataset-type		open_images	数据集格式，另一个为 VOC
--data	--datasets	data/	（输入）数据集路径
--model-dir	--checkpoint-folder	models/	（输出）存放训练模型的路径
--net		mb1-ssd	选择神经网络种类
--resume		None	重新训练的基础点
--batch-size		4	根据 GPU 与显存调整
--epochs	--num-epochs	30	最高到 100
--workers	--num-workers	2	根据 CPU 核调整

接下来的模型训练过程会用到表 5-6 中的个参数，其他有关于 SDG（随机梯度下降算法）、Cosine Annealing（学习率衰减策略之余弦退火）、scheduler（调度器）的细节参数，由于牵涉太多数学算法的优化策略，这里不多做说明。

5.3.3　执行目标检测的模型训练

下面就要进入正式的模型训练阶段，执行之前先检查 Swap 虚拟内存与关闭 GUI 界面的部分，没处理好的话，很容易造成训练过程因资源不足而中断。

接下来执行 train_ssd.py 这条训练指令：

```
$ python3 train_ssd.py --data=data/office --model-dir=models/office
```

没用到的参数全部使用预设值，这样就会从 data/office 读取 Open Images 格式的数据执行训练工作。这里对训练过程中的一些重点做一些说明，能使读者更清楚有些参数如何调整。

① 开始执行时，会出现如图 5-13 所示的信息内容，将整个训练的所有参数全部列出。

② 训练是以回合数（epoch）为单位，就是“所有训练用图像”完成一次训练任务。例如前面设定下载 5000 张图像，其中训练用图像为 4229 张。

③ 一个训练回合会分成多少步（step）处理？这与“--batch-size”设定值有关。开始训练时会看到如图 5-14 显示的“10/1058”“20/1058”等信息，这个“1058”就是用“（训练图像总数 /--batch-size）+1”得到的。

```
- Using CUDA...
- Namespace(balance_data=False, base_net=None, base_net_lr=0.001, batch_size=4, checkpoint_folder='models/office', dataset_type='open_images', datasets=['data/office'], debug_steps=10, extra_layers_lr=None, freeze_base_net=False, freeze_net=False, gamma=0.1, lr=0.01, mb2_width_mult=1.0, milestones='80,100', momentum=0.9, net='mb1-ssd', num_epochs=30, num_workers=2, pretrained_ssd='models/mobilenet-v1-ssd-mp-0_675.pth', resume=None, scheduler='cosine', t_max=100, use_cuda=True, validation_epochs=1, weight_decay=0.0005)
- Prepare training datasets.
```

图 5-13　train_ssd.py 启动训练时，显示的所有参数内容

```
Step: 10/1058, Avg Loss: 14.3587, Avg Regression Loss 5.1174, Avg Classification Loss: 9.2413
Step: 20/1058, Avg Loss: 10.4849, Avg Regression Loss 4.8659, Avg Classification Loss: 5.6189
Step: 30/1058, Avg Loss: 8.5663, Avg Regression Loss 3.7238, Avg Classification Loss: 4.8425
```

图 5-14　每个训练过程的分段训练

以这个实验的数字来说明，总训练用图像数量为 4229 张，设定 --batch-size 为 4，代入公式就会得到 1058，请自行计算一下。

④ 如何设定 --batch-size 的值？这个值通常要求是 2 的幂，就是 1、2、4、8、16、32 等。按照前面所说的，--batch-size 值越大读取的次数就越少，性能就应该更好。但是重点在于“计算设备是否有足够资源”，特别是内存这部分的资源。

如图 5-15 所示为在 Nano 2GB 上给定“--batch-size=16”所产生的错误，原因是内存不够。

```
RuntimeError: DataLoader worker (pid 16732) is killed by signal: Killed.
```

图 5-15　在 Nano 2GB 上 --batch-size 太大导致内存不足的错误

遇到不能顺利执行时，通常第一件事请就是将 --batch-size 调小。在 Jetson Nano（含 2GB）上设置在 4 以内（含），都能正常执行。

⑤ 至于分子 10、20、30，则是训练过程的显示频率，每读取与计算 10 次后显示一次，这个值可通过“--debug-steps”参数调整，这部分不太重要，可以忽略。

⑥ 当测试数据集执行完一个训练回合（epoch）时，就会生成一次模型文件，如图 5-16 所示的 mb1-ssd-Epoch-0-Loss-5.914028602103665.pth 模型文件，并存放在“--model-dir”指定的“models/office”目录下。

```
Epoch: 0, Validation Loss: 5.9140, Validation Regression Loss 2.7185, Validation Classification Loss:
Saved model models/office/mb1-ssd-Epoch-0-Loss-5.914028602103665.pth
```

图 5-16　完成 1 次 epoch 训练后，生成一个 .pth 格式的模型文件

这个生成的模型文件是按照以下原则进行命名的。

• mb1-ssd：因为训练时选择的模型是 SSD-Mobilenet-v1。

• Epoch-0：表示这是该批训练中第 1 次训练的模型文件。如果是 Epoch-11，

则为第 12 次训练的模型文件。

• Loss-x.xxxxxxx：后面 x.xxxxxx 代表一串数字，是这个模型文件的平均损失值，数字越小表示精确度越高，最后我们可以从一整批模型文件中挑选数字最小的模型文件，不一定是最后一个。

⑦ 参数“--worker”定义使用的 CPU 线程数量，Jetson Nano（含 2GB）具有 4 个 CPU 核，因此这个参数的预设值为 2，AGX Xavier 或 Xavier NX 等具有 8 个 CPU 核，可以将这个值调成 4，最多用到核数的 1/2。

以上是执行 train_ssd.py 过程中比较重要的步骤与信息，可以尝试改变一些参数，查看对实际训练有多少影响。

最后还有一个很严肃的问题，就是模型训练需要多少 epoch。这个并没有标准答案，通常我们会遵循以下的原则进行判断。

① 比较所生成的模型文件，看 Loss 值是否在收敛？

在如图 5-17 显示的信息中，从 Epoch-2 到 Epoch-4，Loss 值在收敛（变小），但是到 Epoch-5 之后有发散的趋势，到 Epoch-9 之后则明显在扩大，到 Epoch-11 就一发不可收拾了。这时很明显看出这个训练出来的模型是有问题的，可以立即终止。

```
mb1-ssd-Epoch-2-Loss-6.668875844855058.pth
mb1-ssd-Epoch-3-Loss-4.734505151447497.pth
mb1-ssd-Epoch-4-Loss-4.837904101923892.pth
mb1-ssd-Epoch-5-Loss-7.4354351947182105.pth
......
mb1-ssd-Epoch-9-Loss-27.3602395810579.pth
mb1-ssd-Epoch-10-Loss-11.6374293126558.pth
mb1-ssd-Epoch-11-Loss-36.2061700318989.pth
```

图 5-17　Loss 值一开始在收敛，后来开始发散

训练过程中如果出现如图 5-18 所示的“Loss-nan”或“Loss-inf”，就表示模型训练已经进入错误的区域，模型不能用，可以立即终止。

```
mb1-ssd-Epoch-7-Loss-7.5065889609487435.pth
mb1-ssd-Epoch-8-Loss-nan.pth
mb1-ssd-Epoch-9-Loss-nan.pth
......
mb1-ssd-Epoch-3-Loss-inf.pth
mb1-ssd-Epoch-4-Loss-inf.pth
```

图 5-18　模型出现 Loss-nan 或 Loss-inf 状况，请中断

② 如果中间中断了，能否从中断点再继续训练呢？

答案是可以，这就是参数“--resume”的用途，其实它与使用迁移学习的方式很类似，就是可以基于某个效果还不错的模型继续训练。

例如训练时在 mb1-ssd-Epoch-23-Loss-4.345.pth 中断，继续训练时，可以在原

本的指令后面添加“--resume=< 重启模型的完整路径名 >”，同时配合“--epochs=”这个参数指定再训练的次数。完整指令如下：

```
$ python3 train_ssd.py --data=data/office --model-dir=models/office
  --resume=models/office/mb1-ssd-Epoch-23-Loss-4.345.pth --epochs=10
```

如此就可以从任何既有模型再开启新的训练任务，这提供了非常好的弹性。

本小节已经将大部分在训练过程中遇到的问题说清楚了，接下来就需要读者亲手操作，并且尝试进行各种参数的调整，为设备找到比较好的配置。模型训练非常消耗时间，随随便便就是几个小时甚至几十个小时，但请务必体验整个过程，这个对理解深度学习有很大的帮助，如果跳过就非常可惜了。

5.3.4 模型训练的参数与时间比较

表 5-7 为在 Jetson 不同设备上执行目标检测模型训练比较表。

表 5-7　在 Jetson 不同设备上执行目标检测模型训练比较表

设备	图片数量	--batch-size	--worker	分 /(30epoch)	秒 /epoch
Jetson Nano 2GB	2500	4	2	214	428
Jetson Xavier NX	5000	4	2	152	304
Jetson Xavier NX	5000	16	4	130	261
Jetson AGX Xavier	5000	4	2	74	148
Jetson AGX Xavier	5000	16	4	50	100

从表 5-7 可以看出，--worker 值对训练的影响较为明显，--batch-size 的影响比较小，因此在 CPU 核数多的设备上，推荐将 --worker 调大，会得到较短的训练时间，而调大 --batch-size 有时会导致 Loss 发散而造成训练失败。

表 5-7 中数据只能作为参考，毕竟每个人的电脑配置不尽相同，包括 CPU 核数 / 主频、内存大小、GPU 卡种类 / 显存大小等，因此使用时必须经过多次测试，以找出不同配置的最佳性能组合。

到此也验证了我们一开始所说的，Jetson 设备可以执行模型训练的任务，主要是有配置是否合适的问题。如果手边缺少性能更好的训练设备，即便是 Jetson Nano 2GB 也能发挥作用；如果手边有性能更好的设备，也不必非要在 Jetson Nano 2GB 上做训练，因为时间是非常宝贵的资源，还是要根据实际状况做决定。

5.3.5 转成 ONNX 格式进行推理识别测试

与前面图像分类的模型训练一样，要用 Hello AI World 提供的推理识别工具必须将模型转换成 TensorRT 所支持的 ONNX 格式。在这个目标检测的模型训练工作目录下，提供了 onnx_export.py 转换工具。首先查看这个工具的帮助信息：

```
$ python3  onnx_export.py  --help
```

执行指令后显示如图 5-19 所示的帮助信息。

```
usage: onnx_export.py [-h] [--net NET] [--input INPUT] [--output OUTPUT]
                      [--labels LABELS] [--width WIDTH] [--height HEIGHT]
                      [--batch-size BATCH_SIZE] [--model-dir MODEL_DIR]

optional arguments:
  -h, --help            show this help message and exit
  --net NET             The network architecture, it can be mb1-ssd (aka ssd-
                          mobilenet), mb1-lite-ssd, mb2-ssd-lite or vgg16-ssd.
  --input INPUT         path to input PyTorch model (.pth checkpoint)
  --output OUTPUT       desired path of converted ONNX model (default:
                          <NET>.onnx)
  --labels LABELS       name of the class labels file
  --width WIDTH          input width of the model to be exported (in pixels)
  --height HEIGHT       input height of the model to be exported (in pixels)
  --batch-size BATCH_SIZE
                          batch size of the model to be exported (default=1)
  --model-dir MODEL_DIR
                          directory to look for the input PyTorch model in, and
                          export the converted ONNX model to (if --output
                          doesn't specify a directory)
```

图 5-19 onnx_export 帮助信息

最简单的使用方式只需要指定 --model-dir 工作路径，指令如下：

```
$ python3  onnx_export.py  --model-dir=models/office
```

这里只要指定模型所在的目录就行，工具会在目录中找到 Loss 值最小的模型文件作为输入，并且会找到存放类别名称的 labels.txt，这个文件在模型训练过程中已经自动生成了，最后将转换的文件输出到这个工作目录的 ssd-mobilenet.onnx。

如果用户有其他特定目的，需要个别设定输入来源、输出标的目录以及分类名文件时，可用 --input、--output 与 --labels 这些参数去指定，但都需要提供完整的路径与文件名称。

经过转换的 ssd-mobilenet.onnx 文件，可以直接供 detectnet 调用执行目标检测的推理识别任务，不过与先前调用 detectnet 预先下载的网络文件有所不同，这里需要提供更完整的参数使 detectnet 去执行推理识别任务，最基本的参数如表 5-8 所示。

由于 train_ssd.py 训练时的预设值的神经网络为 SSD-Mobilenet-v1 网络，而 detectnet 预设的神经网络为 SSD-Mobilenet-v2，因此推理时需要设定“--network=SSD-Mobilenet-v1”才能正常执行。

表 5-8　detectnet 工具参数调用方式

参数	用途说明
--network	指定神经网络类型
--model	指定模型的完整路径，包括文件全名
--labels	指定标签类型文件的完整路径，包括文件全名
--input-blob	输入层的选项，如 data
--output-blob	输出层的选项，如 boxes
--output-cvg	覆盖输出层的选项，如 converge 或 scores

这里的 --input-blod 与 --output-blod 参数，使用 netron.app 工具检视 ssd-mobilenet.onnx 就能确认这两个参数的设定值。下面是 detectnet 调用自行训练的目标检测模型的完整指令，如下所示：

```
$ detectnet  --network=SSD-Mobilenet-v1  --model=models/office/ssd-mobilenet.onnx
  --labels=models/office/labels.txt  --input-blob=input_0  --output-blob=boxes
  --output-cvg=scores  /dev/video0  rtp://<IP_OF_x86>:1234
```

由于目前 Jetson 已经关闭 GUI 图像桌面，推理结果不能在 Jetson 设备上显示，因此最后的输出部分，我们使用上一章所学到的 RTP 视频流转向技巧在 x86 电脑上去显示检测结果，推理效果如图 5-20 右方所示。

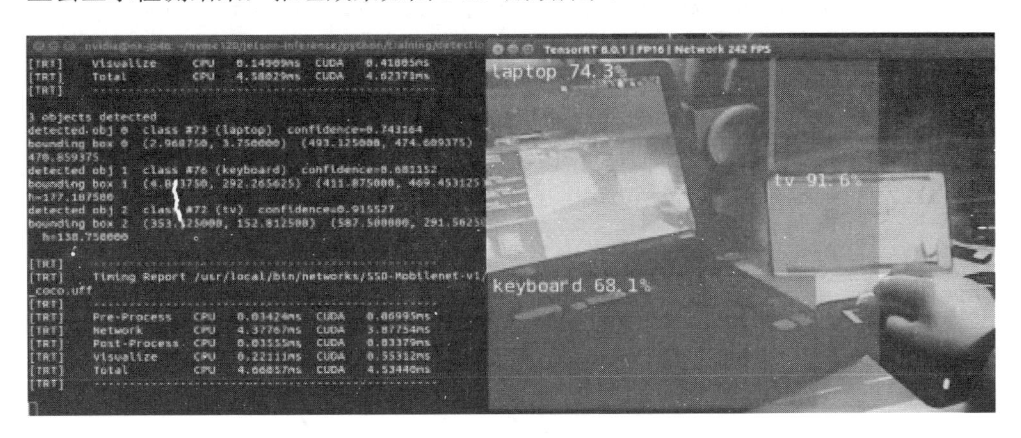

图 5-20　数据集 Office 目标检测模型的推理效果

可以查看执行的正确率是否满足用户的要求，如果不能，就继续训练模型；如果重复训练模型都没达到想要的效果，就需要回到 5.3.1 节寻找答案，看看数据集中的图像是否有不良的部分，或者增加数据量。

到此就完成了目标检测模型训练的全部流程，读者可以再多想些应用场景，如动物园、西餐厅、农场等，从 Open Images 数据集中寻找合适的类别，重复执行这些步骤。

5.4 更丰富的数据集资源

前面的范例是从 Open Images 获取所需要的类别图像与标注文件去训练目标检测模型，但如果在这个数据集中找不到合适的所需要的数据，或者在其他数据集中有更合适的数据，该怎么处理？

train_ssd.py 工具除了支持 Open Images 格式之外，也支持 Pascal VOC 格式，因此只要将 Open Images 以外的数据集都转成 VOC 格式，也能使用 train_ssd.py 进行模型训练。下面就来查看这个格式转换的过程。

5.4.1 VOC 目录结构与标注格式

VOC（visual object class，视觉物理类）数据集由英国牛津大学机器人学院维护，具有学术研究用途，后来用于配合 Pascal 模式分析、统计建模和计算学习的计算机视觉竞赛，内容包括图像分类、目标检测、语义分割、人体关节点识别、动作识别等，是 2005—2012 年全球重要的视觉识别竞赛之一。

与 ImageNet、COCO、Open Image 等大型数据集相比较，VOC 数据集的文件结构与标注格式都相对简单，初学者使用时会更加方便。表 5-9 列出了标准 VOC 数据集目录结构与 train_ssd.py 模型训练工具所需要的目录结构。

表 5-9　VOC 目录结构与 train_ssd.py 所需的目录结构

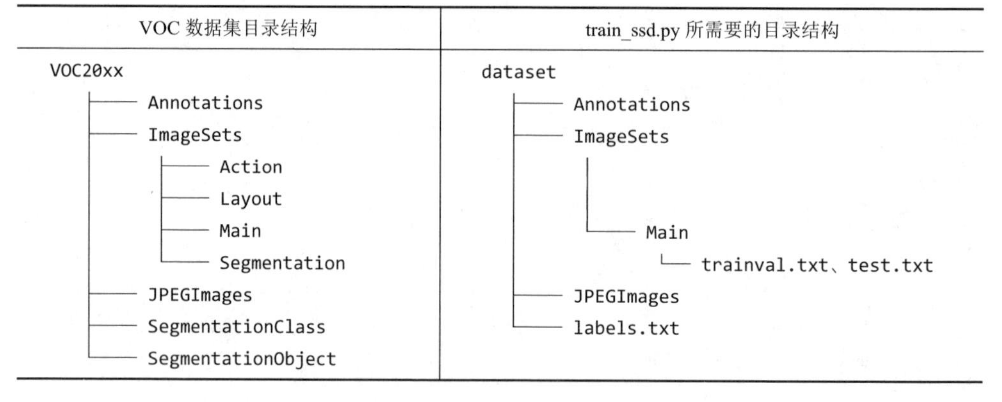

VOC 数据集目录结构	train_ssd.py 所需要的目录结构
VOC20xx ├── Annotations ├── ImageSets │　├── Action │　├── Layout │　├── Main │　└── Segmentation ├── JPEGImages ├── SegmentationClass └── SegmentationObject	dataset ├── Annotations ├── ImageSets │　└── Main │　　└── trainval.txt、test.txt ├── JPEGImages └── labels.txt

以下简单说明这些结构目录的用途。

- Annotations：存放与 JPEGImages 目录下图像文件对应的同名 .xml 标注文件。
- JPEGImages：存放所需要的图像文件。
- ImageSets/Main 下的 test.txt 与 trainval.txt：分别存放测试用与训练用列表。
- labels.txt：手动添加需要的类别名称。

这样的目录结构相当直观且简单，将数据集内容整理成这样的结构就可以了，将不同类型文件放置到对应文件夹中。

接下来更重要的任务就是了解 VOC 的 .xml 标注文件内容，每个图像文件都有一个对应的标注文件，每个标注文件的内容主要分为以下两大部分。

（1）表头（header）部分

一开始前面 14 行的表头格式是固定的，提供了一些图像文件的标准信息，包括路径、文件名、数据集、标注工具、图像来源等，第 9 ～ 13 行 <size> 与 </size> 之间是图像的尺寸，是比较重要的信息，如图 5-21 所示。

```
1    <annotation>                                              # 标注内容起点
2        <folder>VOC2012</folder>                              # 存放目录：年份
3        <filename>2007_000032.jpg</filename>                  # 文件名
4        <source>                                              # 图像来源起点
5            <database>The VOC2007 Database</database>
6            <annotation>PASCAL VOC2007</annotation>
7            <image>flickr</image>
8        </source>                                             # 图像来源结尾
9        <size>                                                # 图像尺寸起点
10           <width>500</width>                                # 图像宽度
11           <height>281</height>                              # 图像长度
12           <depth>3</depth>                                  # 图像深度
13       </size>                                               # 图像尺寸结尾
14       <segmented>1</segmented>
         ......
        《中间的各物体类别与标框信息》
         ......
END  </annotation>                                             # 标注内容结尾
```

图 5-21　VOC 目录结构与 train_ssd.py 所需的目录结构

（2）目标（object）信息

在第 15 行和文件结尾之间，会出现至少 1 组从 <object> 到 </object> 的多行信息，这就是以目标物体为单位进行标注的数据，如图 5-22 所示。

```
<object>
    <name>aeroplane</name>
    <pose>Frontal</pose>
    <truncated>0</truncated>
    <difficult>0</difficult>
    <bndbox>
        <xmin>104</xmin>
        <ymin>78</ymin>
        <xmax>375</xmax>
        <ymax>183</ymax>
    </bndbox>
</object>
```

```
<object>
    <name>person</name>
    <pose>Rear</pose>
    <truncated>0</truncated>
    <difficult>0</difficult>
    <bndbox>
        <xmin>195</xmin>
        <ymin>180</ymin>
        <xmax>213</xmax>
        <ymax>229</ymax>
    </bndbox>
</object>
```

图 5-22　VOC 目录结构与 train_ssd.py 所需的目录结构

每一组数据中最重要的信息是以下两部分。

① <name> 与 </name> 之间的类别名称。

② <bndbox> 与 </bndbox> 之间的标框坐标信息。

• <xmin> 与 </xmin> 之间：标框左上角 x 坐标。

• <ymin> 与 </ymin> 之间：标框左上角 y 坐标。

• <xmax> 与 </xmax> 之间：标框右下角 x 坐标。

• <ymax> 与 </ymax> 之间：标框右下角 y 坐标。

其他部分的信息在目标检测应用中都可以忽略。

在了解了 train_ssd.py 训练工具所需要的目录结构与 VOC 标注文件的格式之后，接下来的任务就是将数据进行以下 5 个处理：

① 将所需要的图像文件放置到 dataset/JPEGImages 目录下；

② 为每个图像提供符合 VOC 格式的对应标注文件，放置到 dataset/Annotations 目录下；

③ 将文件名按照比例分别写入 dataset/ImageSet/Main 的 trainval.txt 与 test.txt；

④ 将类别名写入 dataset/labels.txt；

⑤ 执行 train_ssd.py 模型训练，并且搭配 --dataset-type=voc 参数。

以下就是执行这个模型训练的最简单指令：

```
$ python3  train_ssd.py  --dataset-type=voc  --data=dataset
```

下面就以 Pascal VOC、COCO 与 ImageNet 三个数据集为范例，从数据集中提取我们所需要的资料。

5.4.2　从 VOC 数据集提取所需要的类别

从 VOC 数据集中提取数据相对容易，要从国外的官网下载数据集相对麻烦，本书在网盘上提供了 2012 年竞赛用数据集［VOCtrainval_11-May-2012.tar（1.86GB）］，请自行下载并且解压缩到处理设备上。

这个数据集并不大，只有 17125 张图像与标注文件，主要分为 4 大类的 20 个分类。

① Person。

② vehicles（交通工具类）：Airplane、Boat、Train、4wheeled (Car、Bus)、2wheeled (Bicycle、Motorbike)。

③ household（居家设备类）：TV/Monotor、Bottle、PottedPlant、Furniture［DiningTable、Seating (Chair、Sofa)］。

④ Animals（动物类）：Bird、domestic (Cat、Dog)、farmyard (Cow、Horse、Sheep)。

解压缩之后的完整目录结构如图 5-23 所示。

对于目前要执行的目标检测模型训练工作，我们所需要的资料只有 Annotations 下面的 .xml 标注文件，以及 JPEGImages 下面的图像文件两部分，至于 ImageSets

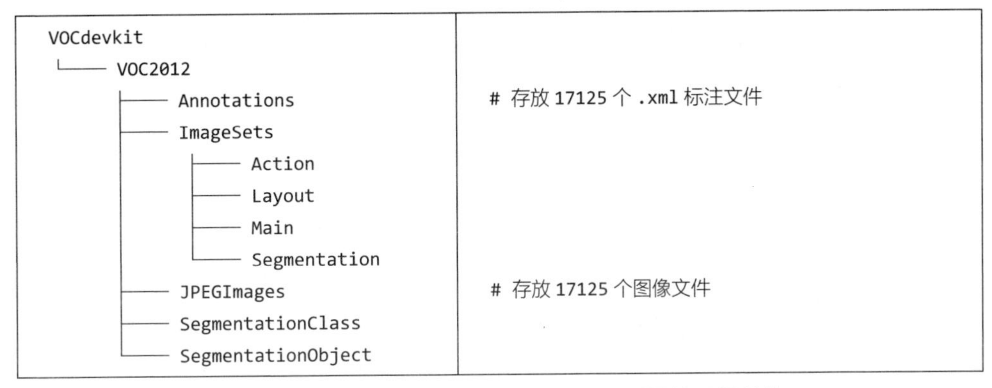

VOCdevkit
VOC2012
Annotations
ImageSets
Action
Layout
Main
Segmentation
JPEGImages
SegmentationClass
SegmentationObject
存放 17125 个 .xml 标注文件
存放 17125 个图像文件

图 5-23　VOC 目录结构与 train_ssd.py 所需的目录结构

下面的列表需要重新生成，这里提供的内容可以忽略，而 SegmentationClass、SegmentationObject 以及与语义分割的部分不需理会。

如果使用全部的 20 个类别数据来训练自己的模型，则将 Annotations、JPEGImages 与 ImageSets/Main 目录下的 trainval.txt 与 test.txt 都复制到 dataset 目录下。如果需要选择特定类别的数据，就必须经过比较复杂的环节，在数据集中过滤所需要的图像文件，并将对应标注文件内容进行调整，然后重新建立 ImageSets/Main 的 trainval.txt 与 test.txt 的内容。

图 5-24 是 VOC2012 中的 2007-000032.jpg 图像，其标注文件 2007-000032.xml 中共有两架飞机（灰色框）与两个人（白色框）。

图 5-24　Pascal VOC 数据集中 2007-000032.jpg 中标注两架飞机与两个人

如果只需要“Person”类别而不需要“Airplane”，就将对应的标注文件的两个 Airplane 标注信息剔除掉，以确保后续训练过程的正确性，这个处理原则在所有的数据集是相通的。

整理数据集时以标注文件为处理主体，根据以下步骤处理。

① 依序读取原数据集 Annotations 标注目录中所有的 .xml 文件，进行解析。

a. 读取表头信息（前面 14 行）并保持不变，写入缓冲区。

b. 解析每个 <object></object> 中的 <name> 类别 </name>，判断是否为所要的类别。

- 是：保留从 <object> 到 </object> 的内容，写入缓冲区。
- 否：从 <object> 到 </object> 的内容不写入缓冲区。

c. 遇到 </annotation> 表示到文件的结尾，将这行写入缓冲区。

② 如果这个标注文件中存在所需类别文件，则执行以下内容。

a. 将缓冲区内容写入 dataset/Annotations 目录中的同名 .xml 文件中；

b. 将相同文件名的图像文件复制（或移动）至 dataset/JPEGImages 目录下；

c. 至于测试用与训练用的数据比例，通常是 1/4 到 1/5，这样就能用最简单的 mod 计数分配方式将文件名（不带附加文档名）分别写入 ImageSets/Main 下面的 test.txt 与 trainval.txt 文件。

③ 重复步骤①，直到原标注目录中所有 .xml 文件解析完毕。

这个执行步骤其实并不难，可以用一个简单的 Python 代码对整个数据集做全面扫描、解析，并将相关文件分配到合适的目录下。

网上有很多处理 VOC 数据集的工具，本书在网盘的 CH05/PascalVOC 下也提供了 voc_spce_classes.py 工具，可以根据所需要的类别进行调整与修改，执行完成后就会将所需要的数据分配到对应目录下，最后再手动添加 labels.txt 文件。

5.4.3 从 COCO 数据集抽离类别并转成 VOC 格式

COCO 数据集是由微软于 2014 年出资赞助标注的数据集，以“场景理解”为目标是这个数据集的一大特色，主要从可分类、高频次、常见应用场景中截取图像，并对每张图像进行多维度标注（annotations），包括物体定位、关键点检测、材料分割、全景分割、图像字幕 5 种标注类型，对每张图像进行了更深入、更细腻的注释说明。

多维度标注内容是 COCO 数据集的精华，虽然 80 种分类、图像总数约 33 万张，仅为 ImageNet 数据集规模的 2%，但对每张图像的高利用率，使得这个数据集不仅能作为图像分类、物体检测的数据集，还能作为语义分割、全景认知甚至姿态识别等应用的数据集，其商业与工程价值比 ImageNet 更高。

这个数据集可以从官网下载，每个年份的完整数据集（包括训练、测试、检验三部分）规模大约为 30GB，下载到本机来处理并不容易，后续还需要使用数据集提供的 COCO API 从 .json 标注文件中提取所需要的数据，是一个相对烦琐的工作，必须先对标注格式与开发接口有进一步了解。

本书推荐使用 FIFTYONE 库（Python 库）来下载 COCO 数据集的指定类别内容，这会使这部分的工作变得十分单纯，不用将整个数据集下载到本机。

安装 FIFTYONE 库非常简单，只要执行以下指令即可：

```
$ pip install fiftyone
```

可以利用这个库从网上直接下载所需要的数据，图 5-25 所示代码可以从网盘 CH05/xxx 下载。

```
#!/usr/bin/env python3
import fiftyone as fo
import fiftyone.zoo as foz

# 用 FIFTYONE 从 COCO 数据集下载 " 目标检测 " 用途的多物体类别图像，一次下载 train、
validation、test 三个 SPLIT 图像
CLASSES_SELECTED=["bird","dog","cat"]    # 指定数多种类别名
DATESET_YEAR="coco-2014"      # 指定下载年份，可选项为 coco-2014 与 coco-2017
MAX_TRAIN=1000                # 指定最大的训练用下载数量
MAX_VAL=200                   # 指定最大的校验用下载数量
MAX_TEST=200                  # 指定最大的测试用下载数量

if __name__ == "__main__":
      dataset = foz.load_zoo_dataset(
          DATESET_YEAR,
          split="train",
          max_samples=MAX_TRAIN,
          classes=CLASSES_SELECTED,
          dataset_dir="./coco/SelectData",  # 指定下载的数据集保存的路径
          dataset_name="coco-train",        # 指定新下载的数据集的名称
          only_matching=False,              # 指定仅下载符合条件的图像
      )
      dataset = foz.load_zoo_dataset(
          DATESET_YEAR,
          split="validation",
          max_samples=MAX_VAL,
          classes=CLASSES_SELECTED,
          dataset_dir="./coco/SelectData",  # 指定下载的数据集保存的路径
          dataset_name="coco-val",          # 指定新下载的数据集的名称
          only_matching=False,              # 指定仅下载符合条件的图像
      )
      dataset = foz.load_zoo_dataset(
          DATESET_YEAR,
          split="test",
          max_samples=MAX_TEST,
          classes=CLASSES_SELECTED,
          dataset_dir="./coco/SelectData",  # 指定下载的数据集保存的路径
          dataset_name="coco-test",         # 指定新下载的数据集的名称
          only_matching=False,              # 指定仅下载符合条件的图片
      )
```

图 5-25　代码

执行完会生成表 5-10 左边路径结构（省略 raw 目录），在 test、train、validation 三个目录下都有存放图片的 data 目录与 labels.json 标注文件。

最后，再用网盘上 CH05/xxx 的 coco2voc.py 将表 5-10 左边结构的内容转换成右边符合 train_ssd.py 的 VOC 结构与格式，就能运用前面讲解的方式进行模型训练。

表 5-10　用 FIFTYONE 下载的 COCO 数据集结构

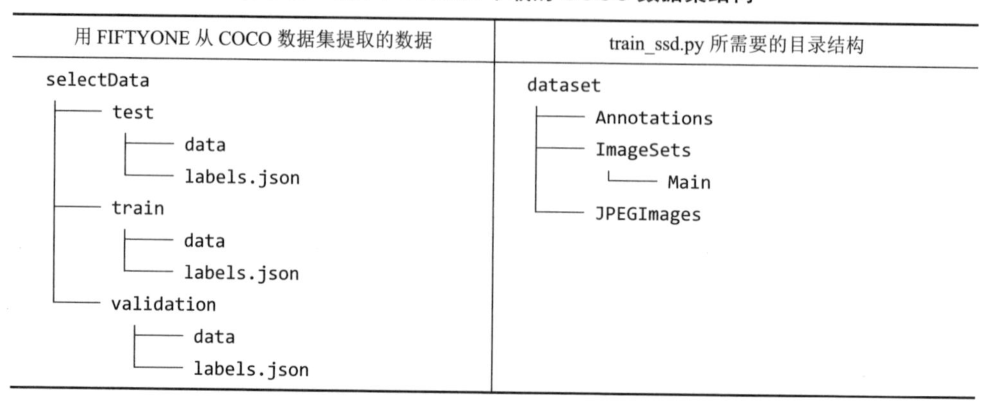

用 FIFTYONE 从 COCO 数据集提取的数据	train_ssd.py 所需要的目录结构
selectData ├── test │　├── data │　└── labels.json ├── train │　├── data │　└── labels.json └── validation 　　├── data 　　└── labels.json	dataset ├── Annotations ├── ImageSets │　└── Main └── JPEGImages

5.4.4　从 ImageNet 数据集抽离类别并转成 VOC 格式

在 5.2.4 节已经说明了 ImageNet 提取图像分类数据的做法，当时只需要表 5-10 中 data 目录下的图像内容即可。在目标检测应用时就需要用到所有的资料。

这个数据集的标注文件与 VOC 的格式都是 .xml，标注内容的格式也大致相同，包括标框内容也是 [xmin,ymin,xmax,ymax] 顺序，唯一的差别是“标注类别”表示方式不同，因为 ImageNet 的类别名称要符合 WordNet 学术要求的规范，例如“banana”类别需要使用“n07753592”编号，因此要做的工作就是将这个编号做个转换，最简单的方式就是利用 Linux 的“sed”指令。

如果将 Annotation/CLS-LOC/train/n07753592 下面所有 .xml 中的“n07753592”字符串改成“banana”，只要执行以下指令就可以了：

```
$ sed -i 's/n07753592/banana/g' Annotation/CLS-LOC/train/n07753592/*
```

最后再将图像、标注文件放置到对应目录下，并且添加 trainval.txt 与 test.txt 中的内容，就能很轻松地使用 ImageNet 的庞大资源。

5.4.5　汇总多种数据集来源进行模型训练

如果已经将各种数据集抽取的特定类别的图像数据与标注数据转成 VOC 格式，接下来就能很轻易地将这些数据汇总成一个更多数量的数据集，只要执行以下步骤就可以：

① 将全部的图像集中放置在一个 JPEGImages 目录下；

② 将全部 .xml 标注文件集中放置在一个 Annotations 目录下；

③ 将不同数据集所导出的 trainval.txt 内容全部合并，置于 ImageSets/Main 下；

④ 将不同数据集所导出的 test.txt 内容全部合并，置于 ImageSets/Main 下。

这样就完成了数据合并作业，然后调用 train_ssd.py 进行目标检测的模型训练，记得添加 --dataset-type=voc 参数，指定使用 VOC 标注格式。

其实各种数据集之间的格式转换原理是相同的，至于其他没讨论到的数据集格式，请参照以上所提供的方法或工具，自行了解数据集的标注格式，然后开发格式转换的工具。

5.5 对自己收集的数据进行标注

前面的内容都是从现有数据集中提取所需要的数据与标注，但如果要进行目标检测的类别在这些数据集中是没有的，该怎么办？这时候必须回归最原始的“手工收集图像与标注”这个步骤，毕竟前面所有介绍过的数据集都少不了这个过程，甚至它们的标注内容更多。

不过有些特殊的场景，例如 2020 年新冠疫情暴发之后，对公共场所监控人群是否“戴口罩”的识别，以及对进入工地的人员是否“戴安全帽”、路上电瓶车驾驶员是否“戴安全帽”的识别，在前面所提到的数据集中，是缺乏这些类别与图像的，如果开发这些应用，就必须自己收集足够量的图像，然后再进行物体标注的工作。

5.5.1 手动收集图像数据

事实上“收集图像”的工作是源头，如果要从 0 开始收集数据，有以下几种方法，可以自行调配。

（1）从互联网上收集

互联网上有非常充足的分类图像，静态类型的图像比较丰富，但动态类的图像相对不足。例如在百度图片中输入“戴口罩”关键词，图像数量是相当充足的，可以轻易收集到数百张图像。但如果输入“戴安全帽”或“戴头盔”关键词，图像数量就明显不足。

因此是否能收集到足够质与量的图像，各类别是不同的。

（2）手动拍摄

这是最原始的数据获取方式。带着摄像设备到处寻找可用标的画面，然后拍摄，再自行在电脑上进行筛选。

（3）视频转图像

手动拍摄的方法在操作上是比较麻烦的，另外一种方法是拍摄一段视频，再将视频转成一帧一帧的图像，然后挑选合适的图像进行处理。

在 Hello AI World 的 videoSource() 与 videoOutput() 功能中，可以将视频文件作为 videoSource() 的输入源，然后由 videoOutput() 输出到一个目录中，这样就可以将视频转成一系列的图像文件。

此外，在后面介绍的标注工具中，有些云工具是可以接受视频文件作为输入的，然后在云工具中挑选合适的图像进行处理。

5.5.2 图像标注工具

收集了图像之后，接下来就是对图像进行标注，这个工作其实相对枯燥，但对于精准度的影响非常大，可能会是最终检测成败的关键。

图像标注的内容种类非常多，这里只以“目标检测”的标框（bounding box）为主，如图 5-26 左边范例，至于语义分割的标注，复杂度相对很高，如图 5-26 右边范例，就不在这里做说明。

物体检测的标框(bounding box)标注

语义分割标注

图 5-26　不同用途的标注方法也不一样

标注工具非常多，包括 Labelme、Labelimg、CVAT 等，大部分都能提供很完整的安装与使用的说明，这里就不单独去解说这些工具的安装与使用，都有很标准的流程，而且网上有非常完整的教程。

Hello AI World 也提供了一个很好使用的轻量级的 camera-capture 标注工具，但目前还不能接受图像作为输入，只能用摄像头当场拍摄、当场标注，这大大限制了这个工具的实用性，毕竟我们不能搬着带摄像头的 Jetson 设备到处跑，当场拍摄当场标注。

IBM 在 2020 年 2 月推出了 Cloud Annotations，这可能是目前最容易上手的图像标注工具，这是整个 IBM 云项目中的一环，后台与整个 IBM 云结合得相当紧密。如果已经有 IBM 云的账户，就可以直接使用，也可以新申请，最重要的是目前可以免费使用。

访问 Cloud Annotations 会进到图 5-27 所示画面。

关于 IBM 云账户的注册，直接进入使用说明中就能找到引导，这里不花时间去说明，毕竟使用这些标准程序是每个人都需要具备的基本能力。申请免费账

图 5-27　IBM 的 Cloud Annotations 的登录界面

号之后，会得到一个25GB的存储空间让我们上传数据，可以开始建立“水桶”（buckets），就是这个系统对项目的称呼，然后就可以上传数据。

这个云工具非常直观且使用简便，所以就不用花时间去深入说明了，图5-28所示是这个工具的使用界面，在图像标注的功能上，这里简单列出几个主要特色。

图 5-28　IBM 的 Cloud Annotations 图像标注云工具界面

① 不需任何安装，只需要浏览器，在Windows、Mac、Linux上都能立即使用。

② 只提供图像分类与目标检测的标注功能，不提供其他更复杂的标注功能，非常适合初学者使用。

③ 能接受“图像集”与“视频文件”的导入，也能导入所支持格式的数据集，并且可以混合使用，这大幅度地提高了工具的实用性，其中视频文件的采样率大约为3帧/秒。

④ 完整显示“全部图像数量”“各类别的标注数量”（界面左下角）。

⑤ 动态显示工作中图像的标注分类与内容（界面右方）。

⑥ 编辑时不需“load”“save”等指令，只要通过“左右键”挑选图像，或者鼠标点选图像，系统就能自动存好修改的部分并载入所选择的图像。这个设计大大减少了文件读写动作所产生的对效率的影响。

通过IBM云资源的整合，这个工具还有以下两个重要功能。

① 支持团队（team）协助。不过这需要所有伙伴的协助，都申请IBM的云账号，

再通过邀请的机制去分享图像数据，进行线上分工协作。

② 集成 Google Colab 的模型训练工具。当然这也要求使用者必须先开启 Colab 的使用账户，这不在本书的探索范围。

完成标注任务之后，可以将一个项目（bucket）的内容导出成 YOLO(.txt)、Create ML 或 Pascal VOC(.xml) 等格式，相当方便，能适应的场景更加丰富。

5.5.3 标注过程需要注意的重点

这个问题其实困扰很多人，虽然标框这种工作是没什么技术含量的“力气活”，但如果标得粗糙一些，检测效果会受到不小的影响。那么标注时需要注意哪些重点呢？这里简单分享一些心得，但并非是绝对的，只是提供一些参考的方向。

（1）分辨所要的类别是否具备“动作”

在前面所提到的现成数据集，全部使用“无动作”的类别，如“猫”“车”“电脑”等。然而在执行“口罩识别”“安全帽识别”应用时，最初的标框内容过于“局部”，只对“口罩”或“安全帽”范围的部分进行标注，如图 5-29 所示。

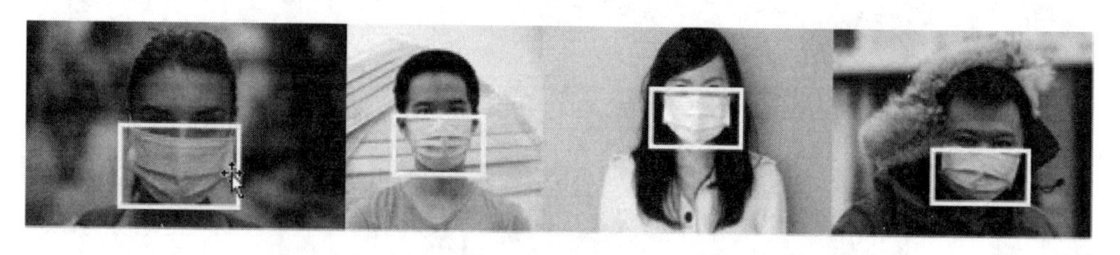

图 5-29 最初只标注口罩的部位，产生误判的结果

但这种标注方式也导致当图像内容出现商店架子上的口罩或安全帽时，也会被视为“戴口罩”或“戴安全帽”，因为一开始忽略了“戴”这个动作。

将标注范围扩大到整张人脸或人头之后，如图 5-30 所示，这个问题得到明显的改善，误判率明显下降。

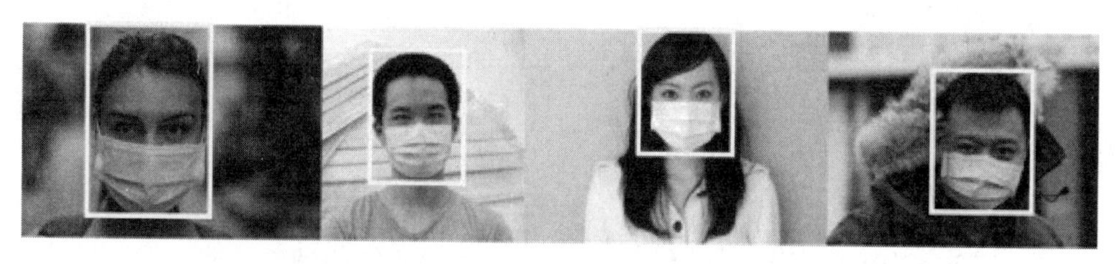

图 5-30 标注的范围扩大到“戴口罩的脸”，减少误判现象

实际上要识别的并非口罩本身，而是“人是否戴口罩”，一开始进行图像标注时，比较容易被类别的字面意义误导。

（2）多角度、多尺寸的标注

同样的“戴口罩检测”案例，如果要更广泛地从不同角度检测出是否戴口罩，那么必须提供多角度、多尺寸的标框数据。

如果所有标框标注的都是正面、向上、某个尺寸以上的人脸，那么最终的模型也只能识别出正面以及某个尺寸以上的图像，如图 5-31 所示。

图 5-31 更多样化的标注内容，其中白色代表“戴口罩”，灰色代表“未戴口罩”

（3）非完整物的标注

如果要让识别功能面对更多的状况，以及尽量将“不完整”的物体标注出来（图 5-32），可以增强识别的能力，当然这部分的重要性比较低，请自行选择。

图 5-32 标注一些“不完整”的图像

最后，大部分初学者容易忽视的一个环节是所训练出来的模型的识别能力与提供的训练素材是息息相关的。

例如在“戴安全帽”的实验中，如果所提供的素材都是“水平视角”的图像与标框，如图 5-33 所示，这样的模型不能用于无人机从空中拍摄的视角，达不到识别地面工地上人员是否“戴安全帽”这个目的。

图 5-33 水平视角的“戴安全帽”图像与标框数据

如果要配合无人机或高楼的拍摄视角，就必须提供在那个角度所拍摄的图像、视频，然后进行标框处理、模型训练，这样才能在高空角度去执行推理识别的应用。对这个基础逻辑必须非常清楚。

5.6 本章小结

从实用性的角度来看，本章内容是相当枯燥乏味的，但这就是练武术的蹲马步，无趣却跳不过去，只有当你学会自制数据集，才算是真正了解深度学习。第4章的内容能让我们快速了解深度学习的相关知识，但使用的是现有的模型，虽说“善用资源”是一种很重要的技能，但若缺乏自己训练模型的能力，终究是受制于人。

“数据集”“神经网络”“计算设备”是深度学习的三大支柱，缺一不可。现在我们已经选择NVIDIA Jetson嵌入式GPU边缘计算设备以及Hello AI World中提供的SSD-Mobilenet这个非常优异的神经网络算法，剩下的工作就是“数据集”整理，这已经将最复杂的两个环节都解决，我们只要处理最轻松的部分就可以了。

以下整理本章的几个重点概念。

① 对深度学习有意义的是数据集而不是大数据，因为未经处理（分类或标注）的数据是没有价值的。

② 图像分类的数据集只是“分类”的调整，没有格式的转换。

③ 目标检测的数据集转换，主要是对“标框格式”部分进行格式处理，至于图像本身，是不需要做任何改变的。

④ 具有目标检测功能的数据集，包括VOC、COCO、Open Images、ImageNet，其关键差异与需要转换的数据，只有“类别”与“标框（bounding box）”这两组共5个数据，其他数据在模型训练时是用不到的。

⑤ 尽量使用从现有数据集找到的类别，毕竟这些数据集都是由足够专业且有财力的单位所维护，数量与质量都足够。

⑥ 不足的数据则需要自己手动收集，然后进行分类与标注，最后再融入原有的数据集中。

⑦ 标注标框时，需要注意所需类别的“动静态”关系，并且需要多角度、多尺寸的采样。

⑧ 训练模型所能识别的物体，与原始数据集的内容、标框逻辑息息相关，所以不要期望计算机能识别它“没见过”的东西或角度。

以上是本章的主要内容，当逐渐熟悉并掌握模型训练的技能之后，就不用再受制于别人所做好的模型，可以解放自己的思想去开发各式各样识别应用场景。因此，本章的结束，正好代表深度学习之旅的起航。

NVIDIA
Jetson
Nano

第6章 在 Jetson 上执行 YOLO 算法

对于 AI 应用工程师来说，能深入了解神经网络是最好的，但并非必要的技能，因为那是算法工程师的主要任务。如同电脑、手机的厂商不一定非要深入了解 CPU、操作系统，应用工程师需要更加专注于解决使用场景的终端问题。

Hello AI World 项目封装了很多高级别接口，目的是为初学者提供“便利与效率并重”的快速应用，从实验的角度来说是非常有帮助的，但对于想进一步了解神经网络的读者来说，这些层层的封装就如同保护膜一般，让人很难抽丝剥茧去窥探一些优秀的神经网络结构。

为了弥补这个缺口，本章以 2017 年获得 CVPR 最佳论文荣誉提名奖的 YOLO 卷积神经网络算法为主体，以 Darknet 这个专属框架为开发环境，在 Jetson Nano 嵌入式边缘智能平台上进行示范，包括一个完整的“戴口罩识别”应用项目的实施过程，从数据整理、训练模型到推理检测，期间并不牵涉任何数学算法的部分，就能得到性能与效果相当不错的模型，让读者对深度学习应用有更深层次的理解。

6.1 YOLO 神经网络简史与算法演进

YOLO（You Only Look Once: Unified, Real-Time Object Detection）的核心是“在目标检测的功能上，实现统一步骤（unified）与实时性能（real-time）”，原创者于 2015 年提出基于“统一（unified）”神经网络的目标检测系统。

很多人将“you only look once”翻译成“你只需看一次”，这种单纯从字面上的平淡描述，并不能表达论文作者要传递的那种“惊鸿一瞥”的感觉，如同人类的视觉辨识系统能在“一瞬间”就识别出物体的位置与类别。

当然，这个“once”是与传统学院派“two-stage”算法的针对性对比，YOLO 采用改进的 single-stage 算法，在精确度损失有限的状况下，在性能上得到大幅度的改善，是这个神经网络最核心的特异之处，这样的取舍大大提高了算法的实用性，特别是在近年来逐渐盛行的 AI 边缘计算的应用上。

由于 YOLO 算法从 v1 到 v4 经过了大幅度的演进，过程中使用了非常多先进神经网络的数学逻辑与数据优化的技巧，内容繁多，对于深度学习初学者或应用工程师来说是相对晦涩的。

目前正式发表的有关 YOLO 的论文版本共有五个，下面从各版本论文中提炼出比较简单易懂的重点：

（1）论文标题：You Only Look Once: Unified, Real-Time Object Detection

① 论文重点：损失可接受程度的精确度，换取更高的性能。

• 将传统 two-stage 算法改成 single-stage 算法。

• 将目标检测问题转换为直接从图像中提取标框坐标和类别概率的单回归问题。

• 以整张图像为单位，将目标检测的各部分统一（unified）到单一神经网络中。

② 取得成果：以 Pascal VOC 数据集 2007 与 2012 做训练，以 YOLO VGG-16 去对标 Fasr R-CNN VGG-16 算法，虽然精确度低了 6.8%，但性能提升了 3 倍。

（2）论文标题：YOLO9000: Better, Faster, Stronger

① 论文重点：针对前一版在适用性方面的不足之处进行了大幅度改善，最终提供一个能实时识别 9000 种类别的目标检测器，因此取名为 YOLO9000。

• Better（精确度的优化）：使用大约 10 种改进技巧，每种技巧都有相对的数学公式去支撑与验证，每项新添加功能都对精确度产生影响，通过点点滴滴的积累，最终能将 mAP（精确度）从 63.4 提升到 78.6，改善的幅度相当大。

• Faster（性能上的提升）：自制一个 Darknet-19 分类骨干网络，处理一张图像只需要 55.8 亿次单精度预算，比 YOLOv1 的 85.2 亿次运算更快，而且在 ImageNet 图像分类计算时性能提升 91.2%，成绩十分惊人。由于这个骨干网有 19 个卷积层，因此命名为 darknet-19。

• Stronger（分类上的扩充）：在 COCO 和 ImageNet 数据集上进行联合训练时，遇到的第一个问题是两者的类别并不是完全互斥，比如 ImageNet 的“Norfolk terrier”分类在 COCO 中属于“dog”分类。

作者提出了一种层级分类方法（hierarchical classification），基于 WordNet 在各类别间的从属关系中建立了一种词树（WordTree）结构，结合 COCO 和 ImageNet 建立了一个支持 9000 种类别的词树。

② 取得成果：实现了分类和检测数据集上的联合训练，可以利用检测数据集来学习预测物体标框、置信度及分类，而分类数据集可以仅用来学习分类，大大扩充了模型所能检测的物体种类，目前得到的结果是能实现 9000 种类别的物体识别。

（3）论文标题：YOLOv3: An Incremental Improvement

① 论文重点：v2 版本有一个明显缺点，就是对“小尺寸物体”识别并不理想。v3 版本主要针对一些不足之处进行了改善，主要改善内容如下：

• 标框预测（bounding box prediction）；

• 类别预测（class predition）；

• 跨尺度预测（predictions across scales）；

• 特征提取器（feature extractor）。

② 取得成果：

• 使用新的 Darknet-53 特征提取网络，集成了 Darknet-19 和新流行的残差网络（Resnet 的 residual 结构）特色，大量使用 3×3 与 1×1 卷积层依次连接的形式，并且添加了 shortcut 连接。网络结构比较复杂，总共有 53 个卷积层，因此命名为 Darknet-53。

• 在 Darknet-53 结构中没有池化层和全连接层，在前向传播过程中，张量的尺寸变换通过改变卷积核的步长来实现。Darknet-53 还实现每秒最高的浮点运算，这意味着网络结构更好地利用了 GPU，使得评估更有效，从而更快。

总体来说，YOLOv3 称得上已经达到成熟，并非片面地挑战性能上的极致，而是在精确度、性能、普遍性等方面更具有大局观，取得更适合的平衡点。这个版本中吸收了 Resnet、Densenet、FPN 等算法的精髓，可以说是融合了当前业界目标检测最有效的全部技巧。

（4）论文标题：YOLOv4: Optimal Speed and Accuracy of Object Detection

① 论文重点：挑选近年来目标检测领域中比较优异的方法，集成到 YOLO 算法中。

• 在逻辑理念上并没有特殊创新之处，重点在于“集各家之大成”，从数据处理到骨干网络选择，再到训练、损失函数设计等。

• 使用大约 20 种新技巧，全文引用了 102 篇论文，内容中 Table 共 3 页（8 ～ 10）篇幅，记录了上百种组合的骨干网、图像尺寸、性能与多种精确度范围的测试数据，因此这篇论文更偏于一篇“实验论证”的报告。

② 取得成果：在性能相当的前提下，v4 的精确度比 v3 要提升 10% ～ 12%，改善的幅度是相当可观的。

（5）论文标题：Scaled-YOLOv4: Scaling Cross Stage Partial Network

① 论文重点：在 YOLOv4 基础上，提出了模型缩放方法，即修改网络的深度、宽度、分辨率和网络结构的网络缩放方法。在设计高效的模型缩放方法时，当扩大（缩小）规模时要增加（减少）更低（更高）的定量成本。

② 取得成果：

• 为低性能设备缩放 tiny 模型：这类设备设计模型不仅需考虑模型大小和计算量，还要考虑外围硬件设备资源的限制，包括内存带宽、访问开销和拥塞问题，轻量级模型的参数必须高效利用，才能实现用很少的计算量得到需要的准确率。

• 为高端 GPU 设备缩放 large 模型：当输入图像的大小增加，如果想对物体有一个好的预测效果，就必须增加网络的深度或者 stage。当要扩展网络时，首先应该对输入的大小、stage 进行组合缩放，然后再根据实时性的要求，进一步在深度和宽度上缩放网络。

以上是 5 个 YOLO 主要算法的学术论文内容，关于数学公式的部分请自行参阅各论文，表 6-1 所示为各个版本论文的核心部分。

表 6-1　各种 YOLO 版本的进化

版本名	取得成果
YOLO	创建 single stage 与 unified 神经网络，牺牲精确度换取速度
YOLO9000	扩充识别类别到 9000 个，并且精确度更高、性能更好、类别更多
YOLOv3	加入标框预测、类别预测、跨尺度预测等方法，提高对小尺寸物体的识别的能力
YOLOv4	添加了 20 种新技巧，从数据处理到骨干网络选择、训练、损失函数设计
Scaled-YOLOv4	添加了模型缩放能力，适应更广泛的图像尺寸，针对 tiny 与 large 进行优化

总体来说，YOLO 神经网络在对象检测领域中，是一个有创新思路的突破算法，再加上经过 5 个版本的改善，能更有效率地将计算资源发挥到极致，非常适合在各种智能边缘计算设备上使用，包括英伟达 Jetson 嵌入式 AIoT 设备。

6.2　搭配 YOLO 算法的 Darknet 框架

尽管支持 YOLO 神经网络的框架有很多，包括 TensorFlow 与 PyTorch，不过从易用性的角度来看，还是由论文作者开发的轻量级 Darknet 框架是最佳选择，这是完全由 C 语言所写成的框架，也提供 Python 的封装接口，安装与使用都比大部分框架容易许多，使用 Darknet 搭配 YOLO 神经网络能让初学者快速掌握从训练到推理的每个步骤。

6.2.1　安装 Darknet 框架

这个项目普及版的开源仓为 https://github.com/AlexeyAB/darknet ，为了协助国内读者的使用，本书在 https://gitee.com/gpus/darknet 维护了一个镜像站，不定期进行内容的同步更新。

安装 Darknet 之前需要先检查对系统的需求，在首页搜索“Requirements for Windows, Linux and macOS”，可以看到有以下的基本要求：

- GPU 的 CC（硬件 Compute Capacity）值≥ 3.0；
- CUDA 版本≥ 10.2；
- cuDNN 版本≥ 8.0.2；
- OpenCV 版本≥ 2.4；
- cmake 版本≥ 3.18。

在 x86 系统上，需要自己安装正确版本的 CUDA 工具包、cuDNN 与 OpenCV，然后才能编译 Darknet 框架，相对烦琐；在 Jetson 设备上，因为前面使用 Jetpack

安装环境时，已经将 CUDA 工具包、cuDNN 与 OpenCV 都安装好，升级 cmake 版本之后，就能轻松安装 Darknet。

本书使用 Jetson Nano 2GB 作为测试平台，在 Jetpack 4.6.1 以下版本的 cmake 为 3.10 版本，低于上面最后一项要求，因此需要先升级这个编译器。下面指令是目前最简单的升级方式：

```
$ sudo apt autoremove cmake
$ sudo apt install -y snap
$ sudo snap install cmake --classic
```

接下来就可以从开源仓下载源码来安装，请执行以下指令：

```
  # 如果能访问 GITHUB
$ export DL_SITE = https://github.com/AlexeyAB/darknet
  # 如果不能访问 GITHUB
$ export DL_SITE = https://gitee.com/gpus/darknet
$ git clone $DL_SITE
$ cd darknet && gedit Makefile
```

Makefile 为 cmake 编译器的参数配置文件。cmake 是所有开发人员必须了解的一个编译器。修改 Makefile 的几个参数值，然后再执行 cmake 编译指令，就能完成 Darknet 框架的安装。

```
1   GPU=1
2   CUDNN=1
3   CUDNN_HALF=1
4   OPENCV=1
5   OPENMP=1
6   LIBSO=1
    ......
20  ARCH= -gencode arch=compute_35,code=sm_35 \
21        -gencode arch=compute_53,code=[sm_53,compute_53] \
22        -gencode arch=compute_62,code=[sm_62,compute_62] \
23        -gencode arch=compute_72,code=[sm_72,compute_72]
```

以上粗体部分为修改后的参数值，其中 21 ～ 23 行的“53”“62”“72”分别是 Jetson Nano（含 2GB）、Xavier NX 与 AGX Xavier 三种设备的对应值，其他的设定值请参考论文作者在第 27 ～ 58 行所提供的提示。

修改完后请记得存档，然后执行下面的编译指令：

```
$ make -j$(nproc)
$ ./darknet
```

如果出现“usage: ./darknet <function>”信息，就表示安装完成。从开始下载到编译完成大约需要 10 分钟，非常简单。可以执行以下测试指令，进一步确认整个 Darknet 的功能是否能正常执行：

```
$ ./darknet imtest data/dog.jpg
```

如果能出现如图 6-1 所示图像，就表示整个安装与编译是正常的。

图 6-1　检测 Darknet 能否正常执行

接下来就开始用 Darknet 框架进行 YOLO 目标检测算法的各项应用，包括模型训练以及推理识别等。

6.2.2　Darknet 使用说明

在 Darknet 开源仓首页有非常庞大的信息，初接触的使用者很容易迷失在首页而不知如何下手，最好的途径就是直接访问 https://github.com/AlexeyAB/darknet/wiki，或是进入项目顶端的 WIKi 说明手册，这里的编排相对有序，比较容易找到可用信息。

下面就顺着 WIKI 说明手册来讲解 Darknet 开源项目的应用资源。

① Darknet（neural network framework）。下面提供了三个主题。

a. YOLOv4 model zoo：现在非常流行这种“模型动物园”（model zoo）方式，单击链接可以进入模型列表，里面都是 YOLOv4 团队基于 COCO 数据集，针对不同图像尺寸（512/608/416）与不同图像量级所做训练的模型，列表中还记录了不同模型的精确度，最重要的就是“cfg”与“weights”这两栏的内容。

b. FAQ（常见问题）：这是由项目团队整理出来的内容。

c. Google Colab：这是一个国外非常好用且免费的模型训练资源，使用这项资源的读者，能跟着引导的说明与视频，很轻松地在 Colab 上执行 YOLOv4 任务。

② 基本术语（Basic terms）。

a. .cfg 文件：个别神经网络的结构文件，例如 YOLOv4 的结构文件为 yolov4.cfg。前面 model zoo 列表中，每个模型都有对应的 cfg 链接，单击链接即可查看存放这个模型结构内容的文件，在后面训练模型与推理检测时，都是必要的资料。

b. .weights 文件：使用 Darknet 框架所训练的权重模型文件。在 model zoo 列表中都有对应的 weights 链接，这是 Darknet 团队利用实验室设备进行训练的检测用模型，每次训练过程都会产生数十个模型，然后挑选精确度最好的一个提交到这个区，用户可以直接将其用来执行推理，或者作为迁移学习的另一个训练起点。

③ 在 MS COCO 数据集上训练模型与推理评估的性能与精确度。这里提供三个内容：

a. 在 ImageNet (ILSVRC2012) 数据集训练图像分类器（classifier）；

b. 在 MS COCO (trainvalno5k 2014) 数据集上训练 YOLOv4 目标检测器（detector）；

c. 在 MS COCO 数据集上评估 YOLOv4 的精确度与性能。

④ 在其他数据集上训练与评估：这里只有一个基于 Pascal VOC 数据集的实验。

⑤ .cfg 文件中配置参数的含义：这部分是本章非常重要的环节，是整个 YOLO 系列神经网络的灵魂所在，会在后面的示范中针对实际状况进行详细说明。

后面的实验内容会以这个 WIKI 的实验主题为主，对初学者来说很清晰，不至于迷失在首页大量的信息中。

Darknet 框架的执行指令也是“darknet”，目前提供图像分类与目标检测两大功能，图像分类功能以“classifier”作为识别，目标检测以“detector”作为识别，后面再接上个别用途的指令识别字，就完成功能上的组合。表 6-2 简单列出了整理好的指令内容。

表 6-2　Darknet 框架的指令识别字整理

项目	图像分类	目标检测
应用类别指令	classifier	detector
模型训练功能	train	train
推理识别 1	predict	demo（输入源为视频流）
推理识别 2		test（输入源为图像）
评估	valid	valid
设定阈值		-thresh
输出到文件		-ext-output

在指令后面还需要紧跟着 4 个必要的文件，并且按照下面范例指令的顺序排列：

```
$ ./darknet detector demo <1.数据指示文件> <2.神经网络结构文件> <3.神经网络权重模型文件> <4.数据来源> [(可选)其他参数]
```

接下来简单说明这 4 个文件的内容与功能。

① 数据指示文件（*.data）：下面以 cfg/coco.data 文件为例来说明。

```
1  classes= 80
2  names = data/coco.names
3  train  = <完整路径>/trainval.txt
4  valid  = <完整路径>/coco_val_5k.list
5  backup = <完整路径>/backup/
6  eval=coco
```

里面的参数并没有顺序要求，如果是要执行模型训练，则前 5 个元素（eval 以外的）都是必要的；如果是作为检测推理应用，则只会用到 classes 与 names 这两个粗体标示的部分。

a. classes：提供“类别数量”信息，如果使用 80 个分类的 COCO 数据集的模型，那么 classes=80；如果使用 20 个分类的 VOC 数据集的模型，则 classes=20，以此类推。

b. names：指向另一个存放“类别名称”的文件，里面存放的类别名称可参考 data/coco.names 文件，这里有以下几个重点需要注意。

- 这个文件可以放在任何位置，也可以使用任何附加文件名，如 abc.xyz。
- 每行一个类别名称，80 个分类就有 80 行内容。
- 必须按照顺序排列，如果顺序错误，则检测的结果会出错。
- 目前不支持中文名称。

c. train：指向另一个存放训练数据集的列表，假设要作为训练用的图像有 500 张，则列表中就是这 500 张图像的完整路径，如 /home/nvidia/Mask0001.jpg。

d. valid：指向另一个存放校验数据集的列表，规则与 train 的列表相同。

e. backup：存放训练过程所产生的权重模型文件的位置。

② 神经网络结构文件（*.cfg）：存放着该神经网络的模型结构，在 darknet/cfg 目录下已经提供 82 个 .cfg 结构文件，例如对应 YOLOv4 神经网络就有一个 yolov4.cfg 结构文件。后面做示范时，可用所针对的结构文件进行局部参数修改。

③ 神经网络权重模型文件（*.weights）：可以根据对应的结构文件去训练对应的模型，这部分将在下节中的实验中说明。Darknet 项目小组已经基于 COCO 数据集，预训练好非常多的模型，如 yolov4.weights。由于这些权重文件的容量都比较大，原始内容中并未预先下载，等需要的时候再个别下载就行。

④ 数据来源：可以是 .mp4 视频文件、.jpg 图像文件或 USB/CSI 摄像头等输入设备。

准备好以上资料之后，就可以开始示范了。

6.2.3 执行 YOLO 目标检测的推理计算

这个算法最出色的是在目标检测方面的性能与精确度，在算法版本上不仅有 v3 与 v4 之分，还各有标准版与轻量级 tiny 版等不同结构的区别。由于使用 Jetson Nano 2GB 作为示范平台，因此这里使用 v3 与 v4 的 tiny 版进行示范。

下面查看示范所需要的资料：

① 数据指示文件：这里使用 Darknet 目录下的 cfg/coco.data 与 data/coco.names。

② 神经网络结构文件：这里分别需要 yolov3-tiny.cfg 与 yolov4-tiny.cfg，在 cfg 目录下已经预先提供好，只需确认 batch=1 与 subdivision=1 这两个参数的设定值

就可以，其他部分暂时无须修改。

③ 神经网络权重模型文件：请从本书百度网盘中的 CH06/weights 下载 yolov3-tiny.weights 与 yolov4-tiny.weights 两个模型文件。

④ 数据来源：根据个别示范进行调整。

为了缩短操作的指令，请先执行以下设定：

```
$ export V3TINY="cfg/coco.data cfg/yolov3-tiny.cfg yolov3-tiny.weights"
$ export V4TINY="cfg/coco.data cfg/yolov4-tiny.cfg yolov4-tiny.weights"
```

下面开始讲解 3 个示范。

（1）示范 1：对图像文件进行检测

请执行以下指令，分别用 YOLOv3 与 YOLOv4 对 data/dog.jpg 图像进行检测，如图 6-2 所示。对图像文件的目标检测使用“detector test”组合指令：

```
$ ./darknet detector test $V3TINY data/dog.jpg
$ ./darknet detector test $V4TINY data/dog.jpg
```

图 6-2 左边与右边分别是 YOLOv3-Tiny 与 YOLOv4-Tiny 的执行结果，图中正确物体数量是 4 个，YOLOv3-Tiny 虽然检测出 6 个物体，但正确性反倒不如 YOLOv4-Tiny。

图 6-2　YOLOv3-Tiny 与 YOLOv4-Tiny 检测 dog.jpg 的结果

此外，仔细观察左右两张图中所标识的物体位置框，可以看到 YOLOv4-Tiny 的完整度要优于 YOLOv3-Tiny，这也能比较出两种网络在精确度上的差异。

（2）示范 2：对视频文件进行检测

接下来改用视频文件作为数据源，以 VisionWorks 中所提供的视频文件做示范。使用“detector demo”组合指令对视频文件进行目标检测，请执行以下指令：

```
$ ln -s /usr/share/visionworks/sources/data/pedestrians.mp4 pedestrians.mp4
$ ./darknet detector demo $V3TINY pedestrians.mp4
$ ./darknet detector demo $V4TINY pedestrians.mp4
```

图6-3与图6-4显示两种模型的执行差距，在Nano 2GB上的性能是4.6fps左右，但是识别的物件数量是有差距的，特别是对“小物体”的识别，这是YOLO早期版本的硬伤。目前看来在YOLOv4上有不错的改善。

图6-3　YOLOv3-Tiny检测pedestrians.mp4视频的结果

图6-4　YOLOv4-Tiny检测pedestrians.mp4视频的结果

同样地，图6-4中检测出来的物体位置框也比图6-3的检测结果更加精准，再次体现YOLOv4算法的优化效果。

（3）示范3：调用摄像头进行检测

这里需要区分USB摄像头与CSI摄像头的调用方式，与第3章所讲解的用法类似。调用USB摄像头非常简单，只要用“/dev/video<N>”格式作为输入源就行，先确认USB摄像头的编号，然后执行以下指令：

```
$ ./darknet detector demo $V4TINY /dev/video0
```

图6-5所示为用USB摄像头对办公桌面执行目标检测功能，大部分都能正确识别。

调用CSI摄像头的方式已在3.5.2节讲述，即通过nvarguscamerasrc底层库进行调用，并且赋予完整的相关参数，指令如下：

图 6-5　YOLOv4-Tiny 通过 USB 摄像头检测实际环境的效果

```
$ ./darknet detector demo $V4TINY \
  "nvarguscamerasrc ! video/x-raw(memory:NVMM),width=1920,height=1080,\
  format=NV12, framerate=21/1 ! nvvidconv flip-method=2 \
  ! video/x-raw, width=1280, height=720, format=BGRx \
  ! videoconvert ! video/x-raw, format=BGR ! appsink "
```

这样就能对 CSI 摄像头中的画面执行目标检测功能。

通过以上三个基础的示范讲述了 Darknet 框架所能执行的操作，读者请自行尝试使用其他模型，体验一下不同的效果与性能。

6.3　用 Darknet 训练 YOLO 口罩识别模型

学会“模型训练”才能掌握神经网络算法的基础知识，本节的重点就是基于 YOLO 神经网络，带着读者使用 Darknet 框架，训练比较贴近生活的“戴口罩识别”的目标检测模型。

在第 5 章已经讲过，执行模型训练需要数据集、计算设备与神经网络算法三大要素。在第 5 章已经对通用数据集做了简单的说明，在 5.5 节也讲解了标注格式的转换，这里就不再重复；计算设备的部分，由于 Jetson Nano（含 2GB）的计算性能较差，如果真用来进行模型训练，会耗费相当多的时间，至少都是十多个小时，因此在装有 GPU 卡的 x86 设备上训练更加合适，至少也要在 Jetson AGX Xavier 或 Xavier NX 上训练，耗费时间也都是可接受的范围。

神经网络算法部分，这里使用 Darknet 框架与 YOLO 神经网络的组合。Darknet 开源项目已经为我们提供了绝大部分的 YOLO 网络结构文件，在～/darknet/cfg 下面可以找到，可以直接基于标准结构文件进行小幅度的参数修改，剩下的就是执行训练指令。

如果要在 x86 设备上执行 Darknet 开源项目，需要先自行安装好 NVIDIA GPU 驱动、CUDA 开发环境、cuDNN 开发库与 OpenCV 等环境，这些安装教程都能在网上找到，但因为版本更新太快，在网上搜索时最好挑选一年内发布的信息。当这些安装好之后，参考 6.2.1 节的 Darknet 安装步骤安装就可以了。

接下来按照“整理数据集→格式转换→训练模型→测试识别效果”这个标准流程执行，开始这部分的实验内容。

6.3.1 在 Jetson 使用 YOLOv4-Tiny 训练模型

英伟达 Jetson 系列设备主要用于边缘端的 AI 推理计算，除了 AGX Xavier 的计算性能还可以之外，其他包括 Xavier NX 与 Nano（含 2GB），要进行模型训练都是非常吃力的。

YOLO 团队已经用 80 类的 COCO 数据集以及 9000 类的 ImageNet 数据集训练了非常多种类的 YOLOv4 模型，这两个数据集都非常庞大，光下载都要花上很多时间，在模型训练时也需要耗费几天几夜的时间，即便用 20 类的 Pascal VOC 数据集，也需要耗费十多个小时。

为了便于大家在 Jetson Nano（含 2GB）上进行 YOLO 的模型训练实验，这里挑选一个 2 类、600 张图像的“戴口罩”识别的数据集，一则快速简便，二则实用性强，训练好之后就能立即应用在实际生活的场景。

这个数据集已经上传到本书百度网盘 CH06 目录下的 maskYolo.zip（513MB）压缩文件，请自行下载到本地的～ /darknet 目录下，执行以下解压缩指令：

```
$ unzip  maskYoloForBook.zip
```

会生成 maskYolo 目录，主要分为以下几部分。

① 数据集：按照 Pascal VOC 目录结构与标注格式存放。

- Annotations 目录：存放所有（620 个）VOC 格式的 .xml 标注文件；
- ImageSets/Main 目录：存放 trainval.txt 训练数据列表与 test.txt 校验数据列表；
- JPEGImages 目录：存放所有（620 张）训练与校验用的 .jpg 图像文件。

② 代码 0_vocDataProcess.py：针对当地路径，将 VOC 标注文件转换成 YOLO 格式，并生成训练用的 .data 配套指示文件。

③ 6 个脚本文件：即 1 ～ 6 开头的 .sh，用于模型训练、推理检测、精确度测试等。

④ 2 个网络结构文件：yolov4-mask.cfg 与 yolov4-tiny-mask.cfg 分别为 YOLOv4 与 YOLOv4-Tiny 版本的网络结构文件，已针对 maskYolo 项目进行优化过。

⑤ 2 个 .mp4 测试视频文件：maskPedTest1.mp4、maskPedTest2.mp4。

⑥ 2 个预训练分类器：针对 YOLOv4 的 yolov4.conv.137 分类器与针对 YOLOv4-Tiny 的 yolov4-tiny.conv.29 分类器，这是结合迁移学习功能的用法，能有效减少训

练的时间，并确保精确度。

⑦ 4 个 .weights 权重模型文件：除了 yolov4.weights 与 yolov4-tiny.weights 这两个由 Darknet 提供的模型之外，另外的 yolov4-tiny-mask-416-nano.weights 是在 Nano 2GB 上用 YOLOv4-Tiny 训练的模型。

下面就可以根据这些资源，轻松地在 Jetson 设备或 x86 电脑上训练出效果很好的口罩识别模型。

6.3.2 整理数据集与格式转换

这是所有模型训练的第一步，这里提供的数据集是以 VOC 标注格式存放的 .xml 文件，在 5.5.2 节已经说明其标框（bounding box）格式是［xmin, ymin, xmax, ymax］，而 YOLO 的标框是以图 6-6 所示格式表示，其中［center_x, center_y, width, height］都是以“相对于图像长宽的比例”形式呈现，这与它的算法原理有密切关系，想了解细节的可以参考 YOLO9000 论文，里面有详细的说明。

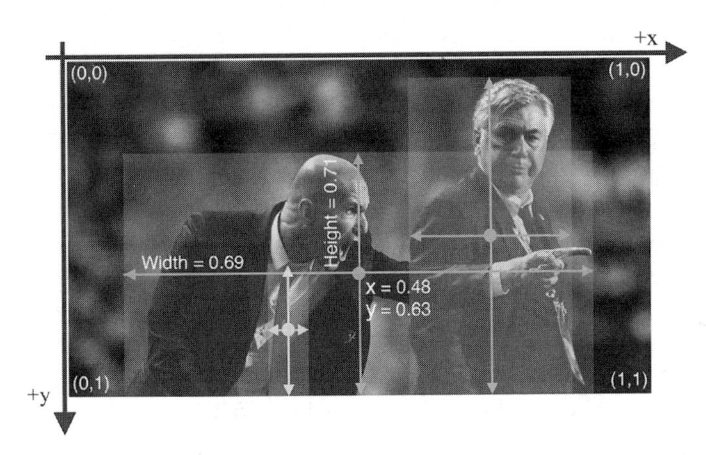

图 6-6　YOLO 的标框格式

在～/darknet/script 中有一个 voc_label.py 转换工具，但代码中设定的路径部分比较僵化，通用性不强。我们以这个工具为基础改写成 0_vocDataProcess.py 代码，不仅执行标准文件的转换，同时也为我们生成所需要的 .data 项目指示文件、.names 类别名文件、trainval.txt 训练数据列表及 test.txt 校验数据列表等文件，一次将所需要的文件处理好。

简单地在 maskYolo 目录下执行以下指令，就能完成上述任务：

```
$ python3 0_vocDataProcess.py
```

执行指令之后，会增加“labels”与“backup”两个目录，如表 6-3 所示，其中 labels 目录存放 Annotations 目录下 .xml 标注内容所转换成 YOLO 格式的 .txt 文件，而 backup 文件夹则存放模型数据。

表 6-3　工具执行前后的内容比较

执行前	执行后
maskYolo ├── Annotations（620） ├── ImageSets │　　└── Main（2） └── JPEGImages（620）	maskYolo ├── Annotations（620） ├── ImageSets │　　└── Main（2） ├── JPEGImages（620） ├── labels（620） └── backup（0）

此外，还会生成以下四个文件：

① proj.data：项目的指示文件，内容如下，根据实际路径与类别生成。

```
classes= 2
names = /home/nvidia/project/maskYolo/proj.names
train = /home/nvidia/project/maskYolo/trainval.txt
val   = /home/nvidia/project/maskYolo/test.txt
backup= /home/nvidia/project/maskYolo/backup
```

② proj.name：存放类别的文件，根据脚本中设定的类别所产生的内容如下。

```
Mask
No_Mask
```

③ trainval.txt：从 ImageSets/Main 下读取 trainval.txt 内容，加上完整路径后所写入的列表，通过 proj.data 中“train=”指定给 Darknet 在训练模型时使用。

④ test.txt：从 ImageSets/Main 下读取 test.txt 内容，加上完整路径后所写入的列表，通过 proj.data 中“val=”指定给 Darknet 在校验模型时使用。

trainval.txt 与 test.txt 的内容转换效果如图 6-7 所示，左边是转换前的文件名列表，但是 Darknet 无法识别，必须转换成右边的完整路径文件名，才能被 Darknet 框架读入系统进行训练。

原内容只有“编号”　　**转换成“完整路径文件名”，才能被 Darknet 框架使用**

图 6-7　trainval.txt 与 test.txt 转换前后的差别

以上就是 0_vocDataProcess.py 代码所做的工作，这段代码已经能适应大部分状况，如果要将其他 VOC 格式转成 YOLO 格式，只要自行修改下列设定，就能轻松转化成所需要的路径与文件名称。

下面列出 0_vocDataProcess.py 第 10 ～ 25 行的设定与注解：

```
10    ### Begin 可修改的相关名称
11    projName= "maskYolo"                                    # 项目名称
12    classes = ["Mask", "No_Mask"]                           # 项目类别内容
13    workFolder     = os.getcwd()
14    annoFolder     = workFolder+"/Annotations"
15    dataFolder     = workFolder+"/JPEGImages"
16    imgSetsFolder = workFolder+"/ImageSets/Main"
17    trainList       = "trainval.txt"                        # 训练文件列表名
18    valList              = "test.txt"                       # 校验文件列表名
19
20    labelFolder   = workFolder+"/labels"                    # 存放 YOLO 标注文件的目录
21    backupFolder= workFolder+"/backup"                      # 存放模型训练过程的权重文件
22
23    projData         = projName+".data"                     # 项目的指示文件
24    projNames        = projName+".names"                    # 项目的类别文件
25    ### end 可修改的相关名称
```

请根据自己的实际状况去修改这些路径与文件名，至于后面将 VOC 标注格式转换成 YOLO 格式的部分，是以～ /darknet/script/voc_label.py 为基础进行修改的，代码相对简洁，读者可以参考，可自行修改成其他的格式转换工具。

6.3.3 修改 YOLOv4-Tiny 网络结构文件

这个步骤是整个模型训练过程的灵魂，在 darknet/cfg 中总共有 82 个 .cfg 网络结构文件，我们只挑选 YOLOv4 与 YOLOv4-Tiny 两种主要的网络结构进行训练。前面已经提过，YOLOv4-Tiny 版是针对轻量级计算设备的精简版本，为了确保在 AI 边缘计算设备上的计算性能，就必须牺牲识别的精确度，这是无可厚非的。

这里的示范选择以 darknet/cfg 中的 yolov4-tiny-customer.cfg 为目标网络结构文件，因为 yolov4-tiny.cfg 针对 80 类的 COCO 数据集进行多项参数优化，需要修改的部分较多。为了保持原本结构文件的完整，请执行以下指令，然后复制到项目中：

```
$ cd  ~ /darknet/
$ cp  cfg/yolov4-tiny-customer.cfg  maskYolo/yolov4-tiny-mask.cfg
```

接下来就编辑 yolov4-tiny-mask.cfg 中的几个参数，以下的参数修改原则，适用于 YOLO 各版本的 tiny 网络结构，包括 YOLOv3-Tiny 与 YOLOv4-Tiny：

① batch 与 subdivision：这两个参数极为重要，严重影响到训练所需要的时间。

- batch：积累多个样本后进行一次处理，并非传统意义的 batch_size。
- subdivision：将一个 batch 的图像分 subdivision 次完成网络的前向传播。

这里需要讲解一下这两者的关系：

a. 例如 batch=64，subdivision=16 时，表示训练过程中每次都加载 64 张图像进行存储，再分 16 次 ÷ 每次 4 张完成前向传播。传统意义上的 batch_size，在这里就是 batch÷subdivision 的值。

b. 前向传播的循环过程中累加 Loss 求平均，待 64 张图像都完成前向传播后，再一次性后传更新参数。

c. batch 值须根据“显存”占用情况调整，并非越大越好，例如在 8GB 显存的 RTX2070 上训练 YOLOv4 模型时，设定“batch=64/subdivision=16”所需的时间是“batch=8/subdivision=2”的 3 倍以上。

d. 经过实际测试结果，在 Jetson 设备上与 RTX 系列计算卡上时，batch=8 能在训练模型时消耗较少的时间。

e. 在推理测试时，将 batch 和 subdivision 都设为 1，避免发生错误。

② 网络输入尺寸：由参数 width 与 height 决定，二者的数值必须一致。

a. 必须是 32 的倍数，最常见的设定值为 608、512、416 或 224。

b. 这个数值对训练时间的影响也很大，在 Jetson 设备上推荐用 416。

③ 执行步数：由 max_batches 与 steps 两个参数决定。

a. max_batches 由“类别数量”决定，原则为“类别数 ×2000+200”。

b. 在“戴口罩识别”的两个数据集中，这个数值设为 4200。

c. steps 参数设为 max_batches 的 80% 与 90% 的数值，因此本实验修改 steps=3360 或 steps=3780。

④ 设定类别数：由参数 classes 决定，在 yolov4-tiny-mask.cfg 里有两处，用本书编辑器的搜索功能输入关键字“classes”就能找到，然后改为“classes=2”。

⑤ 输出过滤器：由参数 filters 决定，这个部分的修改比较容易出错，请按照以下说明修改：

a. 由于每个卷积层与输出层都有一个 filters 参数，因此在 yolov4-tiny-mask.cfg 中共有 21 个 filters 设定位置，但真正需要修改的只有 2 个“输出层”过滤器，因为其受到 classes 参数影响。

b. 需要修改的 filters 参数的位置与 classes 的位置几乎捆绑在一起，也就是 classes 参数往上数 7 ～ 8 行，会看到一个“filters= 非 2 的幂”设定，这就是我们要修改的地方，如粗体部分所示：

```
    ......
212 filters=21              # 修改这里，filters=3×(classes+5)
    ......
217 [yolo]
219 anchors = 1014,  2327,  3758,  8182,  135169,  344319
220 classes=2               # 修改这里
    ......
```

```
263    filters=21              # 修改这里 , filters=3×(classes+5)
265
266    [yolo]
268    anchors = 1014,  2327,  3758,  8182,  135169,  344319
269    classes=2               # 修改这里
```

c. 最终给定这个数值的计算公式为“filters=3×(classes+5)”，本实验 classes=2，于是 filters=21。

完成以上的参数值修改之后，就可以进入下一个阶段，执行这个“戴口罩识别”的 YOLO 的模型训练。

这里所列出的是最关键的参数，至于其他参数的设置，请参考 https://github.com/AlexeyAB/darknet/wiki 网页右边栏中的“CFG Parameters in the [net] section”与“CFG Parameters in the different layers”，有详细的说明。

6.3.4 执行训练模型的步骤

如果前面的准备工作都已完成，接下来就是执行训练指令，然后等待结果。不过 Darknet 提供迁移学习的功能，可以在某些预训练模型基础上继续训练，如此可以有效减少训练时间，并提高识别的精确度。

在前面解压缩 maskYolo.zip 后的文件中，有一个 yolov4-tiny.conv.29 文件，就是针对 YOLOv4-Tiny 网络结构的预训练分类器模型，我们可以借助它来训练口罩识别的检测模型。

在解压缩后的文件中有一个 1_trainTiny.sh，就是训练 tiny 版模型的指令，内容如下：

```
       # 请修改前两个变量
1      DARKNET= ~ /darknet
2      PROJ=maskYolo
3      cd $DARKNET
4      time  ./darknet  detector  train  $PROJ/mask.data  $PROJ/yolov4-tiny-mask.cfg
       $PROJ/yolov4-tiny.conv.29
```

为了提高通用性以及减少输入指令的困扰，我们将脚本设计成用“环境变量”来处理的方式，最前面两行的 DARKNET 与 PROJ 变量，分别代表 Darknet 安装目录与本实验项目的路径，修改这两部分之后，在命令行中执行以下指令就可以了：

```
$  ./1_trainTiny.sh
```

脚本中第四行最开头加入 time 指令的目的，是为这个步骤提供“计时”的功能，这样就能衡量该过程需要耗费多少时间。

如果前面 yolov4-tiny-mask.cfg 都使用我们所提供的参数设定值，在 Nano 2GB 上的训练时间大约是 100 分钟，还是在可接受的范围之内。

训练过程中会显示“损失（Loss）走向图”，如果过程的线型很平顺（图 6-8），而且低于 2%，则后面的检测效果会很好；如果线型在某个区间振荡（图 6-9），通常模型效果并不理想，因此看到这种状况可以提前中断，检查各项参数之后再重新执行训练工作，以免浪费时间。如果不想显示这个图，在指令最后面加上“-dont_show”参数就可以了。

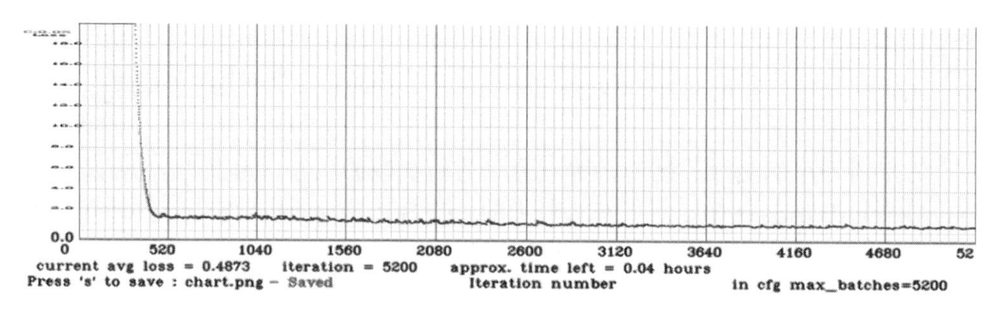

图 6-8　Darknet 训练模型过程，显示的 Loss 走向图很平顺

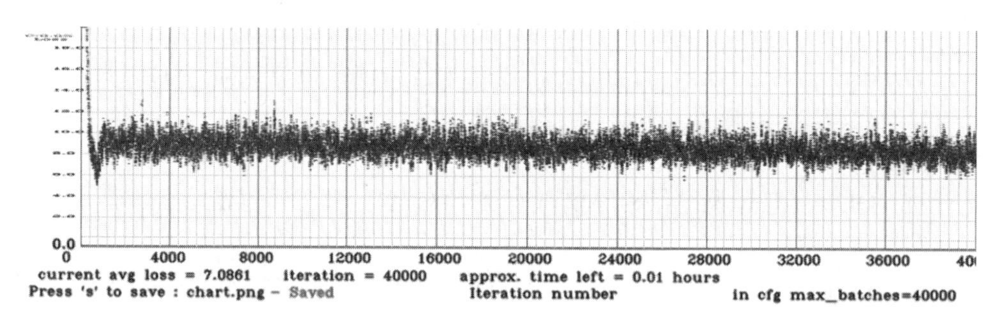

图 6-9　Darknet 训练模型过程，显示的 Loss 不平顺

在 yolov4-tiny-mask.cfg 中 max_batches 参数前面有个 burn_in 参数，用于设定“每多少次就存一个权重模型文件”，给定值为“1000”，代表每训练 1000 次就在 maskYolo/backup 文件夹中存一次权重模型文件，模型的名称以结构名称为主，本实验会生成如下的权重模型文件：

```
backup
├── yolov4-tiny-mask_xxxx.weights        # 第 xxxx 回合训练的模型文件
......
├── yolov4-tiny-mask_final.weights       # 最终的模型文件
└── yolov4-tiny-mask_last.weights        # 当下最新的模型文件
```

其中，yolov4-tiny-mask_last.weights 是“当下”的最新文件，例如执行到第 528 次训练时，yolov4-tiny-mask_last.weights 为第 528 次的权重模型文件；执行到第 1001 次时，会生成 yolov4-tiny-mask_1000.weights，此时 yolov4-tiny-mask_last.weights 为第 1001 次的模型文件，以此类推。

因此，yolov4-tiny-mask_last.weights 是动态的，如果 max_batches=4200，整个

训练过程就会更新 4200 次。至于 yolov4-tiny-mask_final.weights，则会在完成本次全部训练之后产生，只会生成一次，但如果训练过程被中断，就不会生成这个文件，此时就以 yolov4-tiny-mask_last.weights 为最终版本。

如果在训练的过程中遇到下面两种情况，则有不同的应对方式。

（1）恢复训练

训练过程被异常中断，如 Ctrl+C 或停电，请执行以下指令恢复训练：

```
$ ./darknet detector train maskYolo/mask.data maskYolo/yolov4-tiny-mask.cfg
  maskYolo/backup/yolov4-tiny-mask_last.weights
```

Darknet 会从上次中断的地方再继续往下训练，包括出现的 Loss 走向图也是从断点的地方继续显示。

（2）延长训练

如果执行推理检测后，认为模型的准确度不高，希望延长训练次数来提高精确度，这时需要增加一个步骤，即将 yolov4-tiny-mask.cfg 的 max_batches 值增大，如从原本的 4200 增加到 6000。

执行前面同样的指令，Darknet 能识别出 yolov4-tiny-mask_last.weights 是第 4200 次的结果，然后从 4201 次接着训练到 6000 次为止。

Darknet 框架可以在任意点重启训练，也可以无限次地延长训练，所以不用担心模型训练不好就要重头开始，操作是非常轻松的。

以上就完成了在 Jetson Nano 上执行“戴口罩识别”YOLOv4-Tiny 的模型训练工作，这个流程适用于任何带有 GPU 计算单元的设备，包括 AGX Xavier、Xavier NX 以及装有 GPU 卡的 x86 电脑。

6.3.5　检测口罩识别模型的效果与性能

训练好模型之后，接下来就是测试模型的效果与性能。在 maskYoloForBook.zip 压缩文件中提供了 3_demoTiny.sh 测试用脚本与 maskPedTest1.mp4 与 maskPedTest2.mp4 两个测试视频，首先查看这个脚本的内容：

```
  # 请修改前两个变量
1 DARKNET= ~ /darknet
2 PROJ=maskYolo
3 cd  $DARKNET
4 ./darknet detector demo $PROJ/mask.data $PROJ/yolov4-tiny-mask.cfg $PROJ/
  yolov4-tiny-mask-416-nano.weights  $PROJ/maskPedTest1.mp4
```

这里使用我们预先训练好的 yolov4-tiny-mask-416-nano.weights 模型，也可以改成训练好的 backup/yolov4-tiny-mask-last.weights 模型，来测试实际的效果与性能。

图 6-10 所示是用 Jetson Nano 训练的 yolov4-tiny-mask-416-nano.weights 模型

的效果，可以看出对小目标的识别效果已经相当好，右边指令框中显示在 Nano 2GB 上的平均性能（AVG_FPS）也能达到 12 帧 / 秒以上。

图 6-10　用 Jetson Nano 训练的 YOLOv4-Tiny 版本口罩识别模型的效果

这个模型只用了 600 张图像，在 Jetson Nano 上用 YOLOv4-Tiny 轻量版网络结构，经过大约 120 分钟的训练，就能得到这样令人惊羡的效果与性能，这是 YOLO 算法得到青睐的原因。

至于准确度的评估，不能只靠目测的方法，必须依靠工具的精准测试。Darknet 提供这样的指令，就是在 detector 后面接上 map 组合指令，最后再用“-point”参数去指定检测的种类。目前 Darknet 提供了三种设定值，如下所列：

```
Set -points flag:
   '-points 101' for MS COCO
   '-points 11' for PascalVOC 2007 (uncomment 'difficult' in voc.data)
   '-points 0' (AUC) for ImageNet, PascalVOC 2010-2012, your custom dataset
```

我们提供的 5_mapTiny.sh 就是用来检测 YOLOv4-Tiny 网络模型的指令，不过在测试之前，需要将检测用（val）的文件列表 test.txt 复制到～ /darknet/data/train.txt，这个是 Darknet 已经在 C 代码中固定的路径文件名。下面查看 5_mapTiny.sh 的完整内容：

```
  # 请修改前两个变量
1 DARKNET= ~ /darknet
2 PRJ=maskYolo
3 cd $DARKNET
4 cp $PROJ/test.txt data/train.txt
5 ./darknet  detector  map  $PRJ/proj.data  $PRJ/yolov4-tiny-mask.cfg $PROJ/yolov4-
  tiny-mask-416-nano.weights  -point  11
```

同样地，脚本中预设了检测 yolov4-tiny-mask-416-nano.weights 模型，请修改成自己训练的模型，例如 backup/yolov4-tiny-mask-last.weights。测试结果如下：

```
[yolo] params: iou loss: ciou (4), iou_norm: 0.07, obj_norm: 1.00, cls_norm: 1.00,
delta_norm: 1.00, scale_x_y: 1.05
nms_kind: greedynms (1), beta = 0.600000
Total BFLOPS 6.789
avg_outputs = 299797
  Allocate additional workspace_size = 26.22 MB
Loading weights from maskYolo/yolov4-tiny-mask-416-nano.weights...
  seen 64, trained: 40 K-images (0 Kilo-batches_64)
Done! Loaded 38 layers from weights-file

  calculation mAP (mean average precision)...
  Detection layer: 30 - type = 28
  Detection layer: 37 - type = 28
64
  detections_count = 448, unique_truth_count = 121
class_id = 0, name = Mask, ap = 95.17%     (TP = 53, FP = 15)
class_id = 1, name = No_Mask, ap = 94.80%         (TP = 61, FP = 7)

  for conf_thresh = 0.25, precision = 0.84, recall = 0.94, F1-score = 0.89
  for conf_thresh = 0.25, TP = 114, FP = 22, FN = 7, average IoU = 67.08 %

  IoU threshold = 50 %, used Area-Under-Curve for each unique Recall
  mean average precision (mAP@0.50) = 0.949834, or 94.98 %
Total Detection Time: 5 Seconds
```

倒数第二行中显示这个模型的 mAP（平均精确度），这是通过工具计算出来的结果，更具有可信度。

同样地，测算一个模型的性能也非常简单，只需要在 detector demo 组合指令最后加上 -benchmark 参数。

```
$ ./darknet detector demo maskYolo/proj.data maskYolo/yolov4-tiny-mask.cfg
  maskYolo/yolov4-tiny-mask-416-nano.weights -benchmark
```

最终显示的结果如下（AVG_FPS 是指平均的识别性能）。

```
FPS:16.4        AVG_FPS:16.3
Objects:
```

有人可能会发现，用 -benchmark 显示的性能比读取视频时更高，这是因为少了视频读入与显示的过程。

到这里，已经完成 Darknet 对模型的精确度与性能的测试。同样地，这些指令适用于其他不同的硬件设备，包括 Jetson 全系列产品与装有 GPU 计算卡的 x86 电脑，整个流程也适用于 YOLO 其他种类的网络结构，读者可以试着用在其他模型上。但根据实际测试的结果，在 Nano（含 2GB）上只能进行 tiny 版本的模型训练，在 Xavier NX 与 AGX Xavier 上可以进行 YOLOv3/v4 的模型训练。

6.4 调用 Darknet 的 Python 接口提取识别内容

经过前面的实验，相信读者已经感受到 YOLO 算法的识别效果与性能，以及训练模型的便利，但在进行工程部署时，会面临很大的问题，因为必须“获取识别的类别信息”，才能去执行触发应对动作的指令，否则一切都止步于“惊叹 YOLO 识别效果”的阶段，无法再往下进行。

如果是 C 语言的熟手，可以在～ /darknet/src/demo.c 第 264 行“while（1）”循环中提取到识别的内容并加以利用，但如果是不熟悉 C 语言的读者，该如何解决呢？

还好 Darknet 中提供了 Python 的接口，只需要 libdarknet.so 与 darknet.py 这两个关键文件就可以了。直接执行“python3 detect.py”就能检测这个 Python 环境是否完整。如果出现错误，请检查编译 Darknet 时，Makefile 的 LIBSO 参数是否开启（设定为 1），如果未开启，请修改完后执行“make clean && make”重新编译一次。

我们可以建立一个新的目录来执行接下来的 Python 任务，例如～ /pyDarknet，然后配置相同的操作环境，减少代码的修改量。请执行以下指令来建立这个实验环境：

```
$  mkdir  -p  ~ /pyDarknet/cfg  ~ /pyDarknet/data
   # 将所需要的文件复制到~ /pyDarknet 下
$  cp  libdarknet.so  darknet.py  darknet_video.py  darknet_images.py  yolov4.weights
   yolov4-tiny.weights  ~ /pyDarknet
$  cd  cfg && cp  coco.data  yolov4.cfg  yolov4-tiny.cfg  ~ /pyDarknet/cfg
$  cd .. && cp  data/coco.names  ~ /pyDarknet/data
$  cd  ~ /pyDarknet
```

接下来就在新的目录中进行以下实验。这里有两个 Python 的应用代码。

① darknet_video.py：这是针对“视频流”数据的推理检测的 Python 代码，也是在 6.4.1 节要说明的内容。

② darknet_images.py：这是针对“图像”数据的推理检测的 Python 代码，原理与 darknet_video.py 相近，就不再重复了。

接下来就先讲解 darknet_video.py 代码的用法，然后用 darket_images.py 代码进行识别内容的提取，最后将这个流程复现到 darknet_video.py 上。

6.4.1 darknet_video.py 的使用方法

一开始先从帮助信息着手，请执行以下指令：

```
$ cd ~/pyDarknet
$ python3 darknet_video.py --help
```

这里将帮助信息整理成表（表 6-4），让读者更容易理解与使用。

表 6-4　darknet_video.py 的参数表

参数	类型与功能定义	预设值
--input	字符串，数据流来源	0：第一个 USB 摄像头
--out_filename	字符串，存储检测结果的视频文件	不存
--weights	字符串，指定权重模型文件	yolov4.weights
--dont_show	给定时为“不显示”	不给定：显示
--ext_output	给定时显示的信息会包括标框坐标与宽高	不给定：不显示
--config_file	字符串，指定网络结构文件	yolov4.cfg
--data_file	字符串，指定项目指示文件	cfg/coco.data
--thresh	浮点数，给定阈值以过滤置信度过低的识别	.25

如果不提供 --weights、--config_file、--data_file、--thresh 设定值，就使用 Darknet 提供的 yolov4.weights 权重模型文件、yolov4.cfg 结构文件、cfg/coco.data 指示文件与 .25 的阈值。执行以下指令，会得到图 6-11 所示的结果。

```
$ ln -s /usr/share/visionworks/sources/data video_Data
$ python3 darknet_video.py --input video_Data/pedestrians.mp4 --ext_output
```

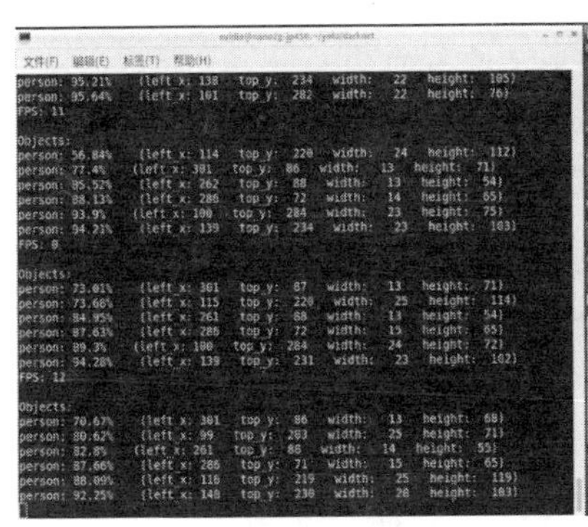

图 6-11　用 darkent_video.py 进行目标检测，启用 --ext_output 参数

如果是使用自己训练的模型，例如口罩识别模型，就需要对 --weights、--config_file、--data_file 这三个参数提供明确的设定值，执行指令如下：

```
$ PRJ=/home/nvidia/maskYolo    # 完整路径
$ python3 darknet_video.py    --config_file $PRJ/yolov4-tiny-mask.cfg
  --data_file $PRJ/proj.data --weights $PRJ/backup/yolov4-tiny-mask-last.weights
  --input video_Data/pedestrians.mp4
```

至于 darknet_images.py，则是以图像为主的检测工具，支持 .jpg、.jpeg、.png 三种格式，输入源可以是单张图像、文件夹或列表文件，其他参数与 darknet_video.py 都是一样，读者可以自行实验。

6.4.2 修改 darknet_images.py 获取所识别物体的信息

在工程实验阶段，我们必须从识别的结果中找到“特定”物体，例如在电梯监控视频中检测到“电瓶车”，在公园环境中检测到“狗”，在口罩识别中检测到“未戴口罩的人”等，当检测到这些指定的物体出现时，就让系统启动应对机制，通常是“警告提示”，将信息发送到执行人员能随时收到的设备上。

因此“获取所识别物体信息”这项功能是非常重要的。经过一番搜索之后，我们在 Darknet 的 src/demo.c 中找到了这个功能的代码，但因为牵涉到整个 Darknet 的调用架构，任何的修改都可能牵出其他的错误，因此并不建议如此操作。

而 darknet.py 提供的 Python 封装接口，是可以做修改的，因为这部分的更改并不会影响 Darknet 框架的其他部分，会让事情变得非常单纯。为了协助读者理解，这里不会一开始就告诉大家该如何修改代码，而是一步一步提供操作的逻辑，这样更有助于读者根据自己的实际需求去进行改写。

为了简化这个过程，我们先以 darknet_images.py 检测单张图像的方法作为起步，找到需要修改的地方之后，再根据我们设定的条件进行修改与测试，最后将这些修改套用到 darknet_video.py 做最后的测试，如此完成一个修改的周期。

接下来请根据以下步骤去执行。

（1）找到存放物体信息的数组

根据经验，这个数组一定与“detect”功能有关。在 detect_images.py 代码中，找到以下代码，用于存放识别后的数据。

```
113    detections=darknet.detect_image(network, class_names, darknet_image, thresh=thresh)
```

在这行代码下方添加“print(detections)”之后，执行以下指令进行测试：

```
$ python3 darknet_images.py --input data/dog.jpg --ext_output
```

这条指令所检测的图像就是著名的“YOLO 狗”，其他参数都用与 darknet_video.py 相同的预设值，执行完后在指令终端出现以下信息。

```
u[('pottedplant', '34.12', (553.67724609375, 139.22903442382812, 28.803882598876953,
47.76386260986328)), ('truck', '91.7', (454.5666198730469, 130.0654754638672,
174.86892700195312, 98.58138275146484)), ('bicycle', '92.23', (271.85296630859375,
292.2637634277344, 362.59912109375, 315.6098327636719)), ('dog', '97.89',
(174.88055419921875, 404.4479675292969, 146.1166534423828, 334.05377197265625))]
```

经过整理，出现以下四组数据：

```
u[
('pottedplant', '34.12', (553.67724609375, 139.22903442382812, 28.803882598876953,
47.76386260986328)),
('truck', '91.7', (454.5666198730469, 130.0654754638672, 174.86892700195312,
98.58138275146484)),
('bicycle', '92.23', (271.85296630859375, 292.2637634277344, 362.59912109375,
315.6098327636719)),
('dog', '97.89', (174.88055419921875, 404.4479675292969, 146.1166534423828,
334.05377197265625))
]
```

可以看到上面数组数据与图 6-12 所示的最后检测结果是一致的，表示我们找到了对的地方，可以好好加以利用。

```
Objects:
pottedplant: 34.12%    (left_x: 554   top_y:  139   width:   29   height:  48)
truck: 91.7%    (left_x: 455   top_y:  130   width:   175   height:  99)
bicycle: 92.23%    (left_x: 272   top_y:  292   width:   363   height:  316)
dog: 97.89%    (left_x: 175   top_y:  404   width:   146   height:  334)
FPS: 1
```

图 6-12　数组 darknet_images.py 执行检测结果

（2）确认要提取的栏位

在“detections =......”代码下面加入“print(detections)”之后，一次将整个数组打印出来。要将数组进一步拆解，请用以下代码取代“print(detections)”：

```
114    # print(detections)
115    for obj in detections :
116        print(obj)
```

存档后再次执行以上指令，得到图 6-13 所示的结果。

```
Loaded - names_list: data/coco.names, classes = 80
('pottedplant', '34.12', (553.67724609375, 139.22903442382812, 28.803882598876953, 47.76386260986328))
('truck', '91.7', (454.5666198730469, 130.0654754638672, 174.86892700195312, 98.58138275146484))
('bicycle', '92.23', (271.85296630859375, 292.2637634277344, 362.59912109375, 315.6098327636719))
('dog', '97.89', (174.88055419921875, 404.4479675292969, 146.1166534423828, 334.05377197265625))
```

图 6-13　数组 darknet_images.py 执行检测结果

下面将 detections 数组加以拆解，确认与类别名有关的栏位是“[0]”。本范例中的 obj[0] 就是存放类别名的栏位，后面只要基于这部分进行过滤就可以了。

（3）设定要找的类别

这部分也很简单，就是在开始设定一个 select 变量并给定固定字符串，例如“select=['dog', 'bicycle']”，然后将前面的代码改成如下代码：

```
       select = ['dog', 'bicycle']
       ......
114    for obj in detections :
115    if obj[0] == select :
116    print("!!!!! Hello Good ",obj[0]," !!!!!")
```

执行指令后，在输出信息中出现以下结果：

```
!!!!! Hello Good  bicycle  !!!!!
!!!!! Hello Good  dog  !!!!!
```

表示我们的处理步骤是正确的。

（4）将特定类别列入参数列表中

为了提高代码的可用性，添加参数是比较好的方式。请按照这里的步骤修改代码：

```
    # 1. 在 "def parser():" 内添加以下参数：
34  parser.add_argument("--select", type=str, default="")
    # 2. 在 def image_detection() 函数最后添加 "select" 参数，代码如下：
100 def image_detection(image_path, network, class_names, class_colors, thresh, select):
    # 3. 在 def main() 中 image_detection() 函数调用的最后加入 args.select 参数：
222 image, detections = image_detection(
    image_name, network, class_names, class_colors, args.thresh, args.select )
```

执行如下指令，查看会得到怎样的结果：

```
$ python3  darknet_images.py  --input  data/dog.jpg  --select  "dog, truck"
```

如果得到预期的结果，就表示这个流程是可行的，接下来就将这些调整过程复现在 darknet_video.py 代码中。

6.4.3 用 darknet_video.py 获取识别物件信息

视频流是物件识别应用的主战场，所以先前获取识别物件信息的步骤，也可以应用在 Darknet 提供的针对视频源的代码中。

6.4.2 节已经清楚说明了原理，这里不再重复，将需要修改或增加的代码，直接列在下面就可以，请自行手动处理，这样可以提高对代码的认知程度。不过要记住，Python 是使用“空格数”去控制代码段，下面所提供的代码会忽略“空格数”，请读者在代码中自行加入合适的空格数，否则执行过程中会产生错误。

下面是修改后的 darknet_video.py 代码内容：

```
    # 1. 在 "def parser():" 最后添加 --select 参数：
28  parser.add_argument("--thresh", type=float, default=.25,
                        help="remove detections with confidence below this value")
30  parser.add_argument("--select", type=str, default="")
    # 2. 在 def inference() 最后添加 "select" 参数，代码如下：
123 def inference(darknet_image_queue, detections_queue, fps_queue, select):
    # 3. 在 def inference() 最后添加一个 for 循环，打印所有物体信息：
129 for obj in detections:
130 if obj[0] in select : print("!!!!! Hello Good ",obj[0]," !!!!!")
131 fps_queue.put(fps)
```

```
182	# 4. 在def main()中image_detection()函数调用的最后面加入args.select参数:
	Thread(target=inference, args=(darknet_image_queue, detections_queue, fps_queue,
	args.select)).start()
```

这样就能完成视频数据的检测，并且在第129、130行抓取到自己设定的需要的类别数据。可以将这里的代码改成自己要的动作（action），例如传送指令给自动控制设备、自动车的电机控制板，或者传送短信到管理员的手机。

执行以下指令，查看能不能获取特定类别的数据：

```
$ python3 darknet_video.py --config_file cfg/yolov4-tiny.cfg --weights yolov4-tiny.weights --input video_Data/pedestrians.mp4 --select "dog, person"
```

如果出现图6-14左边指令框中的物体类别名，就表示整个代码的思路是正确的。

图6-14 获取所选取类别的显示

这样，整个Darknet的应用就非常完整了，使用C语言的框架有效率地训练神经网络模型，然后用Python接口实现AI边缘设备的控制，就能非常快速地建立、落地项目，而不会只是停滞在实验室的阶段。

6.5 本章小结

从YOLO体系资源的研究与使用的角度来看，本章内容只接触到极为浅层的部分，但从AI边缘计算设备的实用性角度来看，可以体验到英伟达Jetson设备与YOLO配合得非常好。

我们在Jetson Nano上进行Darknet的YOLOv4-Tiny版的“口罩识别”试验，包括模型训练和推理检测两部分，都能轻松顺利完成，并且得到足够流畅的效果，这是本章最重要的目的。

在技术部分，这里总结本章的几个重点：

① YOLO 算法是逐步演进的，并不是一次到位的。前三个版本由原创团队所完成，重点在于“single-stage”与“unified 网络结构”的核心算法部分，YOLOv4 之后由 Alexey Bochkovskiy 与两位华人专家继续进行改善，重点扩充在“图像数据处理”技术上，让 YOLO 能适应更广泛的场景。

② Darknet 是由原创团队以 C 语言原创的 YOLO 专属框架，后来由 Alexey Bochkovskiy 加以改善，但这不是唯一支持 YOLO 算法的工具，事实上包括 OpenCV、Tensorflow、PyTorch 等都可以使用 YOLO 神经网络。

③ 请根据将来的发展方向选择不同的技术资源：

a. 算法工程师：在 AlexeyAB/darnket 的“wiki”最下方的“Meaning of configuration parameters in the cfg-files”，详细提供了 YOLO 的 .cfg 网络结构的各项参数定义，是研究 YOLO 算法的宝贵资源与不可或缺的步骤，这部分内容也适用于从 YOLOv1 到 ScaledYOLOv4 与 Pytorch_YOLOv4 等项目。

b. 框架工程师：Darknet 开源项目对想要研究深度学习框架的技术人员来说，是非常宝贵的财富，这套 C 语言开发的深度学习框架，总体架构相对精练，模块之间的分工与搭配也很有逻辑，很适合有志于发展为框架工程师的读者深入研究。

c. 应用工程师：这类人员应该将更多的精力聚焦在“应用场景”所需要的相关技术上，包括采集与筛查有效数据、调试输入 / 输出设备性能、对接云平台接口等，YOLO 的应用部分是越简单越好。YOLOv5 最适合这样的需求，只要在预先提供的 S、M、L、X 四个种类中选择合适的模型，经过简单的配置之后，就能训练出效果不错的权重模型文件。

④ 对 Python 开发人员来说，Darknet 提供的 Python 接口可以很轻松地获取检测的结果，实现工程化的应用。至于 PyTorch-YOLOv4 与 YOLOv5，都是基于 PyTorch 的开源项目，前者比较偏向算法的科研应用，后者更适合入门学习与商业开发，请选择合适的项目。

⑤ 关于 Python 开发环境的搭建，由于太多的依赖库的版本冲突问题，使用 conda 或 vietualenv 等虚拟技术并不能真正地解决这些困扰，最好的方式是使用 Docker 容器技术来处理。英伟达的 NGC 为 Jetson 系列提供的 l4t-ml 镜像可以协助我们轻松搭建独立的开发容器。

YOLO 算法目前已经表现出非常优异的成效，但是在目前的基础上仍能提升性能。有志于研究算法的技术人员，可以在这条道路上越走越远。

NVIDIA Jetson Nano

第7章 上手 DeepStream 智能分析工具

经过前面的 Hello AI World 与 YOLO 算法之后，相信读者对深度学习已经有了足够的了解，但那些对我们来说只是完成了入门阶段的任务，与开发一套完整智能应用的终极目标还有一段距离。

要从头开发这样的应用系统是一个不小的工程，不仅要面对各种复杂的输入源形态，处理最终结果显示与传输的问题，还要调试每个阶段之间的数据吞吐量与进行延迟的优化，任何一个环节的疏失都会影响整个应用的性能，更有甚者还要学习 TensorRT 的集成技巧，总体来说需要掌握非常多的综合技术，绝非单独个体能够完成。

英伟达的 DeepStream 是一套非常强大的智能分析工具，原本只针对视频领域的智能分析应用，图 7-1 展示了 DeepStream 的完整工作流，将最尖端的计算机视觉与智能技术集于一身，包括硬件编 / 解码芯片、ISP 图像处理器、图像格式 / 颜色空间转换、图像渲染 / 合成、TensorRT 加速引擎、深度学习推理识别计算、目标跟踪算法、数据分析器、加密 IoT 通信技术等。

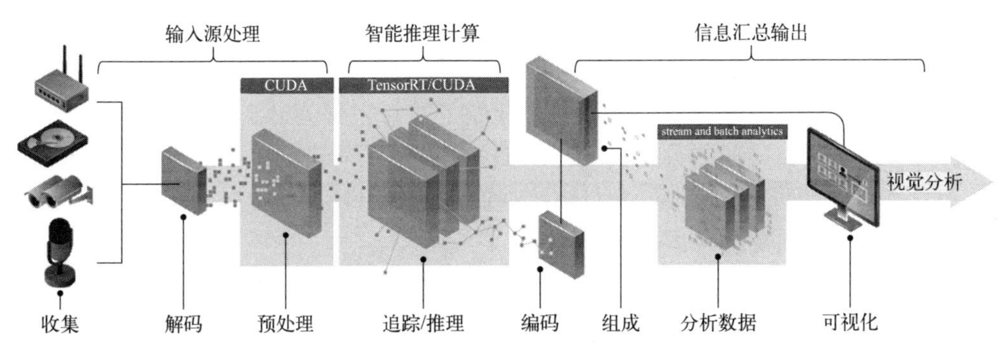

图 7-1　DeepStream 智能视频分析工具的完整工作流

这套系统从各类输入源获取视觉的数据、深度学习推理计算，一直到最终结果的输出与分析，不仅功能完善，而且性能优异，也参与了国外多个大型的城市管理项目，如图 7-2 所示的通道控制、公共交通、工业检验、流量控制、零售分析、物流管理、关键设施监控、公共安全等，显示出这套系统在性能上已经满足高流量和稳定性的要求。

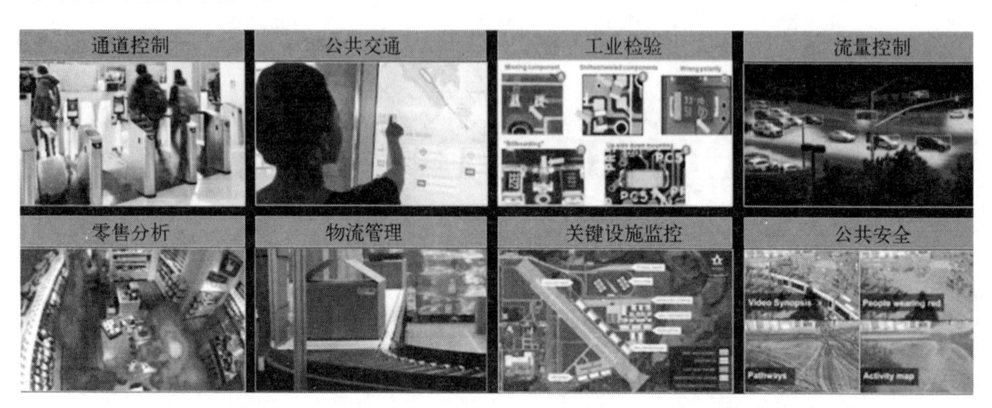

图 7-2　DeepStream 智能视频分析工具的应用场景

英伟达将 DeepStream 开放给所有基于 CUDA 设备的开发人员免费使用，并且提供高级封装的 C++ 与 Python 接口，以及非常完整的开源范例代码，让我们可以非常轻松地开发出自己的智能应用，这对于从事视频分析应用的开发人员与新创企业来说是非常大的福利，只要能善加利用这个开发平台的功能与资源，就能事半功倍地快速开发出属于自己的智能分析软件，而不用从零开始再花数年去搭建如此强大的平台。

过去英伟达所提供的开发资源大多属于库（library）级别的内容，包括 CUDA、cuDNN、cuFFT、cuBLAS、TensorRT 等，需要具备足够的 C++ 编程语言基础，才有能力发挥 GPU 的并行计算优势。

而 DeepStream 除了功能完整、性能优异之外，在开发上更是非常容易，甚至没有编程语言基础的人，也能只靠修改配置文件调试出令人炫目的智能视频分析应用，这应该是到目前为止最强大且最便利的智能应用开发套件。

因为英伟达将底层对硬件调用的部分做了非常完善的封装，包括对编 / 解码芯片的调用、存储之间的数据交换、CUDA 并行流的管理等，开发人员只需要专注在“工作流”的安排上，以及将训练好的深度学习推理模型在配置文件中做适当的配置，就能开发出具备实际用途的智能应用。

本书将 DeepStream 分为“上手”与“开发”两个部分，本章会先带着读者在完全不碰触代码的前提下，仅仅通过调整配置文件与神经网络模型改变应用的功能，包括输入源的类型与数量、识别的功能以及显示的内容；下一章则基于 DeepStream 的 Python 接口，用实际代码来引导读者开发自己的专属应用。

7.1 基于 GStreamer 框架的 DeepStream

这套智能分析工具并非英伟达从0开发的自主框架，官方文件中有提到“DeepStream SDK 基于 GStreamer 框架”，但是对于 GStreamer 技术只字未提，可能因为这个框架并非英伟达的自有技术，所以不方便做任何说明。

GStreamer 起源于 1999 年的跨平台流媒体框架，经过长达 20 多年的演进，已经变得十分成熟，特别是在性能、结构与扩展性三方面有非常优异的表现，加上已经积累了近 300 个与多媒体相关的开源插件，形成了一个丰富且强大的开发生态圈。

以下是 GStreamer 的三个最重要的特点：

① 底层优异的性能：提供一套对目标内存直接进行操作的机制；

② 清晰且强大的结构：这部分体现在其核心的导管架构（pipeline architecture）上；

③ 灵活的可扩展能力：通过插件（plugins）方式可以得到非常弹性的功能扩展。

DeepStream 智能分析工具是基于 GStreamer 框架开发的，并且非常有效地利用了这个框架既有的优势与资源，英伟达只需要专注于开发与 CUDA 相关的智能计算、算法优化与底层计算资源管理的功能插件就可以了。

从某种角度来看，可以将 DeepStream 视为 GStreamer 的 CUDA 扩充版本的高级接口插件平台，这样还能吸引 GStreamer 现有的庞大用户群，将现有多媒体应用轻松快速移植到 DeepStream 上，或者在这上面重新开发应用。

因此要掌握 DeepStream 框架的精髓，就必须对 GStreamer 平台有基本的了解，特别是导管架构的元件，以及英伟达所开发的配套插件体系，否则会有很多技术含义搞不清楚，很多运作逻辑也会不明究理。

7.1.1 GStreamer 框架简介

图 7-3 是这个框架的标准示意图，从上到下主要分成应用工具、核心框架与功能插件三大部分，以中间核心框架为骨干、下方的功能插件为灵魂、上方的应用工具为辅助，去搭建各种多媒体的相关应用。

DeepStream 也是在这个管道架构基础上，由一部分 GStreamer 的开源插件，再加上英伟达所开发的基于 CUDA 加速器的特定功能插件所组成。我们不需要了解 GStreamer 的每个细节，只要将重心放在核心框架的组成元件，以及 DeepStream 所使用到的插件，特别是英伟达所开发的功能插件就可以了。

完整的 GStreamer 框架包括以下三大部分。

（1）多媒体应用工具

有 GStreamer 开发小组所提供的 gst-launch 与 gst-inspect 等应用工具，以及基于这些接口所形成的 gst-rtsp-server、gst-player、gst-editing-services 之类的应用或封装库，由各种不同应用场景所调用。

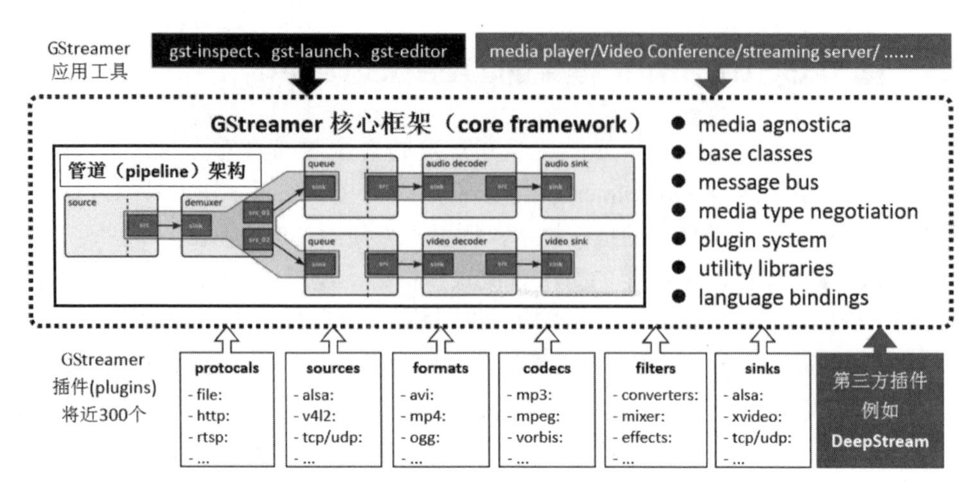

图 7-3　GStreamer 完整框架示意图

例如在 3.4.3 节“用 gst-launch 启动摄像头”中，使用 gst-launch-1.0 工具去调用 CSI 摄像头与 USB 摄像头，指令如下：

```
  # 启动 USB 摄像头最基础指令：
$ gst-launch-1.0  v4l2src  device=/dev/video<N> ! videoconvert ! nveglglessink
  # 启动 CSI 摄像头最基础指令：
$ gst-launch-1.0  nvarguscamerasrc  sensor-id=<N> ! nvegltransform ! nveglglessink
```

这就是 GStreamer 提供的工具，可以直接在 Linux 命令行中通过“!”符号，将后面要使用的插件串联成工作流，然后就能轻松地调用各种摄像头应用。

（2）核心框架（core framework）

这部分包括图 7-3 中整个中间虚线框的内容，其中管道架构是撑起整个框架的最重要机制，图左边（粗线框内）包含由不同功能插件所串联起来的工作流，右边所列 7 点内容是通道结构与外部沟通的元件，以及管道内部管理的机制，主要包括以下 6 大部分：

① 与上层应用对接的接口；

② 管道（pipeline）管理框架；

③ 插件（plugins）管理框架；

④ 数据在各个组件（element）间的传输及处理机制；

⑤ 多个媒体流（streaming）间的同步管理，如音视频同步；

⑥ 其他各种所需的工具库。

②～⑤项内容，又可以简单划分为管道架构的“插件管理”与“数据 / 信息管理”两大部分，通过这样的组合方式，让 GStreamer 框架变得十分有弹性，可以任意组合出各种功能的应用，并且获得非常高效的执行性能。

（3）功能插件（plugins）

GStreamer 已经提供了将近 300 个插件，实现具体的音 / 视频输出 / 输入与数据处理功能。从应用的角度来看不需要关注插件的细节，由核心框架层负责插件的加载及管理。从功能上主要区分为以下 6 大类处理功能。

① protocols（协议）：如 file、http、rtsp 等协议。

② sources（数据源）：如 alsa 音频、v4l2 视频、tcp/udp 网络视频流等数据源。

③ formats（格式）：如 avi、mp4、ogg 等媒体容器格式。

④ codecs（编 / 解码器）：如 mp3/vorbis 音频格式、H.264/H.265 视频格式的媒体压缩编 / 解码。

⑤ filters（过滤器）：如 converters 转换、mixer 整流、effects 特效等媒体流效果。

⑥ sinks（汇）：如 alsa 音频、xvideo 视频、tcp/udp 等输出到指定设备或目的地。

7.1.2　GStreamer 通道结构的组件与衬垫

一个通道结构就是一个具备完整功能的应用，主要由“组件（element）”与“衬垫（pad）”两种元件所组成。图 7-4 是将图 7-3 的通道结构进行放大，这是一个典型的媒体播放器（media player）管道，由 8 个组件与 7 组衬垫对所构成。

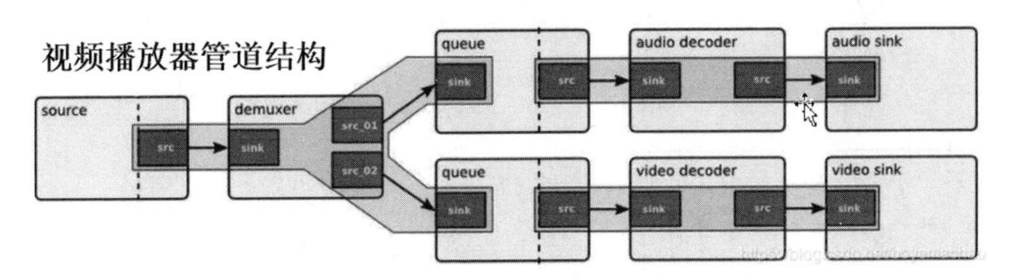

图 7-4　媒体播放器的管道架构图

接下来以这个媒体播放器的管道结构为例，来说明组件与衬垫之间的运作关系。

① 组件：是一个能对数据流进行特定处理的对象（object），也是一个具体的功能模块。

以图 7-4 所示的媒体播放器管道结构使用的组件为例，这里 8 个组件的功能主要如表 7-1 所示。

这个媒体播放器的工作流说明如下：

a. 管道是由“输入组件（source）”作为起点、以“输出组件（sink）”作为终点，中间经历不同功能组件所串联的应用流水线；

b. 最左边输入组件负责读入音视频数据，一个管道结构可以有多个输入组件；

c. “分流”（demuxer）组件负责将音频与视频数据进行分流；

d. 音频（上）分流经过“队列”（queue）组件与“语音解码器”（audio decoder）组件，到最右边“语音输出”（audio sink）组件，然后传给扬声器进行播放；

e. 视频（下）分流经过“队列”（queue）组件与“视频解码器”（video decoder）组件，到最右边“视频输出”（video sink）组件，然后传递给显示器播放画面。

表 7-1 GStreamer 的组件种类

组件类别	功能说明
输入组件（source）	通道结构的起点，也是管道与外界的数据获取接口，比如从磁盘读取文件、从 CSI/USB 获取视频流，或从网络读取 RTP/RTSP 协议数据流
分流器（demuxer）	将一个数据源分解成多组数据的功能组件
编 / 解码器（codecs）	对音 / 视频文件或网络流进行压缩（编码）或解压缩（解码）处理的功能组件
转换器（convertors）	将音 / 视频格式转换成指定格式的功能组件，例如图像处理的 RGB、BGR、HSV 颜色空间格式转换功能
过滤器（filters）	格式转换后的输出，限制为满足下游组件要求格式的功能组件
整流器（muxers）	将多个数据源整流成一个数据源的功能组件
输出组件（sink）	通道结构的终点，将执行结果提交给指定设备，例如在屏幕显示器显示、写入磁盘、通过声卡播放声音，或者转换成 RTSP 流通过网络发送

如此构成完整的音视频播放功能，相当直观，只要使用 GStreamer 现成的插件就能轻松地完成这样的应用。

② 衬垫：是组件的实际输入 / 输出接口，其类型由两种特性所决定：

a. 数据流向（direction）：

• 上游衬垫为“输入”（src）、下游衬垫为“输出”（sink），之间存在“一对一”的配对关系。

• 起点输入组件中只有最右边的输入衬垫，终点输出组件中只有输出衬垫，中间的功能组件都具备“输出”与“输入”两种衬垫。

• 分流（demuxer）组件左边接收一个来自上游的输出，经由这个组件的功能将音频与视频分割成两个输出，分别给不同功能的下游组件。

• 衬垫还有一个特殊的限制数据流类型的通过能力，只有在上游输入衬垫与下游输出衬垫的数据类型达成一致时，才能成功地建立组件之间的连接。

b. 时效性（availability）：这里有三种时效性类型，比数据流向特性复杂得多。

• 永久型（always）：一直存在。

• 随机型（sometimes）：只在某种特定的条件下才存在。

• 请求型（on request）：只在应用程序明确发出请求时才出现。

以上所说的组件与衬垫，是管道架构图中看到的基础要素，十分直观且容易理解，不过这只是管道架构的静态内容，如同我们看着一张区域地图，但还不足以体现这个区域的动态现象，接下来的“管理机制”是真正将管道架构激活成动态有机体的关键技术点。

7.1.3 GStreamer 箱柜的管理机制

如果将 GStreamer 管道结构视为一个生命体，前面所说的组件与衬垫可以看作是生命体内的各个器官，要让整个生命体完整运作，还需要循环系统、神经系统、排泄系统等的分工，以执行各器官之间的血液输送、废物排泄等工作，这牵涉到相当复杂的状态管理与交互执行的关系。

在 GStreamer 中有一种称为“箱柜”（bin）的机制，将多个组件搭配成完整的管理机制，包括信息（message）传递、数据流（dataflow）、事件流（eventflow）、缓冲区（buffer）、总线（bus）等动态作业的部分，形成一个能执行完整功能的有机体。

箱柜的性质十分特殊，除了能包含一个完整的管道架构与各种管理机制而成为一个完整应用之外，也能作为一个普通组件置入其他管道结构之中，于是利用“组件”“管道结构”与“箱柜”之间的交互关系，就能创建出无穷循环的功能叠加，这是 GStreamer 框架中一项非常特殊的功能，也是这个框架具备强大扩充能力的精髓之处。

图 7-5 是箱柜内的管道结构与管理机制示意图，相较于前面的组件与衬垫而言，这部分的内容会比较抽象，但是更加关键。接下来简单说明这几个管理元件的功能与使用。

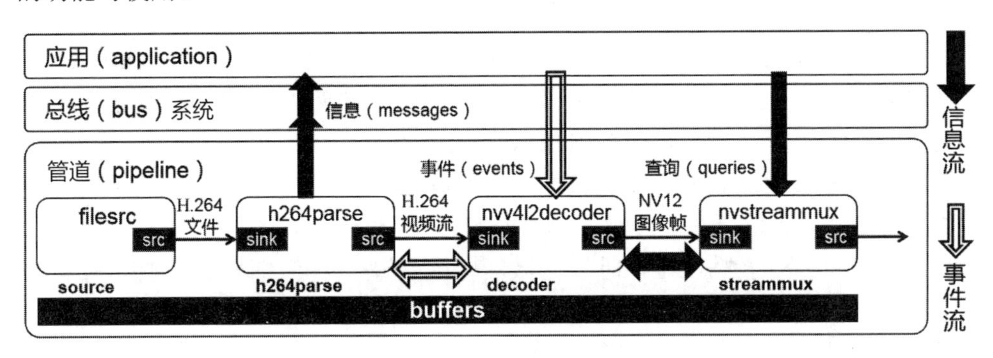

图 7-5　箱柜内的通道结构与管理机制示意图

（1）总线（bus）系统

① 这是一个可以自行开发的简单线程管理机制，将一个管道线程的信息分发到一个应用程序当中，好处是执行应用程序时不需要线程识别；

② 每一个管道默认包含一条总线，应用程序不需要再创建总线，只要在总线上设置一个类似于对象的信息处理器，当主循环运行时，总线将会循环询问这个处理器是否有新的信息，当信息被采集后，总线将呼叫相应的回调函数来完成任务；

③ 理解信息处理器在主循环的线程上下文（context）被调用是相当重要的，因为在总线上管道和应用程序之间的交互是异步，所以上述方法无法适用于实时情况，比如音频轨道、无间隔播放、视频效果之间的交叉混合。

（2）信息类型（message types）

① GStreamer 有几种由总线传递的预定义信息类型，这些信息都是可扩展的，

插件可以定义另外的一些信息，应用程序可以包含这些信息的绝对代码或者忽略它们。强烈推荐应用程序至少要处理错误信息并直接反馈给用户。

② 所有的信息都有一个信息源、类型和时间戳，这个信息源用来判断由哪个组件发出信息。例如，在众多的信息中，应用程序只对上层的管道发出的信息感兴趣。

③ 下面列出所有的信息类型：

• 错误、警告和信息提示；
• 数据流结束（EOS, end-of-stream）提示；
• 标签（tags）；
• 状态转换（state-changes）；
• 缓冲（buffering）；
• 组件信息（element messages）；
• 应用程序（application-specific）信息。

（3）组件的状态（states）

① 每个组件都有 NULL、READY、PAUSED、PLAYING 四种状态。

② 状态转变总共有六组：NULL ⟷ READY ⟷ PAUSED ⟷ PLAYING，相邻两种状态可以进行转变。例如要从 READY 状态转变到 PLAYING 状态，就需要先变成 PAUSED 状态后再转变到 PLAYING。

③ 状态转变之前，都需要检查相关条件是否得到满足，例如前后衬垫之间的数据形态是否一致，所需要的输入 / 输出设备是否开启。

④ 组件状态为 PAUSED 时，先激活输入衬垫后再激活输出衬垫，才能激活组件的计算功能，然后衬垫开启 GstTask 线程或其他机制，执行数据的发送或接收。

⑤ 组件的状态切换是最重要且相对复杂的基本操作，在 GStreamer 用 C 语言的函数进行状态获取与动作设定，每个组件都是根据状态去执行对应的工作。

（4）数据流（dataflow）与缓冲区（buffer）

① 数据传输类型：GStreamer 支持以下两种模式。

• 推送（push）模式：逆流组件通过调用顺流的输出衬垫函数实现数据的传送，这是比较常用的模式。

• 拉动（pull）模式：顺流组件通过调用逆流的输入衬垫函数实现对数据的请求，一般用于分流器（demuxer）或者低延迟的音频应用等。

衬垫要传送的数据封装在缓冲区内，衬垫之间只传送一个指向实际元数据（metadata）的指针，以及时间戳（timestamp）、偏离值（offset）、持续时间（duration）、媒体类型（media type）等内容。

② 媒体类型协商：在数据传送 / 接收过程中需要执行以下步骤。

• 容器先查询（query）接收端组件是否具备处理缓冲区中的数据类型的能力，

如果在接收端能够处理的格式种类中找到合适的格式，就由发送端传递一个 CAPS 事件给接收端，让它准备接收数据。

• 当接收端收到 CAPS 事件信息时，也必须先检查是否能解析这个媒体类型，如果不能接收，就要拒绝跟随过来的缓冲区数据。

这个过程需要调用许多 GStreamer 的 C 语言函数，但在 DeepStream 中已经有系统进行处理，因此就不赘述，知道原理就可以了。

（5）媒体类型（caps）

采用键（key）/ 值（value）对的列表来描述，“键”是一个字符串类型，“值”的类型可能是 int、float、string 类型的 single、list、range。

（6）数据流与事件（events）

① 与数据流，缓冲区所不同的是，事件可以同时顺流或逆流，有些事件只能逆流，有些事件只能顺流。事件用于标记数据流的特殊情况，例如 EOS 或通知插件执行刷新或查找等特殊事件。

② 有些事件必须配合数据流进行序列化，在缓冲区之间插入序列化事件，非序列化事件则会跳转到当前正在处理的任何缓冲区之前，例如 FLUSH。

以上所列的是整个 GStreamer 运作中比较重要的管理操作，这里省略管道级的内容，包括管道的建构、时钟、状态、进度与 EOS 的处理，因为 DeepStream 开发工具都已做好高级封装的开发接口。

不过对于总线、信息、数据流、缓冲区、元数据与事件流这几个部分的细节，要有基础的认知，因为最终开发 DeepStream 代码时，需要了解这些部分的基本操作，不管使用 C++ 还是 Python 语言。

7.2 DeepStream 的运作体系

前面说明的 GStreamer 框架内容，都是比较概念性的技术名词，当然了解这些交互关系对后面学习 DeepStream 应用是很重要，但是要落地到可执行的阶段，还有一段很长的距离。

接下来就要聚焦在 DeepStream 的运作体系上，这里包含“功能组件”“数据流管理”以及“组件与硬件引擎的对应”三大部分。如果只想通过修改 DeepStream 范例的配置文件去修改应用的功能，那么掌握第一部分的内容已经足够；如果想调用 C/C++ 或 Python 接口去开发自己的专属应用，那么至少还要熟悉第二部分；如果还想进一步去优化每个环节的执行性能，就要对第三部分有起码的认知。

7.2.1 DeepStream 的功能组件

图 7-1 所示是 DeepStream 标准工作流的 7 个阶段，我们可以将它对应成 GStreamer 的管道结构，每个步骤都有多种插件，如果插件功能用不到 CUDA 的

特性，例如从磁盘的文件读取输入，就直接使用 GStreamer 已经存在的插件；如果需要使用到 CUDA 的特性，例如深度学习推理计算的功能，就由英伟达自行开发。

接下来我们将 DeepStream 目前所支持的插件做个整理，由于版本更新过程会不断添加内容，因此这里以 DeepStream 6.0 版本为限，主要分为“GStreamer 已提供”与“英伟达自行开发”两大类插件，后者再根据功能属性进行分类，这样就很容易掌握整个 DeepStream 的插件体系。

（1）GStreamer 提供的开源插件

这部分主要包括最前端的输入与最后端的输出两大类，因为这些功能都是纯 CPU 处理的环节，原本就是 GStreamer 非常成熟的功能。DeepStream 可以接受 GStreamer 绝大部分的插件，不过比较常用是以下 3 大类的 8 个功能：

① 输入源：

• v4l2src：从 V4L2 设备捕获视频流，例如 USB2 摄像头或视频采集卡。

• multifilesrc：从文件中读取数据，包括视频数据或图像。

• uridecodebin：从 URI 解析位置读取数据，支持视频文件、HTTP/RTSP 视频流。

② 格式解析与转换：

• h264parse/h265parse：读取 H.264 或 H.265 视频进行解析。

• rtph264pay/rtph265pay：将 H.264/H.265 编码的有效负载转换为 RTP 数据包。

• capsfilter：不修改数据的情况下限制数据格式。

③ 输出结果：

• filesink：将流数据写入文件中；

• updsink：将 UPD 数据包发送到网络，当与 RTP 有效负载（rtph264pay/rtph265pay）形成配对时，就能以 RTP 流方式发送。

（2）英伟达开发的插件

这部分全都是基于 GPU 硬件特性的特殊应用插件，到 DeepStream 6.0 版本大约有 25 个，数量并不算太多，以下根据功能做简单的分类与说明。

① 智能计算：

• nvinfer：是整个 DeepStream 执行视觉类推理计算的核心插件。

• nvtracker：是 DeepStream 视觉类智能应用的另一个最关键的插件，负责跟踪帧对象，并为每个新对象提供唯一的 ID。

• nvdsanalytics：具备完整分析功能的插件，对 nvinfer 的主检测器和 nvtracker 附加的元数据执行分析。

• vinferaudio：这是整个 DeepStream 执行对话类推理计算的核心插件。

• nvinferserver：用 NGC 的 Triton Inference Server 对输入数据进行推理。

② 流管理：

• nvstreammux：当有多个输入源进入时，就需要将多个图像帧在 GPU 上进行批次处理，然后再一并传送给推理计算插件。

• nvstreamdemux：与前一个插件执行相反的功能，将批量处理的图像帧在 GPU 上分解为多路的单独缓冲区。

③ 图像处理 / 格式转换相关：

• nvvideoconvert：执行视频颜色空间格式转换，接受 NVMM 内存以及 RAW 来源，并在输出处提供 NVMM 或 RAW 内存。

• nvvideo4linux2：这是 DeepStream 5.0 版本增加的插件，将 GStreamer 的 V4L2 开源解码插件进行扩展，通过 Jetson 和 GPU 的 libv4l2 插件接口，支持设备上提供的硬件加速编解码器的调用：

➢ 解码器：调用 NVDEC 解码器，支持 H.264/H.265 与 JPEG/MJPEG 格式。

➢ 编码器：接收 I420 格式 RAW 数据，使用 NVENC 对 RAW 输入进行编码，输出采用基本比特流支持的格式。

• nvjpegdec：对 JPEG 格式图片进行解码。

④ 输出结果：

• nvmultistreamtiler：实现并列（tiled）显示的功能。

• nvdsosd：将检测结果输出在源图像上，根据元数据提供的各项参数，去绘制边界框、文本和感兴趣区域（RoI）多边形，包括边界框的宽度、颜色和不透明度等配置，还可以在帧中的指定位置绘制文本和在感兴趣区域绘制多边形。

⑤ IoT 相关：为了配合 AIoT 的需求，英伟达提供下面三个插件，配合将统计分析过的特定信息，通过相关的通信协议上传到指定的网络位置。

• nvmsgconv：将完整模式所支持的对象检测、分析模块、事件、位置和传感器等信息，传输到 nvmsgbroker 插件。

• nvmsgbroker：在这里使用指定的通信协议向服务器发送有效负载信息。

⑥ 特殊应用：

• nvdewarper：将鱼眼摄像头的输入进行分离，以 gpu-id 和 config-file 作为属性，根据选定的曲面配置，它最多可以生成四个变形曲面，这个功能有效地应用在 360°摄像头的图像还原应用。

• nvof：这个计算光流（optical flow）的插件，目前只能在图灵 GPU 与 Jetson Xavier 这类高阶设备上使用。

• nvofvisual：对于可视化运动矢量数据计算非常有用。

• nvsegvisual：这是专门提供语义分割推理结果的可视化工具。

• nvdsvideotemplate、nvdsaudiotemplate：分别为视频与音频的模板插件，为单个 / 批量处理视频帧提供自定义库挂钩接口。

以上所列的是专门为DeepStream视频分析所开发的高阶插件，但是英伟达还提供了许多基于GStreamer底层库的插件，包括调用CSI摄像头的nvarguscamerasrc插件、针对EGL图像输出的nvegltransform与nveglglessink插件等，因此将来在代码中如果没看到这些在DeepStream列表中的插件，千万不用觉得奇怪。

7.2.2 DeepStream的数据流

在图7-5中，已经说明一个完整的应用是需要“数据”载体在插件之间游走，Gst缓冲区（Gst-buffer）就是GStreamer框架负责处理数据流的机制，因此DeepStream也必须有一个对应机制能与Gst缓冲区进行对接，这也是插件体系中至关重要的一环，NvDsBatchMeta就是扮演这个角色。

因此在进入DeepStream实验之前，必须先让大家了解NvDsBatchMeta的内容以及基本运作方式，然后与通道结构工作流相互呼应，才能真正掌握DeepStream的运作原理。图7-6展示了NvDsBatchMeta元数据结构与附加元数据组之间的交互关系。

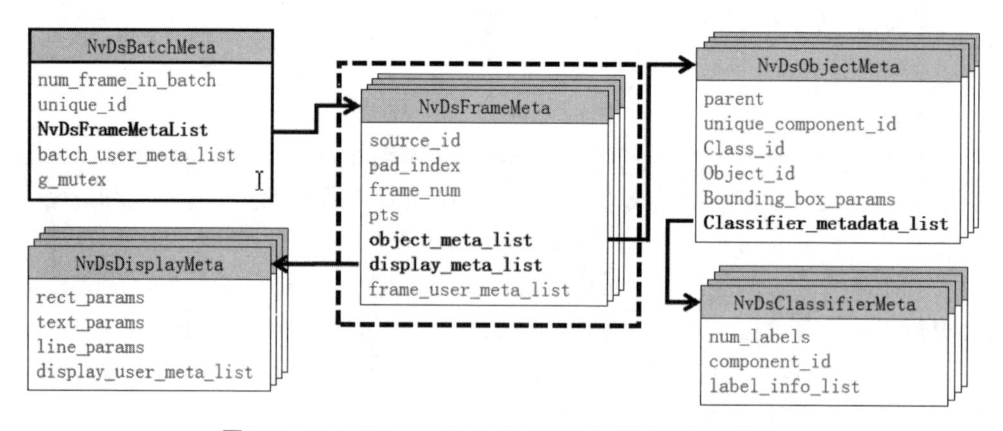

图7-6 DeepStream NvDsBatchMeta基本元数据结构

接下来就简单说明这些元数据组之间的关系。

① NvDsBatchMeta基础元数据。

a. 这个元数据在计算过程中并没有什么用处，主要作为所有元数据的根节点，并记录一些基础的参数，如num_frame_in_batch与g_mutex等参数。

b. 提供NvDsFrameMeta帧级元数据列表的NvDsFrameMetaList，是这个数据中最重要的部分，因为通过这个列表就能完全掌握NvDsFrameMeta这个最重要的元数据组。

c. 如果有用户自定义的元数据，就加到batch_user_meta_list列表中，用同样的方法管理。

② NvDsFrameMeta帧(frame)级元数据。

a. 这是整个数据结构中最重要的衔接点，因为所有“视频流”的智能识别与数据分析计算，都是以“帧图像”为单位去展开。

b. DeepStream 支持“多源输入”功能，使得这个帧级元数据的管理相对复杂，考虑到性能的因素，不能对输入端供给的图像进行限制或要求按顺序接收，否则很容易因为某个输入源的数据供应不顺畅，对整个应用造成阻塞，必须一视同仁地不断接收任意输入源传送的数据。

c. 在 NvDsFrameMeta 中，通过 source_id 与 frame_num 的组合来记录该帧图像的来源以及在来源中的相对位置，这是一种相当有智慧的设计逻辑。

d. 对于输入图像的首要任务，就是执行“目标检测”的识别，因此在所有应用中，都至少需要一个具备物体检测功能的主推理器，否则这个应用就完全失去意义。

e. 执行过物体检测的帧图像，必然产生未知数量的检测物体（object），每个物体都生成一个对应的 NvDsObjectMeta 元数据，如果检测到 5 个物体，就会生成 5 组元数据，然后加到 object_meta_list 里面。

f. 如果最终需要提供视觉显示的效果，例如在屏幕上显示、存成视频文件，或者转成 RTSP 视频流进行传送，就会以物体为单位去创建对应的 NvDsDisplayMeta 元数据组，加到 display_meta_list 列表中。

g. 支持用户自定义的元数据，如果存在，就加到 frame_user_meta_list 列表中。

③ NvDsObjectMeta 物体级元数据。

a. 这是最重要的存放识别基础数据的地方，因为后续的目标跟踪与各种统计分析的计算，都是基于这个元数据所储存的数据。

b. 这里的每个栏位都存放着很有意义的数据，因此这里需要简单说明一下。

• parent：指向上级检测器的位置。如果这个物体是次推理器所检测出来的，就需要由这个参数去指向主推理器，在后面“车牌号识别”项目中，就使用到两层检测器，这时由第二层检测器所检测的“车牌”物体中，就会有这个记录。

• unique_component_id：记录本级检测器的唯一编号。

• Object_id：本物体编号，配合 nvtracker 跟踪插件所提供的唯一识别编号。

• Class_id、Object_id、Bounding_box_params：本物体所检测出来的相关信息，作为目标跟踪与数据分析的依据。

• Classifier_metadata_list：如果物件下面还有进行图像分类的推理计算，就会生成对应的 NvDsClassifierMeta 元数据加到这个列表中。

如图 7-1 所示，当 DeepStream 应用面向多个输入源时，会在“预处理”阶段执行 nvstreammux 插件，这个步骤会创建 NvDsBatchMeta 元数据，只要将 GstNvDsMetaType.meta_type 设置为 NVDS_BATCH_GST_META，就完成了初始化的工作。

至于 NvDsBatchMeta 下面要生成多少 NvDsFrameMeta 的帧级元数据，系统会根据设备可用的内存进行调整，每个 NvDsFrameMeta 下面会再创建对应数量的 NvDsObjectMeta 与 NvDsDisplayMeta 辅助元数据。

在后面进行“目标跟踪”实验时，我们只需要找到图像中的物体坐标，并给定唯一的物体编号与类别编号，而辅助元数据只需要 NvDsObjectMeta 与 NvDsDisplayMeta。

但是在“多神经网络组合识别”实验中，要在主分类 Car 中进一步识别出“颜色、厂牌、车型”3 个次级属性，就要添加 3 个次级的图像分类器，这时就会在 NvDsObjectMeta 中的 Classifier_metadata_list 下面再生成三组 NvDsClassifierMeta 辅助元数据，用来记录不同分类器所检测到的结果，存放个别所识别的图像类别信息。

假如某一帧图像的智能识别检测到 2 个“Car”、1 个“Person”、1 个“Bicycle”，就会在这一帧对应的 NvDsFrameMeta 生成 4 组 NvDsObjectMeta 元数据，并且在“Class_id=0”的 NvDsObjectMeta 下面再生成 3 个 NvDsClassifierMeta，这样就完成了这一帧所需要的所有信息内容，看似烦琐，但实际上是非常有条理的。还好这些数据的类型都是字符串，就算有很多组元数据也不会占用太多的空间。

最后就是将这些数据进行再加工，这里主要有两种处理方式。

① 可视化输出：将信息与原图片进行合成渲染。这种方式通常用在学习或开发阶段，能比较轻松且直观地看到结果。DeepStream 会从 NvDsObjectMeta 提取 Class_id 与 Bounding_box_params 坐标，从 NvDsDisplayMeta 提取 rect_params（框线粗细、颜色、种类）、text_params（字型、大小、颜色）等显示所需要的参数，然后在原图像上进行渲染绘制工作，最后从下面所列的输出方式中选择一个或多个处理方式输出：

a. 启动 nvdsosd 输出到显示器；

b. 启动 filesink 将图像存到文件中；

c. 启动 rtph264pay 与 updsink 将数据转成 RTSP 视频流对外发送。

任何一种方式都会消耗 CPU 的计算资源，如果同时选择多种输出，会影响总体的识别性能，但如果是为了学习或开发，就无所谓了。

② 信息输出：只传送元数据“字符串”信息。这种处理方式适合面对远程、大范围、多数量部署边缘计算设备的监控分析场景，通常需要高度依赖网络（局域网或互联网）来传送信息，因此视频 / 图像的传送会造成非常大的压力，或者产生很高的成本，只传送“字符类信息”就有很高的实用性。这里同样有两种处理方式。

a. 在边缘计算设备上先分析，再传送给服务器做统计，按照以下顺序处理：

• 启动 nvdsanalytics 进行条件过滤与分析；

• 启动 nvmsgconv 将分析后的信息转成所选的 IoT 协议格式；

- 启动 nvmsgbroker 将转换过的信息通过所选的 IoT 协议进行发布。

b. 将基础数据全部传送给服务器，在服务器上进行统计与分析：

- 启动 nvmsgconv 将“元数据”转成所选的 IoT 协议格式；
- 启动 nvmsgbroker 将转换的“元数据”通过所选的协议进行发布；
- 在后台控制中心对所有接收的数据进行统一分析。

要采取哪种方法基本上取决于边缘计算设备的计算性能所能承受的工作量，并没有特别的规则。

如果不满足标准 NvDsBatchMeta 提供的基本数据结构，DeepStream 允许开发者添加自己定义的元数据组或栏位，不过这个部分属于进阶的用法，有需要的读者请自行参考开发手册的“MetaData in the DeepStream SDK”部分，有详细的说明。

7.2.3　DeepStream 组件与硬件引擎之对应

在 7.2.1 节中提到，英伟达为 DeepStream 所开发的专属插件都是用于针对配套硬件资源的特性进行优化处理，那究竟有多少种硬件处理引擎呢？

图 7-7 显示了一个典型的 DeepStream 视频分析应用程序，从数据输入、解码、图像处理、批流处理、深度神经网络推理、目标跟踪到结果输出等阶段，都有配套的硬件加速引擎，负责处理该阶段的计算。

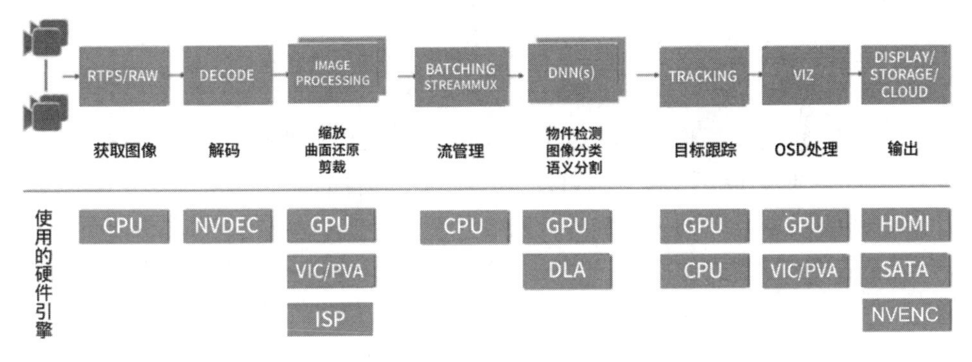

图 7-7　典型 DeepStream 视频分析的工作流组件与 Jetson 硬件引擎关系

图底部列出在各个工作阶段所使用的不同硬件引擎，包括 CPU、GPU、NVDEC（解码器）、ISP（图像处理器）、VIC（视频图像合成器）、PVA（可编程视觉加速器）、DLA 与 NVENC（编码器）等，尽可能在插件加速器之间使用零拷贝（zero-copy）这种最佳内存管理方式，以确保性能的最佳。

以下根据图 7-7 简单说明各步骤所使用的插件与硬件引擎。

① 获取图像：可使用 GStreamer 的 filesrc 读取硬盘上的文件，用 v4l2src 获取 USB 摄像头 / 采集卡的图像，用 uridecodebin 读取 HTTP/RTSP 视频流等标准插件，

在 CPU 按帧读取数据，然后存放到内存。

② 图像解码：调用 nvvideo4linux2 在 NVDEC 加速器进行 H.264/H.265 解码，将格式转成后面可以直接处理的 NV12 格式，以便后续工作使用。

③ 图像预处理：功能插件会调用 GPU、VIC/PVA 或 ISP 处理器，对解码后的数据执行以下几种可能需要的图像预处理步骤。

a. 图像缩放、剪裁、去噪或颜色空间转换。

b. 调用 nvdewarper 插件可以从鱼眼或 360°相机上对图像进行去噪。

c. 调用 nvvideoconvert 插件可以在框架上执行颜色格式转换。

④ 批处理：为了获得最佳推理性能，使用 nvstreammux 插件在 CPU 上批次地将多个数据源的图像进行整流。

⑤ 智能推理：在 GPU 或 DLA 处理器上运行，目前提供以下两种推理方式：

a. 使用 nvinfer 插件，直接调用 TensorRT 加速引擎执行推理；

b. 使用 nvinferserver 插件，调用 Triton 推理服务器在 TensorFlow 或 PyTorch 等框架中进行推理。

⑥ 目标跟踪：使用 nvtracker 插件执行目标跟踪功能，并生成唯一的目标编号。这部分会使用 GPU 执行跟踪算法，用 CPU 实现数量统计的功能。

⑦ 创建可视化内容：在 GPU/VIC/PVA 上调用 nvdsosd 插件，将推理 / 跟踪所创建的边界框、分段遮罩、标签等内容进行渲染合成。

⑧ 输出结果：DeepStream 提供了各种选项。

a. 直接在屏幕上显示渲染的边界框、类别、目标编号等。

b. 使用 filesink 插件将输出保存到本地磁盘。

c. 使用 updsink 插件与 rtph264pay 插件，将 UDP 数据包发送到网络，与 RTP 有效负载配对时，就可以实现 RTP/RTSP 流输出的目的。

d. IoT 输出：将本地进行分析的元数据发送到云，这里由三个部分进行协作。

• nvdsanalytics 插件：对 nvinfer（主检测器）和 nvtracker 附加的元数据，根据指定的要求执行分析，例如 ROI 兴趣区 / 拥挤程度、行进方向、通过交叉线等。

• nvmsgconv 插件：将分析后的元数据转换为模式负载。

• nvmsgbroker 插件：建立到云的连接并发送遥测数据，目前内置 Kafka、MQTT、AMQP 和 Azure IoT 等代理协议，也可以创建自定义代理适配器。

以上是比较典型的 DeepStream 视频分析应用的工作流，除了完全依赖 CPU 处理的输入阶段是调用 GStreamer 所提供的标准插件之外，其余部分全部使用英伟达所开发的插件，因为这些计算都依赖于 GPU 与相关的硬件处理引擎，不过总的流程还是能通过管道架构图很轻松地掌握。

7.3 执行DeepStream经典范例

前面已经对整个DeepStream复杂的框架、组件、数据流、硬件引擎之间的关系进行了概括的说明，接下来开始执行DeepStream所提供的开源范例，执行的过程中也印证了前面所讲解的技术内容，这样就能更完整地掌握DeepStream的精髓。

DeepStream开发套件支持装有CUDA计算卡的x86平台，也支持ARM架构的Jetson全系列设备，不仅能提供Linux的.deb安装包与压缩文件，也可以从NGC下载Docker容器。不过从学习的角度来看，最好还是使用传统安装方式，对于后面的修改与测试会方便许多。

7.3.1 安装DeepStream开发套件

接下来的任务就是在CUDA设备上安装DeepStream，这里继续使用Jetson Nano设备来作为实验平台，至于在x86设备上的安装方式，也大致相同，细节请查看原厂的操作手册https://docs.nvidia.com/metropolis/deepstream/dev-guide/index.html。

在Jetson Nano（含2GB）与Xavier NX的原厂镜像文件中，并未预安装DeepStream开发套件，虽然也可以使用SDK Manager进行安装，但这需要一台装有Ubuntu操作系统的独立x86电脑，还是较为烦琐的。

最简单的方式还是从官网下载独立安装包，直接在Jetson设备上执行安装步骤。请按照以下步骤进行安装。

（1）安装相关依赖库

由于DeepStream是基于GStreamer框架所开发的应用，因此需要先安装好GStreamer相关库。此外，为了确保Jetson上的l4t相关库与系统版本是相匹配的，需要重新安装几个l4t相关库。请执行以下指令安装这些所需要的配套资源：

```
 # 安装依赖库
$ sudo apt install -y libssl1.0.0 libgstreamer1.0-0 gstreamer1.0-tools
  gstreamer1.0-plugins-good gstreamer1.0-plugins-bad gstreamer1.0-plugins-ugly
  gstreamer1.0-libav libgstrtspserver-1.0-0 libjansson4=2.11-1
  libgstreamer-plugins-base1.0-dev libgstreamer1.0-dev  libgstrtspserver-1.0-dev
  libx11-dev
 # 重新安装nvidia-l4t的相关库
$ sudo apt install --reinstall -y nvidia-l4t-gstreamer nvidia-l4t-multimedia
  nvidia-l4t-core
```

（2）下载压缩包到Jetson设备上

由于英伟达的软件版本更新频率较高，若要得到最新的DeepStream版本，最好直接到官网下载。

如图 7-8 所示，勾选“I Agree To The Terms of ...”前面的复选框，会出现图 7-9 所示的内容，单击“Download .tar”色块，会跳转到英伟达开发者中心的登录画面，完成登录（或注册）之后就可以下载 deepstream_sdk_v6.0.1_jetson.tbz2。

Downloads

☑ I Agree To the Terms of the NVIDIA DeepStream SDK 6.0 Software License Agreement

图 7-8　准备下载 DeepStream 安装包

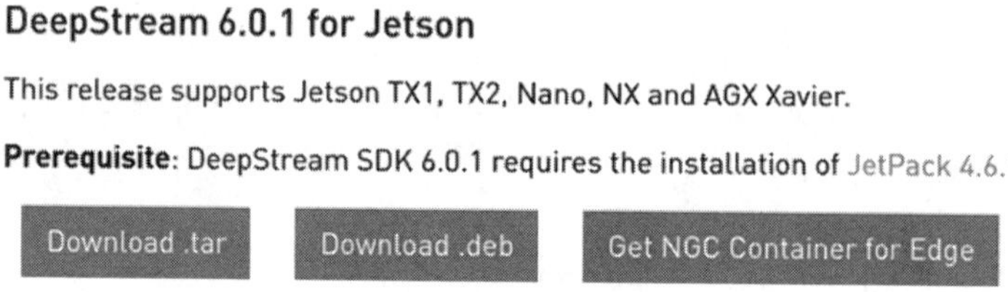

DeepStream 6.0.1 for Jetson

This release supports Jetson TX1, TX2, Nano, NX and AGX Xavier.

Prerequisite: DeepStream SDK 6.0.1 requires the installation of JetPack 4.6.1.

Download .tar　Download .deb　Get NGC Container for Edge

图 7-9　选择安装 DeepStream 的方式

如果从官网下载有困难，可以在本书网盘“AI 边缘计算 /CH07”找到这个压缩文件，请自行将压缩文件下载到 Jetson 设备上，然后执行以下指令安装 DeepStream 开发工具：

```
$ sudo tar -xvf deepstream_sdk_v6.0.1_jetson.tbz2 -C /
$ cd /opt/nvidia/deepstream/deepstream
$ sudo ./install.sh && sudo ldconfig
```

安装完就可以在～/opt/nvidia/deepstream/deepstream/samples 目录下看到 20 个范例的子目录，目前只提供 C/C++ 版本开源代码。事实上这些范例都已经编译成可执行文件，并且在～/usr/bin 下面创建了软链接，这样就能作为 Linux 系统级执行指令在任意地方调用。

只要在命令终端中输入“deepstream-”，再快速按两次 Tab 键，就能看到如图 7-10 所显示的 DeepStream 编译好的可执行文件。

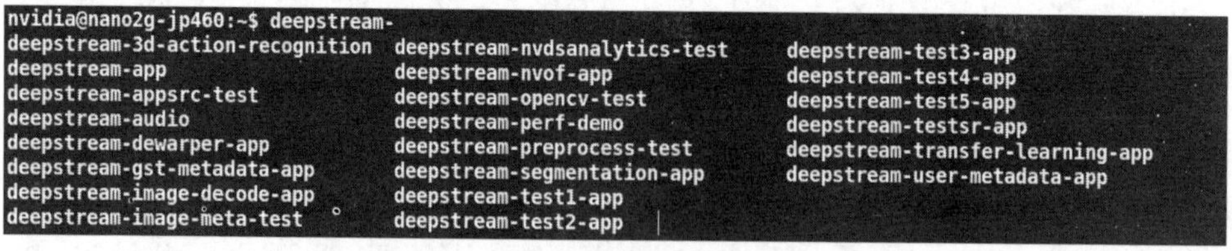

```
nvidia@nano2g-jp460:~$ deepstream-
deepstream-3d-action-recognition   deepstream-nvdsanalytics-test   deepstream-test3-app
deepstream-app                     deepstream-nvof-app             deepstream-test4-app
deepstream-appsrc-test             deepstream-opencv-test          deepstream-test5-app
deepstream-audio                   deepstream-perf-demo            deepstream-testsr-app
deepstream-dewarper-app            deepstream-preprocess-test      deepstream-transfer-learning-app
deepstream-gst-metadata-app        deepstream-segmentation-app     deepstream-user-metadata-app
deepstream-image-decode-app        deepstream-test1-app
deepstream-image-meta-test         deepstream-test2-app
```

图 7-10　显示 DeepStream 已编译好的可执行文件列表

（3）安装 IoT 应用的 Kafka 通信协议

这是配合后面关于 IoT 实验所需要的协议。目前 DeepStream 支持四种通信协议，这里先安装最简单的 Kafka 协议。请执行以下指令：

```
$ cd ~ && git clone https://github.com/edenhill/librdkafka.git
$ sudo chmod 777 -R librdkafka && cd librdkafka
$ git reset --hard 7101c2310341ab3f4675fc565f64f0967e135a6a
$ ./configure && make -j$(nproc) && sudo make install
$ sudo cp /usr/local/lib/librdkafka* /opt/nvidia/deepstream/deepstream/lib
```

执行以下指令，检查相关软件的版本信息：

```
$ deepstream-app --version-all
```

正常状况会出现如图 7-11 所示的内容，表示安装完成，可以开始使用。

```
nvidia@nano2g-jp460:~$ deepstream-app --version-all
deepstream-app version 6.0.1
DeepStreamSDK 6.0.1
CUDA Driver Version: 10.2
CUDA Runtime Version: 10.2
TensorRT Version: 8.0
cuDNN Version: 8.2
libNVWarp360 Version: 2.0.1d3
```

图 7-11　显示 DeepStream 完整的相关软件信息

至此已经完成 DeepStream 的安装任务，接下来就可以执行范例目录下所提供的项目了，开始体验这套智能分析工具的功能。

7.3.2　deepstream-app 范例简介

由于 DeepStream 范例路径非常深，后面都以～ /opt/nvidia/deepstream/deepstream 作为 DeepStream 根路径，否则每次都需要输入这些路径。20 个范例中的大部分是针对特定技术点所创建的，目的是引导开发人员逐步熟悉个别功能，例如：

① deepstream-test1：导入 H.264 视频文件来执行推理任务。

② deepstream-test2：在 deepstream-test1 的基础上添加了多模型组合识别与跟踪功能。

③ deepstream-test3：在 deepstream-test1 的基础上将输出改成 RTP 视频流。

deepstream-app 是视觉类范例中集成度最高的经典项目，输入源能同时支持多种摄像头、视频文件、网络视频流，在智能推理计算环节具有支持“多模型组合识别”能力；至于信息汇总输出部分，还能自行调整输出画面数量，并且可以选择输出到显示器上或是网络视频流供其他设备读取，也能仅汇总分析数据，然后通过 IoT 协议传输给远方的管理平台。

进入 deepstream-app 目录查看这个项目的内容，如表 7-2 所示。

图 7-12 是 deepstream-app 全功能状态的流水线框架图，可以同时接收多种类型输入源的输入，可以显示任意定义的并列显示结果，具备主 / 次推理器组合识别功能、目标跟踪功能，也具备 IoT 信息传送与接收的能力，将 DeepStream 所有视觉类功能集于一身，是一个非常经典的范例。

表 7-2 deepstream-app 目录及项目说明

目录或文件	说明
deepstream_app.c	动态调用流水线插件的功能，共 1476 行
deepstream_app.h	配套定义头文件
deepstream_app_config_parser.c	解析配置文件的代码，共 545 行
deepstream_app_main.c	主功能的代码，共 860 行
Makefile	编译用配置文件
README	说明文件

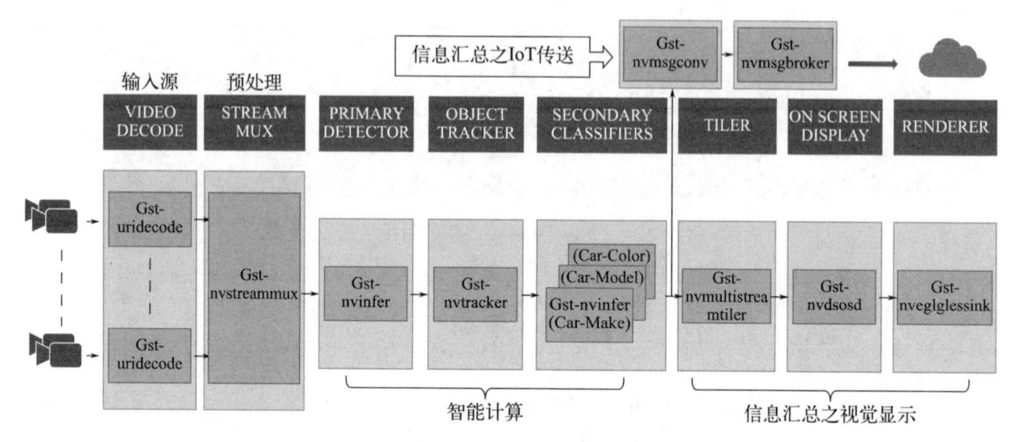

图 7-12 deepstream-app 完整流水线框架示意图

这个范例为了实现“广泛的适用性”的目的，需要满足以下条件：

（1）接受用户提出的各种配置组合要求

这部分由 deepstream_app_config_parser.c 负责解析，总共定义了 13 个配置组，可以在流水线每个步骤选择一个配置或多个组合配置，例如多个输入源、多个组合识别模型、多种显示要求等，功能十分强大。

（2）根据组合要求对每个步骤去动态调用对应的插件

在 deepstream_app.c 中定义各种动态添加插件与调节插件状态的功能函数，然后在主代码 deepstream_app_main.c 中根据配置要求，为每个步骤动态地创建所需要的插件，完成整个流水线的任务。

这个项目只提供 C/C++ 代码，建议熟悉 C/C++ 代码的开发人员花些时间去研究配置解析器与动态添加插件的功能，这对于未来开发出高弹性的应用平台会非常有帮助。

7.3.3 deepstream-app 配置文件与相关资源

在正式执行 deepstream-app 之前，我们还需要说明与这个应用相关的所有资源，否则即便产生了输出结果，但仍旧搞不清楚它们之间的交互关系，依然会产生学习上的盲点。

在samples目录下有configs、models与streams三个子目录，下面进行简单说明。

（1）configs 目录

下面分别有四个子目录，其中 deepstream-app 子目录下存放的 22 个配置文件，是专门为 deepstream-app 应用调试用的，其他三个子目录下的配置文件是配合 Triton 与 TAO 模型训练工具的配置文件，这里先不谈。

在 configs/deepstream-app 目录下有 22 个文件，如下：

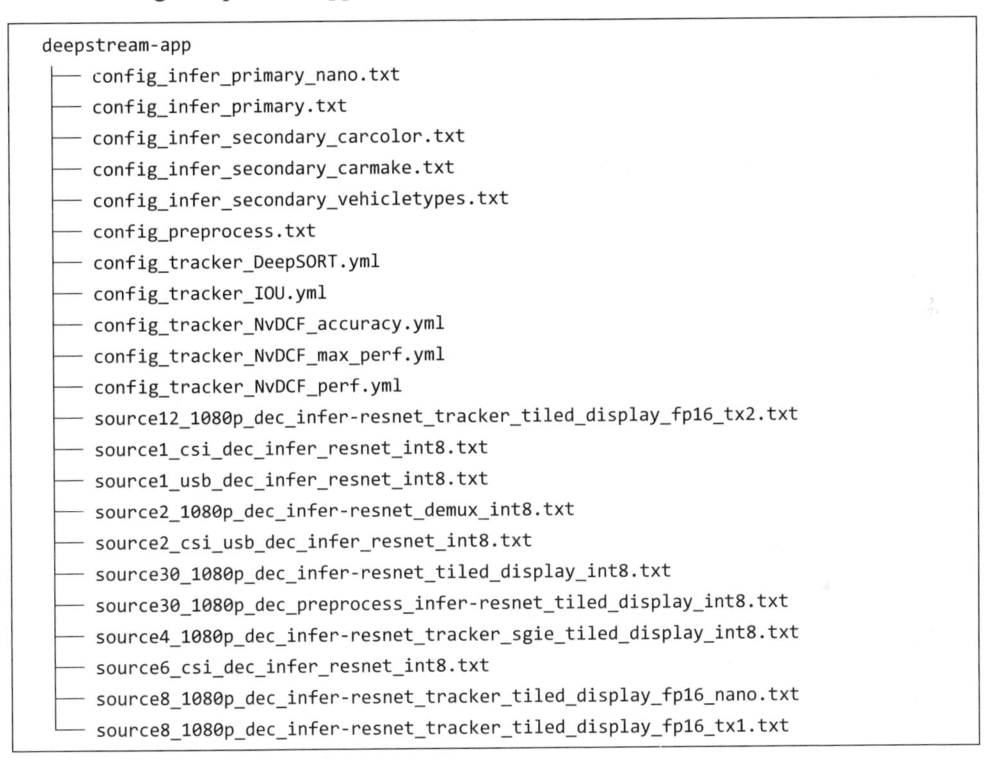

```
deepstream-app
├── config_infer_primary_nano.txt
├── config_infer_primary.txt
├── config_infer_secondary_carcolor.txt
├── config_infer_secondary_carmake.txt
├── config_infer_secondary_vehicletypes.txt
├── config_preprocess.txt
├── config_tracker_DeepSORT.yml
├── config_tracker_IOU.yml
├── config_tracker_NvDCF_accuracy.yml
├── config_tracker_NvDCF_max_perf.yml
├── config_tracker_NvDCF_perf.yml
├── source12_1080p_dec_infer-resnet_tracker_tiled_display_fp16_tx2.txt
├── source1_csi_dec_infer_resnet_int8.txt
├── source1_usb_dec_infer_resnet_int8.txt
├── source2_1080p_dec_infer-resnet_demux_int8.txt
├── source2_csi_usb_dec_infer_resnet_int8.txt
├── source30_1080p_dec_infer-resnet_tiled_display_int8.txt
├── source30_1080p_dec_preprocess_infer-resnet_tiled_display_int8.txt
├── source4_1080p_dec_infer-resnet_tracker_sgie_tiled_display_int8.txt
├── source6_csi_dec_infer_resnet_int8.txt
├── source8_1080p_dec_infer-resnet_tracker_tiled_display_fp16_nano.txt
└── source8_1080p_dec_infer-resnet_tracker_tiled_display_fp16_tx1.txt
```

这里面的文件分为三种属性。

① configxxx.txt：是针对推理器（TensorRT 加速引擎）所提供的配置文件，这里先不做任何更改，后面实验过程中有需要改动时再说。

② configxxx.yml：这是针对跟踪器的配置文件，也不需要修改。

③ sourcexxx.txt：是预先为 deepstream-app 做好的配置文件，是针对不同设备、功能组合所提供的对应配置。可以从文件名去判别配置的功能与合适设备，例如：source8_1080p_dec_infer-resnet_tracker_tiled_display_fp16_nano.txt 文件名，可以拆解成以下功能的组合。

- source8：有 8 个输入源，最后在屏幕上输出并列（tiled）的 8 个显示。
- 1080p：输入源的最高分辨率。
- dec：detector（检测器）的缩写，表示这个配置文件具有物体检测功能。

- infer-resnet：使用 ResNet 这个神经网络执行推理功能。
- tracker：启动“物体追踪”功能。
- tiled_display：启用“并列显示”功能。
- fp16：推理时的数据精度。
- nano：针对 Jetson Nano（含 2GB）设备。

这些配置文件可以直接用“deepstream-app -c”指令调用。

（2）models 目录

```
models
├── Primary_Detector
│    └── labels.txt、resnet10.caffemodel/.prototxt、cal_trt.bin
├── Primary_Detector_Nano
│    └── labels.txt、resnet10.caffemodel/.prototxt
├── Secondary_CarColor
│    └── cal_trt.bin、labels.txt、mean.ppm、resnet18.caffemodel/.prototxt
├── Secondary_CarMake
│    └── cal_trt.bin、labels.txt、mean.ppm、resnet18.caffemodel/.prototxt
└── Secondary_VehicleTypes
     └── cal_trt.bin、labels.txt、mean.ppm、resnet18.caffemodel/.prototxt
```

这里的模型也有两种类别。

① 主推理器：Primary_Detector 文件夹与 Primary_Detector_Nano 文件夹。

物体检测是 DeepStream 视觉类应用的基础，因此绝大部分应用的主推理器都是物体检测器（detector），也就是“物体检测神经网路模型文件”。两个目录中都有 resnet10.caffemodel 模型文件、resnet10.prototxt 结构文件与 labels.txt 类别文件，这三个文件是一个检测器模型的基本文件。

在 Primary_Detector 目录下多了一个 cal_trt.bin，作为 INT8 加速算法的校验表。由于 Jetson Nano（含 2GB）并不支持这项功能，所以不需要提供。

此外，二者的结构文件 resnet10.prototxt 的张量尺度也有差异，这里可以使用 Linux 的 diff 指令来对两个文件进行内容比对，前者的张量尺度为 [1,3,368,640]，后者的张量尺度为 [1,3,272,480]，其他参数完全一样。

前者用于支持 INT8 的计算设备，包括 Xavier NX、AGX Xavier 与 Tesal/Quadro 等专业卡的 x86 系统；后者虽然标上“Nano”字眼，但可以用在所有不支持 INT8 的设备上，包括 Nano（含 2GB）、TX2/TX1，以及 GTX/RTX 等游戏卡的 x86 系统。

② 次推理器：Secondary_xxxx 文件夹。

三个次推理器都是图像分类模型，分别是车子的“厂牌（20 类）”“颜色（12 类）”“车型（6 类）”，除了模型文件、结构文件与类别文件之外，还有 INT8 加速算法的校验表 cal_trt.bin 与二进制参数文件 mean.ppm。

附带说明一点，每个目录下的 labels.txt 类别名称，可以自行转换成中文内容，这样就能立即变成中文化的应用，非常方便。

（3）streams 目录

目前提供了十多个不同格式的视频文件与图像文件，具有测试用途。

现在已经基本了解 samples 目录下的文档各有什么用途，接下来就要在 Jetson 设备上使用 deepstream-app 工具配合 configs/deepstream-app 的配置文件来进行一些简单的入门实验。

7.3.4　开始 deepstream-app 实验

在进行实验之前，必须先说明一个重点：由于所有实验都会调用 OpenGL 显示，因此不能在 SSH 远程终端进行，否则会出现“No EGL Display！ nvbufsurftransform: Could not get EGL display connection”错误，因此必须在直连显示器环境，或者 VNC、Nomachine 远程桌面上进行。

在开始实验之前，我们先做以下几个动作，以使整个实验进行得更流畅：

① 在主目录下创建一个 deepstream 链接，缩短路径的长度，以便于操作。

② 将 deepstream/samples 范例目录设定为具备“读写”属性。

③ 在 samples/configs/deepstream-app 目录下复制一个配置文件以供修改，由于使用 Nano 做示范，因此选择将 source8_1080p_dec_infer-resnet_tracker_tiled_display_fp16_nano.txt 复制成较短的文件名，例如 myDs.txt，以便于调用。这个文件最好依旧存放在原本目录下，因为里面很多调用的文件都用“相对路径”，如果要改变 myDs.txt 存放位置，就需要自行修改里面的所有路径。

下面就是完成这些步骤的执行指令：

```
$ cd ~/ && ln -s /opt/nvidia/deepstream/deepstream deepstream
$ cd ~/ceepstream && sudo chmod 777 -R samples
$ cd samples/configs/deepstream-app
$ cp source8_1080p_dec_infer-resnet_tracker_tiled_display_fp16_nano.txt myDs.txt
```

后面实验以～/deepstream/samples/configs/deepstream-app/myDs.txt 为主体。下面就开始 deepstream-app 的实验，请执行以下指令：

```
$ deepstream-app -c myDs.txt
```

第一次执行可能会看到如图 7-13 所示的错误信息，主要是因为系统在指定路径中没有找到指定的 TensorRT 加速引擎文件，但 DeepStream 会重新用指定的模型文件去生成所需要的加速引擎，因此需要多耗费一些时间，但只要生成这个文件，

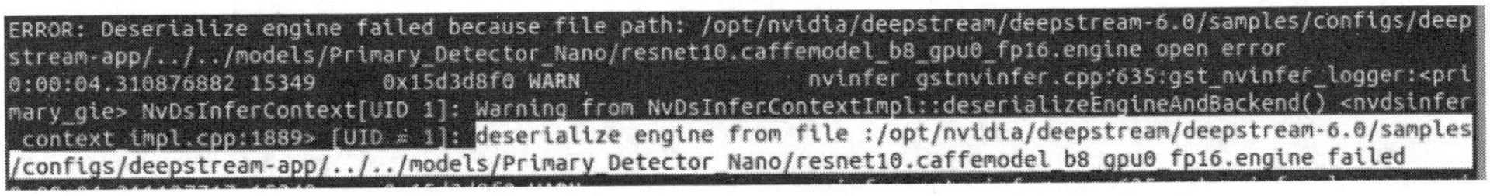

```
ERROR: Deserialize engine failed because file path: /opt/nvidia/deepstream/deepstream-6.0/samples/configs/deep
stream-app/../../models/Primary_Detector_Nano/resnet10.caffemodel_b8_gpu0_fp16.engine open error
0:00:04.310876882 15349      0x15d3d8f0 WARN                 nvinfer gstnvinfer.cpp:635:gst_nvinfer_logger:<pri
mary_gie> NvDsInferContext[UID 1]: Warning from NvDsInferContextImpl::deserializeEngineAndBackend() <nvdsinfer
 context_impl.cpp:1889> [UID = 1]: deserialize engine from file :/opt/nvidia/deepstream/deepstream-6.0/samples
/configs/deepstream-app/../../models/Primary_Detector_Nano/resnet10.caffemodel_b8_gpu0_fp16.engine failed
```

图 7-13　第一次执行 deepstream-app 显示的错误信息

第二次执行就不会再出现这条信息了。

检查 models/Primary_Detector_Nano 目录下是否多了一个 .engine 文件，这就是所生成的 TensorRT 加速引擎。

查看 myDs.txt 配置文件第 141 行的“model-engine-file=”设置，这里给定的文件名为“～ /models/Primary_Detector_Nano/resnet10.caffemodel_b8_gpu0_fp16.engine”，就是所生成的加速引擎。如果在系统中没有找到这个文件，就会到第 151 行“config-file=”所指定的配置文件中去寻找所需要的相关模型资源与参数，然后生成这个加速引擎文件。

例如这里指定的是同目录的 config_infer_primary_nano.txt 文件，系统就会根据这个文件中的 [property] 参数组的内容去创建 TensorRT 加速引擎文件，下面粗体部分为重要参数，必须与模型文件内容相匹配。内容如下：

```
60  [property]
61  gpu-id=0
62  net-scale-factor=0.0039215697906911373
63  model-file=../../models/Primary_Detector_Nano/resnet10.caffemodel
64  proto-file=../../models/Primary_Detector_Nano/resnet10.prototxt
65  model-engine-file=../../models/Primary_Detector_Nano/resnet10.caffemodel_b8_gpu0_
    fp16.engine
66  labelfile-path=../../models/Primary_Detector_Nano/labels.txt
67  batch-size=8
68  process-mode=1
69  model-color-format=0
70  ## 0=FP32, 1=INT8, 2=FP16 mode
71  network-mode=2
72  num-detected-classes=4
73  interval=0
74  gie-unique-id=1
75  output-blob-names=conv2d_bbox;conv2d_cov/Sigmoid
76  force-implicit-batch-dim=1
80  ## 1=DBSCAN, 2=NMS, 3= DBSCAN+NMS Hybrid, 4 = None(No clustering)
81  cluster-mode=2
```

掌握配置文件之间的关系对于后面调整配置文件内容非常重要，因为我们将来有可能要使用不同的神经网络模型来进行推理识别，了解这些关系之后，我们才能去对接其他模型来产生新的功能。

这些逻辑适用于本目录下的所有“source”开头的配置文件，在其他设备上使用不同配置文件时，也要清楚地了解需要修改哪些部分。

正常执行之后，会看到图 7-14 左边的全屏画面，呈现的是 4×2 的画面，用鼠标单击任一个框之后，会切换成图 7-14 右边的全屏画面，可以再用鼠标右键单击回到左边的画面，这样就自由地更改了不同的显示类型。

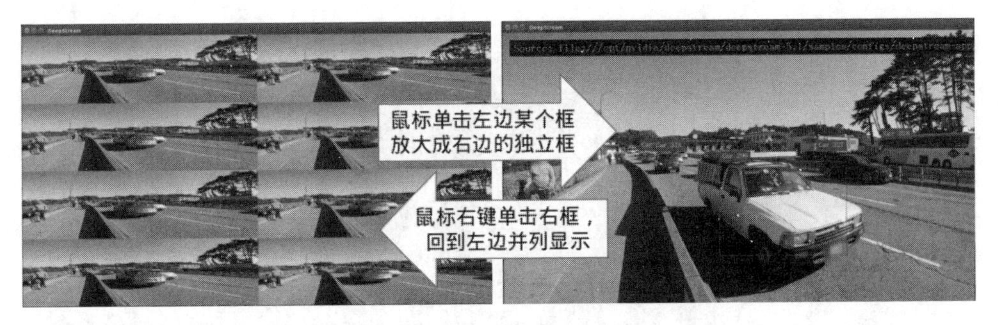

图 7-14　使用鼠标左右键切换并列显示的方式

另外，在执行过程中，deepstream-app 还提供了以下四个功能项，可以进行简单的控制：

- h：显示帮助内容；

- q：结束执行；

- p：暂停；

- r：继续执行。

如果用户使用 Nomachine 或 VNC 远程桌面，会出现如图 7-15 所示的信息，并且看不到图 7-14 所示的画面。

```
WARNING from sink_sub_bin_sink1: A lot of buffers are being dropped.
Debug info: gstbasesink.c(2902): gst_base_sink_is_too_late (): /GstPipeline:pipeline/GstBin:processing
_bin_0/GstBin:sink_bin/GstBin:sink_sub_bin1/GstNvOverlaySink-nvoverlaysink:sink_sub_bin_sink1:
There may be a timestamping problem, or this computer is too slow.
```

图 7-15　用远程桌面执行 deepstream-app 可能出现的错误信息

这是因为受到了 OpenGL 的影响，这时需要修改 myDs.txt 中 [sink0] 组下面的 type 与 sync 两个参数，如表 7-3 所示。

表 7-3　参数修改

序号	修改前	修改后
55	[sink0]	[sink0]
58	type=5	type=2
59	sync=1	sync=0

存档后重新执行一遍，就能看到如图 7-14 所示的画面，虽然不是全屏，但也是完整的。到此已经完成实验的第一步，下面来看看这个应用的推理与跟踪结果。

图 7-16 所示是放大内容，可以看到在当前画面中检测出 1 个“Bicycle”，4 个“Person”与 4 个“car”物体，图中所看到的编号是 DeepStream 的“跟踪”功能所赋予每个物体的唯一编号。

到这里就已经正式启动了 deepstream-app 应用，接下来说明如何通过修改 myDs.txt 配置文件调整视频分析功能。

图 7-16　deepstream-app 的推理与跟踪结果

7.4　深入 deepstream-app 配置文件设置组

这个应用最强大的功能之一，就是通过“修改配置文件设置组”内容去改变功能，因此深入了解这些设置组的定义与内容，就能实现更多样化的功能。目前 deepstream-app 应用支持 13 个配置组，没有先后顺序的要求，deepstream-app 解析器能自动判别。

但由于官方说明文件中这些设置组的排列顺序很凌乱，不利于初学者的理解与学习，为了让大家更有效率地理解设置组的功用与上下游关系，这里用完整流水线框架图（图 7-12）的 5 大板块进行排序与说明，使读者能快速地掌握它们之间的关系。

输入源、预处理、智能计算、信息汇总之视觉显示与信息汇总之 IoT 传送 5 大功能板块，最前面再加上“系统”类设置组，总共是 6 大类别，列出每个配置组的功能说明，如表 7-4 所示。

表 7-4　deepstream-app 配置文件的设置组列表

类别	组名	功能说明
系统	[application]	与特定组件无关的应用总体配置
输入源	[source%d]	源属性，可以有多个来源，这些组必须命名为 [source0]、[source1]......
	[tests]	诊断和调试用途，设置视频文件重复播放次数
预处理	[streammux]	指定 streammux 组件的属性并修改其行为
	[pre-process]	指定预处理组件的属性并修改其行为
智能计算	[primary-gie]	指定主推理的属性并修改其行为，只能有一个
	[tracker]	指定对象跟踪器的属性并修改其行为
	[secondary-gie%d]	指定次推理器的属性并修改其行为，必须命名为 [secondary-gie0]、[secondary-gie1]......
	[nvds-analytics]	指定 nvdsanalytics 插件配置文件

续表

类别	组名	功能说明
信息汇总之视觉显示	[tiled-display]	应用程序中的并列显示参数
	[OSD]	指定屏幕显示属性并修改覆盖文本和矩形
	[sink%d]	指定表示输出（如用于渲染、编码和文件保存的显示器和文件）的接收器组件的属性，并修改其行为。管道可以包含多个接收器，组必须命名为 [sink0]、[sink1]......
信息汇总之IoT 传送	[message-converter]	指定信息转换器组件的属性并修改其行为
	[message- consumer%d]	指定信息使用者组件的属性并修改其行为。管道可以包含多个信息使用者组件，组必须命名为 [message-consumer0]、[message-consumer1]......

更详细的参数说明请参考 https://docs.nvidia.com/metropolis/deepstream/dev-guide/ 中“DeepStream Reference Application - deepstream-app”的“Configuration Groups”。

7.4.1　系统类设置组

这个分类组所定义的参数是以整个应用为单位，目前只有一个 [application] 组，主要有四个参数，如表 7-5 所示。

表 7-5　deepstream-app 的 [application] 设置组参数列表

参数名	定义与设定值	类型	预设值
enable-perf-measurement	是否启用应用程序性能测量	布尔值	1（是）
perf-measurement-interval-sec	采样和打印性能指标的时间间隔，以秒为单位	正整数	无
gie-kitti-output-dir	以 KITTI 格式存储主推理器每帧输出的路径名	字符串	无
kitti-track-output-dir	以 KITTI 格式存储跟踪器每帧输出的路径名	字符串	无

前面两个参数比较直观，维持 myDs.txt 的设定值就可以，不需要做什么修改。比较有价值的是 gie-kitti-output-dir 与 kitti-track-output-dir。前者会将主推理器（检测器）每一帧所识别出的物体的类别与坐标，以 KITTI 数据集存放在指定目录下；后者则是将跟踪器所识别的内容，以 KITTI 数据集存放在指定目录下。

首先在目录下创建两个存放文件的子目录：

```
$ mkdir streams-gie streams-track
```

接下来修改 myDs.txt 的几个参数，只使用一个数据源来进行测试：

```
23    [application]
26    gie-kitti-output-dir=streams-gie
27    kitti-track-output-dir=streams-track
      ......
29    [tiled-display]
```

```
30    enable=0
      ......
43    [source0]
48    num-sources=1
```

重新执行这个应用后，会在 streams-gie 与 streams-track 目录下各生成大约 1440 个 KITTI 数据集文件，主要因为测试的 sample_1080p_h264.mp4 是一个时间长度约为 48 秒、每秒有 30 帧的视频，总共有 1440 多帧图像。

两个目录下都生成如图 7-17 所示的 1443 个 KITTI 文件，都使用相同的命名规则：

① 前 6 位数代表视频源编号，如果有 4 路视频源，就会有“00_000”～“00_003”编号；

② 后 6 位是流水号，例如这个测试视频就会有“000000”～“001442”编号。

```
00_000_000194.txt  00_000_000401.txt  00_000_000608.txt  00_000_000815.txt  00_000_001022.txt  00_000_001229.txt  00_000_001436.txt
00_000_000195.txt  00_000_000402.txt  00_000_000609.txt  00_000_000816.txt  00_000_001023.txt  00_000_001230.txt  00_000_001437.txt
00_000_000196.txt  00_000_000403.txt  00_000_000610.txt  00_000_000817.txt  00_000_001024.txt  00_000_001231.txt  00_000_001438.txt
00_000_000197.txt  00_000_000404.txt  00_000_000611.txt  00_000_000818.txt  00_000_001025.txt  00_000_001232.txt  00_000_001439.txt
00_000_000198.txt  00_000_000405.txt  00_000_000612.txt  00_000_000819.txt  00_000_001026.txt  00_000_001233.txt  00_000_001440.txt
00_000_000199.txt  00_000_000406.txt  00_000_000613.txt  00_000_000820.txt  00_000_001027.txt  00_000_001234.txt  00_000_001441.txt
00_000_000200.txt  00_000_000407.txt  00_000_000614.txt  00_000_000821.txt  00_000_001028.txt  00_000_001235.txt  00_000_001442.txt
00_000_000201.txt  00_000_000408.txt  00_000_000615.txt  00_000_000822.txt  00_000_001029.txt  00_000_001236.txt
```

图 7-17　在 streams-gie 与 streams-track 目录都生成相同数量与规则的文件

主推理器所生成的信息文件内容如图 7-18 上方所示，跟踪器所生成的信息文件内容如图 7-18 下方所示，比主推理器的内容多了一个“编号”栏位，两者之间所记录的物体数量未必一致，因为跟踪器的重点在于识别前后帧中的“相同物体”，要求更高。

```
Person 0.0 0 0.0 409.464355 467.214935 439.491211 537.718079 0.0 0.0 0.0 0.0 0.0 0.0 0.0 0.219482
Person 0.0 0 0.0 431.594238 468.707764 465.175781 540.160889 0.0 0.0 0.0 0.0 0.0 0.0 0.0 0.223999
Car 0.0 0 0.0 1562.556641 485.132019 1716.160156 543.454895 0.0 0.0 0.0 0.0 0.0 0.0 0.0 0.529785
Car 0.0 0 0.0 763.155518 476.936859 814.570312 532.172241 0.0 0.0 0.0 0.0 0.0 0.0 0.0 0.530273
Car 0.0 0 0.0 636.717773 482.110931 764.447266 577.330872 0.0 0.0 0.0 0.0 0.0 0.0 0.0 0.898926
Car 0.0 0 0.0 807.750000 468.081543 987.398438 581.673706 0.0 0.0 0.0 0.0 0.0 0.0 0.0 0.919434
Car 0.0 0 0.0 1464.992188 490.711792 1618.527344 548.831055 0.0 0.0 0.0 0.0 0.0 0.0 0.0 0.933105
Car 0.0 0 0.0 1624.334961 484.451996 1807.503906 562.470276 0.0 0.0 0.0 0.0 0.0 0.0 0.0 0.956055
```

```
Car 272 0.0 0 0.0 1268.544678 509.858887 1364.754883 545.262878 0.0 0.0 0.0 0.0 0.0 0.0 0.0 0.381890
Car 271 0.0 0 0.0 618.768616 488.084839 692.955688 543.977173 0.0 0.0 0.0 0.0 0.0 0.0 0.0 0.543212
Car 270 0.0 0 0.0 701.527283 489.482666 996.489624 721.229614 0.0 0.0 0.0 0.0 0.0 0.0 0.0 0.457537
Person 269 0.0 0 0.0 439.168823 472.100983 474.632141 546.669739 0.0 0.0 0.0 0.0 0.0 0.0 0.0 0.824907
Person 268 0.0 0 0.0 404.890930 462.571533 437.550659 540.323730 0.0 0.0 0.0 0.0 0.0 0.0 0.0 0.675507
Car 273 0.0 0 0.0 572.276245 477.218201 616.820923 511.146545 0.0 0.0 0.0 0.0 0.0 0.0 0.0 0.729625
```

图 7-18　主推理器与跟踪器所生成文件的差别

这两组输出对于后面的统计与分析非常重要，另外再编写专门的 CPU 代码来读取执行文件的内容；根据文件名规则就能持续读入这些文件；根据所需要的栏位数据就能实现最基础的分析功能。

7.4.2　输入源设置组

这部分有 [source%d] 与 [tests] 两类设置组，后者非常简单，只对视频文件输入源产生效用，其设定值只有一个，即 file-loop=，如果设置为“0”则视频文件只播放 1 次，如果设置为“1”就会无限次播放，通常用于测试或演示。

[source%d] 设置组使用“%d”符号表示可以设置多个输入源组，每组都用唯一的识别编号，例如 [source1]、[source32] 等，这些编号没有先后顺序，只要符合规则并且不重复就可以。

这个设置组的参数有 30 个，其中 9 个以“smart-rec”开头的参数与智能记录功能有关，在这个阶段不讨论，其余还有 21 个参数，要根据不同数据源类型进行组合搭配，这里使用 type 参数设置输入源类型，目前支持 5 种类型，但仔细分类之后就是三大类型，以下就根据三大类型来进行说明。

（1）直连摄像头

这里指直接连到设备上的摄像头，主要分为 V4L2 与 CSI 两种。

① type=1：泛指所有支持 V4L2 标准的设备，包括 USB2/USB3 摄像头与视频截取工具，其后搭配“camera-v4l2-dev-node=<N>”参数去指定设备编号。

② type=5：单指 CSI 接口摄像头，后面搭配“camera-csi-sensor-id=<N>”参数指定设备编号，这项功能目前也只在 Jetson 系列设备上生效。

表 7-6 所列是直连摄像头的配套参数，需要在每个 [source%d] 里面加上。

表 7-6 deepstream-app 的输入源设置组的摄像头类相关参数列表

参数名	定义与设定值	类型
camera-width	从指定摄像头请求的帧宽度，以像素为单位	正整数
camera-height	从指定摄像头请求的帧高度，以像素为单位	正整数
camera-fps-n	从指定摄像头请求帧率的分子（帧数）部分	正整数
camera-fps-d	从指定摄像头请求帧率的分母（秒）部分	正整数
camera-id	属于可选的高级用法，在这里可以忽略不用	

（2）视频文件

① type=2：URI 类型，将视频文件作为单一输入源，使用“uri=file://”格式去指定视频文件的路径。

② type=3：MultiURI 类型，具有扩展功能，主要面对存放在相同路径下的多个有序编号的视频内容，可以同时导入作为多个输入源。

例如在～ /home/nvidia/Video 目录下有 source0.mp4 ～ source8.mp4 等 9 个不同视频文件，此时就能用以下参数设置，同时导入多个数据源：

```
[source14]
type=3
uri=file:///home/vidia/source%d.mp4
num-sources=9
```

如果符合 URI 路径要求的文件数量小于 num-sources 设定值，就会调用低编号的视频文件。当“num-sources=1”时，与URI类的功能完全一致，因此推荐在处理视频文件时，全都选择MultiURI类型。

由于视频文件与网络视频流的处理都会牵涉到解码器的调用，而解码器调用部分存在更深层的与显存相关的参数会影响执行性能，因此合并在后面一并说明。

（3）网络视频流

这里只有一种type=4类型，在实际使用场景中的使用率很高，包括通过GigE网口连接的摄像头，以及其他设备所发布的RTP/RTSP视频源。这种类型使用“uri=rtsp://”指定输入源，还有以下四个相关参数，如表7-7所示。

表7-7 deepstream-app的输入源设置组的摄像头类参数列表（1）

参数名	定义与设定值	类型
select-rtp-protocol	RTP种类：0为UDP + UDP Multicast + TCP；4为TCP	0或4
rtsp-reconnect-interval- sec	强制重新连接之前，从RTSP源接收到最后一个数据后的等待超时（秒），设置为0时将禁用重新连接	整数
rtsp-reconnect-attempts	尝试重新连接的最大次数，设为−1时为无限次尝试	整数
latency	抖动(Jitter)缓冲区大小，以毫秒为单位	正整数

以上是基于输入源类别为主轴的配套参数说明，整理之后能更清晰彼此之间的关系，有助于后面的调用。还有6个与编码器、显存、计算卡等相关的参数，如表7-8所列。

表7-8 deepstream-app的输入源设置组的摄像头类参数列表（2）

参数名	定义与设定值	类型
drop-frame-interval	解码过程删帧的数量，例如5代表每5帧输出一次	正整数
intra-decode-enable	启用或禁用帧内解码，预设值为启动，通常可以不加	布尔值
num-extra-surfaces	除解码器给出的最小解码曲面外的曲面数，可用于管理流水线中解码器输出缓冲区的数量，通常可以不加	0～24整数
nvbuf-memory-type	该元素设定分配给nvvideoconvert输出缓冲区的CUDA内存类型，在Jetson上只支持模式0	0,1,2,3
cudadec-memtype	分配输出缓冲区的CUDA内存元素类型，不支持Jetson	
gpu-id	指定使用的GPU编号，不支持Jetson	

这里面只有drop-frame-interval参数可以通过修改来调整性能，其余5个都可以不理会。

最后，还有一个最重要的enable参数，可以直接开启/关闭这个数据源的调用，我们可以在配置文件中添加多个[source%d]配置组，然后用enable参数来进行管理，这样会很方便。

7.4.3 预处理设置组

这部分包含 [pre-process] 与 [streammux] 两个预处理相关设置组，这个步骤不是计算量最大的部分，但可能是整个工作流中复杂度最高的环节。

由于这里牵涉非常多底层 CUDA 计算资源调用的内容，对初学者来说有相当高的门槛，因此这里只将两个设置组的参数做一个简单说明，不去探索参数的调整与使用，大家先参照范例所提供的优化配置文件进行设置，等更进一步掌握更底层的技术之后，再进行参数修改以调节性能。

简单说明一下这两个参数值的设定内容。

（1）[pre-process] 设置组

在 samples/config/deepstream-app 目录下有一个 config_preprocess.txt 文件，就是应用所提供的范例配置，内容涉及神经网络的输入顺序（NCHW 或 NHWC）、张量尺度、颜色空间（RGB/BGR/GRAY）、数据精度（FP32/FP16/INT8/UINT32/INT32）等。这个设置组只有“启动与否”以及“指定路径”这两个参数，如表 7-9 所列。

表 7-9 [pre-process] 设置组的参数

参数名	定义与设定值	类型
enable	是否启动本设置组，预设值为“1”代表启动	布尔值
config-file	设置文件路径，例如 config-file=config_preprocess.txt	字符串

（2）[streammux] 设置组

具有将多个输入源的图像“合成”为一帧图像的“整流器”功能，当面向多个输入源数据时，经常会遇到以下几个困扰。

① 需要配置多大的缓冲区？

② 需要获取多少批量数据之后，再进行下一步工作？

③ 输入源获取数据的速率通常不一致，对于某些帧图像是该等候还是舍弃？

因此，这个设置组的参数（表 7-10）主要都是针对上述所提问题进行调节。

表 7-10 [streammux] 设置组的参数

参数名	定义与设定值	类型
buffer-pool-size	整流器输出缓冲池中的缓冲区数	正整数
batch-size	整流器的批量大小	正整数
batched-push-timeout	在第一个缓冲区可用后，推送批次超时（以微秒为单位），即使未形成完整批次	≥ −1 的整数
width	整流器的输出宽度，以像素为单位	正整数
height	整流器的输出高度，以像素为单位	正整数
enable-padding	指示在通过添加黑带进行缩放时是否保持原纵横比	布尔值

续表

参数名	定义与设定值	类型
sync-inputs	在对输入帧进行批量处理之前，执行时间同步	布尔值
live-source	是否通知 muxer 消息源是实时的，通常设为“0”关闭	布尔值
max-latency	实时模式下的额外延迟，允许上游花费更长的时间为当前位置生成缓冲区（以纳秒为单位）	≥ 0 的整数
attach-sys-ts-as-ntp	对于实时源，整流器缓冲区应将相关的时间戳设置为系统时间或流式传输 RTSP 时服务器的 ntp 时间	布尔值
config-file-path	如果要调用新版整流器，可指定配置文件，可忽略	字符串
nvbuf-memory-type	该元素将分配给 nvvideoconvert 输出缓冲区的 CUDA 内存类型，在 Jetson 上只支持模式 0	0,1,2,3
gpu-id	不支持 Jetson 设备	

对初学者来说，只要参照范例配置文件所提供的设置就行。

7.4.4 智能计算设置组

这是整个 deepstream-app 应用的灵魂所在，也是展现 DeepStream 强大智能计算能力之处，主要分为“推理（inference）”与“跟踪（track）”两类智能计算，并且使用 [primary-gie]、[tracker] 与 [secondary-gie%d] 三种设置组，彼此之间存在一些依赖关系，需要做些较为详细的说明，后面才能知道如何组合搭配。

① 主推理器（primary-gie）：

a. 是整个应用的智能计算启动器，必须有一个（而且只能有一个）主推理器；

b. 属于“帧（frame）级”推理器，需要搭配“帧级识别”神经网络模型，包括物体检测、语义分割、姿态识别等；

c. 以帧为单位执行推理计算，将检测的所有物体信息提供给下游推理器使用。

② 跟踪器（tracker）：

a. 这是一个“流 (stream) 级”的处理器，是所有“统计分析”功能的基础；

b. 为主推理器所识别的所有物体设置“唯一编号”，并在每帧图像中进行持续跟踪；

c. 跟踪器对物体所指派的识别编号，是主 / 次推理器之间锁定物体的最重要的依据；

d. 跟踪器有特定的跟踪算法，目前 DeepStream 6.0 版本支持 IOU、DeepSORT 与 max/perf/accuracy 三种版本的 NvDCF 算法；

e. 虽然关闭跟踪器功能能得到更好的推理效果，但是缺乏跟踪功能的推理结果是没有意义的，因此这个功能最好保持“开启”状态。

③ 次推理器（secondary-gie）：

a. 属于“物体 (object) 级”推理器，在应用中不一定需要，但也可以有多个；

b. 在“跟踪器”功能开启时才能发挥作用；

c. 次推理器的目的是为整个应用提供更实用且多样化的检测功能；

d. 可以是检测器（detector），也可以是分类器（classifier）；

e. 以上游推理器所检测的物体为单位，执行进一步的推理；

f. 上游推理器可以是主推理器，也可以是其他具有物体检测功能的次推理器。

下面用两个例子来简单说明次推理器的使用，以及推理器之间的上下游关系。

① 以 deepstream-app 应用所提供的模型资源为例。

a. 主推理器：具备“car、person、bicycle、roadsign”四种类别识别能力的物体检测器。

b. 次推理器：共有三个，分别是“颜色、厂牌、车型”的图像分类器，都以主分类器作为上游数据来源，并且在物体类别为“car”的状况下进行分类识别。

② 本章最后演示的“中文车牌识别”范例。

a. 主推理器：使用 NGC 预训练好的“car/person”两类检测模型。

b. 次推理器 1：使用一个具备“车牌物体识别”功能的检测器，以主分类器为上游数据源，在“car”物体中进一步找出“车牌”位置（坐标框），交付给下游推理器。

c. 次推理器 2：使用一个具备“中文车牌字符识别”能力的分类器，包括“京 / 津 / 沪 / 粤 / 苏”等省级行政区域的简称，以及大写英文字符、数字符号等。以次分类器 1 为上游数据源，在“车牌”范围内对每个字符进行最终识别。

经过上面两个范例，读者应该能更清楚地掌握次推理器的一些特性，包括模型类别与上下游关系。

这里说明“gie”是什么，因为英伟达最早期的“推理加速引擎”英文为“GPU Inference Engine”，简称为“GIE”，后来才改名字为 TensorRT，但是 DeepStream 系统一开始就使用 [primary-gie] 与 [secondary-gie] 名称，没有再更改。

以上是主推理器、跟踪器与次推理器之间的关系，只要弄清楚主 / 次推理器之间的上下游关系，任何人都可以轻松地在 DeepStream 平台上创建出各种实用性强、差异化大的智能分析应用，这是 DeepStream 独有的强大功能。

最后来看这三个元件设置组的参数内容，由于主推理器与次推理器的参数内容大致相同，因此就合并在一起处理。

① 推理器设置组：这部分设置组分成 [primary-gie] 与 [secondary-gie%d] 两种，主推理器只有一个，而次推理器可以有多个，因此使用“%d”方式进行区别。二者的参数内容大同小异，整理后的说明如表 7-11 所列。

② 跟踪器设置组 [tracker]：这个设置组的参数比较直观，最主要是根据要使用的跟踪算法去调整 ll-config-file 与 ll-lib-file 的指向文件，指定使用的跟踪算法与配置文件，二者必须匹配到相同的算法。表 7-12 列出了这部分的参数内容。

表 7-11 [primary-gie] 与 [secondary-gie%d] 设置组的主要参数

参数名	定义与设定值	类型
enable	是否启用该推理器	布尔值
gie-unique-id	为推理器配置唯一识别编号，以标识实例生成的元数据	正整数
model-engine-file	所使用的序列化（已创建）引擎文件的绝对路径名	字符串
config-file-path	指定推理器所使用的原始模型配置文件路径	字符串
labelfile-path	指定推理器的类别名称文件的路径	字符串
infer-raw-output-dir	将原始推断缓冲区内容转存到存在路径的文件中	字符串
batch-size	批次推理数量：主推理器为“帧数 / 次”，次推理器为“物体数 / 次”	正整数
interval	仅在主推理器中设置，跳过连续批次数以进行推理	正整数
operate-on-gie-id	仅在次推理器中设置，在指定编号 (gie-unique-id) 推理器上执行进一步推理，例如主推理器的 gie-unique-id=3，则次推理器设置 operate-on-gie-id=3	
operate-on-class-ids	仅在次推理器中设置，在主推理器的指定编号类别上执行进一步推理。例如 car 在主推理器的类别编号为 0，颜色 (color) 次推理器要对这个物体进一步分辨颜色，于是就在这个次推理器设置 operate-on-class-ids=0	
bbox-border-color%d	特定类 %d 对象的边框颜色，以 RGBA 格式表示。例如类别 0 的边框颜色可以用 bbox-border-color0=1;0;3;5，类别 2 的边框颜色可以用 bbox-border-color2=0;2;4;5 等	R;G;B;A
bbox-bg-color%d	特定类 %d 对象的背景颜色，以 RGBA 格式表示。用法与 bbox-border-color%d 相同	R;G;B;A
plugin-type	所使用的推理插件种类：0—TensorRT(nvinfer)、1—Triton 服务器 (nvinferserver)	0 或 1
input-tensor-meta	仅在主推理器中设置是否启用 nvdspreprocess 插件为预处理输入流提供自定义库接口	布尔值
nvbuf-memory-type	该元素将给 nvvideoconvert 输出缓冲区的 CUDA 分配内存类型，在 Jetson 上只支持模式 0	0,1,2,3
gpu-id	不支持 Jetson 设备	

表 7-12 [tracker] 设置组的主要参数

参数名	定义与设定值	类型
enable	启动或关闭跟踪器	布尔值
tracker-width	跟踪器操作的图像宽度，以像素为单位	正整数
tracker-height	跟踪器操作的图像高度，以像素为单位	正整数
ll-config-file	指定的底层追踪器配置文件路径名	字符串
ll-lib-file	指定的底层追踪器执行库文件路径名	字符串
enable-batch-process	启动或关闭在多视频流之间的整批处理能力	布尔值
enable-past-frame	启动或关闭允许报告过去帧的数据	布尔值
tracking-surface-type	设置要跟踪的曲面流类型，预设值为 0	≥ 0 的整数
gpu-id	不支持 Jetson 设备	

③ 统计分析设置组 [nvds-analytics]：这是跟踪器的延伸应用，基于跟踪器传递过来的数据，可以对“某时间段”“某空间范围”的流量进行统计分析，甚至进一步判别某物体的“行进方向”。这个设置组的参数很简单，只有表 7-13 所列的两个参数。

表 7-13　[nvds-analytics] 设置组的主要参数

参数名	定义与设定值	类型
enable	启动或关闭跟踪器	布尔值
config-file	指定统计分析范围的配置文件路径名	字符串

在配置文件中可以设定兴趣区（roi-filtering-stream）、拥挤区（overcrowding-stream）、跨越线（line-crossing）与行进方向（direction-detection-stream）四大类的统计分析数据，这部分的计算全部依赖 CPU。

7.4.5　信息汇总之视觉显示设置组

这部分的设置组都是以“视觉显示”为目的，包括直接在屏幕显示，或者转成视频流提供给其他设备显示，主要包括以下三个设置组。

（1）[tiled-display] 设置组

这个设置组的功能是根据 rows 与 columns 去决定显示的输出数量，参数值都非常直观，表 7-14 列出了这个设置组的主要参数。

表 7-14　[tiled-display] 设置组的主要参数

参数名	定义与设定值	类型
enable	启用或关闭并列显示，0 为关闭，1 为启动	布尔值
rows	并列显示的行数（纵向）	正整数
columns	并列显示的列数（横向）	正整数
width	显示视窗的总宽度，以像素为单位	正整数
height	显示视窗的总高度，以像素为单位	正整数
nvbuf-memory-type	该元素将给 nvvideoconvert 输出缓冲区的 CUDA 分配内存类型，在 Jetson 上只支持模式 0	0,1,2,3
gpu-id	不支持 Jetson 设备	

（2）[OSD] 设置组

[OSD]（on-screen display，屏幕显示）设定单一画面上所显示的格式，包括标框粗细 / 颜色、字型种类、字体大小 / 颜色 / 背景等，完整参数如表 7-15 所列。

通过调整这部分的参数，能创建出比较多样化的显示效果。

（3）[sink%d] 设置组

这个设置组可以有很多个，也是使用“%d”进行分隔，其功能是将 [tiled-display] 与 [OSD] 配置组的要求以及智能计算组所得到的结果输出到目标类型上，包括在

表 7-15 [OSD] 设置组的主要参数

参数名	定义与设定值	类型
enable	启动或关闭 OSD 功能，0 为关闭，1 为启动	布尔值
display-text	是否显示文本	布尔值
display-bbox	是否显示标框	布尔值
display-mask	是否显示实例掩码	布尔值
border-width	为对象绘制的边框的宽度，以像素为单位	≥ 0 的整数
border-color	为对象绘制的边框的颜色，以 RGBA 格式表示	R;G;B;A
font	字型名称，可以用“fc-list”指令查找	字符串
text-size	文本大小，以像素为单位	≥ 0 的整数
text-color	文本颜色，以 RGBA 格式表示	R;G;B;A
text-bg-color	文本背景色，以 RGBA 格式表示	R;G;B;A
clock-color	时钟时间文本的颜色，以 RGBA 格式表示	R;G;B;A
clock-text-size	时钟时间文本的大小，以点为单位	正整数
clock-x-offset	时钟时间文本的水平偏移量，以像素为单位	正整数
clock-y-offset	时钟时间文本的垂直偏移量，以像素为单位	正整数
hw-blend-color-attr	混合所有类的颜色属性（高级用法）	字符串
nvbuf-memory-type	该元素将给 nvvideoconvert 输出缓冲区的 CUDA 分配内存类型，在 Jetson 上只支持模式 0	0,1,2,3
gpu-id	不支持 Jetson 设备	

显示器上直接显示、存成视频文件或转成 RTSP 视频流等。

令很多初学者比较迷惑的是为何使用“sink”这个词？这是因为 DeepStream 是基于 GStreamer 框架搭建的，而“sink”一词在 GStreamer 中是“输出元素”的意思，因此也在 DeepStream 中沿用。

与前面的 [source%d] 设置组有类似的状况，[sink%d] 设置组中的参数也是根据输出类型进行配套，一个配置文件中同样也可以有多个 [sink%d] 设置组，就是可以同时执行多个输出，例如同时在显示器上显示结果，同时存到文件里，同时输出成 RTSP 视频流，同时将统计分析结果转成 IoT。

这里仿效前面 [source%d] 设置组，根据不同输出类型整理出配套的参数内容。

① type=1：不输出（fakesink），这种状况下可以不需要其他参数。

② type=2：显示器输出（EglSink），这部分只需要添加一个“sync”同步参数就可以了，在计算性能较弱的 Nano（含 2GB）与 TX2/TX1 上推荐设置“sync=0”，会有比较好的显示效果，至于 Xavier NX 或 AGX Xavier 上，可以忽略。

③ type=3：输出到文件（file），由于输出到文件时会牵涉到文件格式、编码种类、帧率与渲染等问题，因此需要表 7-16 所列的参数来做配合。

表 7-16 [sink%d] 设置组输出到文件的配套参数

参数名	定义与设定值	类型
output-file	输出的文件名	字符串
container	输出的文件格式，1：MP4，2：MKV	1, 2
enc-type	编码方式，0：用 NVENC 编码芯片，1：软件方式	0, 1
codec	编码格式，使用硬件编码器，1：H.264，2：H.265	1, 2
bitrate	设置编码的比特率，单位为比特 / 秒	正整数
iframeinterval	编码帧内出现频率，0 ≤ iv ≤ MAX_INT（高级用法）	整数

另外有些比较底层用途的参数，就不在这里列出。

④ type=4：输出 RTSP 视频流，这部分与输出到文件 (type=3) 几乎一致，只要将 container 与 output-file 置换成 rtsp-port 与 udp-port 两个参数就可以了，用法如表 7-17 所列。

表 7-17 [sink%d] 设置组输出到 RTSP 视频流的配套参数

参数名	定义与设定值	类型
rtsp-port	配置 RTSP 流媒体服务器的端口	正整数
udp-port	流媒体实现内部使用的闲置（未占用）端口	正整数

这种输出之后，可以在本机或其他电脑上启动 RTSP 视频流播放功能，例如通过 VLC 播放软件来显示这个视频流。

⑤ type=5：叠加显示（overlap），这个功能会覆盖 [tiled-display] 设置组的显示窗参数，设置为这个输出形态，在 nomachine 或 VNC 远程控制桌面时，看不到输出视窗。由于这个用途即将被 DeepStream 移除，表 7-18 所列的参数只要知道就可以了。

表 7-18 [sink%d] 设置组输出叠加显示的配套参数

参数名	定义与设定值	类型
display-id	显示器的编号，参考系统的 $DISPLAY 变量的值，通常为 0	
overlay-id	在指定显示器上的叠加索引编号，通常为 1	
width	输出视窗的宽度，以像素为单位。设置 0 时为全屏宽	≥ 0 整数
height	输出视窗的高度，以像素为单位。设置 0 时为全屏高	≥ 0 整数
offset-x	输出视窗的水平起点，以像素为单位	≥ 0 整数
offset-y	输出视窗的垂直偏移，以像素为单位	≥ 0 整数

以上是与视觉显示有关的设置组，经过这样的整理之后，就会变得非常有条理，大家在使用的时候就能非常清晰。

7.4.6 信息汇总之 IoT 传送设置组

视觉显示的效果虽然比较吸引人，但如果用户的项目要统筹管理上百个部署在各个角落的智能边缘计算设备，那么要同时面对上百个视频数据，这不是效率最高的方式。

在每台智能边缘计算设备上，先从视频流中提取出“指定”的信息，如此一来所传送数据不仅实用价值高，并且消耗的带宽资源是非常少的，非常适合面向庞大部署量的中央管理应用，数量越大所能获得的效率越高。

要搭建信息传送功能需要有发送端（producer）与接收端（consumer）两部分的配置，两端除了需要采用相同的通信协议之外，还需要使用相同的交谈主题（topic），才能执行信息收发任务，因为接收端服务器可能同时面对多个发送端，必须通过“不重复”的交谈主题进行分隔，才能确保信息接收不会错乱。

在为设备启动 IoT 信息发送端功能时，确保 [sink%d] 设置组的 type=6 且 enable=1 。此外，在设置组中的参数具备以下两个部分。

① 信息中转器（broker）：这部分是必要项，就是配置一个与接收端相同的通信协议，目前 DeepStream 主要支持 Kafka、AMQP、Azure IoT 与 REDIS 四种协议，请根据接收端所支持的协议进行调整。

② 信息转换器（converter）：其功能是定义从追踪器所获取物体的描述信息（有效负载）的栏位内容，DeepStream 提供“完整格式”与“最小格式”两种模式，前者对每个物体提供超过 80 行信息量，后者大约只提供 10 行信息量，我们可以使用 msg-conv-payload-type 参数进行选择。[sink%d] 设置组 type=6 时的配套参数如表 7-19 所示。

表 7-19　[sink%d] 设置组 type=6 时的配套参数

参数名	定义与设定值	类型
disable-msgconv	只添加中转器组件，关闭系统的信息转换器	布尔值
new-api	使用系统的协议适配器库或使用自行封装的中转器库	布尔值
msg-broker-config	信息中转器配置文件的路径名	字符串
msg-broker-proto-lib	信息中转器所使用协议的库路径	字符串
msg-broker-conn-str	格式：< 接收端域名 /IP>;< 接收端指定端口 >;< 对话主题 >	字符串
topic	对话主题	字符串
msg-conv-config	信息转换器的配置文件路径	字符串
msg-conv-payload -type	有效载荷的类型： 0：系统提供的标准有效负载栏位格式 1：系统提供的最小有效负载栏位格式 256：系统保留（不用） 257：用户自定义的有效负载栏位组	0,1,256,257
msg-conv-msg2p-lib	仅当 msg-conv-payload-type=257 时，可选自定义负载生成库的绝对路径名	字符串

系统支持用户自行开发的信息转换器，不过必须先用 disable-msgconv=1 关闭系统转换器，并且在配置 msg-conv-payload-type=257 之后，再用 msg-conv-msg2p-lib

指向自行开发转换器的执行库。

[message-converter] 设置组的 msg-conv 类的参数上看起来与 [sink%d] 完全一致，有些冗余。我们也可以将前一项所有 msg-conv 类的设置，全部放在 [message-converter] 中，以便于管理。表 7-20 列出这个设置组的主要参数。

表 7-20　[message-converter] 设置组的配套参数

参数名	定义与设定值	类型
enable	只添加中转器组件，关闭系统的信息转换器	布尔值
msg-conv-config	信息转换器的配置文件路径	字符串
msg-conv-payload -type	有效载荷的类型： 0：系统提供的标准有效负载栏位格式 1：系统提供的最小有效负载栏位格式 256：系统保留（不用） 257：用户自定义的有效负载栏位组	0,1,256,257
msg-conv-msg2p-lib	仅当 msg-conv-payload-type=257 时，可选自定义负载生成库的绝对路径名	字符串

[message-consumer%d] 设置组是将 DeepStream 设备作为信息接收端，每个设备能提供多个接收器，因此可以有多个设置组；每个接收器还能面对多个信息来源，使用 subscribe-topic-list 话题列表来进行对应。表 7-21 列出了主要参数。

表 7-21　[message-consumer%d] 设置组的配套参数

参数名	定义与设定值	类型
enable	只添加中转器组件，关闭系统的信息转换器	布尔值
proto-lib	信息接收器使用通信协议库的路径	字符串
config-file	信息接收器的配置文件路径	字符串
conn-str	格式：< 本设备域名或 IP>;< 本设备指定端口 >	字符串
subscribe-topic-list	< 对话主题 1>;< 对话主题 2>;< 对话主题 3>;……	字符串
sensor-list-file	传感器索引与传感器名称的映射文件	字符串

以上是 deepstream-app 关于 IoT 信息传送的设置组，这部分需要两台设备来进行测试，目前范例资源提供的内容比较不足，因此后面的演示就先省略 IoT 信息传送的部分。

7.5　deepstream-app 更多应用

前面已经将 deepstream-app 的参数设置组分类说明过了，接下来就以前面复制好的 myDs.txt 文件为主，通过修改参数来改变应用功能，从添加 CSI/USB 摄像头输入源开始（修改 OSD 显示风格，修改跟踪器类别）到多神经网络叠加识别应用等。

7.5.1 添加多个输入源

这里需要分成两个部分来处理，第一种不会牵涉到解码器调用的直连摄像头，第二种会使用解码器的视频文件或 RTSP 视频流，这两种类型最好不要混合在一起使用，否则对执行性能会有明显的影响。

在开始进行实验之前，建议将 [application] 的 rows 与 columns 都设置为 2，保留四个并列显示窗口就可以了。

（1）添加直连摄像头

主要分为 V4L2（USB）接口与 CSI 接口的视频采集设备，前者的通用性比较强，几乎支持所有 USB 接口的摄像头或者视频采集卡，后者只支持 Jetson 设备上的 CSI 摄像头。在添加摄像头之前，必须先确认每个摄像头的分辨率与帧率这些硬件规格，以及在设备上的编号。建议先使用“v4l2-ctl--list-device”指令查询摄像头编号，例如获得以下信息：

```
nvidia@nano2g-jp460: ~ $ v4l2-ctl  --list-device
vi-output, imx219 8-0010 (platform:54080000.vi:4):
       /dev/video0
USB  (usb-70090000.xusb-2.1):
       /dev/video1
```

这样可以看出目前 CSI 摄像头在 /dev/video0 位置，USB 摄像头在 /dev/video1 位置。接下来再使用“v4l2-ctl --device=/dev/video<N> --list-formats-ext”指令查看个别设备所支持的分辨率与帧率。

在实验设备中，检测出来 USB 摄像头支持 640×480@30fps 规格，CSI 摄像头支持 1920×108@30fps 与 1280×720@30fps 两种规格。下面可以在 myDs.txt 中，按照下面所列参数添加这两个 [source%d] 设置组内容：

```
# 添加 V4L2（USB）摄像头
[source10]
enable=1
type=1
camera-v4l2-dev-node=1
camera-width=640
camera-height=480
camera-fps-n=30
camera-fps-d=1
```

```
# 添加 CSI 摄像头（只支持 Jetson）
[source21]
enable=1
type=5
camera-csi-sensor-id=0
camera-width=1280（或 1920）
camera-height=720 （或 1080）
camera-fps-n=30
camera-fps-d=1
```

这里只要注意“camera-v4l2-dev-node=”与“camera-csi-sensor-id=”必须对应到准确的编号上，最后记得将 [source0] 文件视频源先关闭 (enable=0)，确认直连摄像头的执行性能。

按照上面步骤就能轻松地将直连摄像头添加到 deepstream-app 应用中。目前在 Nano 2GB 设备上同时接上 1 个 USB 摄像头与 1 个 CSI 摄像头，图 7-19 左边所列 USB 摄像头与右边所列 CSI 摄像头的执行性能都在 25fps 上下，相当不错。

图 7-19　deepstream-app 添加 USB 摄像头与 CSI 摄像头的推理性能

但如果加入 H.264 视频文件（启动 [source0]）一起执行，两个摄像头的执行性能会变差，并且性能大幅降低到 6FPS 左右，只有前面的 1/4，这是什么原因呢？

主要是因为视频文件的处理需要调用 NVDEC 解码器，如果帧率与摄像头不一致，就会导致性能较佳的数据源受到性能较差数据源的限制，影响性能并造成卡顿的现象，因此 CSI/USB 这类直连摄像头最好不要与调用 NVDEC 解码器的视频源混合使用，包括视频文件、RTP/RTSP 视频流。

（2）添加需要调用解码器的视频源

执行这部分测试时，请先将前面添加的直连摄像头关闭。在 myDs.txt 中 [source0] 指定的 streams/sample_1080p_h264.mp4 文件，是一个 1080p 的 H.264 编码格式视频文件，添加 streams/sample_1080p_h265.mp4 这个相同分辨率的 H.265 编码的视频文件，执行查看二者的性能是否有所差异。

请按照下面右边内容为 myDs.txt 添加一个 [source%d] 设置组，添加一个 H.265 视频文件源，存档后执行 deepstream-app 应用的指令：

```
# 原本的H.264 文件
[source0]
enable=1
type=3
uri=file://../../streams/sample_1080p_
h264.mp4
num-sources=1
cudadec-memtype=0
```

```
# 添加 H.265 文件
[source1]
enable=1
type=3
uri=file://../../streams/sample_1080p_
h265.mp4
num-sources=1
cudadec-memtype=0
```

图 7-20 所示是两个相同分辨率但不同编码格式视频的执行状况，可以看到 H.265 编码（左边）的执行性能为 H.264 编码（右边）的 1.5 ～ 2 倍，因此建议未来在允许的状况下，使用 H.265 编码视频会得到更好的性能。

如果过程中打开 jtop 监控工具，会看到图 7-21 左下方“NVDEC:×××××”，其中“×××××”代表频率值，表示现在正在启用解码器的功能，这个在摄像头作为输入时是没有启动的。

图 7-20　相同分辨率的 H.264 与 H.265 编码视频的性能差距（1）

```
[info]                              [Sensor] — [Temp]      [Power/mW] - [Cur]  [Avr]
UpT: 0 days 0:7:51                  AO         33.50C      5V CPU       1716   1380
FAN [||||||||||||||||100%] Tm=100%  CPU        27.50C      5V GPU       1674   982
Jetson Clocks: [running]            GPU        26.00C      ALL          6371   4652
NV Power[0]: MAXN                   PLL        26.00C
[HW engines]                        thermal    26.75C
APE: 25MHz
NVENC: [OFF]     NVDEC: 716MHz
NVJPG: [OFF]
```

图 7-21　相同分辨率的 H.264 与 H.265 编码视频的性能差距（2）

表 7-22 由英伟达官方提供，关于 Jetson 系列设备对于 H.264/H.265 视频流的承载量，分为 4K 分辨率与 1080p 分辨率两种，提供给读者作为参考。

表 7-22　各种设备所支持的数据源数量

产品名称	芯片架构	H.264 4K@30	H.264 1080P@30	H.264 4K@30	H.264 1080P@30
Jetson Nano	Maxwell	2	8	2	8
Jetson TX2	Pascal	4	14	4	14
Jetson Xavier NX	Volta	2	16	4	32
Jetson AGX Xavier	Volta	8	32	12	52

在 deepstream-app 添加输入源是非常简单的一件事，可以根据手上资源去任意添加输入源来进行更多的测试，也可以尝试将直连摄像头与 H.264/H.265 视频同时启动，查看性能上会有怎样的影响。

7.5.2　调整显示输出的细节

为了向客户群展示视觉效果，特别是在参加展会或者公开演示的过程时，最好能满足“中文化信息”与“物体标框与字体更加清晰”，这对 DeepStream 来说非常容易，只要按照下面步骤去调整，就能轻松做出更好的视觉效果演示。

为了让读者更轻松地操作，这里使用 myDs.txt 里 [source0] 的 H.264 视频源进行演示，并且关闭 tiled-display 并列显示功能，同时关闭前面所添加的数据源。

（1）信息中文化显示

身处中国，中文信息永远比英文信息更能使用户倍感亲切。很多系统的中文化处理必须从底层修改相关的信息内容，但是 DeepStream 的检测功能只需要将推理器的 labels.txt 文件内容改成中文类别就可以了。

以这里的范例来说明，主推理器路径为 models/primart_detector_nano，我们只要将里面的 labels.txt 按照以下内容进行修改就可以了。

# 原本的 labels.txt 类别内容	# 将 labels.txt 修改成中文类别
car	车
bicycle	脚踏车
person	行人
roadsign	路标

执行 deepstream-app 应用之后，就能看到如图 7-22 所示的中文类别信息。

图 7-22　将主推理器的 labels.txt 做中文化处理就能显示中文信息

三个 secondary_xxx 目录中的 labels.txt 同样可以按照其原本的顺序，将类别名称全部做中文化处理，这样在后面执行“多神经网络叠加识别”实验时，就能全部显示中文信息。

（2）物体标框与字体更加清晰

这部分只要调整 [OSD] 设置组里面的几个参数就可以了，特别是 border-width，原本设定为 1 是不容易识别的，推荐设置到 7 以上的值。以下内容可以自行修改，至于视觉效果的好坏是很主观的，请自行调整。

# 原本的 [OSD] 设定值	# 修改后的 [OSD] 设定值
border-width=1	border-width=7
text-size=15	text-size=20

经过参数调整后的执行结果如图 7-23 所示，可以与图 7-22 做个比较。

以上两部分的视觉化调整是非常简单的，但是经过处理之后的效果，却是让用户感到舒服的，非常实用。

7.5.3　目标跟踪功能

目标跟踪算法是计算机视觉领域中非常重要的应用，对 DeepStream 来说更是至关重要，因为主推理器只能从每一帧图像中找到各个物体的位置，获得“帧

图 7-23　边框与显示字体更加清晰

（frame）级”的数据；目标跟踪功能才能进一步掌握“流（stream）级”的动态走向信息，将前后帧的位置贯穿起来，并且提供唯一的识别号码，真正掌握目标物体在某时间段内的完整信息，进而实现“视频分析”功能。

目前 DeepStream 6.0 主要支持 NvDCF（discriminative correlation filter）跟踪算法，这是 MOT（多目标跟踪）智能视频分析应用的关键组成部分。算法细节这里不做说明，DeepStream 使用不同配置文件为跟踪器提供不同的性能 / 精准度组合。

在 config/deepstream-app 下有三个以“config_tracker_NvDCF”开头的配置文件，如下：

```
config/deepstream-app
├── config_tracker_NvDCF_accuracy.yml        # 最佳精准度
├── config_tracker_NvDCF_max_perf.yml        # 最佳性能
└── config_tracker_NvDCF_perf.yml            # 最佳平衡
```

针对跟踪器功能进行简单的测试，请执行以下修改步骤：

① 这个测试只要一个显示，因此关闭 [tiled-display] 功能（enable=0）；

② 这个测试只要一个数据源，推荐用 streams/sample_qHD.mp4 进行测试，并将其他输入源组都关闭（enable=0）；

③ 确定 myDs.txt 配置文件的 [tracker] 是开启的（enable=1）；

④ [tracker] 设置组的 ll-lib-file 参数目前指向 libnvds_nvmultiobjecttracker.so，表示选择 NvDCF 跟踪算法，这里不做任何修改；

⑤ [tracker] 设置组的 ll-config-file 参数目前指向 config_tracker_NvDCF_perf.yml，表示选择最佳平衡的跟踪方式，这里不做任何修改。

图 7-24 所示是使用 NvDCF 跟踪器的最佳平衡选项，截取三个时间点的目标跟踪结果。

下面简单说明“车 5”目标位的变化状况：

① 最左边的截屏一开始追踪定位出“车 5”与“车 6”两个目标；

② 中间截屏是经过 10 秒的追踪后，“车 5”与“车 6”编号保持不变；

图 7-24　用 NvDCF 最佳平衡算法追踪“车 5”目标位过程中的变化

③ 最右边截屏是经过 20 秒的追踪后，“车 5”编号变成“车 54”。

修改 ll-config-file 所指向的配置文件，改变性能 / 精准度组合，在 Nano 2GB 上的执行性能大致如下：

- 最佳性能（max_perf）：约 23fps；
- 最佳平衡（perf）：约 18fps；
- 最佳精准度（accuracy）：约 3fps。

这些跟踪的信息该如何获取呢？如果这些信息只能在屏幕上显示，那么实用价值就很低。标准 DeepStream 可以使用 nvtracker 插件功能，将这些信息传递给其他分析插件进行处理，但是在 deepstream-app 工具中没有 nvtracker 插件的对应接口，那么有其他可用的方式获得这些检测数据吗？

前面在提到 [application] 组时，最后一个参数 kitti-track-output-dir 为我们提供了间接的途径，只要预先创建一个目录，并将绝对路径提供给这个参数，一旦执行应用，就会将每一帧所追踪到的目标物以 KITTI 数据集格式存到指定目录之下。

7.5.4　多神经网络的组合识别

这个实验算得上是 deepstream-app 的极致应用，也是 DeepStream 结合深度学习神经网络与 TensorRT 加速引擎的一个典型范例，值得大家仔细思考。由于整个实验所需要的相关资源都已经准备好，因此我们要做的事情，同样是修改 myDs.txt 配置文件，不过细节部分会说明得比较深入。

首先，这个实验使用了 1 个主推理器（物体检测）与 3 个次推理器（图像分类），相关的神经网络文件都在 samples/models 下面，在 7.3.3 节已经做了详细的说明。

确认这些模型文件的内容之后，接下来就要调整 myDs.txt 的内容。文件在最下面添加 [secondary-gie0]、[secondary-gie1]、[secondary-gie2] 3 个次推理器设置组，可以敲入以下内容，或者从 source4_1080p_dec_infer-resnet_tracker_sgie_tiled_display_int8.txt 文件将 168 ～ 196 行的设定复制到 myDs.txt 配置文件中。

```
168    [secondary-gie0]
169    enable=1
170    model-engine-file=../../models/Secondary_VehicleTypes/resnet18.caffemodel_b16_
       gpu0_int8.engine
171    gpu-id=0
```

```
172    batch-size=16
173    gie-unique-id=4
174    operate-on-gie-id=1
175    operate-on-class-ids=0;
176    config-file=config_infer_secondary_vehicletypes.txt
177
178    [secondary-gie1]
179    enable=1
180    model-engine-file=../../models/Secondary_CarColor/resnet18.caffemodel_b16_
       gpu0_int8.engine
181    batch-size=16
182    gpu-id=0
183    gie-unique-id=5
184    operate-on-gie-id=1
185    operate-on-class-ids=0;
186    config-file=config_infer_secondary_carcolor.txt
187
188    [secondary-gie2]
189    enable=1
190    model-engine-file=../../models/Secondary_CarMake/resnet18.caffemodel_b16_gpu0_
       int8.engine
191    batch-size=16
192    gpu-id=0
193    gie-unique-id=6
194    operate-on-gie-id=1
195    operate-on-class-ids=0;
196    config-file=config_infer_secondary_carmake.txt
```

在这 3 个次推理器配置中存在以下 3 个参数，需要进一步说明。

① gie-unique-id：为每个推理器提供 1 个不重复的编号，例如这个配置文件中的主推理器设为 1，3 个次推理器分别给定 4、5、6 唯一编号。

② operate-on-gie-id：这个参数只在次推理器上提供，通知系统这个次推理器的“上游推理器”是哪一个，并不一定是主推理器，次推理器之间也能形成上下游关系。

③ operate-on-class-ids：这个参数进一步指出该次推理器基于上游推理器识别类别中的指定类别。本例中主推理器有 4 个检测分类，这个参数设置为“0”，就是基于第一个分类“车 (car)”，如果有其他基于“person”的次级分类器，例如“衣服颜色”“戴口罩”等，这时这个参数就要设为“1”。

推理器之间就是通过这 3 个参数来构成上下游关系以及所指定类别的，如此就能形成非常有弹性的应用组合。

在重新执行应用之前，建议先做以下两个修改：

① 修改次推理器中的 model-engine 参数：3 个次推理器 model-engine 参数的末尾都是“_int8.engine”，但是 Jetson Nano 并不支持 INT8 精度计算，执行时会

为 3 个模型创建“_fp16.engine”的 TensorRT 加速引擎。每次执行都会因为“找不到指定文件”而重新创建，虽然对执行并不影响，但每次都要多消耗几分钟时间，还是挺不划算的。

解决方法就是把这 3 处都改成“_fp16.engine”。当然这部分的修改与否，完全看所使用的设备是否支持 INT8 数据精度。

② 将 3 个模型目录下的 labels.txt 做中文化处理：前面说过，可以将每个模型的 labels.txt 文件类别名称做中文化处理，这样就能显示中文信息。

下面就来执行这个应用，从图 7-25 中可以看到，不仅能识别出车辆的编号，同时还能显示其“车型”“颜色”“厂牌”等属性的中文信息。

图 7-25　deepstream-app 执行多神经网络组合识别

最后尝试关闭 [tracker] 设置组功能（enable=0），再次执行时就只剩下物体检测功能，因为缺少跟踪功能之后，这 3 个次分类器（图像分类）就没有输入的数据，也就无法实现“多网络组合识别”的功能。

到此，整个 deepstream-app 工具所能体验的功能也就差不多了，修改配置文件的设定值，就能改变应用的功能，丝毫没有碰触代码的部分，对于初学者做绚丽的演示是足够的。

但这只是 DeepStream 的入门而已，这些实验最重要的作用是让读者非常轻松地感受这套工具的强大功能，再度验证我们不断强调的“英伟达开发工具的易用性”，但如果想要开发有针对性的实际应用，下一章的内容才是真正的起点。

7.6　本章小结

本章带着读者体验 DeepStream 的入门应用，在尚未碰触任何编程代码之前，只要对 deepstream-app 提供合适的参数设置，就能快速做出功能强大的视频分析应用，包括接受多种数据源、调整输出显示、目标跟踪、执行多神经网络组合识别等功能，这是目前业界最容易上手的一套强大工具。

总结 DeepStream 智能分析工具的主要特性如下。

① DeepStream 并非英伟达从头开发的工具，而是在 GStreamer 框架的基础上开发的基于 CUDA 架构的智能分析相关计算的功能插件。

② GStreamer 是一套已经非常成熟且优异的多媒体运行框架，以组件（element）、衬垫（pad）作为管道结构的内部组成元素，用“箱柜”（bin）方式将数据流、信息流与事件流等管理机制进行封装，而“箱柜”又能具备组件的特性，如此形成无限功能迭代的架构，使框架具备高弹性。

③ DeepStream 不仅可以调用业界已开发的 300 多个 GStreamer 标准插件，另外还有英伟达自行开发的超过 30 个特定功能的插件，有针对性地利用支持 CUDA 架构的硬件特性，为每个阶段的计算提供优化的处理过程。

④ 一套完整的视频分析工具，不仅在人工智能计算的部分有优异的表现，还要兼顾整个过程的每个环节的性能，包括输入源的处理与输出显示的合成渲染部分。

⑤ 本章使用的 deepstream-app 是 DeepStream 团队所提供的一套功能强大且完整的工具，但并不代表整个 DeepStream 开发套件。

⑥ 整个 deepstream-app 工具包括以下三个部分。

a. 配置文件解析器（deepstream_app_config_parser.c）：总共定义了 13 个设置组，可以在流水线每个步骤选择一个配置或多个组合配置，例如多个输入源、多个模型组合识别、多种显示要求等。

b. 动态配置插件（deepstream_app.c）：定义各种动态添加插件与调节插件状态的功能函数。

c. 创建通道结构（deepstream_app_main.c）：根据配置文件所解析出的功能去创建所需要的对应插件，并且根据顺序进行串联，完成整个通道流水线任务。

⑦ 使用 deepstream-app 与配置文件的组合，能实现非常多样化的智能视频分析功能，只要熟悉 7.4 节讲述的 6 大设置组中主要参数的用法，就能轻松地驾驭这个工具。

如果用户熟悉 C/C++ 编程语言，这套 deepstream-app 是掌握 DeepStream 完整架构的非常好的入口，但如果用户只想要一些特定功能的应用，那么在范例目录中应该能找到合适的开源代码。

至于与代码相关的调用与说明部分，为了照顾更广大的 Python 开发人员，下一章会以 DeepStream 的 Python 范例为主，带着读者更深入地了解 DeepStream 的编程细节，这样才算是真正掌握 DeepStream 的开发阶段。

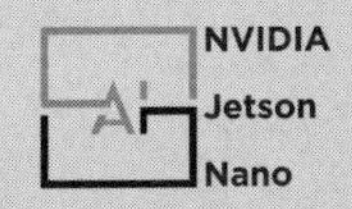

第8章 开发 DeepStream 应用

在前一章里已经将 DeepStream 整个框架结构、运作体系与插件种类做了详细的说明，并且以 deepstream-app 范例展现了 DeepStream 的基础功能，我们完全没有碰触任何代码的内容，只需要修改配置文件就能改变功能，并且做出很多功能强大的应用。

如果只是要体验 DeepStream 的强大功能，或者用这个开发工具做些基础的演示用途，那么 deepstream-app 项目绝对能让开发者轻松又快速地实现这些简单的目的。

但很多实际项目中，智能分析工具并非最终的决策中心，基于 DeepStream 所开发的工具也并非项目的主体，而是嵌入到主应用的一个配套子应用，此时 deepstream-app 范例很明显满足不了这种需求，就需要回归用代码方式去开发 DeepStream 应用。

虽然 DeepStream 已经提供 C/C++ 开发接口，但这种编程语言对大部分应用层开发人员来说有一定的门槛。还好 DeepStream 从 5.1 版开始提供 Python 开发接口与范例代码，但还需要做些额外的配置与下载，才能完成 Python 的开发环境。

本章的重点就是带领读者用 Python 来开发 DeepStream 应用，除了将几个标准范例的代码做详尽解说之外，还有导入自定义神经网络插件、中文车牌识别应用、将 C/C++ 应用改写成 Python 应用的处理重点等，实用性是比较强的。

8.1 开始 DeepStream 的 Python 应用

GStreamer 框架一直以来都是以 C/C++ 为主，特别是与 Gst 缓冲区、元数据处理相关的记忆体管理、配置和投射等底层运作，全都依赖 C/C++ 的操作，这是 Python 语言很难直接处理的部分。

还好 GStreamer 提供的 Gst-Python 开源插件，在执行 PyBindings 绑定之后，

就能使用 Python 代码去调用底层 C/C++ 所开发的功能库，对记忆体、图像数据与元数据等进行调用与管理。图 8-1 显示了这些关系，这是首先需要处理的环节。

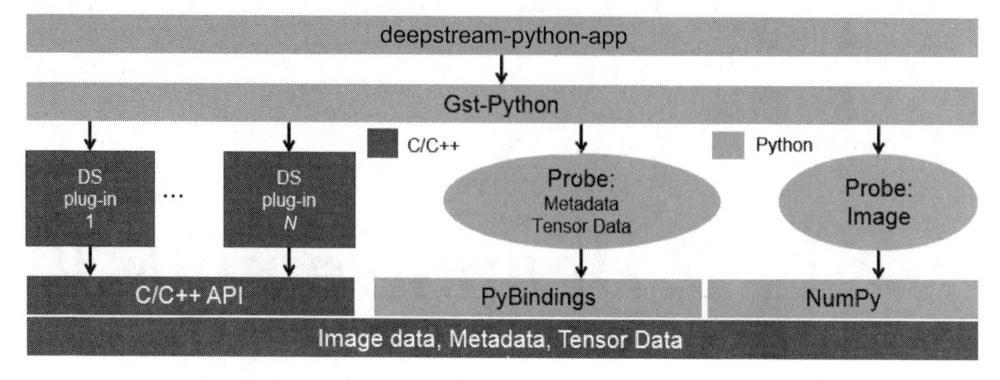

图 8-1 DeepStream 的 Python 接口需要 Gst-Python 完成 PyBindings 绑定

其次就是处理 DeepStream 所提供的 Python 封装接口，这部分是由英伟达所提供的。在 5.1 版本时将这个库的源代码放在 deepstream/lib 目录下，只要简单编译一下就可以，但是 6.0 版本将代码移到 deepstream_python_apps 开源仓里面，因此安装之前必须先下载整个项目，所幸 Python 版范例代码都在这里，将其一起下载到设备中。

8.1.1 配置 DeepStream 的 Python 开发环境

为 DeepStream 配置 Python 的执行环境，主要是以下三个部分。

（1）下载 deepstream_python_apps 项目

这部分需要从 https://github.com/GStreamer/gst-python 开源仓下载安装源代码，本书同样为国内用户在 https://gitee.com/gpus/gst-python 建立了镜像网站，不过这个镜像网站未必能保持更新，请读者根据自己的状况进行调整。

由于项目内的 Python 范例代码与配置文件均已做好执行时的相关路径配置，因此最好下载到指定的 /opt/nvidia/deepstream/deepstream/sources 目录下，后面的执行不需要修改代码与配置文件内的路径，但是整个路径名称会变得非常长，执行时还是相对麻烦，因此在执行前，先在 ～/.bashrc 配置文件中的最后面添加以下两个环境变量，可以有效简化操作的步骤：

```
export  DS_ROOT=/opt/nvidia/deepstream/deepstream
export  DS_PYTHON=$DS_ROOT/sources/deepstream_python_apps
```

添加后存档，执行以下指令让变量生效：

```
$  source  ~/.bashrc
```

接下来就可以执行以下指令下载 deepstream_python_apps 项目：

```
  # 如果能正常访问 github.com，就直接从源站下载
$ export DL_SITE="https://github.com/NVIDIA-AI-IOT/deepstream_python_apps"
  # 如果不能正常访问 github.com，就从国内镜像网站下载
$ export DL_SITE="https://gitee.com/gpus/deepstream_python_apps"
  # 开始下载项目
$ cd $DS_ROOT/sources
$ sudo git clone $D_LSITE
$ sudo chmod 777 -R deepstream_python_apps
$ cd deepstream_python_apps && git submodule update --init
```

这样就能完成整个项目的下载，后面再详细说明这些范例的内容。

（2）安装 DeepStream 的 Python 封装库

这个安装的源代码放在 $DS_PYTHON/bindings 路径下，编译后会生成 pyds.so 库文件，将其复制到 $DS_ROOT/lib 目录下，请按照以下步骤执行：

```
$ cd $DS_PYTHON/bindings && mkdir build && cd build
  # 开始编译 pyds.so
$ cmake .. && make -j$(nproc)
  # 将 pyds.so 复制到 $DS_ROOT/lib 目录下
$ sudo cp pyds.so $DS_ROOT/lib && sudo ldconfig
```

这就完成了这部分的安装与设置。

（3）安装 GStreamer 的 Gst-Python 绑定

按照以下步骤执行 Gst-Python 插件的安装：

```
  # 如果能正常访问 github.com，就直接从源站下载
$ export DL_SITE=" https://github.com/GStreamer/gst-python"
  # 如果不能正常访问 github.com，就从国内镜像网站下载
$ export DL_SITE=" https://gitee.com/gpus/gst-python"
  # 开始安装
$ export GST_LIBS=" -lgstreamer-1.0 -lgobject-2.0 -lglib-2.0"
$ export GST_CFLAGS=" -pthread -I/usr/include/gstreamer-1.0
  -I/usr/include/glib-2.0 -I/usr/lib/aarch64-linux-gnu/glib-2.0/include"
$ sudo apt install -y python-gi-dev
$ cd $DS_PYTHON && git clone $DL_SITE
$ cd gst-python && git checkout 1a8f48a
$ ./autogen.sh && make
```

到此就完成了 DeepStream 的 Python 开发环境的配置，就可以开始用前面下载的 Python 开源范例来进行各种功能的示范。请执行以下指令进入 Python 范例模型，检视一下这个项目的内容：

```
$ cd $DS_PYTHON/apps
```

与 C/C++ 版本范例的最大不同之处是 Python 版本目前只提供 14 个视觉类的项目，没有对话类与其他类的内容，表 8-1 所示为这些范例的名称与用途。

表 8-1　范例的名称与用途

目录或文件	说明
deepstream-test1	单一输入源与单一推理器的最基础范例
deepstream-test1-usbcam	用 USB 摄像头作为 deepstream-test1 输入源
deepstream-test1-rtsp-out	用 RTSP 视频流作为 deepstream-test1 输出
deepstream-test2	多神经网络组合识别范例
deepstream-test3	多视频流输入源的单一推理器范例
deepstream-test4	通过 msgbroker 将分析结果发到云端指定地址
deepstream-imagedata-multistream	结合图像缓冲区访问功能的多视频流处理
deepstream-imagedata-multistream-redaction	访问图像数据和执行人脸提取
deepstream-rtsp-in-rtsp-out	具有 RTSP 输入和输出的多流管道
deepstream- ssd-parser	通过 Triton 在 Python 执行 SSD 推理解析
deepstream-opticalflow	以 NumPy 阵列返回流矢量光流和可视化管道
deepstream-segmentation	NumPy 数组中返回分割掩码与可视化流水线
deepstream-nvdsanalytics	具有分析插件的多视频源范例
runtime_source_add_delete	在运行时动态添加与删除视频源

表 8-1 中有 7 个粗体标识的范例，是本章接下来要详细说明的内容。

8.1.2　从 deepstream-test1 上手

进入 $DS_PYTHON/apps/deepstream-test1 目录，会看到表 8-2 所列 3 个文件。

表 8-2　$DS_PYTHON/apps/deepstream-test1 目录中的 3 个文件

目录或文件	说明
deepstream_test_1.py	本项目的 Python 源代码
dstest1_pgie_config.txt	本项目的主推理器配置文件
README	本项目的说明文件

其中 dstest1_pgie_config.txt 内容与 C/C++ 版范例的配置文件的各项参数是一致的，请读者自行使用 diff 指令进行比对。

由于我们的测试设备是 Nano 2GB，因此需要将 dstest1_pgie_config.txt 主推理器配置文件里第 60 行的“model-file”指定文件最终的“int8”改成“fp16”，但如果用户使用的设备支持 INT8 数据精度，就不需要修改，这个原因在前一章已经说明过。

先执行以下指令，查看 Python 版本范例与 C/C++ 版本所执行的功能是否一致。

```
$ cd $DS_PYTHON/apps/deepstream-test1
  # 执行已编译好的 C/C++ 版本
$ deepstream-test1-app $DS_ROOT/samples/streams/sample_720p.h264
  # 执行 Python 版本
$ ./deepstream_test_1.py $DS_ROOT/samples/streams/sample_720p.h264
```

二者执行的结果如图 8-2 所示，在指令窗口中会显示“帧数”“检测到的物件总数量（这里只包含车与人）”“车的数量”“人的数量”等信息，表示不同种类代码所展示的功能是一样的。

图 8-2　两个版本 deepstream-test1 测试输出截屏

接下来就用 Pyhton 版本的 deepstream_test_1.py 来讲解这个应用的代码内容，不过在讲解之前，我们先列出这个应用的管道结构，这能让我们更快掌握代码的逻辑，以及插件的使用方式。下面这种简单又清晰的流水线表达方式在 GStreamer 框架中非常通用，在后面的实验中，也会先用下面方式去表达每个应用的管道结构。

```
filesrc → h264parse → nvv4l2decoder → nvstreammux → nvinfer → nvvideoconvert →
nvdsosd → nvegltransform → nveglglessink
```

按照前面的习惯，将 deepstream-test1 应用切割成输入、推理、输出三个部分，这个顺序很直观，没有什么特殊诀窍。接下来将插件名对应到上面的管道结构。

① 输入：

a. 用 filesrc 数据源插件从磁盘上读取视频数据；

b. 用 h264parse 解析器插件对 H.264 视频数据进行解析；

c. 用 nvv4l2decoder 编码器插件对每帧图像数据进行解码；

d. 用 nvstreammux 插件将帧图像进行整流（批处理），以实现最佳性能。

② 推理：nvinfer 推理插件负责执行推理识别计算。

③ 输出：

a. 用 nvvideoconvert 转换插件将格式转换为输出显示所支持的格式；

b. 用 nvdsosd 插件将边框与文本等信息绘制到图像中；

c. 用 nvegltransform 插件将图像转换成 EGL 图像格式；

d. 用 nveglglessink 插件将结果输出到屏幕上。

这里总共使用了9个插件去搭建应用的管道结构，能非常轻松地转换代码。整个建构过程也是有逻辑的，将这部分切分为7个步骤。以 deepstream_test_1.py 为示范，来说明这些步骤的执行。

8.1.3 创建 DeepStream 应用的 7 步骤

为了简化代码的篇幅，下面的代码部分只摘录需要的内容，并在前面标上在源代码中的行号，以方便读者查找。

① 初始化 GStreamer 与创建管道（pipeline）。

```
    # 从最下面“def main(args):”开始
136 GObject.threads_init()              # 标准 GStreamer 初始化
137 Gst.init(None)                      # 创建 Gst 物件与初始化
142 pipeline = Gst.Pipeline()           # 创建与其他组件相连接的管道组件
```

② 创建所有需要的组件（element）：用 Gst.ElementFactory.make() 创建所需要的组件，每个组件内指定插件类别（粗体部分）并给定名称（自行设定）：

```
    # 1. 建立 " 源 " 组件，负责从文件读入数据
149 source = Gst.ElementFactory.make("filesrc", "file-source")
    #   解析文件是否为要求的 H.264 格式，如果不是，就终止任务
156 h264parser = Gst.ElementFactory.make("h264parse", "h264-parser")
    # 2. 调用 NVIDIA 的 nvdec_h264 硬件解码器
162 decoder = Gst.ElementFactory.make("nvv4l2decoder", "nvv4l2-decoder")
    # 3. 创建 nvstreammux 实例，将单个或多个源数据整流成一个 " 批量 "
167 streammux = Gst.ElementFactory.make("nvstreammux", "Stream-muxer")
    # 4. 执行推理的插件：用 nvinfer 执行推理，通过配置文件设置推理行为
173 pgie = Gst.ElementFactory.make("nvinfer", "primary-inference")
    # 5. 处理输出的插件：根据 nvosd 的要求，使用转换器将 NV12 转换为 RGBA
178 nvvidconv = Gst.ElementFactory.make("nvvideoconvert", "convertor")
    # 6. 创建 OSD 以在转换的 RGBA 缓冲区上绘制
183 nvosd = Gst.ElementFactory.make("nvdsosd", "onscreendisplay")
    # 7. 最后将 OSD 进行 EGL 渲染后在屏幕上显示结果
189 transform=Gst.ElementFactory.make("nvegltransform", "nvegl-transform")
193 sink = Gst.ElementFactory.make("nveglglessink", "nvvideo-renderer")
```

③ 配置主要参数。

```
    # 以 args[1] 给定的文件名为输入源视频文件
198 source.set_property('location', args[1])
    # 设定流整流器的尺寸、数量
199 streammux.set_property('width', 1920)
200 streammux.set_property('height', 1080)
201 streammux.set_property('batch-size', 1)
202 streammux.set_property('batched-push-timeout', 4000000)
    # 设定 pgie 主推理器的配置文件
203 pgie.set_property('config-file-path', "dstest1_pgie_config.txt")
```

④ 用 pipeline.add() 将元件添加到管道之中，这里的添加顺序并不重要。

```
206    pipeline.add(source)
207    pipeline.add(h264parser)
208    pipeline.add(decoder)
209    pipeline.add(streammux)
210    pipeline.add(pgie)
211    pipeline.add(nvvidconv)
212    pipeline.add(nvosd)
213    pipeline.add(sink)
214    if is_aarch64():
215          pipeline.add(transform)
```

⑤ 将元件按照前面管道结构的顺序连接起来，这部分的顺序至关重要。

```
       # 下面的步骤请对照管道结构
221    source.link(h264parser)          # filesrc -> h264parser
222    h264parser.link(decoder)         # h264parser -> decoder
       # streammux 的特殊处理方式
224    sinkpad = streammux.get_request_pad( "sink_0" )
227    srcpad = decoder.get_static_pad( "src" ) #
230    srcpad.link(sinkpad)
231    streammux.link(pgie)             # streammux →pgie
232    pgie.link(nvvidconv)             # pgie→nvvidconv
233    nvvidconv.link(nvosd)            # nvvidconv→ nvosd
234    if is_aarch64():                 # 如果是 Jetson 平台
235    nvosd.link(transform)            # nvosd → transform
236          transform.link(sink)       # transform→video-renderer
```

前面 5 个步骤都是比较静态的固定步骤，只要将想开发的应用所需要的插件元件进行“创建”“给值”“连接”就可以了。

接下来的步骤是整个应用中的灵魂，请参考 7.1.3 节的图 7-5，我们需要为整个应用去建构“信息（message）传递系统”，这样才能在应用与插件之间形成互动，进而得到我们想要得到的结果。

⑥ 创建一个事件循环 (evnet loop)，将信息传入并监控 bus 的信号。

```
241    loop = GObject.MainLoop()
242    bus = pipeline.get_bus()
243    bus.add_signal_watch()
244    bus.connect ( "message" , bus_call, loop)
       # 用 osdsinkpad 来确认 nvosd 插件是否获得输入
249    osdsinkpad = nvosd.get_static_pad( "sink" )
       # 添加探针（probe）以获得生成的元数据的通知，我们将 probe 添加到 OSD 组件的接收器板中，因
         为到那时，缓冲区将具有已经得到的所有的元数据
253    osdsinkpad.add_probe(Gst.PadProbeType.BUFFER, osd_sink_pad_buffer_probe, 0)
```

注意，“osd_sink_pad_buffer_probe()”函数是项目的另一个重点，需要自行撰写

函数去执行。函数代码的主要功能如下：

a. 第 41 ～ 126 行的内容，这里以“帧”为单位进行处理；

b. 第 62 行“while l_frame is not None:”里面，从前一章所讲的 NvDsFrameMeta 与 NvDsObjectMeta 元数据中提取所需要的数据，将该帧检测到的目标种类进行分类加总，并且根据种类对物件设定标框颜色、字体的字型 / 大小 / 颜色等设定值；

c. 第 120 行用 pyds.nvds_add_display_meta_to_frame(frame_meta, display_meta) 写入 NvDsDisplayMeta 元数据。

事实上在“osd_sink_pad_buffer_probe()”这 80 多行代码中，真正与数据处理相关的只有 20 行左右，注释部分占用了不小的篇幅，这是英伟达为大家提供的非常重要的说明，只要耐心地去阅读就能轻松地掌握里面的要领。

⑦ 播放并收听事件：这部分就是一个“启动器”，如同汽车钥匙“执行发动”功能一样。

```
    # 要播放时，将管道状态设置为 PLAYING 就可以
257 pipeline.set_state(Gst.State.PLAYING)
258 try:
259     loop.run()    # 执行前面创建的事件循环
260 except:
261     pass
    # 执行结束之后记住清除管道，将管道状态设置为 NULL
263 pipeline.set_state(Gst.State.NULL)
```

以上就是建立 DeepStream 应用的标准步骤，可以将“def main(args):”部分的代码当作是一个模板去加以利用。“osd_sink_pad_buffer_probe()”函数的作用就是从 OSD 接收器提取接收的元数据，并更新绘图矩形、对象信息等的参数，里面的代码也都是标准内容，可以在别的应用中重复套用。

事实上，到这里差不多已经将创建 DeepStream 项目的大部分细节都说明清楚了，后面的项目都是以 deepstream_test_1.py 代码为基础，针对个别功能插件进行扩充。接下来就根据“输入与输出”“神经网络推理”“目标跟踪”“视频分析”等功能的顺序，用相关项目代码来讲解个别功能插件与调用方法。

8.2 DeepStream 的输入与输出

前面已经简单执行过 deepstream-test1 项目，并以此解说了创建 DeepStream 应用的 7 个步骤。本节的重点就是在 test1 项目基础上，为 DeepStream 应用添加输入与输出种类，包括添加 USB 摄像头、多路多类型输入源功能、动态增减数据源以及 RTSP 视频流输出，几乎涵盖大部分 DeepStream 可使用的视觉输入与输出功能。

8.2.1 添加USB摄像头

在Python范例中的deepstream-test1-usbcam项目，是基于deepstream-test1，将输入源从视频文件改成USB摄像头，其他内容都没有变化。

首先从工作流插件的角度，将两个项目的管道结构差异处用粗体标示出来，如下面所示：

v4l2src → **capsfilter** → **videoconvert** → **nvvideoconvert** → **capsfilter** → nvstreammux → nvinfer → nvvideoconvert → nvdsosd → nvegltransform → nveglglessink

以下整理新增插件的功能说明：

① v4l2src插件：USB摄像头使用GStreamer的标准插件（v4l2src插件）来接收数据。

② capsfilter插件：这也是GStreamer的标准插件，因为有些USB摄像头常用的YUYV图像格式并非nvvideoconvert所支持的原始格式，因此在进入nvvideoconvert插件之前，需要先用这个插件进行媒体类型过滤。

③ videoconvert插件：也是GStreamer的标准插件，接收前面capsfilter过滤的媒体类型，转换成后面nvvideoconvert插件所支持的格式。

④ nvvideoconvert插件：这是英伟达提供的插件，将图像数据转换到NVMM内存里。

⑤ capsfilter插件：再次进行格式过滤，确保在下一个nvstreammux插件的支持之列。

接下来找出两个项目代码中的差异之处，而不用将deepstream-test1-usb项目的代码再执行一遍。下面列出二者的差异：

```
    # 在 deepstream_test_1.py 代码中，nvstreammux 之前所用的插件
149 source = Gst.ElementFactory.make("filesrc", "file-source")
156 h264parser = Gst.ElementFactory.make("h264parse", "h264-parser")
162 decoder = Gst.ElementFactory.make("nvv4l2decoder", "nvv4l2-decoder")
```

如今改成在USB摄像头输入时，就需要把输入的元件改成以下五个插件：

```
    # 在 deepstream_test_1_usb.py 代码中，nvstreammux 之前所用的插件
146 source = Gst.ElementFactory.make("v4l2src", "usb-cam-source")
150 caps_v4l2src = Gst.ElementFactory.make("capsfilter", "v4l2src_caps")
168 vidconvsrc = Gst.ElementFactory.make("videoconvert", "convertor_src1")
173 nvvidconvsrc=Gst.ElementFactory.make("nvvideoconvert", "convertor_src2")
177 caps_vidconvsrc = Gst.ElementFactory.make("capsfilter", "nvmm_caps")
```

这里使用了两次capsfilter插件，目的在于限制数据的类型：

① 第一个caps_v4l2src是限制摄像头读入的类型；

② 第二个caps_vidconvsrc是限制nvvidconvsrc的转换格式并存放到NVMM内存。

因此在后面必须对这两个限制进行设定，内容如下：

```
    # 在 deepstream_test_1_usb.py
213 caps_v4l2src.set_property('caps',
    Gst.Caps.from_string("video/x-raw, framerate=30/1"))
214 caps_vidconvsrc.set_property('caps', \
    Gst.Caps.from_string("video/x-raw(memory:NVMM)"))
```

然后将这些添加的组件依序用 pipeline.add() 加入管道结构中：

```
    # 将组件添加到管道结构中
225 pipeline.add(source)
226 pipeline.add(caps_v4l2src)
227 pipeline.add(vidconvsrc)
228 pipeline.add(nvvidconvsrc)
229 pipeline.add(caps_vidconvsrc)
230 pipeline.add(streammux)
    # 将组件依序串联起来
242 source.link(caps_v4l2src)
243 caps_v4l2src.link(vidconvsrc)
244 vidconvsrc.link(nvvidconvsrc)
245 nvvidconvsrc.link(caps_vidconvsrc)
```

最后就是将输入源设定为程式所接受的第一个参数（args[1]），然后为最终的 sink 输出设置“sync=False”，以避免在显示接收器处出现延迟帧下降。

```
    # 在 deepstream_test_1_usb.py
215 source.set_property('device', args[1])
222 sink.set_property('sync', False)
```

其他包括 osd_sink_pad_buffer_probe() 代码，都与 deepstream_test_1.py 是完全一致的，这表示我们只要简单地将输入阶段的插件进行合适的替换，就能进行输入源的变更，十分简单。

这样就能进行实验了，不过执行之前最好先执行以下指令，检测摄像头编号：

```
$ v4l2-ctl --list-devices
```

以下是我们在 Jetson Nano 上测试的结果：

```
USB2.0 PC CAMERA (usb-70090000.xusb-2.1):
        /dev/video1
```

这里显示设备上 USB 摄像头位置在 /dev/video1，执行 deepstream-test1-usb.py 时必须提供正确的位置，请按照以下指令执行：

```
$ cd $DS_PYTHON_APP/apps/deepstream-test1-usbcam
$ ./deepstream_test_1_usb.py /dev/video1  #根据实际编号调整
```

图 8-3 所示就是打开 USB 摄像头，对着屏幕上播放的视频进行识别的结果，与前面以视频文件输入得到相同的效果。

图 8-3　deepstream-test1-usb 调用摄像头的测试效果

总体来说，大约只修改 20 行代码，就将原本视频文件输入的功能改成 USB 输入的方式，里面的重点就在于通过 capsfilter 与 videoconvert 等插件的协作，确保适应各摄像头硬件厂家所支持的原始格式。

8.2.2　添加多路多类型输入源功能

“多路多类型输入源”功能是视频分析工具的必要功能，前面 deepstream-test1 系列项目都是单一输入源，实用价值并不高。在范例代码中的 deepstream-test3 项目，就是在 deepstream-test1 的基础上添加“多路多类型输入源”功能，这样就能让整个应用变得更加完整。

首先同样先将两个项目的管道结构做个比对，将差异处用粗体标示出来，如下面所示：

```
source_bin（接收多输入源，为每个输入源配置合适的解码器，合并所有输出衬垫）→ nvstreammux
→ queue1 → nvinfer → queue2 →nvmultistreamtiler → queue3 → nvvideoconvert →
queue4 → nvdsosd → queue5 → nvegltransforms → nveglglessink
```

在 deepstream-test3 插件中，有两个部分需要特别处理，以下做简单的说明。

（1）使用 source_bin 容器来汇总多输入源。

① 由于不能确认输入源的数量，因此需要用一个 source_bin 容器来接收所有输入源，最后再以 source_bin 作为这个管道的起点 source 组件。

② 为了简化处理，这个 source_bin 使用 GStreamer 的 uridecodebin 插件来接收视频源，这个插件支持视频文件、HTTP/RTSP 视频流，但不包括 CSI 摄像头与 USB 摄像头。

③ ource_bin 根据 URI 的解析数量，在容器内逐个创建对应的 uridecodebin 组件，并将所有输出衬垫（sinkpad）指向 nvstreammux 整流插件。

根据上述需求，在代码中做了以下处理：

① 第 241 ～ 257 行的“for 循环”中用 create_source_bin() 函数为 source_bin 容器中每个数据源创建对应的 uridecodebin 组件与独立编号的 sink_%u 衬垫，并且将所有输出衬垫加到 nvstreammux 插件的输入请求中。

② 第 196 行执行 uri_decode_bin.connect() 函数去调用 cb_newpad()，为每个数据源创建 bin_ghost_pad 代理解码器，一旦 decodebin 为原始数据创建新衬垫，就生成一个回调信号。

③ 第 197 行中调用 172 行的 decodebin_child_added() 函数，用递归方式将新的解码组件加到列表最后面。

这个环节的处理是比较复杂的，如果没有完全参透也没关系，并不影响后面的实验。

（2）使用队列（queue）的辅助让后续处理阶段得到充分的数据

① 队列的用途是可以让数据一直放这里直到充满为止，可以给数据源衬垫创建一个新的线程，这样就可以解耦对于 sink 和 source 衬垫的处理；

② 队列在变空或满的时候会触发信号，可以抛弃一些缓冲数据来避免阻塞；

③ 为了调节数据流量的供给，在 nvstreammux 和 nvegltransforms 插件之间的每一阶段，都加入 queue 队列插件。

根据上述需求，在代码中做了以下处理：

① 第 258 ～ 267 行创建 5 个队列（queue1 ～ queue5），并添加到管道里面；

② 第 328 ～ 342 行将这 5 个队列分别插入 nvinfer、nvmultistreamtiler、nvvideoconvert、nvdsosd 与 nvegltransforms 之间。

上面两个部分都属于 GStreamer 的开发技巧，如果要深入了解，就需要从 GStreamer 相关使用细节下手，如果不想去深究也没有关系，将来要在应用中加入多输入源的功能时，直接以 deepstream-test3 为基础进行修改就行。

至于第 62 行的“tiler_src_pad_buffer_probe(pad,info,u_data)”函数内容，其实与 test1 里面的“osd_sink_pad_buffer_probe(pad,info,u_data)”是一样的，只是换了名称而已。

下面就来执行这个应用，用 DeepStream 范例所提供的 4 个视频作为输入，并且设计输入格式为 H.264 与 H.265 等，查看能得到怎样的结果。请执行以下指令：

```
$  cd  $DS_PYTHON/apps/deepstream-test3
$  export  URI1=$DS_ROOT/samples/streams/sample_1080.p_h265.mp4
```

```
$ export URI2=$DS_ROOT/samples/streams/sample_qHD.h264
$ export URI3=$DS_ROOT/samples/streams/sample_cam1.mp4
$ export URI4=$DS_ROOT/samples/streams/yoga.mp4
$ ./deepstream_test_3.py $URI1 $URI2 $URI3 $URI4 $URI1
```

图 8-4 所示是这个执行的输出，我们特意给 5 个输入源（URI1 重复两次），结果输出部分自动创建了 2×3 个并列显示的效果，如果只给 4 个输入源，输出就自动调整成 2×2 个并列显示的效果。

图 8-4　deepstream-test3 输入 5 个视频源的显示效果

到这里，除了 CSI 摄像头之外，基本上已经涵盖 DeepStream 所能支持的输入类型，不过 CSI 摄像头的“有效距离”太短，并不适合部署在真实的应用场景中，因此对 DeepStream 的应用开发并不影响。

此外，这几个项目都是独立提供个别的功能，推荐读者可以自行尝试将多种功能集成在一起，特别是多路多格式输入与 RTSP 输出的结合，是实用性相当强的应用。

8.2.3　动态增减数据源

这是一个非常有意思的体验项目，让我们知道原来 DeepStream 还具备“动态增减数据源”的功能，这个功能会应用到哪些场景呢？通常在面对“不均衡”监控时，需要这项功能的辅助。

例如“医院的门诊与急诊”的流量在正常工作时间是门诊大于急诊，下班之后的流量就刚好反转，如果能根据时间去调整输入源的增减，就会有很强的实用性；

都市中很多道路车流量在上下班高峰期是反转的，如果中控室的监控屏幕数量有限，也可以根据不同状态去调整视频流的来源。

这并不意味着我们要去调整设备的数量，而是调整输入源的“接收开关”，例如道路交通的监控有 100 台摄像头，保持 24 小时全年无休地拍摄并传输数据；而中控室如果只有 50 个显示屏幕，只要切换接收的输入源就可以了。

这个名为“runtime_source_add_delete”的项目，是基于 test2 多神经网络组合识别项目，使用以下的动态处理函数，因此没有固定的管道结构。

① create_uridecode_bin：具有“多输入源路径解析”功能。

② stop_release_source：停止指定编号数据源，并释放相关资源的记忆体空间。

③ delete_sources：删除指定编号数据源，如果全部删除，就结束应用。

④ add_sources：添加指定编号数据源，如果数量达到 MAX_NUM_SOURCES，就开始执行 delete_sources 函数。

⑤ bus_call：总线管理机制，作为触发事件的管理机制。

为了让运作单纯化，这个示范只接收 1 个 H.264 视频文件当作 4 个输入源使用，每 10 秒添加的视频都会从头开始播放，系统为每个输入源设置唯一的编号，作为新增与删除的依据。

执行项目代码，查看输出的效果：

```
$  cd  $DS_PYTHON/apps/runtime_source_add_delete
$  export INPUT=file://$DS_ROOT/samples/streams/sample_720p.mp4
$  ./deepstream_rt_src_add_del.py  $INPUT
```

建议在执行之前，根据所使用计算设备的数据精度支持能力，调整项目里 4 个检测器配置文件的 model-engine-file 指定文件最后的“int8”或“fp16”。

执行之后，会动态创建以下管道结构：

```
uridecodebin → nvstreammux → nvinfer → nvtracker → nvtiler → nvvideoconvert  →
nvdsosd → displaysink
```

设置“新增 / 删减”源的间隔时间为 10 秒，并且设置输入源的上限 MAX_NUM_SOURCES 为 4，执行之后就会看到如图 8-5 所示的显示画面，从 1 个输入源开始显示，每 10 秒陆续增加 1 个输入源与并列显示数量，最终得到 4 个输入源与 2×2 的并列显示，然后再每 10 秒随机删除一个输入源。

执行完是不是觉得挺有意思？这个项目的重点在于数据源与并列显示的增减处理，其实是比较偏“管理”方面的处理，是一个实用性很强的参考范例。

8.2.4 添加 RTSP 视频流输出

实时流协议（RTSP）是一个实用性非常强的应用，特别是对于 Jetson Nano 这类边缘计算设备，当其部署在各个角落的时候，不能在每台设备上都安装显示器，

图 8-5　动态添加 / 删除视频源的显示效果

直接在当地观看输出的效果。最好的方法是将 Jetson Nano 检测的效果通过 RTSP 传输到中央控制设备，集中查看每台设备所检测的结果。

在范例中的 deepstream-test1-rtsp-out 项目，也是基于 deepstream-test1 进行扩充，将推理结果通过 RTSP 在网络上进行广播，让其他设备能够读取。首先同样用粗体将两者管道结构的差异之处标示出来，如下所列：

filesrc → h264parse → nvv4l2decoder → nvstreammux → nvinfer → nvvideoconvert → nvdsosd → **nvvideoconvert** → **capsfilter** → **nvv4l2h264enc** → **rtph264pay** → **udpsink**

主要的差异就是将 nvegltransform 与 nveglglessink 这两个执行输出到显示器的插件改成上面用粗体表示的 5 个插件，以下整理新增插件的功能说明：

① nvvideoconvert：将输出的图像格式从 RGBA 转换成 I420。

② capsfilter：限制过滤的图像格式为 I420。

③ nvv4l2h264enc：将 I420 格式的原始数据转成 H.264 编码。

④ rtph264pay：将 H.264 编码的有效负载转换为 RFC 3984 格式的 RTP 数据包。

⑤ udpsink：向网络发送 UDP 数据包，当 rtph264pay 数据包与 RTP 有效负载配对时，就会生成 RTP 视频流。

这里还是使用 deepstream-test1 的 H.264 视频文件作为输入源，唯一改变的地方就是输出的方式，也就是在 deepstream_test_1.py 管道流 nvdsosd 之前的代码没有更改，第 179 行后面的输出插件才是改变的部分。下面列出修改的内容，并做简单的说明：

```
179    nvvidconv_postosd=Gst.ElementFactory.make("nvvideoconvert", "convertor_postosd")
       # 创建 caps 过滤器
184    caps = Gst.ElementFactory.make("capsfilter", "filter")
185    caps.set_property("caps", \
       Gst.Caps.from_string("video/x-raw(memory:NVMM), format=I420"))
       # 根据输入参数选择使用的编码器，预设为 H.264 视频流
```

```
189    encoder = Gst.ElementFactory.make("nvv4l2h264enc", "encoder")
196    encoder.set_property('bitrate', bitrate)
       # 如果是在 Jetson 设备上，执行下面的设定，启动 NVENC 编码器功能
197    if is_aarch64():
198        encoder.set_property('preset-level', 1)
199        encoder.set_property('insert-sps-pps', 1)
200        encoder.set_property('bufapi-version', 1)
       # 使有效负载将视频编码为 RTP 数据包
204    rtppay = Gst.ElementFactory.make("rtph264pay", "rtppay")
       # 建立 UDP 接收器
213    updsink_port_num = 5400
214    sink = Gst.ElementFactory.make("udpsink", "udpsink")
       # 设定接收器的值
218    sink.set_property('host', '224.224.255.255')   # 设定 host 的 IP
219    sink.set_property('port', updsink_port_num)    # 设定 post 的端口
220    sink.set_property('async', False)              # 关闭 sink 的非同步设定
221    sink.set_property('sync', True)                # 开启 sink 的同步设定
       # 设定指定接收器的值
224    source.set_property('location', stream_path)
```

以上部分的操作逻辑与先前所说的都是一致的，就是设置上有更多的细节需要处理。代码最后面还有调用 gst-rtsp-server 库的 GstRtspServer 对象的部分，在第 278 ～ 287 行的代码，下面代码中字体加粗的部分都是在执行时需要用到的参数：

```
       # 开始传送视频流
278    rtsp_port_num = 8554                          # 设定 RTSP 使用的端口值
279    server = GstRtspServer.RTSPServer.new()       # 创建 RTSP 服务器
281    server.props.service = "%d" %rtsp_port_num    # 为 RTSP 服务器设置端口值
282    server.attach(None)
283    factory = GstRtspServer.RTSPMediaFactory.new()  # 创建 RTSP 对象
285    factory.set_launch("( udpsrc name=pay0 port=%d buffer-size=524288 \
       caps="application/x-rtp, media=video, clock-rate=90000, \
       encoding-name=(string)%s, payload=96 \")" % (updsink_port_num, codec))
286    factory.set_shared(True)
287    server.get_mount_points().add_factory("/ds-test", factory)    # 设置加载点
```

最后面的加载点（mount_points）设定为“/ds-test”，因此将来在其他设备上要读取的 RTSP 视频流的完整地址就是“rtsp://<IP_OF_DEVICE>:8554/ds-test”，到此就完成了将推理计算的结果通过 RTSP 服务器向外推送的工作。

由于本实验需要用到 gst-rtsp-server 库，因此需要先进行安装：

```
$ sudo apt install -y libgstrtspserver-1.0-0 gstreamer1.0-rtsp gir1.2-gst-rtsp-server-1.0
```

至于 osd_sink_pad_buffer_probe 的部分，与 deepstream_test_1.py 的内容完全一样，就不重复说明了。然后就可以在 Jetson Nano 上执行这个应用了，读取视频源文件、执行推理识别、将结果通过 RTSP 服务器向外发送，只不过还需要其他设

备接收这个视频流。

这里使用 USB 直连方式让 Jetson Nano 与 PC 对接，此时 Jetson Nano 相对于 PC 的 IP 地址为 192.168.55.1。在 PC 上打开 VLC 播放器的“网路”功能后，输入“rtsp://192.168.55.1:8554/ds-test”，准备接收 Jetson Nano 的输出，如图 8-6 所示。

图 8-6　用 VLC 接收 DeepStream 的 RTPS 视频流的设置

然后在 Jetson Nano 上执行以下指令，开始进行对输入视频的推理计算：

```
$  cd  $DS_PYTHON/apps/deepstream-test1-rtsp-out
$  export  INPUT=$DS_ROOT/samples/streams/sample_720p.h264
$  ./deepstream_test1_rtsp_out.py  -i  $INPUT_SRC
```

当在 Jetson Nano 上执行视频流传送之后，在 PC 上的 VLC 点选“播放”功能，就能看到如图 8-7 所示的执行结果，左边是 Jetson Nano 的执行画面，可以看到在命令视窗中不断跑动识别的结果，右边是在 PC 上的 VLC 播放画面，其左上角就是该帧图像的检测结果，里面的信息与 Jetson Nano 命令视窗内的是一致的，只不过可能会有时间差，可以通过 Frame Number 来观察两边的进度。

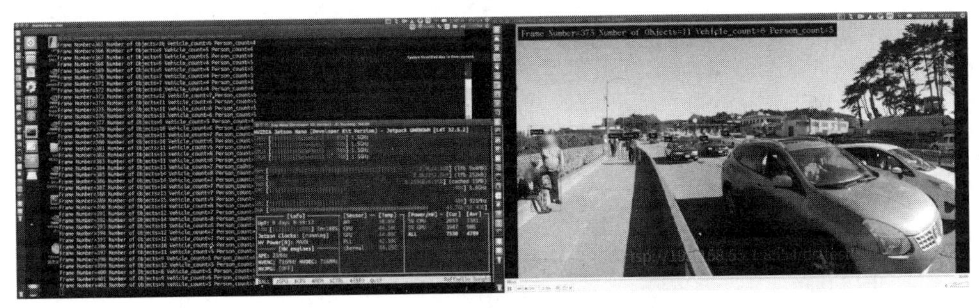

图 8-7　左边 Jetson 执行 DeepStream、右边 VLC 接收 RTPS 视频流

图 8-8 所示是在 Jetson Nano 上执行时，启动 jtop 监控工具后进行的截屏，其左下角可以看到 NVENC 与 NVDEC 都是在使用中，前者要对 RTSP 视频流进行编码，后者则是为读入的 H.264 视频文件进行解码。

```
[info]                          [Sensor]   [Temp]    [Power/mW]   [Cur]   [Avr]
UpT: 0 days 8:47:51             AO         47.00C    5V CPU       2050    1583
FAN [||||||||100%] Tm=100%      CPU        42.00C    5V GPU       2530    1461
Jetson Clocks: [running]        GPU        41.50C    ALL          7591    5685
NV Power[0]: MAXN               PLL        40.00C
[HW engines]                    thermal    42.00C
APE: 25MHz
NVENC: 396MHz NVDEC: 396MHz
NVJPG: [OFF]
```

图 8-8　在 jtop 上显示 NVENC 与 NVDEC 都是在使用中

到这里就完成了为DeepStream添加RTSP视频流输出的工作，比较复杂的部分是格式转换与“IP:端口”设置的部分，其他内容应该是没有什么难度的。

8.3 DeepStream的智能计算插件

这个由“Deep”与“Stream”两个单词所组成的视频分析开发套件，最核心的技术就是“深度学习（Deep Learning）”与“数据流（Streaming）”两大部分，后者由GStreamer这个优异的数据流框架做基础，在前面内容中做了深入说明，本小节的重点是深度学习与配套的智能功能。

在7.4.4节中已经简单说明过，DeepStream通过主/次推理器与跟踪器的交互合作，才能实现“智能分析”这个最终目标。英伟达提供了nvinfer视觉推理插件供所有推理器去调用，nvtracker负责执行跟踪器功能，以协作完成智能分析任务。

本节重点就是深入说明nvinfer推理计算与nvtracker目标跟踪这两个视觉类智能插件的功能与使用方法。

8.3.1 nvinfer推理插件的角色与工作原理

在“多神经网络的组合识别”的deepstream-app应用中（7.5.4节），大家已经清楚在配置文件中使用1个[primary-gie]与3个[secondary-gie%d]设置组，合作实现更深层次的属性识别功能。

然而两种设置组都是使用相同的nvinfer插件，整个项目实际上调用了4个nvinfer插件与4个配置组，只不过插件各自都有独立的参数配置组进行功能调整。

deepstream-app用自己的参数解析器去解析配置文件内的不同配置组，而标准的代码方式通常会为每个nvinfer推理器指派各自的配置文件，然后用process-mode参数去指定推理器的功能角色为“主”还是“次”。

先来看看这两种角色的特性：

① 主（primary）推理器：

a. 属于“帧级”推理器，在应用里必须有一个（而且只有一个）主推理器；

b. 以“图像帧”为单位进行推理计算，检测出所设定的类别物体；

c. 通常是物体检测器 (detector) 功能；

d. 可以搭配nvtracker目标跟踪插件使用，也可以单独使用；

e. 会用到NvDsFrameMeta与NvDsObjectMeta元数据组。

② 次（secondary）推理器：

a. 属于“物体级”推理器，在应用中不一定需要，但也可以有很多个；

b. 以上游推理器所检测的物体为单位，执行进一步的推理；

c. 可以是物体检测器，也可以是图像分类器 (classifier)；

d. 必须搭配nvtracker插件一起使用；

e. 会用到 NvDsObjectMeta 元数据，甚至 NvDsClassifierMeta 元数据组。

这两个功能角色与 7.4.4 节的主 / 次推理器属性是相对应的，包括使用方式与主要参数设定。不过代码方式所能设置的参数更加复杂，并且能深入到系统更底层的调用，执行更有效的性能调优工作。

nvinfer 作为 DeepStream 唯一提供视频类推理计算的插件，目前支持深度学习的四种基础神经网络类型：

① 多标签图像分类（multi-label classification）；

② 多类别物体检测（multi-class object detection）；

③ 语义分割（semantic segmentation）；

④ 实例分割（instance segmentation）。

同样地，透过“主 / 次”推理器的有效组合，也能独立创建出“多神经网络的组合识别”应用，范例 deepstream-test2 就是这个功能的独立项目，不过后面不讲解这个项目，读者可以自行体验。

至于工作原理方面，图 8-9 是 DeepStream 官方开发手册中提供的 nvinfer 工作流示意图，里面显示了数据流、控制参数（control parameters）与低阶插件（low level API）之间的互动关系。

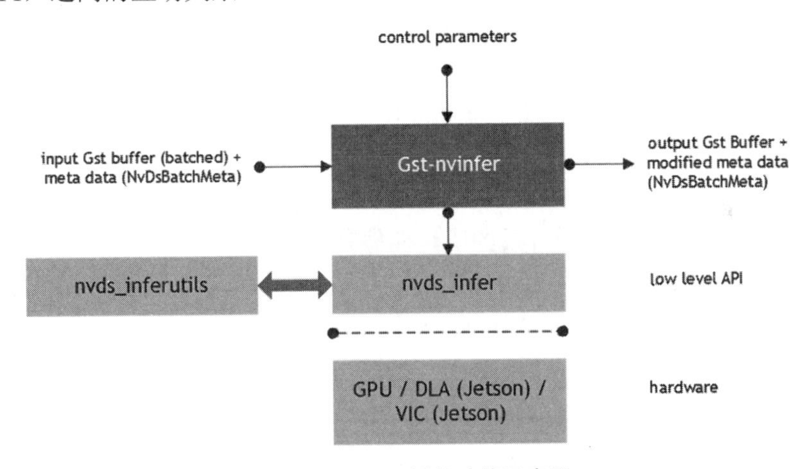

图 8-9　nvinfer 插件功能示意图

首先简单说明一下数据流的工作原理部分：

① 在 GStreamer 框架的执行中，Gst 缓冲区是唯一的数据传输通道；

a. 任何框架使用的数据都必须存放在 Gst 缓冲区，再通知插件到对应区域中提取数据进行处理，这样的规范对 DeepStream 是相同的；

b. NvDsBatchMeta 元数据是 DeepStream 数据结构的根（root）点，因此在执行之初就必须先创建 NvDsBatchMeta 元数据，并且用指针连接到 Gst 缓冲区上。

② 来自上游（左边）的数据流：

a. 创建 NvDsFrameMeta 元数据结构，通过 NvDsBatchMeta 衔接到 Gst 缓冲区中；

b. 当有多个数据源时，需要用 nvstreammux 将多个帧图像进行合并（batched）；

c. 这个插件使用 TensorRT 对输入数据进行推理计算，需要先将输入源的帧图像转换成适合推理器的 NV12/RGBA 格式与尺寸。

③ 传递给下游（右边）的数据流：

a. 推理计算的结果，会根据需求在 NvDsFrameMeta 下生成 NvDsObjectMeta 元数据与（或）NvDsClassifierMeta 元数据；

b. 通过 NvDsBatchMeta 衔接到 Gst 缓冲区中。

以上是与数据流相关的工作重点，接着查看调用 nvds_infer 接口的工作内容：

① 启动 TensorRT 推理加速引擎；

② 如果能找到指定的 TensorRT 序列化文件，就可以直接调用执行推理；

③ 如果找不到，就会导入指定神经网络模型资源去创建 TensorRT 序列化文件，以下是所支持的神经网络文件类型：

a. Caffe 训练的神经网络：.caffemodel 模型文件、.prototxt 结构文件与类别文件。

b. TensorFlow 训练的神级网络：.uff 模型文件。

c. 其他：通过 ONNX 开发标准所转换的 .onnx 模型文件。

到这里可以明确看到 nvinfer 插件就是启动 TensorRT 加速引擎来执行实际的推理，因此能得到相当好的性能。但在过程中，我们完全不需要了解任何与 TensorRT 有关的技术，包括创建序列化文件与读入文件执行反序列化的过程，因为 DeepStream 都已经处理好了，我们要做的事情就是提供正确的神经网路模型资源。

8.3.2 nvinfer 控制参数与配置文件

英伟达为 DeepStream 所开发的所有插件都有“控制参数”部分，这是为了提供更好的弹性去面向各种不同的应用需求，大部分控制参数是通过对配置文件进行设置的，有一部分也可以直接在代码中固定下来。

nvinfer 推理器插件是 DeepStream 视觉应用的灵魂，其参数设定总共分为三大类。

（1）Gst Properties 设定

在代码中直接使用 set_property() 函数进行设定，目前总共有 16 个参数可进行设定，其权重值比配置文件所设定的更高，除非有明确的特定用途，否则大部分状况下都只需要用 config-file-path 参数去指定配置文件。

这里以范例 deepstream-test2 为例，这是 Python 版的多神经网络组合识别的应用，里面使用到 1 个 pgie 主推理器与 sgie1/sgie2/sgie3 3 个次推理器，在代码中创建与指定配置文件的内容如下：

```
    # 创建推理器
210 pgie = Gst.ElementFactory.make("nvinfer", "primary-inference")
218 sgie1 = Gst.ElementFactory.make("nvinfer", "secondary1-nvinference-engine")
```

```
223    sgie2 = Gst.ElementFactory.make("nvinfer", "secondary2-nvinference-engine")
227    sgie3 = Gst.ElementFactory.make("nvinfer", "secondary3-nvinference-engine")
       # 分别指定配置文件
258    pgie.set_property('config-file-path', "dstest2_pgie_config.txt")
259    sgie1.set_property('config-file-path', "dstest2_sgie1_config.txt")
260    sgie2.set_property('config-file-path', "dstest2_sgie2_config.txt")
261    sgie3.set_property('config-file-path', "dstest2_sgie3_config.txt")
```

其余参数中有 9 个常用参数可以在配置文件中设定，另外还有 3 个以“raw-output”开头的参数、2 个与“tensor-meta”相关的参数、1 个“output-instance-mask”参数，都属于进阶的用法，在这里不做说明。

（2）GObject 属性设置

这部分能设置的参数并不多，除了批次大小（batch size）与采样间隔（inference interval）之外，其余都是进阶的用法，而这两个参数也都能在配置文件中设定，因此这部分的参数就并入后面的内容说明。

（3）配置文件的参数组设置

在 nvinfer 配置文件中分为 [property] 与 [class-attrs-%d] 两种设置组，前者目前有 60 个参数，后者目前有 15 个参数，其中有些关于语义分割、实例分割以及这个版本新增的与“预处理（preprocess）”相关的参数，在这里先省略，将重点集中在物体检测与图像分类两大应用上，对初学者来说会精简许多，容易上手。

下面针对这两个设置组进行说明。

① [property] 设置组：每个推理器的配置文件都有一个 [property] 设置组，为了要涵盖主 / 次推理器的设定，还要兼容“物体检测、图像分类、语义分割、实例分割”等不同种类的神经网络，并且要适应 Caffe、TensorFlow、ONNX 等模型文件格式，使得这部分参数高达 60 个，显得有些烦琐。

官方说明文件中对这些参数并未做系统化的整理，这让初学者十分困扰。因此我们在此通过系统化的分类，让读者能更轻松地掌握参数的使用时机与重点。

对 nvinfer 插件而言，主推理器是所有推理计算的基础，并且目前以“物体检测”功能为主，因此以下会以推理器为主、网络种类为辅的逻辑，将这些参数进行整理。

a. 主 / 次推理器共同的主要参数如表 8-3 所列。

表中所列参数有些并非“必要项”，但最好还是设定清楚，特别是“model-engine-file”最后面的“INT8”或“FP16”这类的属性设置，这些都是需要细心处理之处。如果没有根据设备对数据精度的支持能力去设定，则每次启动都要重新创建一次 TensorRT 序列化引擎，会浪费不少时间。

此外，在旧版本的次分类器中有一个 is-classifier 参数，在新版本技术手册的列表中并未出现，事实上只要设置“network-type=1”就具备相同的功用，初学者如果要开发自己的应用，最好使用新的设定方式。

表 8-3 主 / 次推理器共同的主要参数

参数名	定义与设定值	类型
process-mode	推理器种类：1= 主推理器；2= 次推理器	1/2
gie-unique-id	Gst nvinfer 元素的配置文件的绝对路径名	≥ 0 的整数
network-type	神经网络种类：0= 检测器；1= 分类器；2= 语义分割；3= 实例分割	0/1/2/3
num-detected-classes	如果 network-type=0，就必须提供类别数量	正整数
model-engine-file	模式的 TensorRT 序列化引擎文件的路径名	字符串
model-color-format	颜色空间格式：0=RGB ；1=BGR ；2=GRAY	0/1/2
network-mode	推理的数据格式：0=FP32；1=INT8;2=FP16	0/1/2
int8-calib-file	如果 network-mode=1（INT8），使用这个参数	字符串
gpu-id	指定推理计算的 GPU 设备 ID（仅限 x86 系统）	≥ 0 的整数

b. 神经网络模型文件相关参数如表 8-4 所列。

表 8-4 神经网络模型文件相关参数

参数名	定义与设定值	类型
model-file	Caffe 框架所训练的模型文件 (.caffemodel) 路径名	字符串
proto-file	Caffe 框架所训练的结构文件 (.prototxt) 路径名	字符串
labelfile-path	类别文件路径名	字符串
output-blob-names	Caffe、TensorFlow 模型的输出节点名	
uff-file	TensorFlow 框架所训练的模型文件 (.uff) 路径名	字符串
uff-input-blob-name	UFF 模型的输入节点名称	字符串
uff-input-order	UFF 数据种类：0=NCHW ；1=NHWC ；2=NC	0/1/2
uff-input-dims	UFF 模型的输入张量尺度，例如 [3;224;224;0]	
onnx-file	ONNX 格式的模型文件 (.onnx) 路径名	字符串

如果在前项参数的 model-engine-file 中没找到对应的序列化文件，就需要提供神经网络原始模型相关文件，去生成 TensorRT 序列化文件；而这些原始模型文件还需要容纳不同训练框架的输出，因此产生了不同的组合方式。

很多初学者搞不清楚 input-blob 与 output-blob 该如何设置，在范例中使用的 Caffe 模型，可以从 .prototxt 结构文件中找到，例如在本范例的推理器目录的 resnet10.prototxt 中，第一个节点为 input_1，最后一个节点为 conv2d_cov/Sigmoid，就分别对应这两个参数。

至于 .uff 文件与 .onnx 文件，需要对应的软件工具去找到输入与输出节点名称，这里就不花时间去探索这些工具了。

c. 其他可选参数如表 8-5 所列。

这部分的参数主要与性能微调有关系，初学者可以暂时忽略。

表 8-5　其他可选参数

参数名	定义与设定值	类型
net-scale-factor	像素正规化因子	0～1小数
batch-size	一批中要一起推断的帧 / 对象数	≥0的整数
interval	要跳过以进行推断的连续批次数	≥0的整数
force-implicit-batch-dim	当网络同时支持隐式批量维度和完整维度时，是否强制使用隐式批量维度模式	布尔值
infer-dims	要在图像输入层上设置的绑定尺寸，如 [3;224;224]	
workspace-size	引擎要使用的工作区的大小（MB）	≥0的整数
enable-dla	是否使用 DLA 进行推断，目前只支持 AGX Xavier	布尔值
use-dla-core	要使用的 DLA 数量，目前只支持 AGX Xavier	≥0的整数
network-input-order	数据顺序：0=NCHW；1=NHWC	0/1

d. 次推理器专用的参数如表 8-6 所列。

表 8-6　次推理器专用的参数

参数名	定义与设定值	类型
operate-on-gie-id	指定上游推理器的 gie-unique-id	≥0的整数
operate-on-class-ids	基于上游推理器的识别种类中的特定类别	≥0的整数
input-object-min-width	仅对具有此最小宽度的对象进行推断	≥0的整数
input-object-min-height	仅对具有此最小高度的对象进行推断	≥0的整数
input-object-max-width	仅对具有此最大宽度的对象进行推断	≥0的整数
input-object-max-height	仅对具有此最大高度的对象进行推断	≥0的整数
classifier-threshold	识别的阈值	0～1小数
classifier-async-mode	启用对检测到的对象和异步元数据附件的推断。仅在附加了跟踪器 ID 时有效	布尔值

除 operate-on-gie-id 与 operate-on-class-ids 必须设定，其余参数可以暂时忽略。

e. 自定义的网络模型参数如表 8-7 所列。

表 8-7　自定义网络模型的参数

参数名	定义与设定值	类型
custom-lib-path	自定义插件所编译的库路径	字符串
custom-network-config	自定义插件的网络配置文件的路径名	字符串
engine-create-func-name	自定义 TensorRT CudaEngine 创建函数的名称	布尔值

以上就是 [property] 设置组的主要参数，读者在制作自己的配置文件时，可按照上面顺序添加，就能更顺畅地处理各种参数。

② [class-attrs-%d] 设置组：这个设置组是针对检测器所识别的物体类别做进

一步的设定，因此通常是出现在主推理器配置文件之内，但如果使用的次推理器也是一个检测器，也可以使用这些参数组。

这部分的参数组分成全局的 [class-attrs-all] 与各类别的 [class-attrs-%d] 两种设置，后者的 %d 是根据检测器的类别编号所定，例如前面所用范例中，主推理器有“车、人、二轮车、路标”四个分类，那么对应“车”的 %d 是 0，对应“人”的 %d 是 1，以此类推。

对于这个参数组的设置，需要对 DBSCAN 算法与 OpenCV 的 grouprectangles() 函数有更深入的理解，才有能力掌握这些参数的用法。内容如表 8-8 所列。

表 8-8　[class-attrs-%d] 设置组的参数

参数名	定义与设定值	类型
threshold	设定检测的阈值	0 ～ 1 小数
topk	只保留检测分数最高的前 *K* 个对象	≥ 0 的整数
pre-cluster-threshold	在群集操作之前应用的检测阈值	0 ～ 1 小数
Post-cluster-threshold	聚类操作后要应用的检测阈值	0 ～ 1 小数
eps	OpenCV grouprectangles() 函数和 DBSCAN 的 ε 值	0 ～ 1 小数
group-threshold	OpenCV grouprectangles() 函数的矩形合并阈值	
minBoxes	DBSCAN 算法形成密集区域所需的最小点数	≥ 0 的整数
dbscan-min-score	集群中所有邻居被认为是有效群的置信度的最小和	0 ～ 1 小数
nms-iou-threshold	两个提案之间的最大 IOU 分数，在此之后，置信度较低的提案将被拒绝	0 ～ 1 小数
roi-top-offset	ROI 在帧顶部的偏移量，仅输出 ROI 内的对象	≥ 0 的整数
roi-bottom-offset	ROI 在帧底部的偏移量，仅输出 ROI 内的对象	≥ 0 的整数
detected-min-w	GIE 输出的检测对象的最小像素宽度	≥ 0 的整数
detected-min-h	GIE 输出的检测对象的最小像素高度	≥ 0 的整数
detected-max-w	GIE 输出的检测对象的最大像素宽度	≥ 0 的整数
detected-max-h	GIE 输出的检测对象的最大像素高度	≥ 0 的整数

以上就是整个 nvinfer 插件的主要参数设定内容，虽然烦琐，但只要整理出逻辑之后，就能让配置变得简单许多。

8.3.3　nvtracker 目标跟踪算法

前面的 nvinfer 推理插件已经为 DeepStream 在导入神经网络方面提供了强有力的支撑，但这个智能识别的功能只能提供最粗浅的基础用途，因为简单的物体检测所得到的信息是非常单薄且短暂的，真正的实用价值并不高。

那到底怎样的应用是价值比较高的呢？我们来看看以下的几种类型。

① 综合信息类：当检测到一个特定目标之后，还能进一步识别出其他属性。

例如9.1.6节的实验，能对检测到的“Car”再深入识别其颜色、厂牌、款式等信息，还有“车牌号识别”“基于医疗成像进行肿瘤分析”“路标含义识别”等应用，都不是简单只识别目标物的位置与种类，而是更进一步识别出“有意义”的信息。

② 行进轨迹类：这种应用需要对目标物执行“有效期跟踪”任务，通过对目标物的轨迹进行记录，才能进一步实现“分析”的功能。

为了满足以上两大类的需求，英伟达为DeepStream提供了一个nvtracker目标跟踪插件，与nvinfer推理插件共同协作，来实现这些实用价值高的复杂任务，可以说这两个插件就是DeepStream在智能计算部分的最核心技术。

在“综合信息类”的应用场景中，nvtracker插件主要扮演定位器与缓冲器的角色，接收nvinfer主推理器（通常是检测器）所识别出的物体坐标信息，赋予这个物体“唯一的编号”，并将相关信息传递给下层的次推理器（通常是分类器）进行分类识别的工作，由于并发处理的任务相当多，因此这个物体编号就起到非常关键的作用，确保前后处理的目标物是一致的，不会产生错乱。

“行进轨迹类”应用才能使用户真正感受到nvtracker插件的真实价值。在“综合信息类”应用中，nvtracker与nvinfer都是帧级层面的功能；但是在“行进轨迹类”应用中，nvtracker插件就提升到流级层面的功能，将nvinfer的“帧级”静态推理识别结果串联成“流级”的动态效果，这才是DeepStream要实现的终极目的。

目标跟踪算法是计算机视觉领域中非常重要的算法，在标准OpenCV体系中有8种以上的主流算法，有兴趣的读者可以在网上搜索并且自行研究。这些算法的基本逻辑就是对视频的相邻帧进行类别与位置的比对，因此是相当消耗计算资源的，也就是当视频分析软件“开启”目标追踪功能时，其识别性能必定有所下降。

这类算法的基本逻辑是通过分析视频图像序列，对检测出的各个候选目标区域实施匹配，定位出这些目标在视频序列中的坐标。根据算法理论的不同，目标跟踪算法又可分为“表观建模”和“跟踪策略”两个阶段，其中表观建模又可分为生成式表观建模和判别式表观建模两种方式，如图8-10所示。

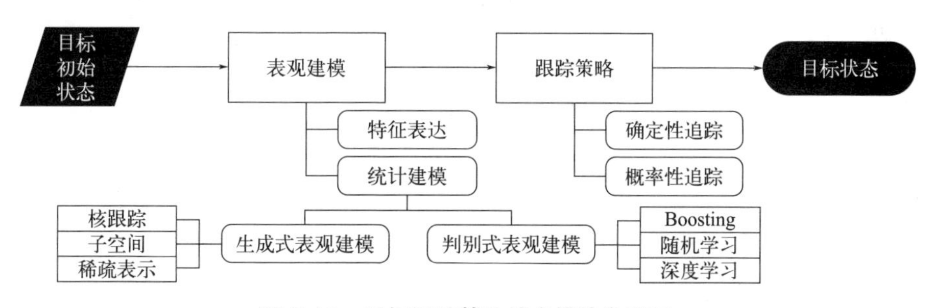

图8-10　目标跟踪算法技术模块参考图

这里并无意去讲解目标跟踪的算法内容，只是让大家知道这个算法是相当复杂的，也非常消耗计算资源，但对于视频分析来说又是非常的关键。

8.3.4 nvtracker 控制参数与配置文件

图 8-11 是这个插件的功能示意图，输入与输出部分都相对简单，我们只要通过修改“控制参数（control parameters）”部分，就能管理 nvtracker 插件的运作，与 nvinfer 插件相同，这些控制参数也可以通过配置文件进行导入，而不需要修改代码。

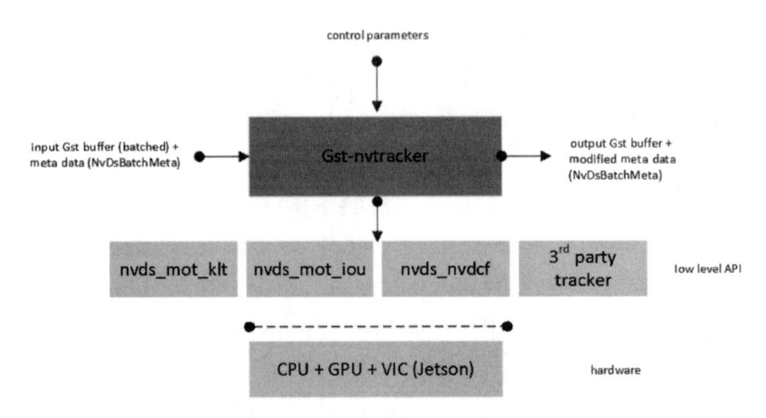

图 8-11 nvtracker 插件的功能示意图

这个插件的输入 / 输出部分与 nvinfer 插件几乎一样，请参考 8.3.2 节的说明，至于控制参数的部分也分为 Gst Properties 参数组与跟踪器（也称追踪器）参数组两部分。Gst Properties 参数组有固定的 11 个参数，如表 8-9 所列。

表 8-9 nvtracker 的 Gst Properties 的参数组

参数名	定义与设定值	类型
tracker-width	追踪器的宽度以像点数为单位，需为 32 的倍数	≥ 0 的整数
tracker-height	追踪器的高度以像点数为单位，需为 32 的倍数	≥ 0 的整数
ll-lib-file	要加载的追踪器库路径名，在 $DS_ROOT/lib 下已编译好 libnvds_nvmultiobjecttracker.so	字符串
ll-config-file	为追踪器指定专属的配置文件	字符串
enable-batch-process	启用 / 禁用批处理模式	布尔值
enable-past-frame	启用 / 禁用前帧数据模式	布尔值
tracking-surface-type	设置要跟踪的曲面流类型，默认值为 0	≥ 0 的整数
display-tracking-id	启用 / 禁用 OSD 上显示跟踪 ID 的功能	布尔值
compute-hw	用于缩放的计算引擎：0=Default、1=GPU、2=VIC (Jetson only)	0/1/2
tracking-id-reset-mode	允许基于管道事件强制重置跟踪 ID	布尔值
gpu-id	指定追踪计算的 GPU 设备 ID（仅限 x86 系统）	≥ 0 的整数

虽然 Gst Properties 的参数可以在代码中直接设定，但是几个使用到 nvtracker 插件的范例中，都是先将参数写到指定配置文件中，在代码中读入解析后再逐个

给定参数设定值，这种方式能提高设置的弹性，是一种不错的方法。

这里以 deepstream-test2 项目作为范例说明，在第 263 ～ 290 行代码中，从指定的配置文件读入所有设置，然后用 tracker.set_property() 函数进行设置。以下是这部分的主要代码内容：

```
263    #Set properties of tracker
264    config = configparser.ConfigParser()
265    config.read('dstest2_tracker_config.txt')   # 指定的配置文件
266    config.sections()
267
268    for key in config[ 'tracker' ]:
       ...（逐个参数进行设置）
290    （配置结束）
```

至于跟踪器参数组使用 ll-config-file 参数所指定的 .yml 跟踪器配置文件，内容有超过 40 个底层库的参数设置，主要与跟踪器算法的特性有关，在此不做深入说明。

8.4　DeepStream 的智能范例说明

前面已经将 nvinfer 与 nvtracker 这两个智能计算插件的参数做了详细的分类与说明，接下来以 Python 版本为范例，让读者更进一步通过代码来理解这两个插件的交互运作方式。

8.4.1　deepstream-test2 多神经网络组合识别

在 deepstream-test1 系列范例中，使用一个 4 分类检测器作为主推理器，负责在图像中检测目标物体的类别与位置，但这种浅层的识别只能计算出每一帧的“瞬间”状态，无法进一步实现“时段内”的统计与分析，实用价值非常有限。

在“多神经网络并集识别”的 deepstream-app 实验中，就是在 4 分类物体检测功能的主推理器之上，再添加 3 个图像分类功能的次推理器，进一步识别出车子的颜色、品牌、车型等深层属性。

这个过程有一个比较特殊的地方，就是在“主 / 次推理器”之间，需要通过“追踪器”进行串联，因为次推理器是以主推理器的“物体图像”进行分类推理，这部分需要追踪器来协助记录主推理器找到“图像范围”，将这个局部的数据传送给次推理器去进行计算，这样才能建立好“主次”之间的关联。

下面是 deepstream-test2 范例的管道结构，粗体标识的部分是与 test1 范例的差异：

filesrc → h264parse → nvv4l2decoder → nvstreammux → nvinfer（pgie 主推理器）→ nvtracker → **nvinfer（sgie1 推理器）** → **nvinfer（sgie2 推理器）** → **nvinfer（sgie3 推理器）** → nvvideoconvert → nvdsosd → nvegltransform → nveglglessink

在 8.3.2 节中，已经列出 deepstream_test_2.py 中添加主 / 次推理器，以及指定个别配置文件的代码；在 8.3.4 节中也列出设置跟踪器配置文件，以及读入文件、解析所有设定值的代码。这两部分就不重复赘述。下面只列出推理器与跟踪器之间上下游关系的实际代码：

```
    # 在 pgie 与 nvvidconv 之间，添加 nvtracker 与 3 个 nvinfer 次分类器
322 pgie.link(tracker)
323 tracker.link(sgie1)
324 sgie1.link(sgie2)
325 sgie2.link(sgie3)
326 sgie3.link(nvvidconv)
327 nvvidconv.link(nvosd)
```

从管道结构与代码中都可以清楚看到，在主推理器之后紧接着就是 nvtracker 跟踪器插件，然后才接上其他的次推理器。跟踪器为主推理器所识别物体的 NvDsObjectMeta 元数据赋予唯一的识别号，后面的次推理器再根据识别号从 NvDsObjectMeta 获取相关数据，执行进一步的推理计算，然后将识别结果回存到对应的元数据中。

也就是说，如果缺乏跟踪器对物体所赋予的唯一识别号，那么后面的次推理器就起不了作用，这点在“多神经网络的组合识别”实验的最后面可获得验证，当关闭 [tracker] 设置组功能时，就无法获得深层属性识别结果。

最后再看一下 nvinfer 插件负责调节上下游关系的三个参数：

① gie-unique-id：为每个推理器指定“唯一”的识别号。

② operate-on-gie-id：仅在主 / 次推理器中设置，指定上游推理器的 gie-unique-id 编号。

③ operate-on-class-ids：仅在主 / 次推理器中设置，指定在上游推理器的类别编号。

表 8-10 列出 deepstream-test2 项目中的 4 个推理器配置文件中的相关设定值。

表 8-10　deepstream-test2 的 4 个推理器的 id 配置

配置文件 / 参数	gie-unique-id	operate-on-gie-id	operate-on-class-ids
dstest2_pgie_config.txt	1	（无）	（无）
dstest2_sgie1_config.txt	2	1	0
dstest2_sgie2_config.txt	3	1	0
dstest2_sgie3_config.txt	4	1	0

每个推理器都有唯一的 gie-unique-id 编号，每个次推理器都指定一个 operate-on-gie-id 上游推理器编号，这里 3 个次推理器都以编号 1 的主推理器作为上游，然后再通过 operate-on-class-id 指定所基于的上游类别编号，这里都指定的 0 是主推理器识别类别中的第一个“Car”类别。

这样就能在配置文件中轻松地串联起主推理器与次推理器之间的复杂关系，而不需修改代码去调整。执行以下指令，查看结果是否与7.5.4节的图7-26一致。

```
$  cd  $DS_PYTHON/apps/deepstream-test2
$  ./deepstream_test_2.py  ../../../../samples/streams/sample_720p.h264
```

通过这个范例的执行过程，能让我们更加清楚nvinfer插件与nvtracker插件的合作方式，以及主推理器与次推理器之间的上下游关系是如何安排的，至于进一步的性能优化方面的参数调整，则需要根据不同推理器的神经网络特性去个别调试。

8.4.2　导入自定义YOLO神经网络插件

深度神经网络是DeepStream最重要的智能识别基础，但是网络算法不断推陈出新，DeepStream也无法全部都提供支持。为了解决这个扩充性问题，DeepStream提供了一个“自定义插件”接口，让开发者可以根据自己的特定要求，去添加所需要的各种神经网络算法。

在$DS_ROOT/sources下有三个objectDetector_xxx目录，分别是FasterRCNN、SSD与Yolo神经网络的自定义插件C/C++源代码。本小节就以第6章所介绍过的YOLO算法为例，带着读者学习调用自定义插件的步骤，这也是一个实用价值很高的技巧。

在$DS_ROOT/sources/objectDetector_YOLO目录下已经提供非常完整的配套资源，如表8-11所示。

表8-11　配套资源

文件或目录名	说明
nvdsinfer_custom_impl_Yolo目录	自定义YOLO插件C/C++源代码
config_infer_primary_yoloV2.txt	代码应用的YOLOv2配置文件
config_infer_primary_yoloV2_tiny.txt	代码应用的YOLOv2-Tiny配置文件
config_infer_primary_yoloV3.txt	代码应用的YOLOv3配置文件
config_infer_primary_yoloV3_tiny.txt	代码应用的YOLOv3-Tiny配置文件
deepstream_app_config_yoloV2.txt	针对deepstream-app的YOLOv2配置文件
deepstream_app_config_yoloV2_tiny.txt	针对deepstream-app的YOLOv2-Tiny配置文件
deepstream_app_config_yoloV3.txt	针对deepstream-app的YOLOv3配置文件
deepstream_app_config_yoloV3_tiny.txt	针对deepstream-app的YOLOv3-Tiny配置文件
labels.txt	用80类COCO数据集预训练模型所支持的类别
prebuild.sh	下载对应的YOLO结构文件与预训练模型文件
README	项目说明文件
yoloV3-calibration.table.trt7.0	支持YOLOv3的INT8检验文件

由于 YOLO 算法的版本较多，除了 v2 与 v3 之外（其实还有 v4 版），各自都有标准版与轻量（tiny）版两种网络结构，这里将提供 4 种情形最终所需要的 nvinfer 配置文件，包括配合代码方式与符合 deepstream-app 参数格式的配置文件。

本处以 YOLOv3 版本进行演示，将 deepstream-test2 项目的 4 类 resnet10 主推理器置换成 80 类的 YOLOv3 神经网络，仍保留 3 个次分类器的模型，查看最终的执行效果如何。

按照以下步骤配置本项目的执行资源。

（1）创建工作目录并集结所需的执行资源

① 以 Python 版的 deepstream-test2 为基础，创建工作目录：

```
$  cd  $DS_PYTHON/apps
$  cp  -R  deepstream-test2  deepstream-test2-yolo
$  cd  deepstream-test2-yolo    # 进入工作目录
```

② 获取 yolov3.cfg 与 yolov3.weights：如果在第 6 章已经下载过，直接复制过来就行，如果前面还未下载，请使用 6.4.2 节中所提供的百度网盘，将 yolov3.cfg 与 yolov3.weights 下载到工作目录下。

③ 从插件目录复制所需文件：这里需要 config_infer_primary_yoloV3.txt 配置文件与 labels.txt 类别文件：

```
   # 在 $DS_PYTHON/apps/deepstream-test2-yolo 项目工作目录下
$  cp  $DS_ROOT/sources/objectDetector_Yolo/config_infer_primary_yoloV3.txt
$  cp  $DS_ROOT/sources/objectDetector_Yolo/labels.txt
```

（2）编译 nvdsinfer_custom_impl_Yolo 插件

请按照以下步骤编译，正常状况会生成 libnvdsinfer_custom_impl_Yolo.so 库文件，然后将此文件复制到项目工作目录下：

```
$  cd  $DS_ROOT/sources/objectDetector_Yolo/nvdsinfer_custom_impl_Yolo
   # 开始编译 YOLO 插件
$  export CUDA_VER=10.2      # 请根据设备上的 CUDA 版本进行设置
$  sudo  -E  make
   # 将 libnvdsinfer_custom_impl_Yolo.so 复制到项目工作目录下
$  cp  libnvdsinfer_custom_impl_Yolo.so  $DS_PYTHON/apps/deepstream-test2-yolo
```

（3）修改代码内容

首先，由于原本使用的 resnet10.caffemodel 为 4 类检测模型，要改成 80 类的 yolov3.weights 模型，因此类别对应上需要进行一些调整。还好二者的前三个类别是相同的，只是顺序不一样，因此我们需要将新项目代码所定义的类别编号进行调整，如表 8-12 所示。

其次，代码原本只准备了 4 个类别的计数器，为了将变动部分减到最少，需要

表 8-12 调整前后的类别编号

行号	调整前	调整后
33	PGIE_CLASS_ID_VEHICLE = 0	PGIE_CLASS_ID_VEHICLE = 2
34	PGIE_CLASS_ID_BICYCLE = 1	PGIE_CLASS_ID_BICYCLE = 1
35	PGIE_CLASS_ID_PERSON = 2	PGIE_CLASS_ID_PERSON = 0
36	PGIE_CLASS_ID_ROADSIGN = 3	PGIE_CLASS_ID_ROADSIGN = 3

在“while l_obj is not None:”循环中的指定位置添加以下代码，避免执行时出现“溢出”的状况：

```
79    if (obj_meta.class_id > 3):
80    break
81    obj_counter[obj_meta.class_id] += 1
```

最后，将主推理器的配置文件改成 config_infer_primary_yoloV3.txt。

```
260   pgie.set_property('config-file-path', "config_infer_primary_yoloV3.txt")
```

这样就完成了代码部分的调整。

（4）修改主 / 次推理器的配置文件

① 修改 config_infer_primary_yoloV3.txt 配置文件的两个参数：

```
67    model-engine-file=model_b1_gpu0_fp16.engine
80    custom-lib-path=libnvdsinfer_custom_impl_Yolo.so
```

② 配合类别编号的调整，修改 3 个次推理器的“operate-on-class-ids”参数，如表 8-13 所示。

表 8-13 参数调整

行号	调整前	调整后
75	operate-on-class-ids=0	operate-on-class-ids=2

执行以下指令，查看结果如何。

```
$ ./deepstream_test_2.py  $DS_ROOT/samples/streams/sample_720p.h264
```

图 8-12 所示是将 deepstream-test2 主推理器改成 80 类的 YOLOv3 神经网络的显示结果，可以看到与原本项目的效果完全一致，也能识别出颜色、厂牌、车型等深度属性。主检测器类别是英文的，这是因为我们并未将 labels.txt 类别做中文化处理，如果将前面三个类别改成中文，就能看到完整的中文显示结果。

新项目的执行性能可能比原项目要差，毕竟这个 yolov3.weights 模型是具有 80 个分类的检测器，并且代码未做任何优化。

如果想要得到较好的性能，可以将神经网络改成 YOLOv3-Tiny 版本，就是将主

图 8-12 将 deepstream-test2 项目改用 YOLOv3 模型的效果

推理器调整配置文件为 config_infer_primary_yoloV3_tiny.txt，并且将 yolov3-tiny.cfg 结构文件与 yolov3-tiny.weights 模型文件下载到工作目录，然后重新执行应用，就能看到性能比较好的执行效果。

这个实验的重点是要让大家了解这个自定义神经网络插件的集成过程，请读者自行尝试将 SSD 与 fasterRCNN 神经网络导入到 DeepStream 应用中。

8.4.3 视频动态遮蔽私密信息

现今，人们越来越重视个人隐私，加上小视频应用的流行，很容易因为粗心而侵犯到别人的私密信息，最主要就是“车牌信息”与“人脸信息”这两类，有可能带来麻烦的法律纠纷甚至财务上的损失。那么这些问题能否使用“智能识别”技术来处理呢？

英伟达的 https://github.com/NVIDIA-AI-IOT/redaction_with_deepstream 开源项目用 DeepStream 为这类问题提供了一个解决的方案，能对视频中所检测到的人脸与车牌执行“遮蔽”（redacting）功能，降低了侵犯隐私的概率，也是一个实用价值挺高的项目。

项目原理非常简单，只使用一个包含“face、license_plate、make、model”的 4 类检测器的主推理器，当检测到脸（face）与车牌（licence_plate）这两类物体时，在“画框”阶段在框内填满指定颜色，这样就能对这两类物体实现遮蔽的功能，然后将遮蔽处理的结果输出到显示器上，甚至存成视频文件。

图 8-13 是这个应用的流程图。事实上这个应用并不执行统计分析的功能，因此可以不启动跟踪器功能，可以提高执行的效率。

虽然这个项目的开源代码是 C/C++ 语言编写的，不过我们可以用 Python 范例进行改写，因此本小节的内容主要分为以下两大部分。

（1）编译并执行 C/C++ 版本

与前面处理开源仓下载项目的处理方式相同，我们将这个项目内容在 Gitee 网站建立了镜像，读者请挑选合适的方式下载项目内容。请执行以下步骤。

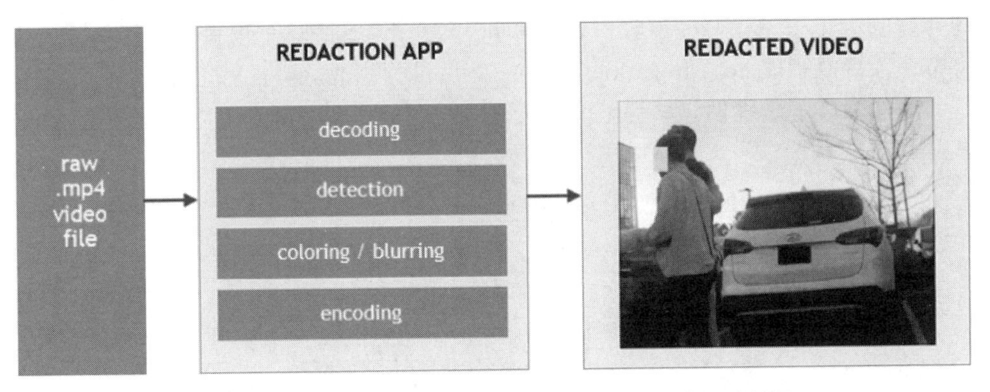

图 8-13 视频动态遮蔽私密信息 REDACTION 应用流程图

```
  # 如果能直接从 github.com 下载项目
$ export DL_SITE=https://github.com/NVIDIA-AI-IOT/redaction_with_deepstream
  # 如果不能从 github.com 下载项目
$ export DL_SITE= https://gitee.com/gpus/redaction_with_deepstream
$ cd $DS_ROOT/sources/apps && git clone $DL_SITE
$ cd redaction_with_deepstream && make
```

这样就完成了这个项目的编译任务，接下来找有车牌或人脸的视频文件。英伟达所提供的视频都已经做了遮蔽处理，例如图 8-14 所示的 sample_qHD.mp4，因此需要自行找寻合适的视频文件来进行测试。

图 8-14 DeepStream 范例视频 sample_qHD.mp4 已做车牌遮蔽处理

由于这部分的测试可能牵涉到侵犯隐私的问题，因此不提供英伟达测试文件以外的任何截屏，请读者自行测试手上的数据源。执行以下指令测试这个车牌与人脸遮蔽的功能：

```
$ export INPUT= 自己的测试视频
$ ./deepstream-redaction-app -c configs/pgie_config_fd_lpd.txt -i $INPUT
```

（2）改写成 Python 版本

这个范例的结构相当简单，因此可以试着在 DeepStream 的 Python 范例中找到合适的代码来进行修改。我们选择以 deepstream-test3 这个项目为基础，因此先将整个项目复制成 deepstream-redaction，然后进行修改。

请按照以下步骤创建项目工作目录，并将所需资源复制到工作目录下：

```
$ cd $DS_PYTHON/apps
$ cp -R deepstream-test3 deepstream-redaction
$ cd deepstream-redaction
  # 将 Python 程序名修改为为 deepstream-redaction.py
$ mv deepstream_test_3.py deepstream-redaction.py
  # 将所需的模型文件与配置文件复制到工作目录下
$ cp ../../../apps/redaction_with_deepstream/fd_lpd_model/* .
$ cp ../../../apps/redaction_with_deepstream/config/* .
```

接下来进行以下的修改。

① 修改 pgie_config_fd_lpd.txt 配置文件：主要是以下 4 个参数的路径内容，请根据实际状况调整。

```
63  model-file=fd_lpd.caffemodel
64  proto-file=fd_lpd.prototxt
65  model-engine-file=fd_lpd.caffemodel_b1_gpu0_fp32.engine
66  labelfile-path=labels.txt
```

② 修改 pgie_config_fd_lpd.txt 配置文件：这部分主要有 4 个需要修改的地方。

a. 主推理器配置文件设置：只要修改下面一行设定即可。

```
277  pgie.set_property('config-file-path', "pgie_config_fd_lpd.txt")
```

b. 识别类别的修改：原本使用的检测模型有 vehicle、bicycle、person、roadsign 4 类，如今使用的模型有 face、license_plate、make、model 4 类，数量上无须调整，如表 8-14 所示。

表 8-14　识别类别的修改

行号	修改前	修改后
41 42 43 44	PGIE_CLASS_ID_VEHICLE = 0 PGIE_CLASS_ID_BICYCLE = 1 PGIE_CLASS_ID_PERSON = 2 PGIE_CLASS_ID_ROADSIGN = 3	PGIE_CLASS_ID_FACE = 0 PGIE_CLASS_ID_LP = 1 PGIE_CLASS_ID_MAKE = 2 PGIE_CLASS_ID_MODEL = 3
53	pgie_classes_str= ["Vehicle", "TwoWheeler", "Person","RoadSign"]	pgie_classes_str=["Face","LicensePlate","Make", "Model"]

84
85
86
87
88
89
	obj_counter = {
	PGIE_CLASS_ID_VEHICLE:0,
	PGIE_CLASS_ID_PERSON:0,
	PGIE_CLASS_ID_BICYCLE:0,
	PGIE_CLASS_ID_ROADSIGN:0
	}
		obj_counter = {
		PGIE_CLASS_ID_FACE:0,
		PGIE_CLASS_ID_LP:0,
		PGIE_CLASS_ID_MAKE:0,
		PGIE_CLASS_ID_MODEL:0
		}

事实上这个应用的重点是遮蔽信息，并不做任何统计与分析，因此代码内设定的类别也可以不改变，只要掌握类别编号即可。

c. 显示信息的修改：调整第101行的显示内容。

修改前	"Vehicle_count=", obj_counter[PGIE_CLASS_ID_VEHICLE], "Person_count=",obj_counter[PGIE_CLASS_ID_PERSON])
修改后	"Face_count=", obj_counter[0], "LicensePlate_count=",obj_counter[1])

d. 添加遮蔽框：在原本第93行与94行中间添加以下代码，颜色可自行调整。

```
93    obj_meta=pyds.NvDsObjectMeta.cast(l_obj.data)
94    # 检测到人脸 (class_id = 0)，就用肉色框遮蔽
95            if (obj_meta.class_id == 0) :
96                obj_meta.rect_params.border_width = 0;
97                obj_meta.rect_params.has_bg_color = 1;
98                obj_meta.rect_params.bg_color.red = 0.92;
99                obj_meta.rect_params.bg_color.green = 0.75;
100               obj_meta.rect_params.bg_color.blue = 0.56;
101               obj_meta.rect_params.bg_color.alpha = 1.0;
102   # 检测到车牌 (class_id = 1)，就用黑色框遮蔽
103           if (obj_meta.class_id == 1) :
104               obj_meta.rect_params.border_width = 0;
105               obj_meta.rect_params.has_bg_color = 1;
106               obj_meta.rect_params.bg_color.red = 0.0;
107               obj_meta.rect_params.bg_color.green = 0.0;
108               obj_meta.rect_params.bg_color.blue = 0.0;
109               obj_meta.rect_params.bg_color.alpha = 1.0;
110       except StopIteration:
```

这样就可以实现这个Python版本的遮蔽功能了，请执行以下指令：

```
$  export INPUT= 测试视频的绝对路径
$  ./deepstream-redaction.py  file://$INPUT
```

是不是得到与C/C++版本相同的效果呢？请回头再检视一下整个修改的步骤，我们越来越惊叹DeepStream的便利性，事实上整个过程的重点就在于一开始“更换神经网络模型”的步骤，后面的修改只是在细节上的补强而已。

不过目前这个Python版本还缺少将结果输出到视频文件中的功能，请读者结合前面所学到的知识，自行尝试添加这个功能。

8.4.4　中文车牌号识别

这是一个基于DeepStream开发平台的C/C++开源项目，其最终结果是识别出视频中车辆的“中文车牌号”内容，也就是以国内各个省级行政区简称为开头的一串字符，例如“京B XY789”这样的信息。

事实上这个项目的代码与结构能支持所有国家的车牌识别，只要使用不同的神经网络模型就能实现这个目的。在下载项目之前先对神经网络配合的部分进行简单的说明，让读者有比较清楚的逻辑。

图 8-15 是这个车牌识别的工作流程图，这个应用使用以下 3 个神经网络模型。

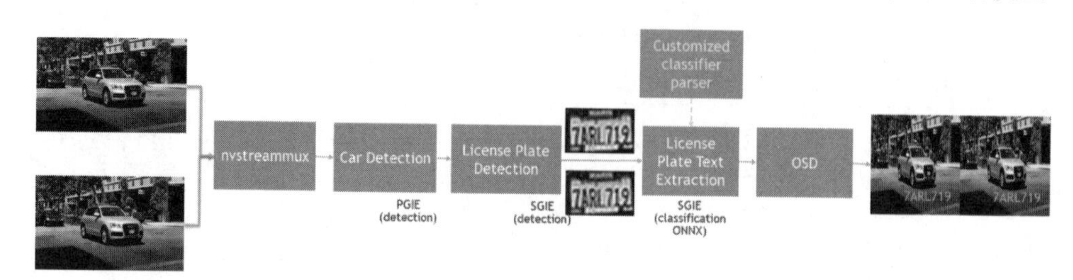

图 8-15　车牌识别的工作流程示意图

① 主推理器：使用一个能识别“车”物体的检测器。

② 次推理器 1：使用一个 LPD 车牌物体检测器，以主推理器为上游，在前项“车”物体图像范围内去检测“车牌”物体。

③ 次推理器 2：使用一个 LPR 车牌信息分类器，以次推理器 1 为上游，在前项“车牌”物体图像范围内识别出“京 B 1X2Y3”之类的信息。

目前这个项目的 3 个网络模型与配套文件，以及由 TAO 工具所预训练好的模型文件都可以从英伟达的 NGC 下载，在开源项目中提供了完整的下载脚本，后面执行项目的过程中直接下载就可以了，到时再详细说明所下载文件的功能。

项目开源位置在 https://github.com/NVIDIA-AI-IOT/deepstream_lpr_app，本书同样为读者在 https://gitee.com/gpus/deepstream_lpr_app 建立了镜像，以方便国内用户下载，请根据实际状况选择合适的下载源。

下面就开始执行这个车牌识别的项目，请按照以下步骤进行。

（1）下载开源代码并执行编译

```
   # 如果能直接从 Github 下载
$  export DL_SITE=https://github.com/NVIDIA-AI-IOT/deepstream_lpr_app
   # 如果不能从 Github 下载
$  export DL_SITE=https://gitee.com/gpus/deepstream_lpr_app
$  cd  $DS_ROOT/sources/apps
$  git  clone https://github.com/NVIDIA-AI-IOT/deepstream_lpr_app.git
$  cd  deepstream_lpr_app
$  make  -j$(nproc)
```

最后的步骤会同时执行 deepstream_lpr_app 与 nvinfer_custom_lpr_parser 两个代码的编译工作，前者是这个应用的主程序，后者负责 LPR 分类模型的自定义插件。

（2）下载模型文件

```
   # 如果要执行中国车牌识别，请执行以下脚本
$  ./download_ch.sh
   # 如果要执行美国车牌识别，请执行以下脚本
$  ./download_us.sh
```

下载脚本会创建 models 目录，并从英伟达 NGC 下载以下 3 个预训练模型。

① 主推理器（车）：在 NGC 中的 TrafficCamNet 的 resnet18_trafficcamnet_pruned.etlt 预训练模型是用于检测“车”物体的检测器，这个模型适用于全世界的车型。

② 次推理器 1（车牌）：在 NGC 中的 LPDNet 类的 ccpd_pruned.etlt 预训练模型是针对中国车牌的检测器，usa_pruned.etlt 预训练模型是针对美国车牌的检测器，每个国家车牌的颜色与特性是不同的。

③ 次推理器 2（字符）：在 NGC 中的 LPRNet 的 ch_lprnet_baseline18_deployable.etlt 是符合中国车牌字符的分类器（67 类），另一个 us_lprnet_baseline18_deployable.etlt 则是针对美国车牌字符的分类器（36 类）。用于识别车牌内的“字符信息”的图像分类器，是本应用的最核心模型，需根据不同国家的信息组合成分提供对应类别的分类模型。

例如美国车牌的信息由“0 ～ 9”与“A ～ Z”共 36 个字符组成，而中国的车牌信息则除了数字、字母字符之外，还要加上各省级行政区的简称与其他特殊用途字符，包括“京、沪、粤、学、警”等，总共 67 个分类。

如果想对如韩国、阿拉伯等这些特殊文字国家的车牌识别，就需要自行整理、收集对应字符的数据，训练成对应的图像分类模型。

完成下载后，会将相关文件放置在对应路径里面。下面是以 download_ch.sh 中文版下载脚本所生成的路径结构：

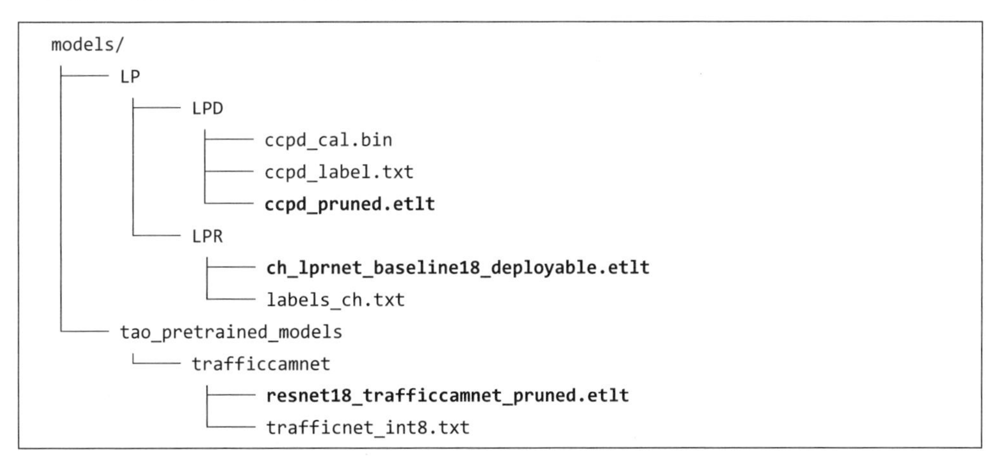

```
models/
├── LP
│   ├── LPD
│   │   ├── ccpd_cal.bin
│   │   ├── ccpd_label.txt
│   │   └── ccpd_pruned.etlt
│   └── LPR
│       ├── ch_lprnet_baseline18_deployable.etlt
│       └── labels_ch.txt
└── tao_pretrained_models
    └── trafficcamnet
        ├── resnet18_trafficcamnet_pruned.etlt
        └── trafficnet_int8.txt
```

上面用粗体表示的 3 个 .etlt 文件，是英伟达使用 TAO（原名 TLT）模型训练工具训练时的中间文件，其中 resnet18_trafficcamnet_pruned.etlt 与 ccpd_pruned.etlt

都是基于 ResNet18 神经网络的检测器，是 DeepStream 所支持的模型结构，可以直接调用。

至于 ch_lprnet_baseline18_deployable.etlt 图像分类模型所使用的神经网络结构，并不在 DeepStream 所支持的范围之内，因此需要将其先用 tao-converter 工具转成 TensorRT 序列化引擎文件，再用自定义插件去解析调用，才能在 DeepStream 里使用。

（3）下载 tao-converter 转换工具并执行转换

由于 TensorRT 推理加速引擎对 CUDA、cuDNN 版本高度依赖，并且必须在目标平台上进行转换，因此需要有针对性地找到合适的 tao-converter 版本，才能成功地在目标平台上执行模型转换的任务。

在 https://developer.nvidia.com/tao-toolkit-get-started 官网提供了 tao-converter 各种版本的下载链接，本处将这些链接做好整理，以适应后面的执行步骤，如表 8-15 所列。

表 8-15　deepstream-test2 的 4 个推理器的 id 配置

编号	CUDA	cuDNN	TensorRT	设定的 TAO_VER
系统：Jetson				
1	Jetpack 4.4			cuda102-trt71-jp44-0
2	Jetpack 4.5			cuda110-cudnn80-trt72-0
3	Jetpack 4.6			jp46-20210820t231431z-001zip
系统：x86+GPU				
4	10.2	8.0	7.1	cuda102-trt71
5	10.2	8.0	7.2	cuda102-cudnn80-trt72-0
6	11.0	8.0	7.1	cuda110-cudnn80-trt71-0
7	11.0	8.0	7.2	cuda110-rt72
8	11.1	8.0	7.2	cuda111-cudnn80-trt72-0
9	11.3	8.0	8.0	tao-converter-80
10	11.x	8.x	8.2	tao-converter-82
系统：Clara AGX				
11	11.1	8.0.5	7.2.2	tao-converter

按照以下步骤下载 tao-converter 工具，并且对目标模型文件进行转换：

```
  # 根据表 8-15 中合适的 TAO_VER 字符串，本处以 Jetpack 4.6 做示范
$ export  TAO_VER=jp46-20210820t231431z-001zip
  # 下载 tao-converter 插件，下载的是 ZIP 格式压缩文件
$ wget  -c  https://developer.nvidia.com/$TAO_VER  -O  tao-tools.zip
  # 解压缩 tao-tools，会创建 tao-converter-jp46-trt8.0.1.6 目录，每个版本不同
$ unzip  tao-tools.zip
  # 为 tao-converter 执行文件添加 " 执行 " 权限
```

```
$ chmod +x tao-converter-jp46-trt8.0.1.6/tao-converter
  # 将工具复制到 /usr/local/bin 成为全局可用的工具
$ sudo cp tao-converter-jp46-trt8.0.1.6/tao-converter /usr/local/bin
  # 将 ch_lprnet_baseline18_deployable.etlt 模型转换成 TensorRT 序列化文件
$ cd $DS_ROOT/sources/apps/deepstream_lpr_app
$ tao-converter models/LP/LPR/ch_lprnet_baseline18_deployable.etlt \
$ -k nvidia_tlt -t fp16 -p image_input,1x3x48x96,4x3x48x96,16x3x48x96 \
$ -e models/LP/LPR/ch_lprnet_baseline18_deployable.etlt_b16_gpu0_fp16.engine
```

通过转换会在 models/LP/LPR 目录下生成 TensorRT 序列化文件，在 Nano 2GB 上大约不到 3 分钟可以完成格式转换。

（4）调整配置文件里的数据精度设定

在项目原始设定中都预设使用 INT8 模式，如果用户的设备并不支持这种数据精度，就需要将以下 3 个检测器配置文件中的相关参数进行调整：

① 主推理器配置文件 trafficcamnet_config.txt；

② 次推理器 1 配置文件 lpd_ccpd_config.txt；

③ 次推理器 2 配置文件 lpr_config_sgie_ch.txt。

请进行以下两个部分的调整：

① 将配置文件中 model-engine-file 指定文件名最后的 int8 改成 fp16；

② 同时将 network-mode 设定值改为 2。

如此就不会因找不到指定的加速引擎文件而每次耗费时间重新创建。

（5）执行车牌识别应用

输入以下指令，执行这个中文车牌识别应用：

```
$ cd $DS_ROOT/sources/apps/deepstream_lpr_app/deepstream-lpr-app
$ cp dict_ch.txt dict.txt
$ ./deepstream-lpr-app 2 1 0 自行拍摄的视频 output.264
```

这个应用提供如下的多个参数：

① 选择国家：1= 美国 (US)、2= 中国 (CH)。

② 选择输出方式：1=H.264 视频文件、2= 不显示、3= 屏幕显示。

③ 启动兴趣区 (ROI)：0= 关闭、1= 开启。

④ 输入文件名：接收多个视频文件同时输入。

⑤ 输出文件名：必须提供，否则提示错误。

由于第一次执行，还需要将主检测器的 resnet18_trafficcamnet_pruned.etlt 与次检测器 1 的 ccpd_pruned.etlt 自动转成 TensorRT 序列化文件，因此需要耗费几分钟时间去创建，等第二次执行就会快速启动。

经过测试之后，发现这个识别应用对蓝色车牌的识别效果是相当不错的，但是不能识别出新能源车的“绿色车牌”，应该是原始数据集中并未将这部分纳入训练，如果需要更完整的识别能力，请自行添加其他种类车牌数据集，使用 TAO 工具所提供的迁移学习功能，可以基于 ccpd_pruned.etlt 继续训练。

由于这个实验可能涉及侵犯隐私问题，因此在这里并不显示执行的结果，请读者使用自己的视频进行测试，并检查所获得的结果是否正确。此外，有心的读者可以自行尝试将这个项目改写成 Python 版本，对提升能力会有帮助。

8.4.5 善用 NGC 丰富的预训练模型资源

在前一个车牌实验中，调用了 3 个英伟达 NGC 上提供的预训练模型，使用英伟达最新的 TAO 工具将这些模型训练成 .etlt 格式的文件，可以如同 Caffe、UFF、ONNX 格式一般轻松地被 DeepStream 所调用。

尽管 ch_lprnet_baseline18_deployable.etlt 模型仍需要先使用 tao-converter 工具转换成 .engine 序列化文件，因为 DeepStream 并不支持这个模型的算法，需要配合自定义插件的协作来进行最终的字符识别功能，但 NGC 上大部分经过 TAO 预训练的 .etlt 文件模型都能轻松地被 DeepStream 调用。

目前 NGC 上支持的 DeepStream 的预训练模型，可以直接通过 NGC 搜索功能找到文件的下载链接。下面提供 NGC 上支持 DeepStream 的预训练模型的列表（表 8-16）。

表 8-16 NGC 上支持 DeepStream 的预训练模型种类

TAO 工具预训练模型					
模型名称	神经网络结构		类	精度	用途
PeopleNet	DetectNet_v2-ResNet18		3	84%	人口计数、热图生成、社交距离
TrafficCamNet	DetectNet_v2-ResNet18		4	84%	检测与跟踪汽车
DashCamNet			4	80%	从移动对象中识别对象
FaceDetectIR			1	96%	利用红外摄像机检测黑暗人脸
VehicleMakeNet	ResNet18		20	91%	车型分类
VehicleTypeNet	ResNet18		6	96%	汽车类型：跑车、轿车、卡车等
License Plate Detection	DetectNet_v2-ResNet18		1	98%	检测车辆上的车牌
License Plate Recognition	Tuned ResNet18	中	68	99%	识别车牌上的字符。有美国和中国车牌
		美	36	97%	
PeopleSegNet	MaskRCNN-ResNet50		1	85%	在拥挤环境中检测和分割人员

至于这些模型在 DeepStream 中配套的配置文件，大部分在范例目录下已经提供。表 8-17 列出了模型对应的文件，包括供 deepstream-app 与 nvinfer 插件调用的配置文件。

这些预训练模型都由英伟达专业人员优化过，包括裁剪（pruned）与参数调优，因此表现出来的性能与精确度都很好，除了 DeepStream 能调用，但凡会用到 TensorRT 加速引擎的场景也都能调用。

表 8-17　deepstream-test2 的 4 个推理器的 id 配置

模型名称	配置文件（在 samples/configs/tlt_pretrained_models 下）
TrafficCamNet	deepstream_app_source1_trafficcamnet.txt, config_infer_primary_trafficcamnet.txt, labels_trafficnet.txt
PeopleNet	deepstream_app_source1_peoplenet.txt, config_infer_primary_peoplenet.txt, labels_peoplenet.txt
DashCamNet	deepstream_app_source1_dashcamnet_vehiclemakenet_vehicletypenet.txt, config_infer_primary_dashcamnet.txt, labels_dashcamnet.txt
FaceDetectIR	deepstream_app_source1_faceirnet.txt, config_infer_primary_faceirnet.txt, labels_faceirnet.txt
VehicleMakeNet	deepstream_app_source1_dashcamnet_vehiclemakenet_vehicletypenet.txt, config_infer_secondary_vehiclemakenet.txt, labels_vehiclemakenet.txt
VehicleTypeNet	deepstream_app_source1_dashcamnet_vehiclemakenet_vehicletypenet.txt, config_infer_secondary_vehicletypenet.txt, labels_vehicletypenet.txt

8.5　DeepStream 的统计分析插件

前面提过 DeepStream 的两个实用价值较高的应用，第一个是综合信息类的应用，已经在前一节的两个多神经网络组合识别范例中体现了其用途。本节的重点是了解第二个——行进轨迹类的应用，完整地说就是“实体流量分析”应用，这是 DeepStream 不断强调其定位为“视频分析工具”的终极表现，是实用价值非常高的应用。

通过 nvinfer 推理插件，结合 TensorRT 加速引擎的特性，已经能高效地将帧级的识别能力发挥到极致，而 nvtracker 跟踪插件为指定类别物体设置了唯一编号，通过持续对特定编号的跟踪，就能实现“某时间段”“某范围内”的流量统计分析功能，甚至能进一步判别某个物体的“行进方向”，为流级分析提供非常有效的基础。

接着就能根据 nvtracker 解析出的数据，轻松地计算出我们所设定范围的流量分析，包括“时间段”与“区域”的统计。但如果这一切都需要我们从 NvDsBatchMeta 元数据提取数据出来计算，其工程量还是相当庞大的。

为了简化这部分的操作，英伟达在 DeepStream 5.0 版中增加 nvdsanalytics 分析插件，目前已经提供以下 4 个相当有用的分析功能，对照图 8-16 的范例截图，更容易理解每个功能的作用。

（1）方向检测（direction detection）

图 8-16 左右两边各有一个带方向的箭头，并各自标注为“South（南）”与“North（北）”，这些方向是由开发人员自行设定的，当跟踪物体的历史轨迹与指定方向一致时，就会在 NvDsObjectMeta 元数据中添加数据。

（2）跨线统计（line crossing）

图 8-16 的右边画了一条“跨越线”，同时有一个箭头所指定的“跨越方向”，

图 8-16　nvdsanalytics 插件的分析功能执行范例

检查指定类别对象是否遵循“虚拟线”的预配置方向，以及是否已越过虚拟线。当检测到线交叉时，结果将附加到对象上并累积计数。

（3）兴趣区过滤（ROI filtering）

图 8-16 左方“框”为自行设定的“兴趣区（ROI）”，此功能检测 ROI 中是否存在目标类别的对象，结果作为每个对象的元数据附加，以及每帧 ROI 中的对象总数。

（4）拥挤检测（overcrowding detection）

在开启第（3）项“兴趣区过滤”的前提下，设定“同时出现在兴趣区物体数”为“拥挤阈值”，可以实时检测拥挤程度是否超过设定的阈值，当某时间段（例如 10 秒）呈现拥挤（数量超过拥挤阈值）时，启动指定的对应动作。

这四个功能的组合应用，可以满足很大部分与安防相关的空间管理场景，包括道路交通、商场、楼宇、校园的流量分析，也适合部署到营建工地、生产工厂、消防设施等场地的危险区监控，实用性非常强。

可以看得出来这四个功能的难度是呈阶梯状上升的，并且可以说是逐步叠加上去的，都是基于 nvtracker 插件所赋予的唯一识别号与 nvinfer 插件所检测出的坐标共同协作来检测出物体的行进轨迹。

这些计算都只需要在 CPU 上进行就可以，不会占用 GPU 的计算资源，因此技术难度并不算高，只是代码比较烦琐而已，如果都要我们自行从底层元数据提取出来进行判别，工程量还是不小。英伟达提供 nvdsanalytics 插件的目的，就是为我们大量减轻这方面的负担，但如果用户需要其他的分析功能，也可以自行开发插件来处理。

接着就来查看这个插件的工作流程，以及相关配置文件的各项参数用途与设置的内容，最后再通过 deepstream-nvdsanalytics 项目的实验，来掌握这个插件的用法。

8.5.1　nvdsanalytics 插件工作流与元数据

DeepStream 令人赞赏的一个特色，就是将插件的接口做得十分简单，因此在开始执行范例代码之前，我们需要先对这个插件有一个初步了解，请参见图 8-17。

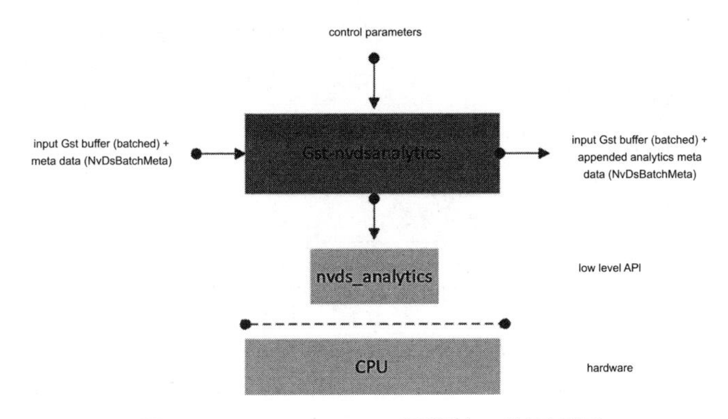

图 8-17　nvdsanalytics 插件的工作原理图

与 nvinfer、nvtracker 插件类似，数据流同样以 NvDsBatchMeta 元数据与 Gst 缓冲区作为载体，在前面数据之上添加 NvDsAnalyticsFrameMeta 与 NvDsAnalyticsObjInfo 两组元数据，作为 nvdsanalytics 插件的工作数据。下面看一下这两组元数据的结构与用法。

（1）NvDsAnalyticsFrameMeta

配合前面功能所需的帧级统计内容，数据结构如表 8-18 所示。

表 8-18　NvDsAnalyticsFrameMeta 数据结构

数据名称	功能说明	数据类型
unique_id	保存 nvdsanalytics 实例的唯一标识符	guint
ocStatus	给定的 ROI 区域是否处于拥挤 (OC) 状态	bool
objInROIcnt	在 ROI 区域内检测到的物体总数	unit32_t
objCnt	保存每帧里面每个类 ID 的对象总数	unit32_t
objLCCurrCnt	保存当前 (current) 帧中跨线物体的数量	unit64_t
objLCCumCnt	保存已配置线条的累计 (cumulative) 跨线物体数量	unit64_t

这组元数据主要用来存放当前帧的统计数据，系统会以用户定义元数据的形式，将 meta_type 数据形态设置为 NVIDIA.DSANALYTICSFRAME.USER_META，然后加到 NvDsFrameMeta 的 frame_user_meta_list 成员里，再附加到 NvDsBatchMeta。

（2）NvDsAnalyticsObjInfo

配合前面功能所需的物体级数据内容，数据结构如表 8-19 所示。

这组元数据用来存放当前帧的物件状态分析数据，与前面元数据的存放方式相同，将 meta_type 数据形态设置为 NVIDIA.DSANALYTICSOBJ.USER_META，然后附加到 NvDsObjectMeta 的 obj_user_meta_list 成员中。

DeepStream 提供一个 NvDsUserMeta 数据组去存放这些用户定义的元数据组位置，只要在成员列表中搜索“meta_type”类型，就能快速找到 NvDsAnalytics-FrameMeta 与 NvDsAnalyticsObjInfo 元数据位置。

表 8-19 NvDsAnalyticsObjInfo 数据结构

数据名称	功能说明	数据类型
unique_id	保存 nvdsanalytics 实例的唯一标识符	guint
dirStatus	保存跟踪对象的方向字符串	字符串
roiStatus	保存对象所在的 ROI 标签数组	字符串数组
ocStatus	保存对象所在的 ROI 过度拥挤标签数组	字符串数组
lcStatus	保存对象已跨越的线交叉标签数组	字符串数组

我们只需要根据所要执行的功能，从 NvDsAnalyticsFrameMeta 找到统计数据，或者在 NvDsAnalyticsObjInfo 找到物体的记录数据，就能非常轻松地实现视频分析功能。

8.5.2 nvdsanalytics 的配置文件

与其他插件采用相同的方式，nvdsanalystics 也能通过指定配置文件的方式，只要修改参数设定值就能改变应用的功能。这个插件的配置组与插件的 4 个功能是相对应的，再加上插件本身也需要一个组来配置相关参数，因此总共有 5 个配置组，以下进行简单说明（表 8-20）。

表 8-20 nvdsanalytics 配置文件的设置组列表

参数名	功能说明	数据类型
1. [property] 组：配置 nvdsanalystics 插件的一般行为，这是个强制组		
enable	开启或关闭	布尔值
config-width	分析规则适用的宽度	正整数
config-heigh	分析规则适用的高度	正整数
osd-mode	设置 OSD 的选项，0 为不显示；1 为显示跨越线、兴趣区与文字；2 为显示全部信息	0/1/2
display-font-size	如果需要，显示使用的字体大小	正整数
2. [roi-filtering-stream-%d]：为第 %d 个视频流配置“兴趣区”的筛选规则		
enable	开启或关闭本组兴趣区的统计	布尔值
roi-<label>	该 <label> 兴趣区的多边形（大于 3）坐标，每个点两组数字；如“roi-Safe=295;643; 579;634; 642;913; 56; 828”	x1;y1;x2;y2; x3;y3;x4;y4
inverse-roi	分析 roi-<label> 里面或外面的范围：0= 里面；1= 外面	0/1
class-id	配合主推理器的类别编号去检测物体，可以有多个，例如“0;2;3”，设置为“−1”时就是使用全部的类别	≥ −1，整数
3. [overcrowding-stream-%d]：为第 %d 个视频流配置“过度拥挤”参数的阈值		
enable	开启或关闭本组兴趣区的统计	布尔值
roi-<label>	该 <label> 兴趣区的多边形（大于 3）坐标，每个点两组数字；如“roi-Safe=295;643; 579;634; 642;913; 56; 828”	x1;y1;x2;y2; x3;y3;x4;y4

续表

参数名	功能说明	数据类型
object-threshold	设定判别拥挤的界限值，例如 3 就是当类别物体数量超过 3 个，表示“拥挤”	正整数
class-id	与 [roi-filtering-stream-%d] 组的定义一样	≥ −1，整数
4. [line-crossing-stream-%d]：为第 %d 个流配置“跨越线”的参数		
enable	开启或关闭本组兴趣区的统计	布尔值
line-crossing-<label>	这里需提供四组坐标：前两组设置“方向”的起点与终点坐标；后两组设置“跨越线”坐标。如“line-crossing -Exit =789;672;1084;900; 851;773; 1203; 732”	x1;y1;x2;y2; x3;y3;x4;y4
object-threshold	与 [overcrowding-stream-%d] 组的定义一样	正整数
extended	是否统计延伸线的扩展范围： 设为 0：统计范围只在这个“线段坐标范围”之内 设为 1：统计范围会涵盖图像内“线段延伸范围”部分	0/1
class-id	与 [roi-filtering-stream-%d] 组的定义一样	≥ −1，整数
mode	选择统计的模式，有以下三种选择： loose：统计所有未严格遵守方向的交叉 strict：严格遵守方向 balanced：介于前面二者之间的严格度	loose/strict/ balanced
5. [direction-detection-stream-%d]：为第 %d 个流配置“方向检测”参数组		
enable	开启或关闭本组兴趣区的统计	布尔值
direction-<label>	由四组坐标所组成，前两组为起点坐标、后两组为终点坐标。例如“direction-Forward=284;840;360;662;”	x1;y1;x2;y2
class-id	与 [roi-filtering-stream-%d] 组的定义一样	≥ −1，整数
mode	与 [line-crossing-stream-%d] 组的定义一样	

整个配置内容相对比较简单，除了坐标的部分需要经过多次尝试去找到符合要求的数据之外，其他参数设置都是比较直观的。接下来说明这些参数组的用法。

① 第 2 ～ 5 功能设置组的 stream-%d 是对应视频流，例如有 4 个输入视频流时，就可以有编号 stream-0 ～ stream-3 的兴趣区、过度拥挤、跨越线、方向检测等四种功能设置组，如此最多可以有 16 个设置组。

② 每个设置组里可以有任意数量的分析统计区（线）。例如 [roi-filtering-stream-1] 中可以进行 roi-center=< 坐标组 1>、roi-safe=< 坐标组 2>、roi-danger=< 坐标组 3> 等兴趣区设置；其他功能也是相同的用法。

这样我们就可以非常有弹性而且有针对性地为每个视频源设置不同的功能区域，去提供更全面的视频分析功能。

8.5.3　执行 deepstream-nvdsanalytics 范例

前面已经将 nvdsanalytics 插件与配置文件的参数做了详细的说明，接下来就直接用实验来体验这个项目。在Python范例中的deepstream-nvdsanalytics就是针对这个统计分析插件的代码，基于deepstream-test3项目所修改的，因此支持“多视频源输入”的功能，并且使用单个nvinfer推理器的识别。

先来查看这个项目的管道架构的差异，粗体部分是deepstream-nvdsanalytics项目相对于deepstream-test3所增加的部分：

source_bin（接受多输入源，为每个输入源配置合适的解码器，合并所有sink衬垫）→ nvstreammux → queue1 → nvinfer → **queue2** → **nvtracker** → **queue3** → **nvdsanalytics** → queue4 → nvmultistreamtiler → queue5 → nvvideoconvert → queue6 → nvdsosd → queue7 → nvegltransforms → nveglglessink

至于deepstream_nvdsanalytics.py代码中所增加的部分，主要也就是添加nvtracker与nvdsanalytics两个插件的相关代码，这些步骤在前面几个项目里已经有诸多说明，这里就不列出代码之间的差别，不过关于统计分析数据的调用，需要花些时间说明：

① 本项目的nvanalytics_src_pad_buffer_probe()函数，与deepstream_test_3.py范例里面的tiler_src_pad_buffer_probe()函数，绝大部分的代码是一致的；

② 在deepstream_nvdsanalytics.py第100 ～ 143行，就是不断从NvDsAnalytics-ObjInfo元数据与NvDsAnalyticsFrameMeta元数据中，从四大分析功能中提取我们所需要的相关数据，并且显示在命令视窗上。这部分的Python代码都相当直观，并没有什么难度，只是比较烦琐而已，相信大家都能看得懂。

在执行范例之前，先看看范例所提供的config_nvdsanalytics.txt配置文件内容，都是按照前面的参数组要求，就不一一说明其内容了。不过需要提示的一点，就是可以在不同范围内，针对不同类别物体去进行分析与统计的，例如以下的设置：

```
34    [roi-filtering-stream-0]  # 第 1 个视频流针对所有类别进行统计分析
41    class_id=-1               # 统计所有类别
44    [roi-filtering-stream-2]  # 第 3 个视频流只针对 "Vehicle" 进行统计分析
72    class_id=0                # 统计类别编号 0
```

接下来就执行以下指令，查看会得到怎样的效果：

```
$  cd  $DS_PYTHON/apps/deepstream-nvdsanalytics
$  export  INPUT=file://$DS_ROOT/samples/streams/sample_720p.h264
$  ./deepstream_nvdsanalytics.py  $INPUT
```

图8-18是这个范例的执行截屏，左边截图是根据配置文件的[roi-filtering-stream-0]兴趣区组、[line-crossing-stream-0]跨越线组以及[direction-detection-stream-0]方向组等设置的坐标，所画出来的对应线条，在视觉上的效果非常直观。

至于图右边所显示的内容，就是前面提过nvanalytics_src_pad_buffer_probe()函数中第100 ～ 143行代码的执行结果，下面截取第47帧图像的检测数据来做说明。

图 8-18　deepstream-nvdsanalytics 执行结果

```
   ##################################################
1  Object 1 moving in direction: North
2  Object 20 moving in direction: North
3  Object 15 moving in direction: North
4  Object 3 moving in direction: North
5  Object 5 roi status: ['RF']
6  Object 22 roi status: ['RF']
7  Object 32 roi status: ['RF']
8  Objs in ROI: {'RF': 3}
9  Linecrossing Cumulative: {'Exit': 20}
10 Linecrossing Current Frame: {'Exit': 0}
11 Frame Number=47 stream id=0 Number of Objects=11 Vehicle_count=7 Person_count=4
```

这些数据所代表的意义如下：

• 第 1 ～ 4 行表示物体编号为 1、20、15、3 的物体的行进方向为“North”，类别为“Vehicle”；

• 第 5 ～ 7 行在 RF 兴趣区检测到编号为 5、22、32 物体，本区检测的类别为“Person”；

• 第 8 行显示 RF 兴趣区目前检测到的 3 个物体；

• 第 9 行统计出“累积通过”右方黄色 Exit 线的“Vehicle”数量为 20；

• 第 10 行显示“正在通过”右方黄色 Exit 线的物件数量为 0；

• 第 11 行显示“第 47 帧”共检测到 11 物体，其中有 7 辆车与 4 个人。

利用 nvdsanalytics 插件的功能可以自由地设定要监控的区域，并且非常有效率地按照所设定的条件，获得对应的分项与统计数据。有了这个插件协助，整个视频分析的任务变得十分简单。

事实上经过 nvdsanalytics 插件提取出来的信息，实用性远远超过在视频上显示的效果，特别是对于“中央监控”系统的应用，如果要同时监控成百上千台边缘计算设备传送回来的数据，这些信息所需要的带宽资源大概只有全部传送视频数据的 1%，不仅节省大量昂贵的带宽费用，时效性也要快非常多，可以说这个插件的实用价值非常高。

8.6 性能优化基本原则

本章的所有范例都是以学习与操作为目的，因此过程中没有涉及性能优化的部分，主要是这部分变化因素比较多，并且也受到视频源的分辨率、尺寸等参数所影响，在英伟达官网上提供不少这方面的“性能比较”数据，可以作为参考依据，这里只将性能优化的“标准原则”列出来给读者做参考。

以下所列的参数调整内容，在 Python 范例中会使用“插件 .set_property()”代码进行设置，在 deepstream-app 中则调整配置文件相关设置组的参数。

（1）在 nvstreammux 整流阶段的优化

这个环节通常是面对多输入源的场景，将所有输入源的帧图像进行汇总，然后传递给后面的 nvinfer 插件进行推理，虽然工作内容并不复杂但计算量并不小，更重要的是如果这个环节处理不当，就会造成管道数据负荷不均衡，这会严重影响整体计算的流畅性，因此在这个环节的调节，会很容易获得性能的改善。这个部分主要有以下 3 个可调节的参数：

① batch-size 参数：设置为输入源数量。将这个参数设置为输入源数量，能让管道数据尽量保持满负荷的最佳状态。

- 在 Python 代码中：使用 streammux.set_property('batch-size', N) 代码设置。
- 在 deepstream-app 应用：修改 [streammux] 设置组的 batch-size 参数。

② 整流器 width/height 参数：设置为输入源的尺寸。这个环节最大计算量在于对每个帧图像进行大小调整、正规化、颜色空间转换等处理，如果 nvstreammux 设置的宽高与输入源一致，在单输入源时可以不需执行图像缩放，多输入源时的缩放比例也比较单纯，这样也能降低计算负载而提高效率。

- 在 Python 代码中：使用以下指令进行设置。

streammux.set_property('width', 正整数)

streammux.set_property('height', 正整数)

- 在 deepstream-app 应用：修改 [streammux] 设置组的 width 与 height 参数。

③ live-source 参数。如果输入源是 RTSP 或直连摄像头等实时输入源，可设置“live-source=1”为实时源提供适当的时间戳，创建更流畅的播放。

- 在 Python 代码中：使用 "streammux.set_property('live-source', 1)" 设置。
- 在 deepstream-app 应用：修改 [streammux] 设置组的 "live-source" 参数。

以上就是 nvstreammux 阶段的性能基本优化策略。

（2）关闭显示与渲染相关功能

如果只要在边缘计算设备上运行智能推理与统计分析计算，并将元数据传输到云中心进一步处理时，我们可以关闭边缘计算设备上的所有与显示渲染相关的任务，包括 tiled 并列显示与 OSD 屏幕显示，甚至将 sink 输出设置为“fakesink”

种类，以节省 GPU 资源的消耗。

这部分的调整，在 deepstream-app 应用的配置文件是很容易处理，如下步骤：

① 关闭 tiled 并列输出：将配置文件 [tiled-display] 组设置 "enable=0"。

② 关闭 OSD 渲染功能：将配置文件 [osd] 组设置 "enable=0"。

③ 关闭屏幕显示：将配置文件 [sink] 组设置 "type=1"。

不过在 C/C++ 与 Python 代码中就比较麻烦，需要去除通道结构中不必要的插件，但毕竟这是定制化的处理方式，有比较大的优化空间。

（3）如果 CPU/GPU 利用率低

通常发生在 V4L2 设备（如 USB 摄像头）的 nvvideo4linux2 插件解码阶段，一种可能性是管道中的数据因缓冲区太小所造成供应量不足，调整“num-extra-surfaces”参数增加解码器分配的缓冲区数量，可以解决这个问题，可设定的范围为 0 ～ 24 的整数。

① 在 Python 代码中：使用“Object.set_property('num-extra-surfaces', N)”。

② 在 deepstream-app 应用：在配置文件内对应输入源的 [source%d] 设置组里，添加 num-extra-surfaces 参数。

（4）测量管道的端到端延迟

可以使用 DeepStream 中以下两种的延迟测量方法：

① 要启用帧延迟测量，请在控制台上运行以下命令：

export NVDS_ENABLE_LATENCY_MEASUREMENT=1

② 要为所有插件启用延迟，请在控制台上运行以下命令：

export NVDS_ENABLE_COMPONENT_LATENCY_MEASUREMENT=1

通过这两个设置，能进一步比对出性能的瓶颈之处，就能更有效地进行细微处的优化处理，但这部分的内容属于进阶的技巧，这里不深入说明。

以上就是关于 DeepStream 应用性能调试的基本原则，当然所使用的神经网络模型执行效果也是另一个影响性能的重点，不过就需要读者自己去处理了。

8.7　本章小结

大部分人在尚未了解 DeepStream 真正技术之前，就醉心于使用 deepstream-app 工具去调用配置文件的方法，快速地创建一些令人炫目的应用，但是很快就会发现遇到难以突破的瓶颈而停滞不前。

经过 7.1 节对 DeepStream 底层核心的 GStreamer 框架有了基本了解之后，就会发现英伟达所打造的这套视频分析工具竟然是如此简单易用，绝大部分的工作就是用“堆积木”的逻辑，在 GStreamer 框架搭建管道结构。

事实上到目前为止，我们都不需要去碰触任何对底层CUDA、cuDNN、TensorRT的调用，只要知道去哪个元数据组能找到我们所需要的数据就行了，真正要说有难度的部分，大概在 GStreamer 框架上的管理机制部分。

这些都必须归功于英伟达为 DeepStream 挑选了一个这么好用的框架平台，并且不断推出功能非常强大的高阶插件，最重要的是提供了 Python 接口与范例代码，让整个学习过程变得十分轻松。

不过这些范例都是针对个别功能所设计的，非常鼓励读者尝试将所需要的功能进行组合，只要先将应用的“管道结构”画出来，再按照“创建 DeepStream 应用的 7 步骤”去执行，并且在几个 deepstream-test 项目中找到合适的基础，就能很轻松地在原有代码上添加插件、安排流程、调整输出。

例如“Redaction 动态遮蔽私密信息”项目，原代码只有 C/C++ 版本，但是经过分析管道架构之后，就能很轻松地在 Python 版 deepstream-test3 代码基础上实现移植，修改过程中最大的代码量是处理“遮蔽用的图块”，这实在是没有技术含量的工作。

这个例子主要让大家放轻松，有了这几个 Python 版范例的基础，要将其他应用移植过来是相当容易的一件事，大部分的移植与集成工作的难度并不大，因为我们不需要去关心底层调用的问题，只是操作的熟练度问题而已。

如果读者能将“中文车牌识别”的 C/C++ 项目移植为 Python 版，然后再将 deepstream-test2 与 deepstream-test4 两个项目的功能进行合并，就表示已经能掌握 DeepStream 的大部分精髓，如果还能善用 NGC 上丰富的预训练模型资源，就能非常轻松地享受这套视频分析工具所带来的效率与便利。

① DeepStream 不仅可以调用业界已开发的 300 多个 GStreamer 标准插件，另外还有英伟达自行开发的超过 30 个特定功能的插件，可以有针对性地利用支持 CUDA 架构的硬件特性，为每个阶段的计算提供优化的处理过程。

② 一套完整的视频分析工具，不仅在人工智能计算的部分需要有优异的表现，还要兼顾整个过程的每个环节的性能，包括输入源的处理与输出显示的合成渲染部分。

③ 在视觉类智能计算部分，DeepStream 的 nvinfer 插件扮演了最关键的角色：

a. 支持图像分类、物体检测、语义分割、姿态识别、事例分析等深度神经网络；

b. 执行帧（frame）级与物体（object）级的识别功能；

c. 底层结合英伟达 TensorRT 推理加速引擎的特性，使开发者不需要学习 TensorRT 的开发便能得到性能大幅提升的效果。

④ 在统计分析功能方面，DeepStream 的 nvtracker 目标跟踪插件：

a. 为 nvinfer 插件所识别的物体配置唯一的识别号；

b. 通过识别号将帧级与物体级数据串联成为流（stream）级的信息。

NVIDIA Jetson Nano

第9章 Jetbot 智能车学习系统

在人类发展过程中，交通工具（vehicle）是区别文明程度的重要标志，因为运输能力不仅是发展经济的关键环节，更影响文明进步的速度。而现代人对于交通工具的依赖与热爱更是与日俱增，近年来对“自动驾驶”的渴望程度更是持续攀升。

但是这种高度集成众多尖端技术的系统，对应的就是较高的搭建成本，包括硬件设备的取得与组装以及软件开发与测试。市场上经常能看到以 ROS 机器人操作系统为基础，搭配昂贵的激光雷达的无人车系统，成本通常都在 5000 元以上，各元件之间的交互处理过程也相对复杂，这对众多想进入自动驾驶领域的工程人员是个不低的门槛。

英伟达在 2019 年发布 Jetson Nano 边缘计算智能设备的同时，也推出了一套完全开源的 Jetbot 智能车学习系统，在同年 GTC 大会展现了最基本的“避撞”（collision avoidance）功能，立即吸引全球智能科技追逐者的眼球，因为这套 Jetbot 智能车系统展现出太多吸引人的特色，主要如下。

① 极低的搭建成本：包括主控设备总共才 7 个电器元件（图 9-1），如果用 Jetson Nano 作为主控设备，成本可以降到 2000 元；如果使用 Jetson Nano 2GB，成本几乎能控制在 1000 元以内。在物料齐备的状况下，只要 1 ～ 2 小时就能完成

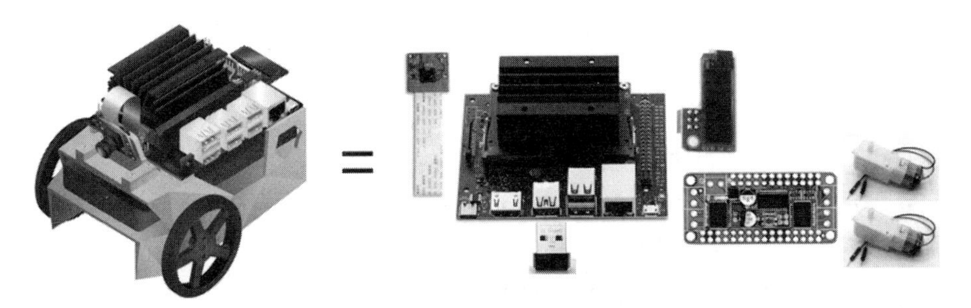

图 9-1　Jetbot 智能车系统的电器元件拆解图

系统组装，十分方便。

② 先进的智能识别：整合时下最先进的视觉类深度学习识别技术，利用图像分类或物体检测功能作为 Jetbot 行进方向的决策依据，也是这个项目的一个重要特色。

③ 友善的软件接口：Jetbot 提供高级封装的摄像头与机电控制开发库，能用非常简洁并且直观的代码实现智能车的控制，并且提供完整的执行脚本，实现“0编程”（zero coding）便能操作。

④ 便捷的操作界面：使用 Jupyter Lab 开发环境，使用户可以轻松地使用自己的笔记本电脑或台式机，通过浏览器对 Jetbot 进行互动式操作，代码也提供了非常详尽的说明。

⑤ 完整的软硬件开源：本项目包括车座结构、物料表（BOM）以及所有的软件，全部都在 Github 上提供开源内容，有经验的开发者可以自行修改，或者开发其他应用。

本章的内容重点是为读者更深入地剖析 Jetbot 智能车学习系统的内涵，包括英伟达 Jetson 系列设备作为机电控制用途的 40 针引脚的部分，以及 Jetbot 控制代码的使用方式，再结合前面几个章节所讲述的深度学习资源，让读者能进一步开发出原创性的智能控制设备，甚至更高级的自主驾驶交通工具。

9.1 安装 Jetbot 操作环境

与前几章用实验作为开场的顺序不太一样，Jetbot 在完成整车组装之前没办法执行演示，因此这里需要按部就班地处理每个环节，等整套系统都组装完毕之后，才能执行几个范例。

在组装 Jetbot 教学系统之前，最好先把操作环境安装到 Nano 2GB 上，这样可以先对每个元件进行独立的测试，确认元件能正确工作之后再进行组装，否则一旦先组装好再测试，如果发现某个元件有问题，或者线路（杜邦线、电源线）没接好，就要拆下来测试后再组装，这个过程非常烦琐。因此建议在组装之前，测试每个元件之后再进行组装，会减少很多麻烦。

Jetbot 需要与很多周边设备互动，并且使用很多深度学习框架以及 Jupyter 交互界面进行操作，因此需要安装与调试的内容很多，主要包括以下部分：

① jtop 性能监控软件：这款软件对于熟悉 Jetson 设备的人来说是非常简单的。

② 摄像头调用库：独立支持 CSI 摄像头的接口。

③ 深度学习相关工具：包括 Python 相关库，以及 Pytorch、Torchvision 库与 TensorFlow 模型仓、Torch2trt 工具等。

④ Jupyter 交互环境：包括 Jupyter Lab 以及一些扩展包。

⑤ 控制设备调用库：包括支持 I2C 接口的 python3-smbus 库、创建支持 PiOLED

显示的服务与对 PCA9685+TBB6612 控制板的调用。

⑥ 添加 4GB SWAPFILE 与修正一些小错误。

Jetbot 项目为了方便安装，提供了镜像烧录、安装脚本与 Docker 容器三种处理的方式，主要考量的重点，就是判断 Jetson Nano（含 2GB）是否已经在进行其他应用，并且未来是否要将这些应用与 Jetbot 进行结合。

这里先对这三种安装方式进行重点说明，每一种也都存在一些需要克服或调整的部分，读者自行选择一种比较合适的方法就可以。

9.1.1 用镜像文件烧录

对于 Ubuntu 操作系统不是太熟悉的使用者，这种方法是最单纯的。目前 Jetbot 小组提供了基于 Jetpack 4.5 打包的 0.4.3 版安装镜像，并且区分为 Nano 2GB 与 4GB 两种版本的镜像文件。

请到 Jetbot 官网的“Latest Release”（图 9-2）下载合适的镜像。如果官网下载有困难，请从本书网盘 CH09 下载合适的镜像，然后按照以下两个步骤处理就可以。

① 准备一张 32GB 以上的 TF 卡，用 Etcher 将下载的镜像烧录进 TF 卡；这部分细节请参考第 3 章的系统安装部分，这里不再赘述。

② 将 TF 卡插入 Jetson Nano 设备后开机即可使用，系统用户名、密码以及 Jupyter 界面的密码都是“jetbot”。

Platform	JetPack Version	JetBot Version	Download	MD5 Checksum
Jetson Nano 2GB	4.5	0.4.3	jetbot-043_nano-2gb-jp45.zip	e6dda4d13b1b1b31f648402b9b742152
Jetson Nano (4GB)	4.5	0.4.3	jetbot-043_nano-4gb-jp45.zip	760b1885646bfad8590633acca014289

图 9-2　Jetbot 官网的镜像下载

9.1.2 在 Jetson 用脚本安装

这种方式需要在 Jetpack 4.4 以上的安装环境中，使用 Jetbot 小组在 Github 上提供的脚本与资源，过程中会添加 4GB 的 Swap 虚拟内存，因此 TF 卡中最好有 8GB 以上空间，否则会导致安装失败的问题。

首先第一件事就是将 Github 的开源代码下载到 Jetson Nano（含 2GB）上，请执行以下指令：

```
$ cd $HOME && git clone http://github.com/NVIDIA-AI-IOT/jetbot.git
$ cd jetbot/scripts
```

这里有一个 create-sdcard-image-from-scratch.sh 脚本，提供整个 Jetbot 安装所需要的依赖库、软件与环境调试步骤，有经验的读者会发现脚本里面使用的软件是针对 Jetpack 4.4 的环境，环境是 Jetpack 4.5 或 4.6 的话能使用吗？

好消息是这两个版本的 CUDA、cuDNN、TensorRT 等基础环境的版本是一致的，因此这个安装也能在 Jetpack 4.5 上进行。

不过这个脚本的创建时间是 2020 年初，至今已有非常多的 Python 依赖库版本发生了不小变化，这是这个安装的最大挑战。以下列出了几个脚本中需要进行调整的部分，但可能因为时间的推移还会有所变化。

① numpy 版本：这是近期内很多人经常遇到的问题，我们不去说明太多道理，只要记住配合 TensorFlow 1.x 版本的 numpy 最高版本为 1.19.4，因此在脚本中只要是关于 numpy 的安装，都请指定为 1.19.4 版本（numpy==1.19.4），如果最终版本过高，虽然安装过程没有出错，但是执行时会出现非常多问题。

② Torchvision 库：早期的安装需要下载源代码进行编译，但会出现不少问题，现在只要使用“sudo -H pip3 install torchvision”指令就能正常安装，因此可以将脚本第 58 ～ 64 行代码最前面用“#”取消执行，在其下面添加前面的安装指令就可以了。

③ 第 89 行修改拥有者权限：由于 Jetbot 小组使用“jetbot”这个用户名，因此要将目录拥有者改成“jetbot:jetbot”，但如果 Nano 系统上没有这个用户名，那么执行到这里会出现错误。最简单的方式就是改成“$USER:$USER”。

经过以上修改之后，就能执行以下脚本指令：

```
$ ./create-sdcard-image-from-scratch.sh
```

这个执行过程对网络的要求较高，如果中间出现因为某些安装包下载不完整而中断的问题，需要手动将已完成的步骤用“#”关闭，然后重新执行脚本，需要关注每个步骤的安装过程，会比较费劲。

过程中会安装 Jupyter Lab 操纵界面，因为一个 LD_PRELOAD 变量导入的问题，还需要对～ /.jupyter/jupyter_notebook_config.py 配置文件添加以下内容，否则将来执行时可能出现“arch64: libgomp.so.1: cannot allocate memory in static TLS block”这类的错误：

```
$ nano  ~/.jupyter/jupyter_notebook_config.py
  # 在最后面加入
  import os
  c = get_config()
  os.environ['LD_PRELOAD'] = '/usr/lib/aarch64-linux-gnu/libgomp.so.1'
  c.Spawner.env.update('LD_PRELOAD')
  # 存档
```

最后执行 configure_jetson.sh 去关闭图形桌面，并且将工作模式设置成 10W（较高性能）状态，然后重启系统就可以了。

```
$ ./configure_jetson.sh
$ sudo reboot
```

以上是使用脚本进行安装，比较多的问题是因为这个脚本创建时间比较久远，很多依赖库需要细心处理，并且对于网络的要求比较高，可能成功率会受到影响。

9.1.3 下载容器镜像安装（推荐）

如果用户已经有 Docker 基础，这是实用性最强的方式，不仅能让 Jetbot 操作环境与实体环境进行隔离，避开软件版本冲突的风险，还能与用户现有开发环境共存，进一步将 Jetson Nano 上所开发的项目有效集成，也让 TF 卡的利用率发挥到最高。

本章后面的实验，就是以 Docker 容器技术所搭建的 Jetbot 开发环境来进行测试与讲解的，需要先从 http://github.com/NVIDIA-AI-IOT/jetbot.git 下载项目，使用里面所提供的脚本来创建相关的容器。

请执行以下指令下载项目，并进入 Docker 目录：

```
$ cd $HOME && git clone http://github.com/NVIDIA-AI-IOT/jetbot.git
$ cd jetbot && ./scripts/configure_jetson.sh
$ cd docker && source configure.sh
$ ./set_nvidia_runtime.sh
$ sudo systemctl enable docker   # enable docker daemon at boot
$ ./enable.sh $HOME/jetbot
```

执行最后一个步骤之后，会下载 jupyter-0.4.3-32.5.0 与 display-0.4.3-32.5.0 两个镜像，然后就能启动 Jetbot，并且设置好了开机启动的功能。这是最容易处理并且整合性最高的方式。

9.1.4 检测环境：登录 Jupyter 操作界面

利用前面三种方法安装好 Jetbot 系统之后，接下来就能直接连上去验证是否能正常运行。这里需要一台 Nano 以外的电脑，可以是 Windows、Linux、Mac 操作系统的 PC，通过网络连线的方式用浏览器登录 Jupyter 界面来操作 Jetbot。

最简单的方式就是用 Jetson 无头模式，将 Nano 与 PC 进行直连，当连线成功之后，Nano 就有 192.168.55.1 这个固定的 IP（图 9-3）。

只要在 PC 上的指令窗口执行 ping 192.168.55.1 能正确通信，在 PC 上开启一个浏览器（推荐用 Chrome）输入“192.168.55.1:8888”就可以登录操作 Jetbot 了。

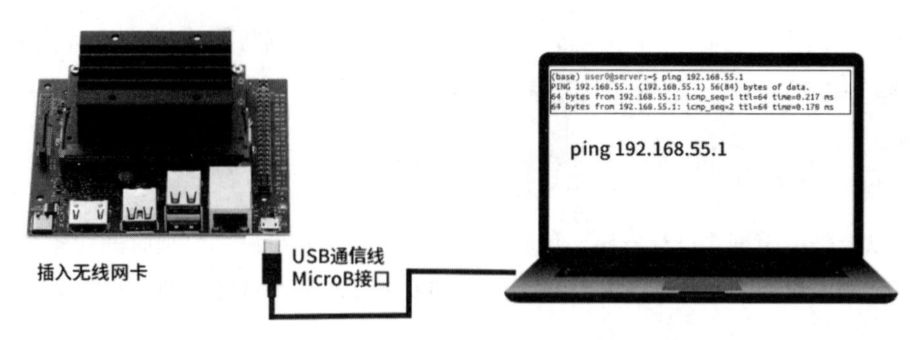

图 9-3　用 Jetson 无头模式为 Nano 与 PC 进行连线

第一次进入界面时会要求输入密码，系统预设为“jetbot”，输入后就能进入如图 9-4 所示的 Jupyter 操作界面，这里的根目录就是“enable.sh”后面跟随的参数所指定的路径，可以自行调整。

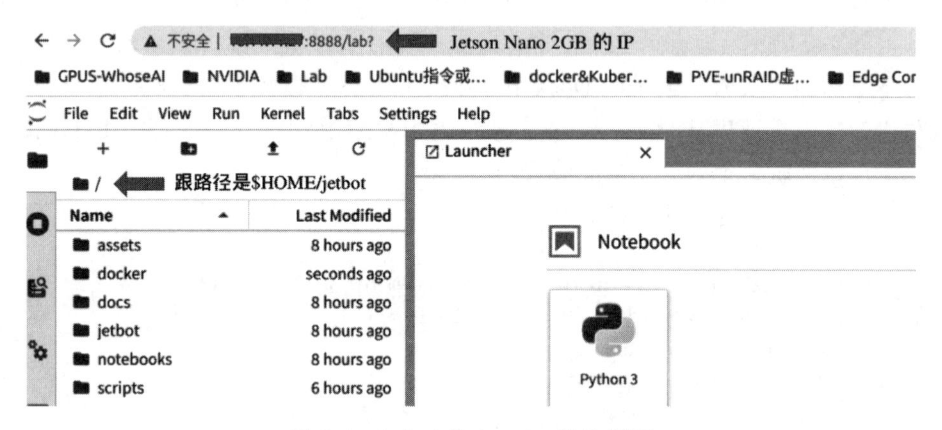

图 9-4　Jetbot 的 Jupyter 操作界面

只要能打开 Jupyter，就表示 Jetbot 已经处于能工作的状态，就可以开始执行后面的内容。关于 Jupyter 的操作，请自行在网上查找，这里不单独提供使用说明。接下来的内容就是在这个界面上进行操作。

9.2　安装无线网与配置 Wi-Fi 连线

无线网络是操控无人车的必要设施，我们不能让 Jetbot“背着”鼠标、键盘、显示器或者拖着一条网线去工作，并且后续不管是通过 SSH 或者 Jupyter 浏览器界面进行控制，所有工作都要通过远程方式去完成，因此接下来的首要任务就是为 Nano 2GB 装上一块无线网卡，下面就简单说明这个安装的步骤。

9.2.1　安装无线网卡

Jetson Nano 提供了 M.2 Key-E 与 USB 两种网卡接口，但 2GB 版本就只有 USB

接口能使用，以下简单说明两种网卡以及安装的方式。

（1）M.2 Key-E 接口

只适用 Nano 4GB，这种网卡信号质量比较好，不过存在两个缺点。

① 安装过程复杂：必须拆卸 Nano 4GB 核心模块的两颗螺钉才能安装上这块无线网卡，然后再装上核心模块。图 9-5 是简化过的 6 个安装步骤的图片，提供参考。

①拆卸核心模块上的2颗螺钉

②同时掰开模块两旁的卡笋

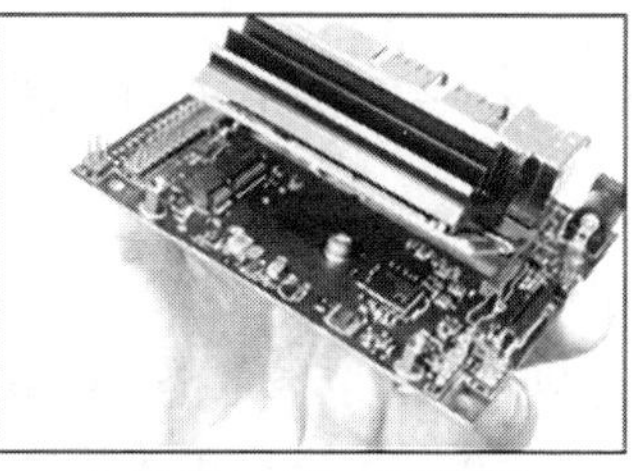

③卸下核心模块，看到底板

④为无线网卡装上天线

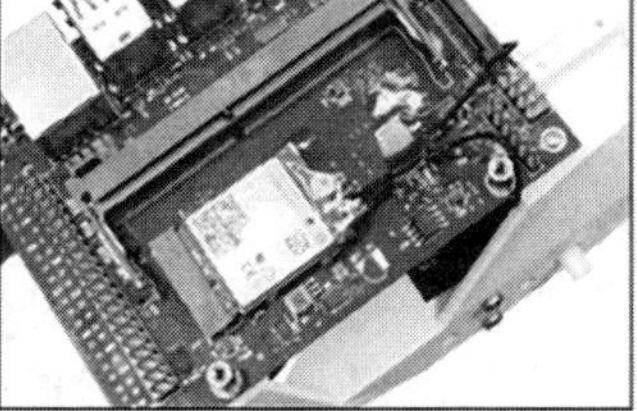

⑤将无线网卡插入M.2接口并锁上螺钉

⑥装回核心模块并调整天线

图 9-5　Jetson Nano 4GB 安装 M.2 无线网卡步骤

② 需要额外天线：这个部分看似简单，但实际上是有复杂度的，因为销售网卡的供应商大部分没有提供配套的 IPX 天线，需要根据采购的网卡的接口自行采购配套的天线，这种 IPX 天线的规格从第一代到第四代的接口相互都不兼容，需要根据网卡去配置合适的天线。

（2）USB 接口

适用于 Nano 4GB 与 2GB 版本。

这种网卡非常方便，只要插在 Nano 任何一个 USB 口就行，唯一的缺点就是有效距离较短，不过在 30 ～ 50m 范围内，大致能满足 Jetbot 的要求。推荐使用这类无线网卡，比较方便。

NVIDIA 官方在 https://elinux.org/Jetson_Nano#Wireless 提供了一份 Jetson Nano（含 2GB）的网卡推荐列表，不过请注意 USB 无线网卡的外形，最好选择图 9-6 左边这种“短”型的比较好，右边这种长度对 Jetbot 的运行与旋转会造成麻烦。

以上的网卡基本上都使用通用的标准芯片，Jetson Nano（含 2GB）系统都能直接认出设备并且使用，无须额外安装网卡驱动，相当简单。

图 9-6　Jetson Nano 使用的 USB 无线网卡

9.2.2　为 Jetbot 配置独立的无线连接方式

这个环节虽然看起来并不起眼，但如果没有处理好会造成很大麻烦，特别是如果准备为客户或朋友作演示，到了现场才发现无线网络连接问题，比预期的要复杂许多时，经常会手忙脚乱的。

Jetbot 执行过程需要在一台 PC 上用浏览器下达指令来完成，并且接收 CSI 摄像头回传的画面，因此二者之间必须保持连线的通畅与持续。如何确保 Jetbot 启动时就能执行无线联网功能是整个执行过程中至关重要的部分。

这里设想一下两种比较常见的使用场景。

（1）面对特定有固定无线网的环境

如果用户的设备在用户熟悉的环境里使用，如办公室、实验室、家里等，通常会有一台用户比较熟悉的无线路由器，可以轻松配置或查找出 Jetbot 的无线网络 IP，因为只要无线网卡与无线路由执行过一次连线，就能将密码记录在 Jetbot 里面，以后只要不关闭无线网，在 Jetbot 开机之后就能直接连上。

（2）面对不固定或缺乏无线网的环境

如果用户的 Jetbot 经常需要在陌生环境测试或演示，上述的方式就没办法使用了。即便到一个保密要求低的地方，也需要对方提供无线网的密码让 Jetbot 进行测试，而我们也要先使用无头模式，通过 SSH 对 Jetbot 下达无线网连接的指令，过程的自主性会受到限制。

如果应用的地方是高网络安全要求的，甚至是在户外没有无线路由的地方，那么 Jetbot 与控制台 PC 的无线网就没有可串联设备，这是大部分用户最容易遇到的问题。

下面提供三种连线方式，不需要依赖其他人的无线路由就能让 Jetbot 与 PC 建立无线连接，有完全的自主性。

9.2.3　将 Jetbot 无线网卡设置为热点

假如 Nano（含 2GB）上使用的无线网卡支持“热点”功能，那么这种方法是最简单并且好用的。不过这个在网卡规格上似乎看不到描述，但至少在英伟达官方推荐列表中的无线网卡是支持这项功能的。

先用USB线连接Nano（含2GB）设备，如果连线正常，就能在PC上访问192.168.55.1这个IP地址，然后使用SSH远程控制台登录之后，执行以下指令就可以启动无线网卡的热点功能。

```
$ sudo nmcli device wifi hotspot con-name <内部识别名称> ifname <网卡名>
  ssid <外部识别名称> password <登录密码>
```

这里要说明一下几个名称的用法与范例。

① 内部识别名称：这是用于后面去启动/关闭热点的识别名称，例如“Nano-WIFI”。

② 网卡名：这是由设备商提供的无线网卡的实际名称，用ifconfig指令查到这个网卡的名称为“wlan0”，因此这里就必须提供一样的名称。

③ 外部识别名称：就是让外部设备能搜索到的SSID名称，如“JetbotHotSpot”。

④ 登录密码：8位以上。

如果将名称都对应上，那么完整的指令就如下所述：

```
$ sudo nmcli device wifi hotspot con-name Nano-WIFI ifname wlan0
  ssid JetbotHotSpot password 12345678
```

执行后如果出现“成功用‘wlan0’激活了设备‘xxxxxxxxxxxx’”信息，就表示已经成功将这个无线网卡启动为热点模式，如果出现“错误：设备‘wlan0 xxxxxxxxxxx’既不支持AP也不支持Ad-Hoc模式”，就表示这个网卡不支持热点功能，就要尝试另外两种方法来配置无线网络。

顺利启动热点功能之后，执行ifconfig检查这个无线网卡的IP，就能看到这个无线网卡的IP为10.42.0.1（图9-7），这是一组固定的值，任何设置成热点的无线网卡都会使用这组IP，以便于记忆。

```
wlan0: flags=4163<UP,BROADCAST,RUNNING,MULTICAST>  mtu 1500
        inet 10.42.0.1  netmask 255.255.255.0  broadcast 10.42.0.255
        inet6 fe80::ea4e:6ff:fe6f:76da  prefixlen 64  scopeid 0x20<link>
        ether e8:4e:06:6f:76:da  txqueuelen 1000  (以太网)
        RX packets 50330  bytes 4950672 (4.9 MB)
```

图9-7 无线网卡设置为热点之后的固定IP

接着将控制台PC的无线网络连上JetbotHotSpot热点，输入前面所设置的密码之后就能完成连线，就能在PC浏览器上输入10.42.0.1:8888进入Jupyter控制界面，也可以在SSH控制台通过“ssh <用户名>@10.42.0.1”登录。

最后一个步骤就是在Nano（含2GB）上设置“开机启动无线热点”，这样就不用每次启动Jetbot都要用USB连线去启动热点。这里包含两个步骤。

① 配置rc.local为启动的服务项目：这是Ubuntu标准的、执行开机启动服务的方式，只要执行以下指令，就能设置rc.local里面所列的服务，在开机时执行：

```
$ sudo ln -fs /lib/systemd/system/rc-local.service
  /etc/systemd/system/rc-local.service
```

② 创建 /etc/rc.local 文件：

```
$ sudo touch /etc/rc.local && sudo chmod +x /etc/rc.local
$ sudo nano /etc/rc.local
```

添加以下内容：

```
#!/bin/bash
sleep 5
sudo nmcli connection up Nano-WIFI
```

这里有一个很重要的环节，就是第二行的“sleep 5”部分，因为系统启动之初并不会立即识别到USB无线网卡，必须延迟5s后再启动热点设置才能成功。

可以测试一下重启Jetson Nano（或2GB），然后查看控制台PC的无线网可选择热点上是否能找到JetotHotSpot热点。连上去之后输入密码，就可以在控制台PC浏览器上输入“10.42.0.1:8888”进入Jetbot的Jupyter控制界面。

这样就能确保Jetbot启动之后，控制台PC能随时连上去进行远程控制。但是这种方式唯一的缺点就是一个控制台只能连接一台Jetbot，不过在准备同时控制多台Jetbot之前，这个方式是最简单的。

9.2.4 将控制台PC无线网卡设置为热点

如果Nano（含2GB）所安装的无线网卡不支持热点功能，或者想同时控制多台Jetbot，就可以尝试将控制台PC的无线网卡设置成热点，然后让Jetbot的无线网连上来，当然使用的前提是控制台的无线网卡必须具备热点功能。

Windows或苹果电脑用户请自行在网上查找启动热点的步骤，在Ubuntu PC上也是执行以下指令，所有的用法与前面在Jetson Nano（含2GB）的指令完全一样。

```
$ sudo nmcli device wifi hotspot con-name <内部识别名称> ifname <网卡名> ssid
  <外部识别名称> password <登录密码>
```

同样地，关于<网卡名>的部分需要使用ifconfig指令去查看，例如“wlp1s0”，并将这个无线热点设为“PCHotSpot”，则设置热点的完整参考指令如下：

```
$ sudo nmcli device wifi hotspot con-name PC-Wifi ifname wlp1s0
   ssid PCHotSpot password 12345678
```

如果没有成功设置热点，就表示这个无线网卡并不支持这项功能，那么使用下一小节描述的最后一种处理方式。

如果设置成功，先用USB连线的SSH登录上Jetbot，然后在以下两种方式中选择一种连接控制台PC的无线热点。

① 使用 nmcli 指令：

```
$ sudo nmcli device wifi connect PCHotSpot p assword 12345678
```

② 使用 nmtui 图形界面：这里的菜单如图 9-8 所示，使用“上 / 下键”与“Esc/Enter/Tab”五个键进行操作。

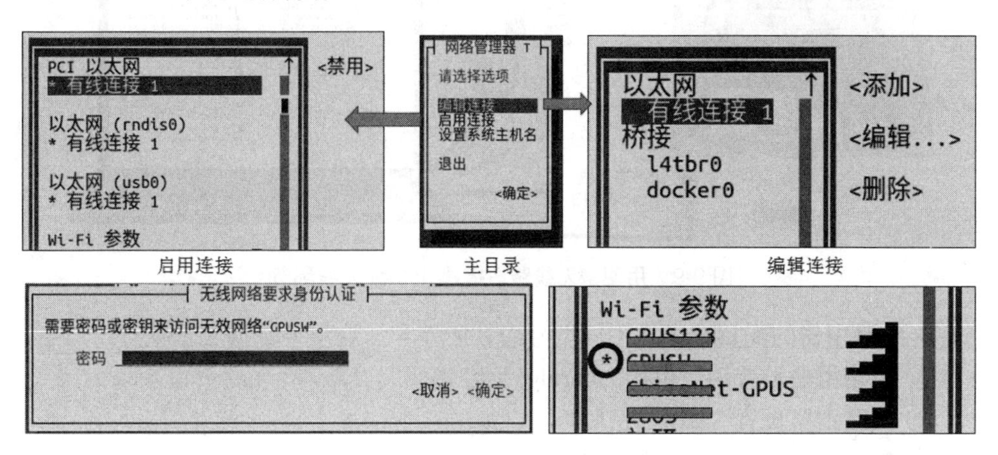

图 9-8 nmtui 图形化网卡设置工具

图 9-8 中间为这个工具的主目录，点选“编辑连接”会进入到右边菜单，点选“启用连接”会进入左边菜单。

功能很简单，进入“启用连接”菜单后，在“Wi-Fi 参数”下面选择要连线的热点，按下“Enter”就能进入连接这个热点所需要输入的密码窗口，输入密码之后就能连上这个热点，只要完成一次连接，以后只要启动这个无线热点，Jetbot 的无线网就能直接连上。

更多关于 nmtui 的操作细节请自行在网上查找，这个工具简单易懂，这里不多赘述。最后还有两个小细节必须先行说明清楚，才能完成整个配置的内容。

① 重新启动控制台 PC 的无线热点：让控制台 PC 的无线网持续保持热点状态是不现实的做法，我们只需在要控制 Jetbot 的时候切换成热点就可以了，使用前面的无线连接指令就可以。记住，请保持指令里 <外部识别名称> 与 <登录密码> 的前后一致，如果有改变，就要在使用 USB 连线之后重新连接、输入密码。

② 随时掌握 Jetbot 的无线 IP：在显示屏上会提供 Jetbot 的有线与无线网的 IP，因此完成组装之后就能轻松地在显示屏上看到。在还未装上显示屏之前，可以通过 USB 连线后用“ifconfig”指令去查询。

9.2.5 通过便携无线路由器协助

有一种比较极端的状况，就是控制台 PC 与 Jetbot 的无线网卡都不支持热点功能，那么该怎么办呢？最简单的方式就是添加一台由 USB 供电的便携无线路由器，按照图 9-9 所示的方式进行连接，其中 PC 可以通过有线或无线的方式去连接路由器。

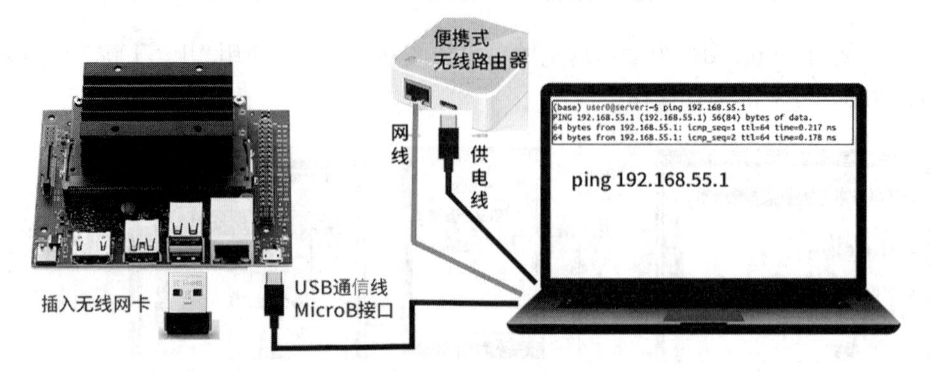

图 9-9 用便携无线路由搭建 Jetbot 无线环节

无线路由器的配置会根据不同型号而有所差异，这里要掌握三个重点：

① 将路由器设置为“桥接”（bridge）模式；

② 为路由器设置 SSID 与密码；

③ DHCP 选择“自动”的模式。

同样用 USB 连线方式，将 Jetbot 设置为连接到这个路由器上，这样就能形成一个非常独立的工作网。这种模式的好处是配置简单、扩充性好，如果将来计划要同时控制多台小车，这个方案的实用性是最好的。

以上提供的三种 Jetbot 与控制台 PC 连线的方式，重点都是形成独立的网络，不需依赖现场环境的网络资源，只要搭建一次就可以重复使用。当设置好无线网之后，就能进入 Jetbot 组装的环节。

9.3 组装 Jetbot 智能车所需要注意的细节

这是整个过程中最复杂的环节，要组装一套完整的 Jetbot 小车有两种方式：

① 根据原厂所提供的相关资源组装，包括车座的 3D 打印文件、料件表（BOM）以及图文并茂的硬件组装步骤，这些都可以在官网中找到非常详尽的资料；

② 在网上采购第三方搭配好的完整套件，并根据厂家的组装步骤就能轻松完成组装。

第一种方式比较适合有经验的创客老手，因为自行采购个别料件能降低一些成本，但对初学者来说就会存在许多细节上的困扰，特别是“焊接”与“尺寸”的问题。因此本书推荐对于机电设备不是太熟悉的读者，最好采用第 2 种方法，会为用户节省大量的试错过程。

在这里只针对想用原厂开源套件进行组装的用户，提供采购方面与安装过程的注意细节，如果您选择第 2 种方式，可以跳过本小节的内容直接进入后面的实验步骤。

9.3.1 非标准件的注意细节

原厂提供的料件表中的采购链接，都是以亚马逊为主的国外电子商务平台，料件主要分为以下两大类。

① 电子类元件：包括CSI摄像头、DC-Stepper-Motor电机、PiOLED显示屏、TT电机，以及前一小节已经处理过的无线网卡。除了PiOLED需要做些特殊处理之外，其他都是标准尺寸与接口，在网站上都能找到国产的替代产品。

② 非电子类元件：包括TT轮、辅助轮、充电宝、供电用的USB线、杜邦线、固定螺钉等料件。用户需要面对比较多的“尺寸”问题，这在采购过程中需要非常小心。

接下来就将“非电子类元件”尺寸问题提出来说明，并且提供建议的选择。

① TT轮与辅助轮的尺寸：与选择的底座尺寸有关。在安装好的操作环境中的～/jetbot/assets目录下有6个.stl文件，主要内容如下：

a. chassis.stl：如图9-10左图Ⓐ的主车体部分；

b. camera_mount.stl：如图9-10左图Ⓑ的CSI摄像头架；

c. 图9-10右图Ⓒ与Ⓓ部分为caster_should.stl与caster_base.stl辅助轮座，这两个文件还分为60mm与65mm两种尺寸，这主要是为了匹配TT轮的尺寸。

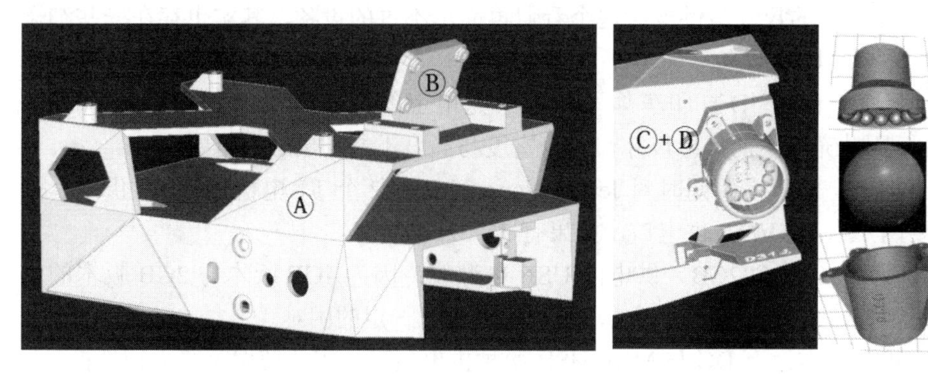

图9-10 Jetbot的3D底座打印图

上面第1个与第2个文件都需要，而第3个则需要根据所选择的TT轮尺寸而定。据了解，最初车体设计以国外较常用的60mm车轮为主，但在国内的主流是65mm规格，因此特别针对中国市场增加了65mm尺寸的结构。

在网站上搜索“TT轮65mm”关键词，就能找到非常多合适的轮子，主流规格有26mm（图9-11中）与15mm（图9-11左）两种宽度，对Jetbot来说较薄的轮子在旋转时需要较小的空间，会有更好的灵活性，因此推荐选择15mm的轮子。

如果在网站上搜索“TT轮60mm”关键词，会出现很多28mm宽的麦克纳姆轮（图9-11右），虽然造型非常抢眼，也具有横向移动的特殊功能，但对于Jetbot小

图 9-11　TT 轮的参考样品

车来说就太过厚重。归结下来，在 TT 轮的部分挑选 65mm 规格比较合适，这样就能清楚 3D 打印文件的第 3 个文件该如何选择了。

受到 TT 轮尺寸的影响，也牵动前面 Ⓔ 项辅助滚球的尺寸，请在网站上搜索“高精密聚甲醛塑料球实心”，如果选择 65mm 规格的 TT 轮，就对应选择 25.4mm 直径的小白球，如果选择 60mm 规格的 TT 轮，就对应选择 25mm 直径的小白球。

确认 TT 轮尺寸之后，就能定下来所需要的 4 个 .stl 打印文件。如果自己有 3D 打印机，就可以按照 https://jetbot.org/master/3d_printing.html 所指示的步骤与参数进行输出，也可以找外面专门的 3D 打印服务单位去打印。

② 充电宝的尺寸与供电：这个看似再简单不过的设备，其实也存在一些细微问题，主要是以下两点：

a. 尺寸：由于 3D 打印车体所预留给充电宝的空间尺寸为 128mm×70mm×20mm，因此充电宝的外形尺寸，至少宽度与高度不能超出这个范围。

b. 供电：由于需要同时对 Jetson Nano 2GB 与 2 个 TT 电机进行 5V 供电，因此需要两个以上 5V/2A 供电口，如果有 5V/3A 的更好。

③ 为 Nano（含 2GB）供电的 USB 电源线：因为 4GB 版本与 2GB 版本的供电口不一样，再加上长度的要求，所以挑选存在一定的困难。

a. 4GB 版本：有 DC 与 MicroUSB 两种供电接口，需要使用跳线进行切换。

• USB 转 DC 接口：这种供电方式的电流比较稳定，但是 DC 接口必须为 2.1mm 规格。这种线并不难找，线长尽可能在 20cm 左右，如果超过 30cm，就会造成布线的困难。

• USB 转 MicroUSB(Type-B)：通过 Nano 的 MicroUSB 供电的稳定性稍差，最好将 Nano 运作模式调低到 5W 模式，这种线的长度最好大约在 10cm，否则也会增加布线的难度。

b. 2GB 版本：USB 转 Type-C 接口。

Type-C 接口是 Jetson Nano 2GB 唯一的供电接口，因此没有别的选择，唯一的要求是线长在 20cm 左右。

最后有一个“非必要”的细节，就是这些线最好选择如图 9-12 所示的“弯头”接口，一则可以维持 Jetbot 的美观性，最重要还是为了缩小运动期间所需要的空间。

图 9-12　对 Jetson Nano 的 USB 供电线参考规格

④ 为 DC-Stepper-Motor 供电的 USB 电源线：

这个就非常简单，只要找到任何一条具备供电功能的 USB 线就可以，自行剪裁保留约 20cm 长度，然后剥开外表保护线，找到里面的红色与黑色漆包线，分别接控制板 5V 供电口的正负极即可。

同样地，这个 USB 接口如果能找到 90°弯头最好，但并非强制的。

⑤ 其他物料：剩下比较琐碎的部分，包括以下内容。

a. 杜邦线：4 根双母头，长度推荐为 20 ～ 30cm，颜色推荐为红、黑、蓝、绿四种。

b. M2 固定螺钉：用来固定 Jetson Nano（含 2GB）、DC-Stepper-Motor 控制板、CSI 摄像头、辅助轮座等，长度 8mm，数量 20 个。

c. M3 螺栓、螺母：用来固定 TT 轮，螺栓长度 25mm，数量 4 组。

d. 双面胶：用来将充电宝固定在车体上。

以上这些细节看起来似乎无关紧要，但在实际安装的过程中就能真正体验到每个环节的影响。到这里，已经将非标准料的部分说清楚了。

9.3.2　OLED 显示屏的选型与处理

这种在树莓派领域中十分普及的微型显示屏，是整个自组方案中最令人头痛的部分，因为其功能相对单一，最重要的功能就是显示 Jetbot 的无线网络 IP，但是为了这个功能所要付出的代价并不小，牵涉“选型”与“焊接”两部分。

首先在选型方面，这类 128×32 像素黑白显示屏在国内可以找到如图 9-13 所示的三类参考规格，存在非常大的价格差距：

① 最左边：Adafruit 原版 PiOLED 屏，售价约 150 元（人民币）。

② 中间：国产树莓派 PiOLED 屏，售价约 30 元（人民币）。

③ 最右边：0.91 英寸（1in=25.4mm）OLED 显示屏，售价约 10 元（人民币）。

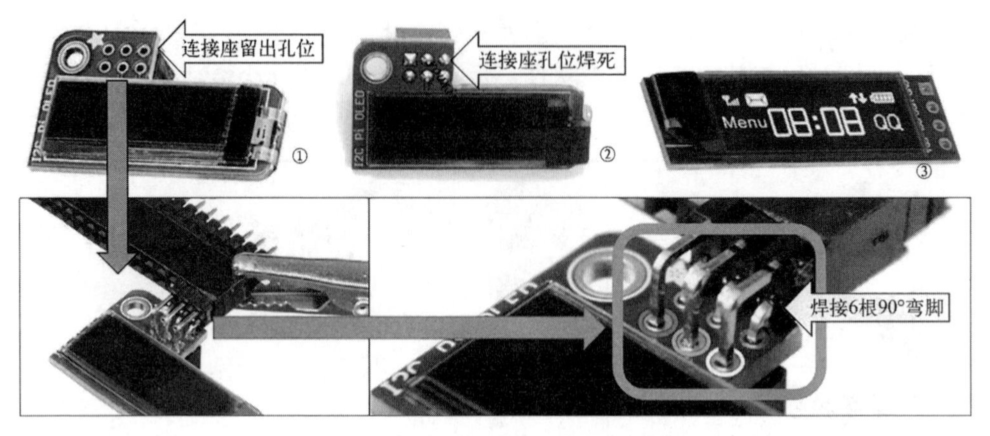

图 9-13　三种 OLED 显示屏参考规格

Jetbot 的组装方案是基于 Adafruit 原版 PiOLED 屏焊接 6 根功能扩充接脚，以提供给 DC-Stepper-Motor 控制板使用，但是国产的显示屏并没有可扩充的焊接口，如果要使用最右边的显示屏，还需要自己处理转接电路板，因此这个步骤对大部分初学者造成了不小的困难。解决的方法有三种。

① 省略这个显示屏：事实上测试的结果显示，即便没有这个显示屏也不影响 Jetbot 的正常运行，假如前面配置无线网时是将 Nano 2GB 设为热点，那么其无线 IP 就是固定的 10.42.0.1，因此没有显示屏也没用关系。

② 采购 Adafruit 原版 PiOLED，并按照原厂所提供的扩充接口方式进行焊接。

③ 采用国产 PiOLED 显示屏，不进行扩充焊接，后面对 DC-Stepper-Motor 控制板的接线使用 Nano（含 2GB）的另一组 I2C 与 3V/GND 引脚，最后在源代码中调整 i2c_bus 的设置，也能正常运行 Jetbot。

这部分的实际执行步骤如下：

a. 调整～ /jetbot/jetbot/robot.py 第 14 行，将“default_value”的值设为“1”;

b. 将 DC-Stepper-Motor 的 3V/GND 引脚分别接到 Jetson Nano（含 2GB）的第 17 与第 20 引脚;

c. 将 DC-Stepper-Motor 的 SDA 与 SLC 引脚分别接到 Jetson Nano（含 2GB）的第 27 与第 28 引脚（图 9-14）。

这种方式既能用较低成本保留 OLED 显示屏的功能，也解决了焊接的问题，是比较推荐的用法。

9.3.3　TT 电机的选购与测试

在网站上这类电机的单价从 1.5 元到 10 元不等，还区分为“加速比 48/120/200”“单轴 / 双轴”“带线 / 不带线”等细分规格，这里简单说明一下。

① 加速比：其实就是齿轮比，数字越小，速度越快，但转矩越小。整套 Jetbot

图 9-14　调整 DC-Stepper-Motor 连接的引脚位置

属于轻巧慢速用途，因此原厂提供的型号是 200 规格，不过选择 120 也可以，如果选择 40，可能会跑得太快。

② 单轴或双轴：对运行没有任何影响，不过单轴在组装过程会少一些阻碍。

③ 带线与否：如果供应商能提供“带线”电机，是最方便的，最好指明是“10cm 杜邦线公头”的接线，这有利于接入 DC-Stepper-Motor 控制板的接口。如果是不带线的电机，就需要自己采购红 / 黑色杜邦线后再进行裁剪与焊接，相对麻烦。

这种低单价的电机最常发生的问题就是“质量（速度）一致性”的问题，也就是规格相同的电机也可能产生转速不一样的现象，重点是看这些电机的转速有多大差距，比较保险的方法是一次多采购几台，再从里面挑选出转速最接近的两台，这样可以减少时间上的消耗。

这部分缺乏特定的测速仪器，我们可以用最简单的方法来进行测试，只要提供用 2 ～ 4 颗最普通的干电池组成的 3 ～ 6V 电源，就能对每台电机进行独立测试。

由于这两台 TT 电机是最先装到 Jetbot 车体里面的，再依序安装 DC-Stepper-Motor 控制板、充电宝、Nano 2GB 等设备，如果等到全部装上后才发现转速差距问题，则需要将所有设备全部拆掉，这个过程会令人十分困扰，因此建议在安装电机之前先做功能与性能的测试，这是非常必要的步骤。

到这里已经将 Jetbot 自组方案中一些处理细节说清楚了，剩下的工作就是按照原厂提供的安装步骤去执行。

9.4　跑动 Jetbot

不管是使用原厂提供的料件进行自组安装的方式，还是采购第三方的完整套件，与实验内容没有关系，只要确认所有硬件都能正常运行，并且所有的接线都正确就好了。

后面的实验部分都是通过无线网连接控制台 PC 与 Jetbot 小车，不管用户使用前面哪种方式配置无线网，都应先开启 Jetbot 智能车，并且确认与控制台 PC 的无线网已经妥善连接，这样才能从控制台的浏览器上进入 Jupyter 管理界面。下面就开始进行 Jetbot 的实验内容。

在开始所有实验之前，提醒大家必须为 Jetbot 提供足够的运动空间，最好直接在空旷而且平坦的地面上运行，避免在桌子等与地面有高度落差的地方，以及凹凸不平、阻力较大（如地毯）、泥沙淤积的地面上运行，以免对 Jetbot 造成伤害。

登录到 Jetbot 的 Jupyter 控制台之后，在左边目录框中点击 notebooks 目录，就可以看到里面有 5 个子目录，各代表一个独立项目，目录中至少有一个 .ipynb 文件，即个别实验的执行脚本，这些都是以 Jupyter 格式所编写的，由执行代码与注解内容组合而成，每个文件里面的注解内容都非常完善，在后面的说明中主要以初学者可能缺乏的基础知识为主，不进行逐行说明。

9.4.1 基本运动（basic_motion）

这个目录下只有一个 basic_motion.ipynb 脚本，直接点击打开就行。这个实验的重点就是让大家先熟悉 Jetbot 的机电控制部分，由浅入深地分为以下四部分。

（1）基础指令控制

这里总共分成 8 个指令框、16 行指令，函数名称规划得相当直观，基本上看着代码就能明白它的作用。

```
[ ]  from jetbot import Robot
[ ]  robot = Robot()
```

一开始就是导入 Jetbot 所提供的用来控制电机的 Robot 库，并且创建一个 robot 对象来控制 Jetbot 行进。接着就直接使用指令去设置左右轮的前进速度，完成让 Jetbot 移动的任务，这里“设定速度”的方法是以“全速”为基准给定 [−1, +1] 之间的相对值，给定“负值”表示“反向”旋转，可以体验看看。

下面有三种设置左右轮运行速度的方法：

```
      # 1. 用robot.left( 速度 ) 与 robot.right( 速度 ) 分别设置左右轮速度:
[ ]   robot.left(speed=0.3)
[ ]   robot.stop()
[ ]   import time
[ ]   robot.right(0.3)
      time.sleep(0.5)
      robot.stop()
```

```
      # 2. 用robot.set_motor( 左轮速 , 右轮速 ) 同时设置左右轮速度:
[ ]   robot.set_motors(0.3, 0.6)
      time.sleep(1.0)
      robot.stop()
```

```
[ ]  # 3. 对robot.left_motor.value与 robot.right_motor.value 这两个变量进行设置:
     robot.left_motor.value = 0.3
     robot.right_motor.value = 0.6
     time.sleep(1.0)
     robot.left_motor.value = 0.0
     robot.right_motor.value = 0.0
```

上面的这些数值可以在要求的范围内自由设置，最好能试着将两个值调成一样，并且让延续时间稍微长一点，例如 3 ～ 5s，可以先检查一下左右轮的转速是否一致。

（2）通过“滑块”（slider）小工具去显示并调整 Jetbot 左右轮转速

这里先使用 ipywidgets 小工具创建两个垂直的滑块，再用 IPython.display 将两个滑块显示出来，这种技巧在 Jupyter 交互式处理是经常使用的。

接着再用 traitlets 库的 link() 单向连接函数与 dlink() 双向连接函数，分别将左右滑块与 robot 的左右轮转速进行连接，单向连接时只能让滑块显示目前轮子的转速，双向连接则能调整滑块去控制个别的转速。下面是这个用途的执行步骤：

```
[ ]  # 1. 创建两个垂直滑块小部件，再用一个水平框 (HBox) 部件将两个滑块放在一起:
     import ipywidgets.widgets as widgets
     from IPython.display import display
     # 创建"left"与"right"两个垂直滑块小部件，数值范围在 [-1.0, 1.0] 之间:
     left_slider  = widgets.FloatSlider(description= 'left', min=-1.0, max=1.0,
     step=0.01, orientation='vertical')
     right_slider= widgets.FloatSlider(description='right', min=-1.0, max=1.0,
     step=0.01, orientation='vertical')
     # 2. 创建一个水平框，放置前面生成的两个垂直滑块:
     slider_container = widgets.HBox([left_slider, right_slider])
     display(slider_container)
```

执行完之后会在 Jupyter 画面上显示“left”与“right”两个垂直滑块。动一动滑块并不会对车轮转速产生任何影响，因为滑块与 robot 还没产生关联。

接下来就用 traitlets.link() 函数与 traitlets.dlink() 函数分别进行单向与双向连接：

```
     # 1. 单向连接: 使用 traitlets.link() 函数将左右滑块的值分别与左右轮的值进行连接，这样
     就能看到两个滑块的值会跟着两个轮的值变化:
[ ]  import traitlets
     left_link = traitlets.link((left_slider, 'value'), (robot.left_motor, 'value'))
     right_link=traitlets.link((right_slider, 'value'),(robot.right_motor, 'value'))
[ ]  robot.forward(0.3)
     time.sleep(1.0)
     robot.stop()
[ ]  left_link.unlink()
     right_link.unlink()
```

```
    # 2. 双向控制：使用 traitlets.dlink() 函数将左右滑块的值分别与左右轮的值进行连接，这时
    通过调整两个滑块的值（上下拖动）就能改变两个轮的转速
[ ] left_link = traitlets.dlink((robot.left_motor, 'value'), (left_slider, 'value'))
    right_link = traitlets.dlink((robot.right_motor, 'value'), (right_slider, 'value'))
```

这样就真正进入“交互控制”的状态了，不过这种方式并不实用，因为同一时间只能改变一个轮子的速度。

（3）将控制函数附加到事件

这里会使用到 traitlets 的另一种非常有用的方法，是将定义的函数（如 forward）附加到对应的事件，一旦事件发生更改，就会调用关联的函数，并且将更改信息传递给函数作为执行的参数。下面就来创建一组操控 Jetbot 的控制面板：

```
    # 1. 创建 5 个功能按钮：
[ ] button_layout = widgets.Layout(width='100px', height='80px', align_self='center')
    stop_button = widgets.Button(description='stop', layout=button_layout)
    forward_button = widgets.Button(description='forward', layout=button_layout)
    backward_button = widgets.Button(description='backward', layout=button_layout)
    left_button = widgets.Button(description='left', layout=button_layout)
    right_button = widgets.Button(description='right', layout=button_layout)
    # 2. 显示按钮，先横向组合再纵向组合：
    middle_box = widgets.HBox([left_button, stop_button, right_button],
    layout=widgets.Layout(align_self='center'))
    controls_box = widgets.VBox([forward_button, middle_box, backward_button])
    display(controls_box)
```

```
    # 2. 定义 5 个方向的动作指令：这里定义 left 与 right 是“原地旋转 90°”动作：
[ ] def stop(change):
    ......
    def step_forward(change):
    ......
    def step_backward(change):
    ......
    def step_left(change):
    ......
    def step_right(change):
    ......
```

```
    # 3. 使用“按钮 .on_click( 动作 )”将按钮与动作定义进行捆绑：
[ ] stop_button.on_click(stop)
    forward_button.on_click(step_forward)
    backward_button.on_click(step_backward)
    left_button.on_click(step_left)
    right_button.on_click(step_right)
```

完成这个捆绑的步骤之后，按下按钮才会向 Jetbot 发送控制指令，这时就能用这 5 个按钮来操控 Jetbot 小车的行进。可以通过修改“time.sleep()”的时间让小车一次可以行走比较长的距离。

（4）心跳停止开关

这是为预防 Jetbot 与 PC 之间因为距离过远而失去控制能力而提供的一种安全管理措施，强制小车执行“停止”的动作。这部分的内容请自行测试，没什么难度，这里不做说明，不过大家可以在未来自行开发的项目中引用这部分的代码，为 Jetbot 智能车提供更完整的保护措施。

以上就实现了智能小车的最基本的运动功能，大家可以多尝试调整转速、方向、持续时间等参数，感受一下这个基本运动的处理方式。

9.4.2　游戏摇杆控制（teleoperation）

项目代码在 notebooks/teleoperation 目录的 teleoperation.ipynb，在 Jupyter 中打开这个文件就能执行，这是在 PC 上用游戏摇杆（gamepad）来控制 Jetbot 左右轮的方法，基本逻辑与 basic_motion 的滑块小工具的一致，只不过将设备从鼠标变成摇杆而已。

我们将图 9-15 所示的几种游戏摇杆都做过测试，不管是有线无线、单价高低的都能使用，如果没有这类摇杆，简单选一个价格 30 元左右的也可以执行这些测试，只要是通用的游戏摇杆应该都能使用。

图 9-15　可用的游戏摇杆

这个项目的重点主要有以下三部分。

（1）连接游戏摇杆

将摇杆接上 PC 之后，在 Windows 或 MacOS 中请自行在设备列表中检查；在 Linux 操作系统中请执行以下指令，检查是否已经连接成功：

```
$ ls /dev/input/js*
```

当确认摇杆连上控制台 PC 之后，就可以打开 teleoperation.ipynb 脚本，不过执行指令前请先找到注释里的“1.Visit http://html5gamepad.com.”，单击链接后会进入图 9-16 所示的网页，这里能显示出这个游戏摇杆的种类与状态，其中左上角“INDEX”下面的编号就是代码“widgets.Controller(index=N)”的设备编号，在这里显示为“0”。

Xbox 360 Controller

HJC Game < BETOP GAME FOR WINDOWS > (STANDARD GAMEPAD Vendor: 045e Product: 028e)

INDEX	CONNECTED	MAPPING	TIMESTAMP
0	Yes	standard	84591.80000

Pose	HapticActuators	Hand	DisplayId	Vibration	Test
n/a	n/a	n/a	n/a	Yes	Vibration

B0	B1	B2	B3	B4	B5	B6	B7	B8
0.00	0.00	0.00	0.00	0.00	0.00	0.00	0.00	0.00

B9	B10	B11	B12	B13	B14	B15	B16
0.00	0.00	0.00	0.00	0.00	0.00	0.00	0.00

AXIS 0	AXIS 1	AXIS 2	AXIS 3
0.00000	0.00000	0.00000	0.00000

图 9-16 连上 http://html5gamepad.com 网页所显示的画面

请尝试操作摇杆的各个按钮，查看网页中的 B0 ～ B16 以及 AXIS 0 ～ AXIS 3 是否有对应的状态回馈。如果有，就表示这个摇杆处于正常使用的状态，接下来就可以执行第一段指令了：

```
[ ]    import ipywidgets.widgets as widgets
       controller = widgets.Controller(index=0)
       display(controller)
```

会出现“Connect gamepad and press any button”信息，表示设备已经连接但是还未在这段代码中“注册”过，对摇杆有任何操作（摇动摇杆或按下任何按钮），会立刻出现图 9-17 所示的输出结果。

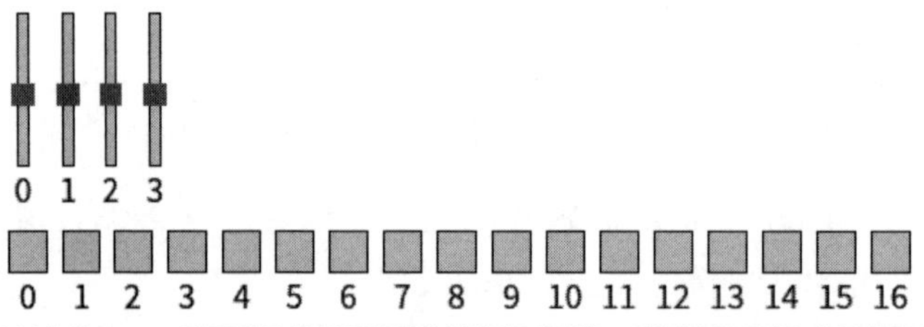

图 9-17 Jetbot 上的摇杆控制画面

继续操作摇杆的按钮，查看上图对应的指示是否一致。

（2）用 traitlets.dlink 将摇杆按钮与左右轮速创建双向关联

这与 basic_motion 的滑块小工具是相同的用法，只不过这里左右轮速度是与摇杆的不同功能进行关联，当然也可以改成其他按钮。

```
[ ]     from jetbot import Robot
        import traitlets
        robot = Robot()
        left_link = traitlets.dlink((controller.axes[1], 'value'),
        (robot.left_motor, 'value'), transform=lambda x: -x)
        right_link= traitlets.dlink((controller.axes[3], 'value'),
        (robot.right_motor, 'value'), transform=lambda x: -x)
```

这里也可以仿照 basic_motion 的“将控制函数附加到事件”，让这些操控从个别轮速的调整升级为动作（前进 / 后退 / 左转 / 右转 / 停止），这样会有更实用的价值。

（3）播放与储存 CSI 摄像头画面

这里将 CSI 摄像头加入，一则是为了丰富实验的内容，二则是在后面“数据采集（data collection）”过程中会使用到。不过这些代码都非常直观易懂，因此这里不浪费篇幅进行讲解。

总体来说，这个实验只要把游戏摇杆部分捋顺了，后面的实验步骤就非常直观了，过程都有非常详细的说明，只要顺着去执行并且阅读说明，就能轻松完成整个任务。

9.5 避撞功能

完成前面的项目之后，下面进入 Jetbot 最令人瞩目的避撞功能，这是所有智能车都必须具备的最基本的“自我保护”能力，从功能上讲并没有什么特殊之处，但是比较神奇的地方在于 Jetbot 并不具备任何距离传感设备，只凭着一个 CSI 摄像头就能完成这项任务，这是通过识别车与周边物体的距离来决定是继续前进还是改变方向。

在执行这个功能之前，我们需要说明 Jetbot 小车对环境辨识的逻辑，这样就能轻松理解“深度学习”技术在这个应用中所发挥的作用。

这个避障功能的实验代码在 Jetbot 的 notebooks/collision_avoidance 下，里面有 8 个 .ipynb 文件，包括：

- 1 个 data_collecton.ipynb：用 Jetbot 的 CSI 摄像头收集图像并进行分类。
- 3 个 train_modelxxx.ipynb：提供三种不同训练方式。
- 4 个 live_demoxxx.ipynb：对应三种不同训练方式的执行脚本。

这里以标准的 data_collecton.ipynb、train_model.ipynb 与 live_demo.ipynb 三个最基本的代码来做说明，其他脚本的使用请自行对照基本流程。

9.5.1 Jetbot 环境识别原理

传统小车要实现这个功能，需要配置很多的距离检测传感设备，最简单的就是超声或红外距离检测设备，复杂的是用昂贵的激光雷达扫描仪，然后结合复杂的ROS机器人控制系统，让小车主控系统不断接收传感信息，随时计算与周边物体之间的距离，进而决策小车的行进方向。

使用更多的元器件，就表示更加复杂的组装工序与更多的线路的布局的难点，以及更加频繁的信号收集与处理，对缺乏基础知识的人有相当高的门槛。通常是电子专业或者对这方面有高度热诚的人，在不断试错的过程中顶住挫折自学成才，这是相当艰辛并且值得尊敬的。

事实上这与早期“机器学习”面临的问题类似，高手试图用高级数学算法去提炼模型特征的规律，但是遇到非常大的阻碍。幸好“深度学习”采用更贴近人类学习途径的方式，让图像识别得到重大的突破，才造就了近10年人工智能应用的飞跃。

单纯从技术的角度来看，机器学习的内涵要比深度学习更加高深，但是得到的效果反倒不如预期，这是解决问题的角度差异而非技术本身的优劣。

同样地，这里请读者先思考下，人脑是如何判断可以继续前进，或是有障碍物、坑洞必须转向。

请先忘记成年人身份，试着模拟刚学会爬行的婴儿，他们是如何逐步学习并建立这方面“认知系统”的呢？婴儿的信息来源，有以下三个特点：

① 只有视觉（眼睛）的输入；

② 没有距离的概念；

③ 缺乏对物体的分类。

在没有其他干预的状况下，婴儿必定要经过不断的碰撞与摔倒，自身的防御系统才会逐步学习并修正决策机制，这是动物界最原始的学习机制。婴儿在这个过程所接收的视觉信息就是最基本的“图像”而已，对他们来说是没有距离或物体分类的差异。

经过一段时间的学习后，婴儿就能逐渐“根据眼前的图像”去分辨是否能前进，还是要改变方向，尽管此时他们还是没有距离的认知。

Jetbot智能车也是利用相同逻辑来实现“行进判断”，只不过将这个视觉判断分为“可前进”（free）与“有阻碍”（blocked）两个类别，前提是我们必须为Jetbot小车提供一个经过训练的神经网络模型，对CSI摄像头获取的影像进行“图像分类”识别，才能得到“决策”去驱动车轮执行“下一步”的动作。

这个环节的最关键问题，就是每个人所采集的图像与分类是不尽相同的，即每个人对于前方的认知状态也是不一样的。如图9-18所示，左边是Jetbot小车与障碍物之间的实际距离，大约为12cm，右边是此时CSI摄像头所看到的图像。

有些比较谨慎的人，会根据12cm距离就将右边图像纳入“有障碍”的数据集中；有些比较大胆的人，会将这个图像归到“可前进”分类中，一直到小车与障碍物实际距离到达8cm（甚至更短）时，才将摄像头图像归到“有阻碍”分类。

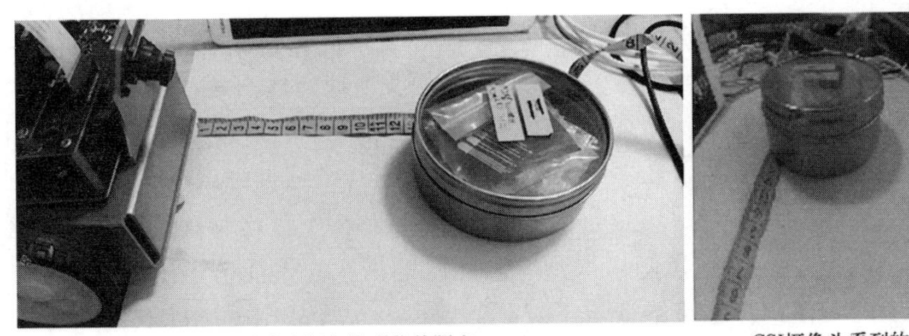

小车实际与障碍物的距离　　　　CSI摄像头看到的画面

图 9-18　Jetbot 小车的摄像头图像与实际障碍物距离参考

这并没有一定的标准，是因人而异的，甚至同一个人在不同时间也会给出不同的标准，只要不是太离谱的分类都是可以接受的。

这样的图像数据必须用 Jetbot 的 CSI 摄像头进行采集，就如同别人的眼睛不能替代你的眼睛是一样的道理，我们需要为两个分类分别采集 200 张以上的图像，这是整个项目中最耗费人力的环节，这在 9.5.3 节中会进一步说明。

接着就使用本书前面所讲解过的“深度学习”技术，将这 400 张以上图像进行模型训练，最后提供给 Jetbot 执行深度学习的推理计算，如果执行的效果不是太好，就需要重新检查图像集的内容是否有偏差，反复执行这个循环，直到对推理效果满意。

任何要添加深度学习的智能识别功能，都必须执行以下三个步骤：

① 数据收集与整理；

② 模型训练；

③ 执行识别。

在这里必须先使读者有一个重要的认知：深度学习技术并非无所不能的神技，它与人类的学习过程一样，对于“没见过”的图像也得靠“猜（算概率）”的方式去处理，不会举一反三地或无中生有地识别所有状况，因此 Jetbot 能明确识别的场景，必须是我们所提供的用于训练的图像数据。

此外还有一种情形，就是“透明物”之类的识别，其实这与人类是一样的状况，相信很多人都有过“撞上玻璃门”的经验，单纯用视觉的方法是很难识别的。

以上就是 Jetbot 智能车识别前方场景的方法，事实上这也是至今最接近人类习惯的一种方法，当然未来还可以为这个小车添加其他检测距离的传感设备，让小车具备更丰富的环境感知能力。

9.5.2　现场演示（live_demo）

标准的做法是使用者先为 Jetbot 从执行环境中收集足够多的图像，再训练成神经网络模型，最后再执行 Jetbot 的避撞功能，不过这会消耗不少时间。

所幸技术团队已经提供一个他们训练好的模型，能在一般“纯色”地板与桌面上展现不错的识别效果，因此为了能让读者先感受一下这个有趣的功能，我们借用这个训练好的模型，查看执行的效果如何。如果效果不够好，可以再利用“迁移学习”的方法来添加在使用环境中采集的图像数据，继续训练出更合适的模型。

首先第一步就是下载原厂提供的 best_model.pth，不过这个模型存放的位置在国外的谷歌网盘上，由于我们未得到原创团队的授权，不能擅自下载这个存放在谷歌网盘上的文件，再分享给读者下载，需要读者自行从相关链接下载。

将下载的 best_model.pth 存放到 notebooks/collision_avoidance 目录下，然后打开 notebooks/collision_avoidance/live_demo.ipynb 工作脚本，在 Jupyter 操作环境中逐步执行，就能让 Jetbot 小车执行避障的功能。整个脚本分为五大步骤，下面进行简单的代码说明。

（1）加载训练的模型

这里关于深度学习的部分，全部使用 PyTorch 这个轻量级的框架，对于对该框架不熟悉的读者来说，一开始的两行代码可能就产生了不小的困扰，下面就简单地逐行说明：

```
[ ]    import torch
       import torchvision
       model = torchvision.models.alexnet(pretrained=False)
       model.classifier[6] = torch.nn.Linear(model.classifier[6].in_features, 2)
```

① torchvision 是 PyTorch 里面专门用在视觉应用上的深度学习库。由于 PyTorch 内建了很多常用的神经网络结构，这里使用深度卷积网络始祖 AlexNet 来执行图像分类的推理，因此使用 torchvision.models.alexnet() 函数创建 model 对象。

② 由于是要执行推理任务而不是模型训练，因此参数 pretrained=False。

③ 最后一行代码对不熟悉神经网络的读者来说会有障碍，如果在“model=”代码与“model.classifier[6]”代码之间加入一行“print(model.classifier)”，就能看到以下的数据结构：

```
Sequential(
    (0): Dropout(p=0.5, inplace=False)
    (1): Linear(in_features=9216, out_features=4096, bias=True)
    (2): ReLU(inplace=True)
    (3): Dropout(p=0.5, inplace=False)
    (4): Linear(in_features=4096, out_features=4096, bias=True)
    (5): ReLU(inplace=True)
    (6): Linear(in_features=4096, out_features=1000, bias=True)
  )
```

这是 torchvision 为 AlexNet 神经网络预先定义的图像分类功能的结构，其中 classifier[6].out_features 是模型最终的输出数量，也就是分类数量。

因为AlexNet神经网络的经典模型是在2012年ILSVRC竞赛中以1000分类的ImageNet数据集作为测试标，因此在标准的AlexNet模型中就保留了“1000”这个分类数量。但在Jetbot应用中只用到“free”与“blocked”两个分类，因此需将classifier[6]的输出类别数量(out_features)调整为2。

如果代码下方加入“print(model.classifier[6])”指令，打印出修改后的内容，会看到“out_features”的值已经变成2。

注意：每种神经网络的处理方式是不同的，必须根据PyTorch的定义进行调整。

接下来的三行代码就是将模型文件加载进来，然后存到CUDA设备中，相对直观：

```
[ ]    model.load_state_dict(torch.load('best_model.pth'))
       device = torch.device('cuda')
       model = model.to(device)
```

（2）图像格式转换与正规化处理

这几乎是所有视觉类深度学习应用中不可或缺的步骤，比较烦琐的部分是不同神经网络存在细节上的差异，不过总体来说都脱离不了以下三部分：

① 颜色空间转换：所有神经网络都有自己定义的颜色空间格式，这里的AlexNet接受RGB数据，而CSI摄像头的格式为BGR，这样就必须进行格式转换。这部分的处理可以使用OpenCV、numpy、PIL等强大的图像处理库。

```
x = cv2.cvtColor(x, cv2.COLOR_BGR2RGB)
```

② 张量顺序转换：下面指令就是将HWC顺序转换成CHW顺序；

```
x = x.transpose((2, 0, 1))
```

③ 正规化（normalization）处理：是通过减去数据对应维度的统计平均值，消除公共部分，以凸显个体之间的差异和特征的一种平稳的分布计算。下面使用到的[0.485, 0.456, 0.406]、[0.229, 0.224, 0.225]两组数据，是业界公认的经验数据。

```
mean = 255.0 * np.array([0.485, 0.456, 0.406])
stdev = 255.0 * np.array([0.229, 0.224, 0.225])
```

（3）创建控制元件并与摄像头进行关联

这里使用的traitlets、IPython.display、ipwidgets.wiegets与jetbot的Camera库，在前面的内容中说明过，比较重要的代码如下：

① 显示所获取的图像是“blocked”的概率，设定范围为0～1；

```
blocked_slider = widgets.FloatSlider(description='blocked', min=0.0, max=1.0, 
orientation='vertical')
```

② 调整Jetbot小车行进速度，设定范围为0～0.5；

```
speed_slider = widgets.FloatSlider(description='speed', min=0.0, max=0.5, value=0.0, step=0.01, orientation='horizontal')
```

③ 将摄像头获取的图像与（image, 'value'）进行关联，并执行 bgr8_to_jpeg 格式转换，才能在后面“display”指令之后，将摄像头图像动态地在 Jupyter 中显示。

```
camera_link = traitlets.dlink((camera, 'value'), (image, 'value'), transform=bgr8_to_jpeg)
```

执行这个阶段代码之后，应该会出现如图 9-19 左方的显示框，试着在镜头前晃动手，查看画面内容会产生怎样的变化。显示框右边与下方分别出现如图 9-19 左边的“blocked”与“speed”两个滑块，就是前面代码所建立的小工具。

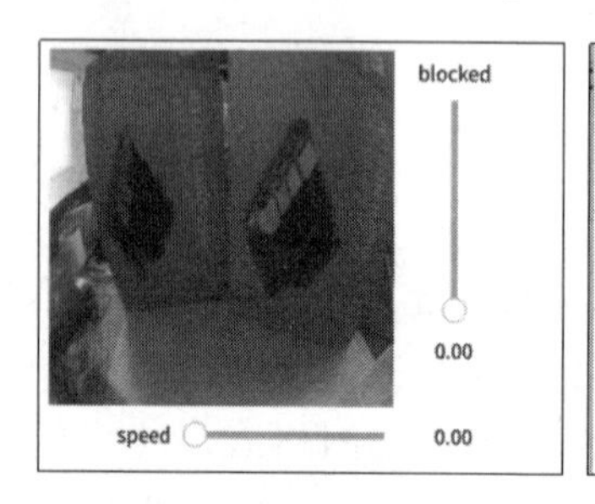

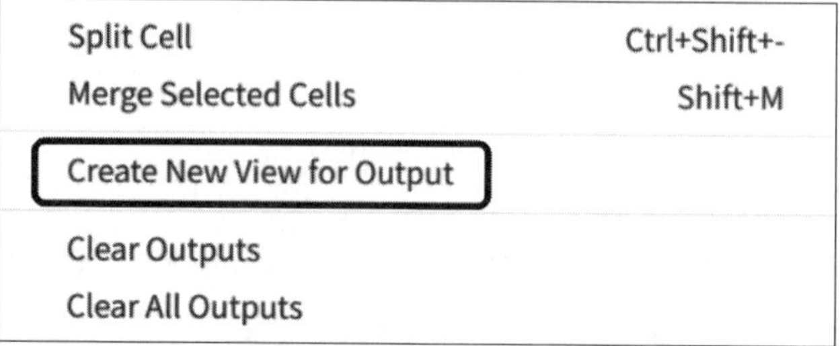

图 9-19　Jetbot 小车的控制画面

由于这个输出会在后面执行交互操作时用“speed”滑块对 Jetbot 进行速度调整，并且我们也希望能实时观察到摄像头的画面，因此建议用鼠标在画面上单击右键，点选图 9-19 右方“Create New View for Output”创建另一个独立输出框。

为“display”输出创建独立视窗之后，就能调整成图 9-20 所示的布局，中间的代码要继续往下执行，而输出就保持在右边窗口中，以便于操作。

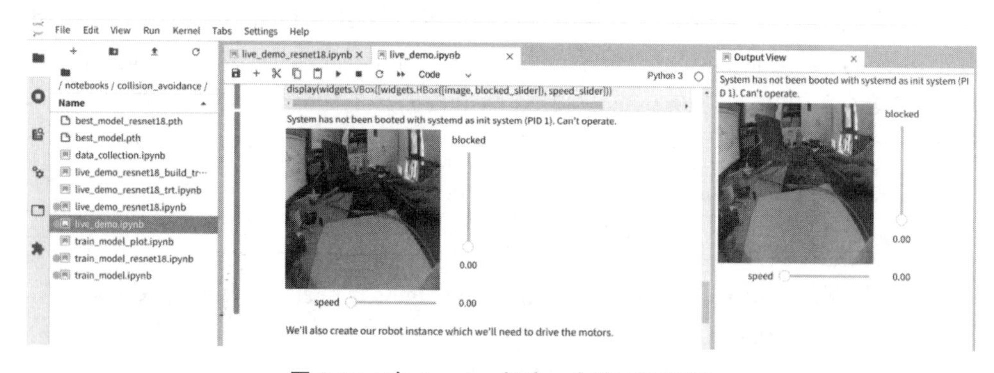

图 9-20　在 Jupyter 创建一个独立输出框

（4）将控制元件与网络模型、机电控制结合

这是整个应用中最核心的整合与计算过程，虽然代码量不多，但信息量非常大，下面将这部分切割成几个小块来进行说明。

① 获取图像并进行识别：

```
def update(change):
    x = change['new']
    x = preprocess(x)
    y = model(x)
......
update({'new': camera.value})
```

a. 首先定义“update(change)”，在最下方用“update({'new': camera.value})”进行调用。

b. 在“update({'new': camera.value})”中使用{key:value}方式，将camera.value图像内容通过change['new']传给x变量。

c. 将x变量传入前面定义的preprocess()格式转换与正规化处理。

d. y是model(x)推理计算得出来的“blocked”与“free”两个类的个别置信度，例如为[−0.9425, 0.4077]。

② 将置信度转换成[0,1]范围的值：

```
y = F.softmax(y, dim=1)
prob_blocked = float(y.flatten()[0])
blocked_slider.value = prob_blocked
```

a. 这里调用torch.nn.functional.softmax函数，将所有类的置信度的总和调整为1，如此一来前面的[−0.9425, 0.4077]就转换成[0.2058, 0.7942]。

b. 作为行进的决策判断，在两个类中挑选任何一个都可以，这里代码以“blocked”类概率值作为判断的依据，因此取float(y.flatten()[0])的值，如果改用“free”的概率，就取float(y.flatten()[1])的值。

c. 将这个值同时传给blocked_slider.value，查看前面输出的blocked滑块的值是否跟着产生变化。

③ 用prob_blocked值控制Jetbot行进：

```
if prob_blocked < 0.5:
     robot.forward(speed_slider.value)
else:
     robot.left(speed_slider.value)
```

a. 这里设定以0.5的概率值为上限，当prob_blocked < 0.5时就前进，否则就原地左转，当然也可以改成向右转。

b. Jetbot的行进速度由“speed_slider.value”变量所控制，这个数值通过前面输出画面的“speed”滑块去调整。

执行完这段代码之后，检查一下前面的输出是否具备以下状态：

a. 摄像头传回的画面在实时更新；

b.“blocked”滑块固定在某个值；

c. 调整“speed”滑块的值，并不会让电机开始转动。

将 Jetbot 小车放到执行场地上，在执行下一个步骤之前，建议通过“speed”滑块将速度控制在 0.25 以下，以避免启动后造成 Jetbot 小车爆冲。

（5）启动摄像头的动态关联

这里其实只有下面这一条指令：

```
camera.observe(update, names='value')
```

① 这是 Jetbot 所提供的函数，将 camera.value 与前面定义的 update（change）进行动态连接；

② Jetbot 应该开始走动了，可以在 Jupyter 显示屏中看到摄像头画面在不停更新；

③ 右方“blocked”滑块的值也在不断跳动（更新）；

④ 试着调整“speed”滑块，查看是不是能改变行进的速度。

可以查看 Jetbot 小车的避障功能执行的如何。如果想停止工作，就继续往下执行暂停的指令。最后需要说明的是，假如避障功能执行得不是太好，例如无法顺利识别一些障碍物或坑洞，可能是由以下两个因素造成的。

① 执行场地的状态：光线不够明亮，地板颜色或花纹过于复杂。

② 摄像头规格：因为原厂提供的模型是用 160°广角的 IMX219 摄像头所采集的图像数据，如果使用的 CSI 摄像头是平光的，也有可能影响识别能力。

总而言之，如果测试效果不如预期，就要重新收集数据并重新训练模型，这才是解决问题的根本。

9.5.3 数据采集

这原本应该是任何深度学习应用的第一个步骤，但这个过程比较枯燥乏味，因此先让大家体验一下避撞功能的执行，但最终还是要将这个步骤补上，这样才能让这个项目更加完整，并且能适应更多应用场景。

项目中提供的 data_collection.ipynb 脚本用于配合 Jetbot 小车使用 CSI 摄像头拍摄图像并进行分类。这个脚本的内容非常简单，主要功能是启动摄像头、创建“add free”与“add blocked”按钮，将从画面捕捉的图像分别添加到“free”与“blocked”文件夹中，稍后提供给训练代码执行模型训练。

这个代码没有什么难度，读者自行阅读代码就能理解，不需要做特别说明。比较烦琐的部分在于必须用 Jetbot 小车的 CSI 摄像头去实际拍“路况”状态。

例如前面图 9-18 所显示的，如果将 Jetbot 小车与障碍物之间的距离在 10cm 以内定为“blocked”，那么在距离大于 10cm 的地方拍摄 2 ～ 3 张图像，应归类为“free”，否则训练完的模型可能会造成 Jetbot 小车在 15cm 处便将物体识别为“blocked”，就开始转向，与我们设计的预期有差异。

但是要收集这些“细微差距”的图像，通常需要如图 9-21 所示，带着控制台 PC 跟着 Jetbot 小车在场地中不断小距离移动，每次将 Jetbot 定好一个位置，然后停下来在控制台 PC 上用鼠标单击“add free”或“add blocked”按钮进行拍摄与分类，如此重复数百次。

图 9-21 用 Jetbot 摄像头采集图像数据

到这里应该能感受到这个过程的烦琐与枯燥了，有时可能还会弄得有些狼狈，但是这个过程又不能省略。有什么辅助的方法可以协助呢？这才是我们在本小节中要分享给读者的重要经验。

由于 data_collection.ipynb 只调用 CSI 摄像头，目前与电机相关的控制是闲置的，因此可以调用“基本动作”实验“将控制函数附加到事件”的功能，用最后产生的方向钮来控制 Jetbot 小车的行进，调整该部分的速度与持续时间参数，最后将这些需要控制的内容集成在如图 9-22 所示的画面中，以便于控制。

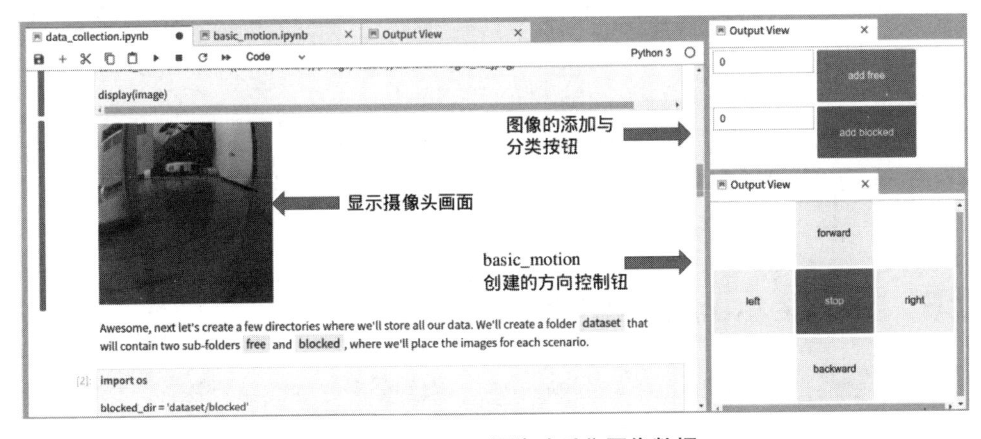

图 9-22 用 Jetbot 摄像头采集图像数据

将 Jetbot 小车置于地面，将控制台 PC 放在桌上，通过图 9-22 右下角的按钮让小车按照指令行进，然后根据左方摄像头中的画面，在右上方单击合适的按钮去添加数据，如此就能快速采集图像数据。

经过这样的整合之后，就能将数据采集的任务变得非常轻松，还能让前面的实验变得非常有价值，一举数得。

9.5.4 模型训练

data_collection.ipynb 脚本的最后一个动作，就是将数据集压缩成 dataset.zip 文件，这是为了在计算性能更好的设备上进行模型训练的任务，毕竟 Jetson Nano（含 2GB）的计算性能是比较不足的。

但是做这种模型训练的设备，首先要具备英伟达 CUDA GPU，包括装有计算卡的 x86 设备或 AGX Xavier、Xavier NX 之类，并且需要安装与 Jetson Nano 上相同版本开发环境的对应库，包括 CUDA、cuDNN、TensorRT 等，还需要安装 Jupyter 交互环境与 PyTorch、torchvision 等深度学习框架，这是非常烦琐的过程。

如果有计算性能较好的设备并且安装好了上述所说的训练环节，那么可以将前面收集好并压缩的 dataset.zip 复制到这台设备上，并将 train_model.ipynb 文件复制过去，然后在训练机上执行这个模型的训练任务。

但仅数百张图像的规模并不大，根据经验是可以直接在 Nano（含 2GB）上进行模型训练的，因此推荐的做法是直接在 Nano（含 2GB）上执行，可以节省非常多额外的资源与环境安装时间。

至于 train_model.ipynb 的内容，是非常标准的流程，项目中提供的三个训练脚本大同小异，只不过 train_model.ipynb 使用 AlexNet 网络；train_model_resnet18.ipynb 使用 ResNet18 神经网络；至于 train_model_plot.ipynb，就是多一些实时显示的功能，并没有特殊之处。

train_model.ipynb 脚本中的参数无须做任何修改，只要规规矩矩按照流程去训练模型就可以了，完成任务之后就会生成 best_model.pth 模型，交给 live_demo.ipynb 去测试效果，这样就完成了整个项目的流程。

到这里就将完整的 Jetbot 小车避撞项目说明清楚，至于开源项目中的 object_following，因为需要用到的模型文件有版本问题，需要自行用 TensorRT 重新生成引擎，不适合本章的内容。至于 road_following 的内容，这里就不再赘述。

9.6 剖析 Jetson 的 40 针引脚

前面已经把 Jetbot 的范例项目执行完，相信读者对这类结合深度学习与机电控制的项目会有更深层次的了解。

对将 Jetson 设备用作更多控制用途有兴趣的读者（如控制机器手臂、无人机、机器人等），可以再好好继续学习接下来的内容，因为 Jetbot 小车已经使用到 Nano（含 2GB）用于机电控制的 40 针引脚，我们就借此机会将这部分内容再做深入探索，让大家能将 Jetson 设备的用途发挥到极致，并且创建更多的高实用价值项目。

在 Jetbot 里面使用到的 OLED 显示屏与 DC-Stepper-Motor 控制板，都是由 Nano（含 2GB）中 1 组 I2C 总线与 3V/GND 电源来控制的，只用到 40 针引脚的 4 针，其他控制资源都处于闲置状态，还能好好地利用。

事实上，从 Jetson 系列最早期的 TK1 开发套件就已经提供了这组外接引脚，从 TX1/TX2 到现在的 AGX Xavier、Nano（含 2GB）与 Xavier NX 开发套件，全都保留了这个重要的设计（图 9-23），只不过在这方面的说明都不够深入，大多是做些最简单的 LED 灯闪烁实验，或者用 i2c-tools 显示一下找到设备而已。

图 9-23　Jetson 系列所提供的控制引脚

图 9-24 是 Jetson Nano 的 J41 引脚编号与定义图，采用与树莓派兼容的规格，这个战略是非常高明的，因为 Jetson 设备的计算能力与图像显示能力，比树莓派高出许多，这样就能让很多创客的控制类项目非常平顺地移植到 Jetson 设备上，立即就能结合更多深度学习技术让原本的项目升级成真正的“智能化”应用。

Sysfs GPIO	定义	引脚	引脚	定义	Sysfs GPIO
	3.3 VDC Power	1	2	5.0 VDC Power	
	I2C_2_SDA I2C Bus 1	3	4	5.0 VDC Power	
	I2C_2_SCL I2C Bus 1	5	6	GND	
gpio216	AUDIO_MCLK	7	8	UART_2_TX /dev/ttyTHS1	
	GND	9	10	UART_2_RX /dev/ttyTHS1	
gpio50	UART_2_RTS	11	12	I2S_4_SCLK	gpio79
gpio14	SPI_2_SCK	13	14	GND	
gpio194	LCD_TE	15	16	SPI_2_CS1	gpio232
	3.3 VDC Power	17	18	SPI_2_CS0	gpio15
gpio16	SPI_1_MOSI	19	20	GND	
gpio17	SPI_1_MISO	21	22	SPI_2_MISO	gpio13
gpio18	SPI_1_SCK	23	24	SPI_1_CS0	gpio19
	GND	25	26	SPI_1_CS1	gpio20
	I2C_1_SDA I2C Bus 0	27	28	I2C_1_SCL I2C Bus 0	
gpio149	CAM_AF_EN	29	30	GND	
gpio200	GPIO_PZ0	31	32	LCD_BL_PWM	gpio168
gpio38	GPIO_PE6	33	34	GND	
gpio76	I2S_4_LRCK	35	36	UART_2_CTS	gpio51
gpio12	SPI_2_MOSI	37	38	I2S_4_SDIN	gpio77
	GND	39	40	I2S_4_SDOUT	gpio78

图 9-24　Jetson Nano J41 引脚编号与定义

有了这些兼容脚位，就能让Jetson设备立即搭配图9-25所列的树莓派周边产品，这些是目前市场上普及度很高的设备。

01	大面包板	1个	02	遥控器	1个
03	1602显示屏	1个	04	40PIN 排线	1个
05	温湿度传感器	1个	06	DS1302时钟模块	1个
07	DS1802	1个	08	I2C-1602	1个
09	陀螺仪加速度传感器	1个	10	PCF8591(AD DA)	1个
11	PS2摇杆	1个	12	电位器	1个
13	U型光电传感器	1个	14	超声波模块	1个
15	干簧管传感器	1个	16	光敏电阻传感器	1个
17	红外接收头	1个	18	火焰传感器	1个
19	霍尔传感器	1个	20	声音传感器	1个
21	数字温度传感器	1个	22	激光模块	1个
23	继电器	1个	24	七色LED	1个
25	三色LED	1个	26	双色LED	1个
27	轻触按键	1个	28	倾斜传感器	1个
29	树莓派IO口扩展板	1个	30	无源蜂鸣器	1个
31	有源蜂鸣器	1个	32	旋转编码器	1个
33	烟雾传感器	1个	34	震动传感器	1个
35	雨滴传感配件	1套			

图 9-25　树莓派常用周边设备种类

对大部分电子专业人士或创客老手来说，可能这些引脚的定义与调用是非常简单的，但是对初学者而言，则只能眼睁睁地看着熟手轻松使用这些控制资源做出一些令人惊羡的项目，而自己还在门外驻足而立不知如何上手。

本节的内容就是更清晰且有系统地让大家能更全面掌握这方面的知识与技术，好好地将Jetson系列开发套件的资源发挥到极致，包括以Jetbot套件为基础进行强化，修改OLED所显示的内容，为Jetson添购一个16路PCA9685舵机控制板去开发实用性更强的深度学习与机械控制相结合的项目，例如根据垃圾分类识别结果进行处理的机械手臂，根据猫脸识别结果对特定猫开启喂食器，根据水果成熟度进行采摘等应用。

9.6.1 分清楚GPIO与SFIO的不同

虽然大家已经习惯将这些引脚全部统称为GPIO（general purpose I/O），但事实上这40针引脚有一部分是属于SFIO（special function I/O）的特定功能接口，图9-26所示是从英伟达的Tegra_Linux开发手册摘录的内容。

Each Jetson developer kit includes several expansion headers and connectors (collectively, “headers”):

- 40-pin expansion header: Lets you connect a Jetson developer kit to off-the-shelf Raspberry Pi HATs (Hardware Attached on Top) such as Seeed Grove modules, SparkFun Qwiic products, and others. Many of the pins can be used either as GPIO or as “special function I/O” (SFIO) such as I2C, I2S, etc.

图 9-26　摘录自Tegra_Linux开发手册

那么究竟哪些引脚属于SFIO呢？在Jetson系列开发套件里有18针引脚是与电

路板直连的脚位，包括有12针与供电相关、4针（2组）I2C总线脚位、2针（1组）UART总线脚位，这些是不能被重新定义的专属功能引脚，其个别功能与位置如下。

（1）供电相关

这部分引脚需要非常细心地处理，如果错用可能会造成Jetson设备损坏。这里将其进一步分成三种用途。

① 5V直流电输入/输出：脚位[2, 4]，在标识上是唯一使用“红色”的，可以在Jetson开发套件中作为“供电”用途。有些Jetbot第三方套件就是用这种方式对Nano（含2GB）进行供电，不过这些都是专业厂商自行设计的电路，不太熟悉供电原理的读者，请勿随意尝试以避免对设备造成破坏。

这两个引脚也能对5.0V规格的周边设备进行供电，但是非常不推荐这样使用，因为Jetson本身的电力已经处于吃紧状态，如果再对其他设备提供5V输出，很可能影响整体稳定性。

② 3.3V直流电输出：脚位[1, 17]，可以为一些低电压设备供电。例如在Jetbot项目中使用的PiOLED与PCA9685，就是由Nano（含2GB）的3.3V供电口对这两个元件进行供电。

③ GND接地点：脚位[6, 9, 14, 20, 25,30, 34, 39]，共8针。

（2）2组I2C总线

这部分的细节会在下一小节说明，这里只要先知道脚位与功能就可以了。

① 第一组I2C_1_SDA，脚位[27]；I2C_1_SCL，脚位[28]。

② 第二组I2C_2_SDA，脚位[3]；I2C_2_SCL，脚位[5]。

在Jetbot项目中，主要使用第二组I2C总线连接OLED显示屏与电机控制板，事实上是可以用两组总线分别接到不同的设备的。

（3）1组UART

① UART_2_TX：脚位[8]。

② UART_2_RX：脚位[10]。

以上所列的就是SFIO引脚，可以对照图9-24所示的引脚编号。在最上面与最下面两排“Sysfs GPIO”编号中，属于SFIO的脚位没有“gpioxxx”编号，不能用作GPIO功能，这个细节是开发人员需要了解的，以免在日后想要开发控制类的应用时错用接口。

事实上，Jetson设备中“树莓派兼容脚位”的部分，指的就是这18针SFIO引脚，从AGX Xavier到Nano（含2GB）与Xavier NX开发套件，全部都遵循这个设计原则，而这项规划对Jetson系列开发套件产生了非常大的市场影响力，毕竟过去十年创客盛行，树莓派凭借“硬件开源”的势头，吸引了相当庞大的民间力量开发了相当齐全的周边产品。

Jetbot智能小车项目使用的OLED显示屏与DC-Stepper-Motor控制板，都是从树莓派常用周边设备中挑选出来的。

9.6.2 jetson-io引脚配置工具

如果已经弄清楚这40针引脚中有18针SFIO是不能重新定义的，那剩下的22针引脚该如何处理呢？

因为设备的所有I/O默认配置为静态定义，早期要更改40针扩展引脚定义时，必须使用相应平台的pinmux电子表格去更新引脚配置，然后将新配置烧回开发套件中。虽然这是更新系统的一种适当方法，但在项目开发的阶段，需要一种更方便的方法来测试不同的引脚配置。

英伟达从L4T 32.3版本开始，提供了一套基于Python的jetson-io配置工具，可以修改这22针引脚的定义，在Jetpack安装时就编译到opt/nvidia/jetsion-io目录下，是属于系统底层的配置工具，最终将修改内容写入设备树（device tree blob，DTB）固件，重启设备之后就能让新的设置生效，非常方便。

请不要将jetson-io与Jetson.GPIO开发库搞混了，前者是驱动层的配置工具，属于Jetson系统的一部分，后者是应用层的开发库，需要手动安装与单独下载的范例，二者之间并没有任何关联。

图9-24已经列出40针引脚的定义，在这里可以使用jetson-io提供的工具来检测各脚位的当前状态。执行以下代码：

```
$ sudo /opt/nvidia/jetson-io/config-by-pin.py
```

应该能看到如图9-27所显示的状态，可以与图9-24进行对照，除了前面所说18针SFIO之外，其余22针引脚都显示“unused”状态。这些属于GPIO功能的引脚可以通过Jetson.GPIO库进行调用。

1: 3.3V	6: GND	11: unused	16: unused	21: unused	26: unused	31: unused	36: unused
2: 5V	7: unused	12: unused	17: 3.3V	22: unused	27: i2c1	32: unused	37: unused
3: i2c2	8: uartb	13: unused	18: unused	23: unused	28: i2c1	33: unused	38: unused
4: 5V	9: GND	14: GND	19: unused	24: unused	29: unused	34: GND	39: GND
5: i2c2	10: uartb	15: unused	20: GND	25: GND	30: GND	35: unused	40: unused

图9-27 使用jetsn-io工具检查40针引脚的状态

想要修改22针引脚的定义，最轻松的方法就是执行以下步骤：

```
$ sudo /opt/nvidia/jetson-io/jetson-io.py
```

进入主菜单后，选择图9-28左方的“Configure 40-pin expansion header”选项，就会出现图9-28右方的选择菜单，通过“上/下键”与“空格键”选择要设定的功能组，选择完毕储存设定后重启就可以了。

在设定选项中可以看到有aud_mclk、i2s、pwm、spi与uartb-cts/rts 5种功能的7组设定，这是一组配套的设定，不需要单独处理，经过设定的脚位就变成SFIO的成员，不能作为GPIO使用。

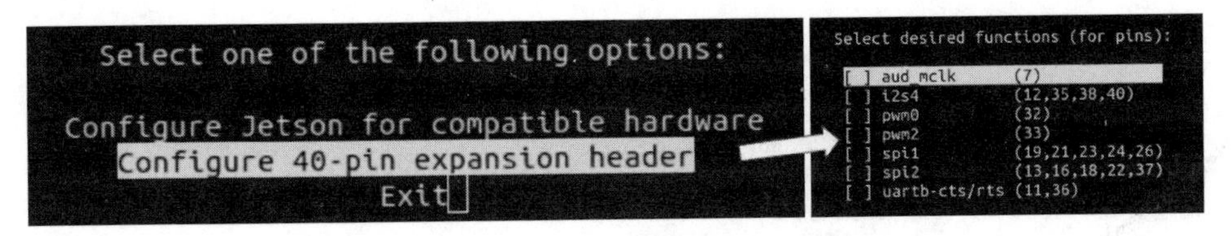

图 9-28 用 jetson-io.py 工具修改 GPIO 脚位定义

在 opt/nvidia/jetson-io/ 目录下还有 config-by-hardware.py、config-by-function.py、config-by-pin.py 三个工具，可以根据不同目的去查询与设置 GPIO 引脚属性，https://docs.nvidia.com/jetson/archives/l4t-archived/l4t-325/index.html 里“Hardware Setup”的“Configuring the 40-Pin Expansion Header”中有完整的使用说明。

9.6.3 Jetson.GPIO 应用开发库

这是应用级的开发库，是针对“未被 jetson-io 设置为 SPIO”的 GPIO 引脚进行调用的应用库，例如引脚 19 在被 jetson-io 配置为 spi1 功能之前，就作为 GPIO 功能，可以用 Jetson.GPIO 库去指派与调用；但是经过 spi1 配置并重启之后，引脚 19 已经属于 SFIO，而非 GPIO，这时如果用 Jetson.GPIO 去指定这个引脚，就不会产生作用。

Jetson.GPIO 开发库并不在 Jetpack 安装包里，因此需要手动安装与从 Github 上下载范例代码。利用下面指令可以简单安装这个库：

```
$ sudo pip3 install Jetson.GPIO
  # 配置用户权限
$ sudo groupadd -f -r gpio
$ sudo usermod -a -G gpio $USER
```

如果想要获得这个开发库的范例，就执行以下指令：

```
$ cd ~ && git clone https://github.com/NVIDIA/jetson-gpio
$ cd jetson-gpio/samples
```

可以看到这里的“jetson-gpio”与前面“jetson-io”的相似度很高，很容易造成混淆。

下载的范例都需要结合一些很基本的电子实验设备实现，例如面包板、LED 灯、杜邦线、小电阻、小电容等，实验内容非常简单，请自行采购相关元件并跟着说明操作，这里不做这些范例的讲解。

最后一个容易造成混淆的部分，就是作为 GPIO 用途的脚位有四种调用的模式，这也是由过去长年积累的兼容性问题所导致的，只要搞清楚也不是大问题。

一般控制代码最开头的地方，都需要使用“GPIO.setmode(GPIO_MODE)”指令进行模式的指定，其中“GPIO_MODE”可以是以下四种。

（1）GPIO.BOARD

这种模式的引脚是根据“1～40”的物理编号进行指定，是最简单易懂的方式，不过必须注意避开已经设置为 SFIO 的引脚。例如：

```
GPIO.setmode(GPIO.BOARD)
GPIO.setup(12, GPIO.IN)                          # 设置12针引脚为输入
GPIO.setup(13, GPIO.OUT, initial=GPIO.HIGH)      # 设置13针引脚为输出
```

这是最直观且简单的模式，推荐初学者使用。

（2）GPIO.BCM

这种编号是因为控制芯片主要来自于博通（Broadcom）公司，而他们自定义了一组 BCM 编码方式，如图 9-29 所示的在 Jetson Nano（含 2GB）开发套件的脚位背面所印刷的“Dxx”编号就是 BCM 的编码。

图 9-29　Jetson Nano 背面的 BCM 编号

下面是简单的调用方法，不过是根据 BCM 编码原则指定的脚位：

```
GPIO.setmode(GPIO.BCM)
GPIO.setup(12, GPIO.IN)        # 设置D12(BOARD的32)脚位为输入
GPIO.setup(13, GPIO.OUT)       # 设置D13(BOARD的33)脚位为输出
```

很多传统树莓派的项目中习惯使用 BCM 编码，仔细对照就能轻易理解。

（3）GPIO.CVM 与 GPIO.TEGRA_SOC

这两种模式使用引脚命名的字符串作为设置引脚的参数，其中 CVM 是根据 CVM/CVB 连接器信号名称命名，TEGRA_SOC 是根据 Tegra SOC 中信号名称来命名。

TEGRA_SOC 的名称请参考图 9-24 中的名称，例如第 23 脚位的名称为“SPI_1_SCK”，第 21 脚位的名称为” SPI_1_MISO”，使用这两针引脚（未设置为 SPI 用途之前）做输入 / 输出时的参考代码如下：

```
GPIO.setmode(GPIO.TEGRA_SOC)
GPIO.setup('SPI_1_SCK', GPIO.IN)       # 设置23脚位为输入
GPIO.setup('SPI_1_MISO', GPIO.OUT)     # 设置21脚位为输出
```

以上四种模式都是 Jetson.GPIO 所支持的，经过简单的说明之后应该就能清楚这些模式之间的差异。在阅读范例或他人的代码时，第一件事情就是要确认使用的编码模式。如果是撰写代码，使用 GPIO.BOARD 模式是最容易识别的。

至于 Jetson.GPIO 的开发内容，不在这里说明，因为只要将前面的模式弄清楚了，代码内容是相对直观的，相信读者都能自行掌握。

9.7 浅谈 I2C 总线与周边设备

在 Jetson 开发套件的 SFIO 引脚中，保留给 I2C 总线的数量居然有 2 组，可见这个总线的重要性。

I2C 是由飞利浦公司在 20 世纪 80 年代初设计的一种“多主从（master/slave）架构的串行通信总线”。由于结构设计得非常简单并且有很大的弹性空间，这个总线的普及度相当高，广泛用于微控制器与传感器阵列、显示器、IoT 设备、EEPROM 等之间的通信，至今仍为广大创客所青睐。

这里只对 I2C 进行知识性的科普以及软件调用方式的讲解，不涉及电子电路与信号处理的内容，因为我们的重点在于如何使用，除了进一步深入了解 Jetbot 利用这个总线做了哪些事情，更希望读者以后能利用这个总线去创作更多实用的自动控制的项目，而不止于 Jetbot 的有限设备。

9.7.1 I2C 总线的特性

前面提到过，在 Jetson 的 40 针引脚中有 18 针 SFIO 引脚与电路板直连，这是不能改变功能的引脚，其中就有 2 组 I2C，[3, 5] 与 [27,28] 引脚，其是不需要通过 jetson-io 指定就能使用的。

这里并不讲解 I2C 的工作原理与电子电路图，这些太过底层的知识对于应用工程师来说意义并不大，就算不懂也不会影响代码的操作。不过 I2C 总线的特性倒是需要了解一下，这对于应用开发是有帮助的。以下简单列出 I2C 总线的一些特性：

① 只需要 SDA 数据线和 SCL 时钟线就能完成所有工作：总线界面已经集成在芯片内部，不需要特殊的界面电路。

② 是一个真正的多主机总线：

a. 如果两台或多台主机同时初始化数据传输，可以通过冲突检测和仲裁防止数据破坏，每台连接到总线上的设备都有唯一的地址，任何设备既可以作为主机，也可以作为从机，但同一时刻只允许有一台主机。

b. 数据传输和地址设定由软件完成，总线上的器件增减不影响其他器件正常工作。

c. 主机（master）数量没有限制，主机能控制的从机（slave）数量为 127 台。

③ 可以通过外部连线进行在线检测，便于系统故障诊断和调试，故障可以立即被寻址，软件也利于标准化和模块化缩短开发的时间。

④ 连接到相同总线上的 I2C 数量只受总线最大电容的限制，串行的 8 位双向数据传输速率在标准模式下可达每秒 100Kbit，快速模式下可达每秒 400Kbit，高速模式下可达每秒 3.4Mbit，超高速模式下可达每秒 5Mbit。

⑤ 总线具有极低的电流消耗，抗高噪声干扰，增加总线驱动器可以使总线电容扩大 10 倍，传输距离达到 15m，兼容不同电压等级的器件与工作温度范围。

了解以上这些特性，就能很清楚地了解为何 I2C 总线会受到广泛的青睐，其不仅扩充性强而且稳定性高，并且成本还比较低。接下来就讲解如何使用代码来通过这个总线去控制周边设备。

9.7.2 i2c-tools 总线检测工具

I2C 有自己专属的 i2c-tools 检测工具，可以用指令检测 I2C 总线上的设备状态，并使用 SMBUS 总线开发库来进行开发，Jetbot 系统的机电操控指令也是基于这个库进行高阶封装的。

虽然在 Jetbot 系统里已经将这些工具与库都安装调试好了，不过这里还是提供这个工具与开发库的安装与调试步骤，这样就能在其他 Jetson 设备上调用。

安装 i2c-tools 与 SUBUS 库的步骤很简单，请执行以下指令：

```
$ sudo apt update && sudo apt install -y i2c-tools
$ sudo usermod -aG i2c $USER
```

执行以下指令检查设备中有几个 I2C 总线：

```
$ i2cdetect -l
```

在 Jetson 系列的不同型号核心模块配置了不同数量的 I2C 总线，图 9-30 显示 Jetson Nano 2GB 有 7 组 I2C 总线，如果手边有 Jetson Nano（4GB 版）、AGX Xavier 或 Xavier NX 等开发套件，执行这个指令后，可以看到 Jetson Nano 与 AGX Xavier 各有 9 组总线，而 Xavier NX 有 11 组总线。

```
nvidia@nano2g-jp450:~$ i2cdetect -l
i2c-3   i2c     7000c700.i2c            I2C adapter
i2c-1   i2c     7000c400.i2c            I2C adapter
i2c-6   i2c     Tegra I2C adapter       I2C adapter
i2c-4   i2c     7000d000.i2c            I2C adapter
i2c-2   i2c     7000c500.i2c            I2C adapter
i2c-0   i2c     7000c000.i2c            I2C adapter
i2c-5   i2c     7000d100.i2c            I2C adapter
```

图 9-30 Jetson Nano 2GB 的 I2C 总线数量

这里显示的总线数量是 Jetson 核心模块所配置的 I2C 数量，可以让第三方厂商根据实际需要利用这些总线自行开发更丰富的周边设备接口，不过只留 2 组总线给40针引脚使用。

下面进一步利用Jetbot现有配备来学习i2c-tools的用法，标准的接线是将OLED显示屏与DC-Stepper-Motor控制板的SCL与SDA信号线接到Jetson Nano 2GB的第3与第5这2针同属I2C_2编号的总线引脚。

由于这个总线编号与系统识别的编号存在“1”的差距，例如I2C_2的系统编号为1、I2C_1的系统编号为0，因此要检测Jetbot的I2C_2总线所连接的设备，请执行以下指令：

```
$ i2cdetect -y -r 1
```

图9-31显示了这个总线目前所连接上的设备。

```
nvidia@nano2g-jp450:~$ i2cdetect -y -r 1
     0  1  2  3  4  5  6  7  8  9  a  b  c  d  e  f
00:          -- -- -- -- -- -- -- -- -- -- -- -- --
10: -- -- -- -- -- -- -- -- -- -- -- -- -- -- -- --
20: -- -- -- -- -- -- -- -- -- -- -- -- -- -- -- --
30: -- -- -- -- -- -- -- -- -- -- -- -- 3c -- -- --
40: -- -- -- -- -- -- -- -- 48 -- -- -- -- -- -- --
50: -- -- -- -- -- -- -- -- -- -- -- -- -- -- -- --
60: 60 -- -- -- -- -- -- -- -- -- -- -- -- -- -- --
70: 70 -- -- -- -- -- -- --
```

图9-31 显示Jetbot的I2C_2总线所连接设备

对于显示的结果，大部分网文就是告诉读者“找到设备了”，但究竟找到什么设备却又没有交代清楚，使这些内容变成谜团。事实上3c、48、60、70这些信息都是16进制数字的“设备编号”，只要找到对照表就能解释这些信息的意义。

在https://i2cdevices.org/addresses提供了完整的对照表。这里以3c编号的设备为例，可以在列表下方找到0x3c，就能看到如图9-32所显示的设备列表，一共有SSD1305、SSD1306、PCF8578、PCF8569、SH1106与PCF8574AP等6种，单击之后会发现这一类的设备都与“显示功能”有关。

0x3c	SSD1305 SSD1306 PCF8578 PCF8569 SH1106 PCF8574AP

图9-32 找到0x3c对应的设备名称

其中，SSD1306的设备描述内容为“128 × 64 Dot Matrix Monochrome OLED/PLED Segment/Common Driver with Controller”，这个规格与Jetbot使用的OLED符合。接着查询48、60、70三个编号，发现全都在PCA9685控制芯片的范围之内，这个芯片涵盖的地址从0x40到0x7f共64个，而Jetbot的DC-Stepper-Motor控制板就是以PCA9685为主控芯片，至于占用3个地址的原因是相对底层的问题

至此，读者应该已经能掌握这些信息的完整意义了，以后就能轻松分辨出i2cdetect检测工具所查找出来的设备，这是一个技术人员应具有的最基本能力。

9.7.3 Jetbot 控制 OLED 显示屏的代码

我们已经知道 Jetbot 是通过 I2C_2 总线去控制 OLED 显示器，下面更进一步地探索其控制显示内容的代码。~ /jetbot/jetbot/apps/stats.py 代码就是负责执行显示内容的代码，这里不列出全部内容，只将重要的部分挑出来说明。

① 调用 Jetbot 的 utils/utils.py 的 get_ip_address 函数去显示网卡的 IP：

```
from jetbot.utils.utils import get_ip_address
```

② 这个屏的尺寸是 128×32 像素，与 SSD1306 规格相同，因此直接使用 Adafruit 所提供的 Adafruit_SSD1306 库：

```
import Adafruit_SSD1306
```

③ 用创建符合 OLED 显示规格的 disp1 对象：

```
disp1 = Adafruit_SSD1306.SSD1306_128_32(rst=None, i2c_bus=1, gpio=1)
```

这里有三个参数要简单说明一下：

a. rst 是 Raspberry Pi pin configuration 的引脚定义，在这里设为不使用（None）；

b. i2c_bus 指定所使用的总线的编号，前面说过这里使用的是第二组（I2C_2），但在代码里的编号是“1”，如果用的是第一组，则编号为“0”；

c. gpio 表示这个脚位是否被占用，设置为“1”表示已占用。

④ 显示屏是以“图像”方式来处理，“draw.rectangle()”代表先将显示屏涂黑：

```
draw.rectangle((0,0,width,height), outline=0, fill=0)  # 将屏涂黑
```

⑤ 下面代码利用 Linux 针对 CPU、内存、存储空间的检测指令，获取显示的数据，并抽取所需要的内容，分别存入 CPU、MemUsage 与 Disk 三个变量中；

```
cmd = "top -bn1 | grep load | awk '{printf \"CPU Load: %.2f\", $(NF-2)}'"
CPU = subprocess.check_output(cmd, shell = True )
......
cmd = "df -h | awk '$NF==\"/\"{printf \"DISK: %d/%dGB %s\", $3,$2,$5}'"
Disk = subprocess.check_output(cmd, shell = True )
```

⑥ 下面显示 4 组数据，因为显示屏高度为 32 像素，而每个字符高度为 8 像素：

```
draw.text((x, top),  "eth0: " + str(get_ip_address('eth0')),  font=font, fill=255)
......
draw.text((x, top+25), str(Disk.decode('utf-8')),  font=font, fill=255)
```

⑦ 下面代码则是将前面四行写入的信息，以图像为单位来显示，每一秒更新一次。

```
    disp.image(image)
    disp.display()
    time.sleep(1)
```

图 9-33 所示就是 stats.py 代码控制 OLED 显示的内容。

图 9-33　Jetbot 的 OLED 显示内容

可以尝试修改一下显示的内容，例如有线网 IP 对 Jetbot 来说并不重要，但是 CPU 使用状态是有价值的，因此对显示内容与顺序稍做调整，例如无线网 IP 其实只要知道一次就行，可以放到最下面，而内存与 CPU 的使用状态是相对敏感的，可以将顺位往上调。

最后要补充说明的重点，就是 Jetson 系列不同型号的总线编号并不一致，这里使用的 Jetson Nano（含 2GB）的 I2C_2 编号为 1，而 AGX Xavier 的 I2C_2 编号为 8，Xavier NX 的 I2C_2 编号为 xx，因此在不同设备上使用时，只要将"i2c_bus="的参数进行修改就可以了，其他代码几乎不需要变动。

在 https://github.com/adafruit/Adafruit_Python_SSD1306 下面有一些独立的 OLED 控制范例，可以用来练练手，不过执行这些范例之前必须先关闭 Jetbot，否则 I2C 总线被占用的时候无法执行其他的显示。

9.7.4 Jetbot 的控制元件与代码

在 Jetbot 设备清单里，只有 DC-Stepper-Motor 步进电机直流驱动器控制板与控制有关，这块控制板是由一片 PCA9685 的 PWM（pulse width modulation，脉冲宽度调制）控制芯片与两片 TB6612 电机驱动芯片所组成，与 Jetson 设备、TT 电机形成如图 9-34 所示的接线关系。

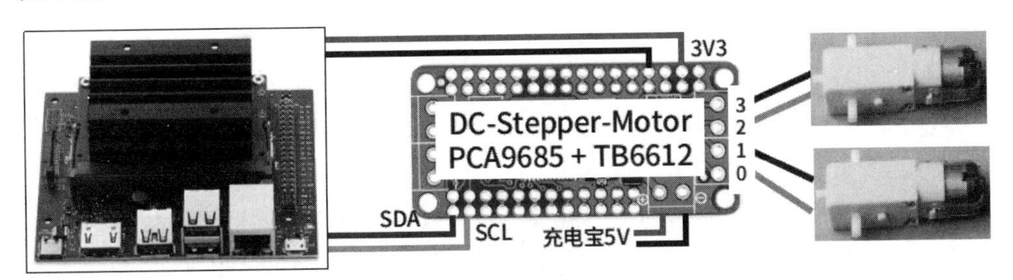

图 9-34　DC-Stepper-Motor 控制板与 Jetson Nano、TT 电机的组合

两者之间的分工如下：

• PCA9685 负责接收来自 Jetson Nano（含 2GB）的 I2C 总线传递过来的控制指令，然后转换成 PWM 控制信号输出给 TB6612 电流控制器；

• TB6612 根据所收到的 PWM 信号，分别对两台 TT 电机提供电量。

一片 PCA9685 芯片能支持高达 16 路 PWM 信号处理能力，在机械臂控制领域中非常知名，前面提过的 http://i2cdevices.org 的设备地址列表中，这个芯片所覆盖的 0x40 ～ 0x7f 范围就占据一半设备编号，足见其使用的频率与影响力是相当高的。

在 DC-Stepper-Motor 控制板上有 3.3V 与 5V 两个电源输入接口，前者是为信号处理用的 PCA9685 芯片提供电源，后者为 TB6612 控制器与两台 TT 电机提供足够的电力，两者互相对立。

由于 PCA9685 所消耗的电流非常小，大约在 100mA 以内，因此使用 Jetson 设备上的 3.3V 输出为其供电，不会影响设备的稳定性。两台 TT 电机所需的电流较大，每台电机需要 1.2A 的大电流，这是 Jetson Nano（含 2GB）的 5V 输出无法支撑的，需要独立供电系统的配合。在 Jetbot 系统中是用外接充电宝来提供的。

这样就把 DC-Stepper-Motor 控制板的两组芯片说得比较清楚了，接下来进一步说明 Jetbot 控制代码的部分。项目～ /jetbot/jetbot 里面的 motor.py 与 robot.py 就是负责这部分的控制，前者负责底层 PWM 信号的控制，后者则作为开发者调用的高级封装接口。来看一下两段代码的关键内容。

（1）motor.py：底层接口

① 定义“以电机为单位”的“前进、后退、停止”这 3 个动作。

② 调用 Python 版的 Adafruit_MotorHAT 库，定义与 DC-Stepper-Motor 控制板直接互动的低阶接口，作为 robot.py 的基础函数库。

③ 这里会使用到几个参数，主要对应上层 robot.py 的参数。

a. driver：对应到 robot.py 的 I2C 总线编号。

b. channal：对应 robot.py 的左右轮“motor_channel”。

c. ina/inb：根据左右通道去设置实际电流输出口的位置编号。

（2）robot.py：高级接口

① 定义“以小车为单位”的“前进、后退、左传、右转、停止”5 个动作，可以自行修改“speed=”参数调整行进速度。

② 这是一个高阶封装的开发接口，主要调用 Python 版的 Adafruit_MotorHAT 库以及下层的 motor.py 所定义的函数。

③ 这里会使用到以下几个参数：

a. i2c_bus：必须根据实际使用的 I2C 总线去设置编号，如果使用 I2C_2 总线，则“default_value=1”，如果使用 I2C_1 总线，则“default_value=0”。

b. motor_channel：将“left”设为“1”、“right”设为“2”，这些设定会传到

motor.py 中，以判断该对哪个接口输出对应 PWM 的电流。

以上是将两段代码中最重要的关键内容提取出来进行简单说明，其实还是比较简单的，只要清楚参数之间的关系，就能很轻松地调整代码内容。

这两段代码是针对 DC-Stepper-Motor 控制板开发的，一开始调用的 Python 库是 Adafruit_MotorHAT 而非 Adafruit_PCA9685，因为前者是基于后者再添加与电机控制相关的定义与函数得来的，能有效提高代码的可阅读性。如果非要使用 PCA9685 这个 PWM 信号处理专用库，再自行修改添加也是可以的。

如果日后用户要使用 PCA9586 的 16 路舵机控制板的话，这个 Adafruit_MotorHAT 库就不适合了，那时候就必须用 Adafruit_PCA9685 这个专用库来进行开发。

9.8 本章小结

Jetbot 智能车系统的最主要目的是“学习”，由于整合了深度学习与机电控制两大领域，要做到“轻松上手”其实是一个非常有挑战性的任务。

原创团队用 Jetson Nano（含 2GB）的深度学习计算特性，搭配数量最少、成本最低、组装工序最简单的元器件，开发出这样一辆具备自主控制功能的小车，并且有别于传统小车的工作逻辑，对初学者来说是非常有意义的一套设备，因为精简的设备中已经将绝大部分的应用技术集于一身，是一个极为完整的学习平台。

虽然本章只讲解了三个基础项目，但弄清楚这些项目运作的逻辑与细节之后，其他的项目就能参照了。例如所有运用到深度学习技术的项目，都要经过“数据采集→模型训练→现场演示”三个步骤，这是跳不过去的环节。

至于机电控制方面的技术，了解了 Jetson Nano（含 2GB）40 针引脚的定义，以及 I2C 的用法，再参考 Jetbot 的 stats.py 与 motor.py，就能比较自如地对这些周边设备进行控制，而不仅限于 Jetbot 所提供的功能。

在 Jetbot 范例中的“object_following”因为原创团队所提供的加速模型版本过于老旧，我们必须使用 https://github.com/AastaNV/TRT_object_detection 开源项目自己手工转换，这个过程已经超出本章的范围，因此无法进行演示与说明，但代码的重点与避撞项目是雷同的。

“road_following”主要使用线性回归（linear regression）技术。

当用户对 Jetbot 的深度学习与机电控制有足够了解之后，还能到英伟达的 Jetson 项目中找到一些基于 Jetbot 的进阶项目，例如以下几个：

- DEEP REINFORCEMENT LEARNING WITH JETBOT；
- TRANSFER LEARNING WITH JETBOT & TRAFFIC CONES；
- jetbot_road_follow_collision_avoid；
- DEEPSCORE 冰球比赛。

此外还有一些利用 Jetson Nano（含 2GB）与其他舵机控制板（例如 PCA9685）

所搭建的机械手臂类的项目，用户都能进行尝试与体验，甚至可以重新规划底座，自行添加其他周边传感设备，在原有开发接口基础上将其改写成符合自己需要的控制代码，进一步发展出自主创新的智能自动控制设备，这是学习本章内容希望达到的目的。